面向“十三五”高等教育规划教材

# 电机与拖动

刘翠玲　孙晓荣　于家斌　编著

北京理工大学出版社
BEIJING INSTITUTE OF TECHNOLOGY PRESS

## 内容简介

本书主要介绍电机与拖动基本理论和基础知识。作者根据多年的教学经验和体会，将《电机与拖动》基本内容分为绪论和12章，主要介绍直流电机的原理结构与拖动基础、变压器的原理与运行、交流电机原理与拖动、控制电机与电机选择等内容。与生产实际结合，以现代影视制作手段和多媒体技术，在电机制造现场，录制制作了“交流异步电机制造工艺”“直流电机制造工艺”教学片，制成配套的多媒体课件，有全套的教学资料，既便于学生更好地了解电机的结构原理，又便于教师以各种灵活的方式讲授该课程。内容编写由浅入深，每章有例题，后附思考题与习题以及参考答案，便于学生自己预习和复习，符合当前教育教学的指导思想。

本书适合电气工程及其自动化、自动化、机电一体化等非电机专业的“电机与拖动基础”课程教学及从事电气工程、电力系统、电机及控制、水电工程、工业自动化等领域工作的工程技术人员参考。



**图书在版编目（CIP）数据**

电机与拖动 / 刘翠玲，孙晓荣，于家斌编著．—北京：北京理工大学出版社，2016.3（2019.8 重印）

ISBN 978－7－5682－1938－9

Ⅰ.①电…　Ⅱ.①刘…②孙…③于…　Ⅲ.①电机②电力传动　Ⅳ.①TM3②TM921

中国版本图书馆 CIP 数据核字（2016）第 042796 号

出版发行 / 北京理工大学出版社有限责任公司
社　　址 / 北京市海淀区中关村南大街 5 号
邮　　编 / 100081
电　　话 / （010）68914775（总编室）
　　　　　（010）82562903（教材售后服务热线）
　　　　　（010）68948351（其他图书服务热线）
网　　址 / http：//www.bitpress.com.cn
经　　销 / 全国各地新华书店
印　　刷 / 北京九州迅驰传媒文化有限公司
开　　本 / 787 毫米×1092 毫米　1/16
印　　张 / 17
字　　数 / 400 千字
版　　次 / 2016 年 3 月第 1 版　2019 年 8 月第 3 次印刷
定　　价 / 42.00 元

责任编辑 / 孟雯雯
文案编辑 / 多海鹏
责任校对 / 周瑞红
责任印制 / 王美丽

# PREFACE 序

“电机与拖动”课程团队自从20世纪80年代初为自动化和电气技术专业开设“电机与电力拖动”基础课程以来，至今已经30余年。2009年，该课程组在总结教学经验的基础上，编写了《电机与电力拖动基础》教材。本次的《电机与拖动》就是在2009年教材的基础上修订编著的。

“电机与拖动”课程，一方面原理比较抽象复杂，另一方面又与实际应用紧密结合，对初学者来说不易理解，历来都是难教难学的课程之一。而当前面临的情况是，“电机与拖动”课堂讲授学时数不断缩减，实践的环节也相应减少，但这门课又是我国《工程教育认证标准》中电子信息与电气工程类专业重要的专业基础知识领域课之一。所以，如何让学生在有限的学时和规定的教学模式内掌握应有的知识，如何组织与实施好这门课程，是电机类课程教师们面临的新课题。

针对这些新问题，“电机与拖动”课程团队着眼于人才培养目标的需要，根据教学计划的调整，在多年教学经验的基础上，对“电机与拖动”课程的教学内容、教学方法、教学手段、教学条件等方面进行了全方位的改革，收到了很好的教学效果，也开发出了丰富的教学资料和工具。例如，他们克服种种困难，到电机制造厂录制了电机制造全过程的教学片，制作出多媒体课件及实验教学视频片，解决了学生到工厂实习难、开放性实验实行难的矛盾，为学生学好这门课程提供了有效的手段。在这些高清视频中，电机制造的工艺流程及结构清晰明了，而且镜头的角度、特写的运用和解说等都具有很强的专业性。本教材配备多部高清视频，反映出“电机与拖动”课程团队在“电机与拖动”课程上所花费的大量心血。

这次编著出版的《电机与拖动》，提炼了课程组近几年教学改革的新成果，特别是以“翻转课堂”为指导思路，修订了教学内容，丰富了教学素材，配置了《交流异步电机制造工艺》和《直流电机制造工艺》2部教学片及配套的多媒体课件，可以帮助学生更直观地了解电机的结构原理，便于教师以各种灵活的方式讲授该课程。

新颖的编写方法并配合丰富的教学素材，特色鲜明，深入浅出，便于自学，这样的《电机与拖动》教材，不仅是非常好的教科书，而且对专业人员也是很好的资料，非常具有推广价值。

**北京交通大学** 范瑜

2016年1月

PREFACE

# 前言

“电机与拖动”是研究交直流电机原理及其起动、调速、制动等拖动基础理论、分析方法、基本特性，及变压器运行原理、特性及工程应用等的一门专业基础课程，是电气工程与自动化类专业学生学习多数后续专业课程所必需的主要的技术基础，也是从事电气工程、电力系统、电力拖动、电机及控制、水电工程、工业自动化等领域工作重要的理论和技术基础，其内容给工科专业大学生奠定了扎实的工程实践基础，是当今工科大学唯一不可撼动的强电基础课。本课程理论与实际相结合较紧密，而其原理部分较为抽象复杂，对初学者来说不易理解，历来都是难教难学的课程之一，对后续专业课程易形成瓶颈。随着教育改革的推进，“电机与拖动”课程的计划学时数越来越少，授课方式越来越灵活，如何让学生在规定的学时内掌握应有的知识，又如何教好这门课程，给教师提出了新的难题。

针对上述问题，课程组在多年积累的一线教学经验基础上，着眼于人才培养目标的需要，从2004年对该课程进行了全方位的改革与建设，取得了显著的效果，积累了丰富的授课教学资料和工具。课程组到电机制造厂录制了电机制造的全过程完整教学片，编辑制作配套的多媒体课件及实验教学视频片，解决了学生到工厂实习难、开放性实验实行难的矛盾，为学生学好这门课程提供了有效的手段。2009年，基于多年的授课讲义，课程组出版了第一部教材及配套实验教材:《电机与电力拖动基础》和《电机与电力拖动基础实验视频教程》。该套教材配套了《交流异步电机制造工艺》和《电机与电力拖动基础实验视频指导》2部DVD教学片，反映良好。

本次编著出版的《电机与拖动》，进一步提炼了近几年的教学改革成果，以“翻转课堂”为指导思路，丰富了教学素材，修订了内容，并配置了《交流异步电机制造工艺》和《直流电机制造工艺》2部教学片及配套的多媒体课件，既便于学生更好地了解电机的结构原理，又便于教师以各种灵活的方式讲授该课程。目前市场上还没有此类教材。该书适合电气工程及其自动化、自动化、机电一体化等非电机专业的本科、技术学院的课程教学，以及从事电气工程、电力系统、电机及控制、水电工程、工业自动化等领域工作的工程技术人员参考，具有很广阔的推广价值。

《电机与拖动》包含绪论和12章内容，覆盖直流电机的原理结构与拖动基础、变压器的原理与运行、交流电机原理与拖动、控制电机与电机选择等教学内容，符合当前教育教学的指导思想。编写由浅入深，每章有思考题与习题，便于学生自己预习和复习，是一本实用的教学书籍。

本书由刘翠玲、孙晓荣、于家斌编著。绪论和第1~5章由刘翠玲执笔，第6~9章由孙晓荣执笔，第10~12章由于家斌执笔。北京交通大学范瑜教授对全书进行了审阅，并作序，肯定了该书的特色及教学思想，并提出了许多宝贵的建议。刘翠玲、孙晓荣、于家斌策划了《交流异步电机制造工艺》《直流电机制造工艺》教学片的拍摄和制作，孙晓荣、于家斌、刘欢参加了编辑制作，同时得到了本单位其他相关部门与同志从各方面给予的热情支持和帮助。另外，在编写过程中，参阅了一些国内外相关优秀著作和资料，作者在此一并表示诚挚的谢意。

限于作者水平和实践经验，书中可能存在错误和疏漏，恳请读者批评、指正。

作　者

# 目 录

CONTENTS

# 第二篇　变压器

## 第三篇 交流电机与拖动

## 第四篇　控制电机与电机选择

# 绪　论

## 0.1　电机的定义及分类

电机是指依靠电磁感应作用而运行的电气设备，用于机械能和电能之间的转换、不同形式电能之间的变换，或者信号的传递与转换。

电机的种类繁多，按其功能分类，可分成常规电机和控制电机，具体分类如图 0－1 所示。

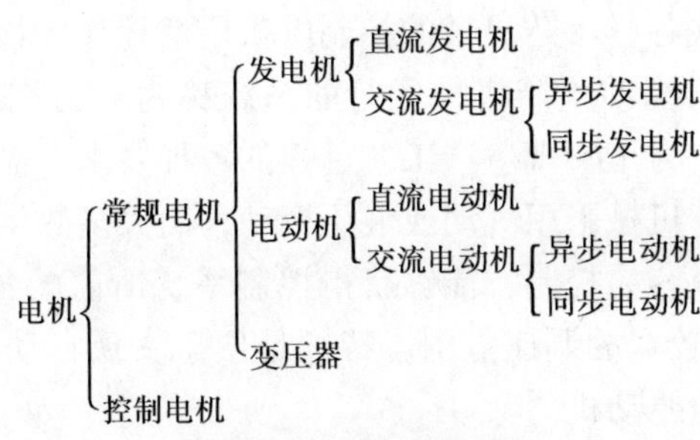


**图 0－1　电机的分类**

常规电机的主要任务是完成能量的转换，其功能如下：

（1）发电机。将机械能转换成电能输出。

（2）电动机。将电能转换成机械能输出，主要用于电力拖动系统中，带动生产机械运转。

（3）变压器。将一种电压等级的交流电能转换成同频率的另一种电压等级的交流电能。

控制电机的主要任务是完成控制信号的传递和转换，通常用于自动控制系统中，作为检测、校正及执行元件使用。其主要包括交/直流伺服电动机、步进电动机、交/直流测速发电机等，各类电机的功能如下：

（1）伺服电动机。将控制电压信号转换成转轴上的角位移或角速度输出，主要用作执行元件。

（2）步进电动机。将电脉冲信号转换成转轴上的角位移或线位移输出，主要用作执行元件或驱动元件。

（3）测速发电机。将转速信号转换成电压信号输出，主要用作速度检测元件。

## 0.2　电机及电力拖动系统在国民经济中的作用

在国民经济生产中，电机工业是机械工业的一个重要组成部分，电机是机电一体化中机和电的结合部位，是机电一体化的重要基础。电机可称为电气化的“心脏”，它对国民经济的发展起着举足轻重的作用，并随着国民经济和科学技术的发展而不断发展。

电机的发展又与电能的发展紧密联系在一起。电能是现代社会一种最主要的能源，这主要是由于它的生产和转换比较经济，传输和分配比较容易，使用和控制比较方便，而要实现电能的生产、转换、传输、分配、使用和控制都离不开电机。

在电力工业中，发电机和变压器是发电站和变电所的主要设备。在发电站，利用发电机可将原始能源（如水力、风力、热力、化学能、太阳能、核能等）转换为电能。在变电站，电能在远距离传输前，利用升压变压器把发电机发出的低压交流电转换成高压交流电，而电能在供给用户使用前，利用降压变压器把来自高压电网的高电压转换成低电压后才能安全使用。

在电能的应用中，电动机起着重要的作用。在机械、冶金、化工等工业企业中，大量应用电动机把电能转换为机械能，去拖动机床、起重机、轧钢机、电铲、抽水机、鼓风机等各种生产机械。在现代化农业生产中，电力灌溉、播种、收割等农用机械都需要不同规格的电动机去拖动。在交通运输业中，电车、地铁、电动自行车、飞机、轮船等也需要各种电动机。在医疗器械及家用电器中也离不开功能各异的小功率电动机。在工业、航天和国防等领域的自动控制技术中，各式各样小巧灵敏的控制电机广泛地作为检测、转换和执行元件。

由电动机作为原动机来拖动生产机械运行的系统称为电力拖动系统。在现代工业、农业、交通运输等各行业中，为了实现生产工艺过程的各种要求，需要广泛采用各种各样的生产机械。其中，一部分生产机械采用气动或液压拖动，而大多数生产机械都采用电动机拖动即电力拖动。电力拖动系统容易控制，能够获得控制系统所需的各种静态特性和动态特性，具有良好的启/制动性能和较宽的调速范围，特别是便于实现自动控制，所以目前多数自动控制系统都采用电动机作为原动机。

一个自动控制系统中往往会用到多个不同的电机（包括各种控制电机），一个现代化工厂拥有几百台至几万台电机是很平常的事。随着新型电机、大功率半导体器件、大规模集成电路的发展和计算机技术的应用，电力拖动系统的品种、质量和性能都有了进一步的提高，以全数字式的三相永磁同步电机伺服系统、三相异步电机伺服系统和直流电机伺服系统为代表的新型电力拖动系统的出现，带动了数控机床、工业机器人、交通运输、航空航天及家用电器等一系列高科技产品的迅速发展。随着科学技术的发展，工业、农业和国防等各部门都要求有性能更好的新型电机及电力拖动系统，以满足各种不同的要求。因此，电机与电力拖动系统将在国民经济发展中发挥越来越重要的作用。

## 0.3 电机及电力拖动系统发展概况

**1. 电机的发展概况**

电机的出现已有一百多年的历史。1820 年前后，法拉第发现了电磁感应现象并提出了电磁感应定律，组装了第一台直流电机样机；1829 年，亨利制造了第一台实用的直流电机；直至 1837 年，直流电机才真正变为商业化产品；1887 年，特斯拉发明了三相异步电动机。此后，其他各种类型的电机相继问世。各类电机无论是在结构材料或特性上，还是在运行原理上都存在较大差异。应该讲，各类电机的采用，标志着以煤和石油为主要能源体系的电气化时代的开始，从而为现代工业奠定了基础。作为机电能量转换装置，电机既可以作为电动机用于电气传动，也可以作为发电机用于发电。

在当今工业和日常生活中，人们到处都可以找到电机的踪影。从以煤和石油为原料的火力发电厂中的汽轮发电机、以水资源为动力的水轮发电机、以风为动力的风力发电机，到高压输电、配电的变压器，从工厂的自动生产线、车间的机床、机器人到家庭中的家用电器甚至电动玩具等，电机几乎无处不在。

目前，电机制造业的发展主要有如下几大趋势：

（1）大型化。单机容量越来越大，如 60 万 kW 及以上的汽轮发电机。

（2）微型化。为适应设备小型化的要求，电机的体积越来越小，重量越来越轻。

（3）新原理、新工艺、新材料的电机不断涌现，如无刷直流电机、开关磁阻电机、直线电机、超声波电机等。

**2. 电力拖动系统的发展概况**

从结构上看，电力拖动系统经历了最初的“成组拖动”“单电机拖动”到“多电机拖动”几个阶段。

成组拖动是由一台电动机拖动一组生产机械，从电动机到各生产机械的能量传递以及在各生产机械之间的能量分配完全用机械方法，靠传动轴及机械传动系统实现。这种方式无法实现自动控制，且其能量损耗大、生产安全得不到保证，容易发生人身、设备事故。如果电动机有故障，则被拖动的所有生产设备都将一起停车，这是一种陈旧落后的电力拖动方式。

随着工作机械运行要求的提高，这种落后的电力拖动系统已经满足不了需要，因此出现了单电机拖动。单电机拖动系统中的一台生产机械用一台单独的电动机拖动。这样使每台生产设备既可独立工作，实现电气调速，又省去了大量的中间传动机构，使机械结构简化，并且易于实现生产机械运转的全部自动化。

但是，如果用一台电动机拖动具有多个工作机构的生产机械，则机械内部仍将保留着复杂的机械传动机构。因此，自 20 世纪 30 年代起，广泛采用了多电动机拖动，即每一个工作机构采用单独的电动机拖动，目前先进、复杂的生产设备通常都采用多电动机拖动方式。这种拖动方式可以使机械结构大为简化，而且可使生产设备实现自动控制乃至计算机控制。

随着电机及电器制造业以及各种自动化元件的发展，自动化电力拖动系统得到不断的更新与发展。

最初采用的控制系统是继电器－接触器组成的断续控制系统，到后来普遍采用由电力电子变流器供电的连续控制系统两大阶段。连续控制系统包括由相控变流器或斩波器供电的直流电力拖动系统，以及由变频器或伺服驱动器供电的交流调速系统两大类。后者包括由绕线式异步电动机组成的双馈调速系统、由异步与同步电动机组成的变频调速与伺服系统等。

目前，随着电力电子技术、计算机技术以及控制理论的发展，电力拖动系统的性能指标也上了一大台阶，不仅可以满足生产机械快速启/制动以及正/反转的要求（即四象限运行状态），而且还可以确保整个电力拖动系统工作在具有较高的调速、定位精度和较宽的调速范围内。这些性能指标的提高使得设备的生产率和产品质量大大提高。除此之外，随着多轴电力拖动系统的发展，过去许多难以解决的问题也变得迎刃而解，如复杂曲轴、曲面的加工，机器人、航天器等复杂空间轨迹的控制与实现等。

目前，电力拖动系统正朝着网络化、信息化方向发展，包括现场总线、智能控制策略以及互联网技术在内的各种新技术、新方法均在电力拖动领域中得到了应用。电力拖动的发展真可谓是日新月异。由于电力拖动是各类工业、各种生产机械的主要拖动方式，其理论与技术的发展，必将在我国实现现代化与工业化的进程中起到十分重要的作用。

## 0.4 本课程的性质、任务与学习方法

“电机与拖动”是将“电机学”和“电力拖动基础”两门课程有机结合起来的一门课程。它是自动化、电气工程及其自动化等专业的一门主要专业基础课，其内容主要包括直流电机及其电力拖动、变压器、三相异步电动机及其电力拖动、同步电动机、微控电机和电动机的选择等。

本课程的任务主要是使学生掌握电机的基本知识、基本理论、基本计算方法和一般的应用问题，从而为后续专业课（如“运动控制系统”“电力电子技术”等）的学习打好基础，并为学生在未来的技术工作中分析和解决在电机方面所遇到的问题打好扎实的基础。

在“电机与拖动”课程中，不仅有理论的分析推导和磁场的抽象描述，而且要用基本理论分析研究比较复杂的带有机/电/磁综合性的工程实际问题，这是本课程的特点，也是学习的难点。因此，必须要有一个良好的学习方法，才能学好本课程。这里提供几点学习方法供大家参考。

（1）学习之前，必须理解和掌握电和磁的基本概念，熟练运用电磁感应定律、电磁力定律、电路和磁路定律、力学、机械制图等已学过的知识。

（2）学习过程中，对于电机结构，要弄清各主要部件的组成和作用；对于有关公式，要从物理概念上去理解和记忆，不要孤立地、单独地去死记硬背；本课程涉及电机的类型较多，要注意各种电机结构的异同点、电磁关系和能量转换关系的异同点、拖动问题的异同点等，运用总结对比的方法融会贯通，加深理解；分析实际问题时，要运用工程的观点和方法，突出主要矛盾，忽略次要矛盾，从而简化实际问题的分析和计算。

（3）为了提高课堂教学效果，课前应预习：一是对相关的已学知识进行回顾；二是对将要学习的内容预习一遍，对新的名词和术语及相关内容有所了解，便于有的放矢地听课。课后应及时复习和小结，并选做适当的思考与练习题，以巩固所学的理论知识，提高理解和应用能力。

（4）必须进行必要的实验和实习，这样既可以加深对相关知识的理解和掌握，又可以培养与提高学生的实验操作技能和工作能力。

## 0.5 本书常用的电磁概念与定律

电机是通过电磁感应原理来实现能量转换的机械装置，电和磁是构成电机的两大要素，缺一不可。因此，本节简要介绍有关电磁学的基本知识与电磁学定律。

### 0.5.1 电路的基本定律

#### 1. 基尔霍夫电流定律

基尔霍夫电流定律（KCL）指出：电路中流入某一节点电流的代数和等于零，即

$$\sum i_k = 0 \tag{0-1}$$

式（0-1）表明，在电路中，电流是连续的，流入某一节点的电流之和等于流出该节点的电流之和。

**2. 基尔霍夫电压定律**

基尔霍夫电压定律（KVL）指出：电路中任一闭合回路电压的代数和为零，即

$$\sum V_k = 0 \tag{0-2}$$

式（0-2）表明，在电路中，任一闭合回路的电势之和全部由无源元件所消耗的压降所平衡。

## 0.5.2 磁场的基本知识

**1. 磁感应强度 *B***

通电导体周围会产生磁场，磁场是一矢量。通常用磁感应强度 $B$ 描述磁场的强弱，磁感应强度 $B$ 的单位为 T（特［斯拉］）。通电导体中的电流与所产生的磁场之间符合右手螺旋关系，如图 0-2 所示。

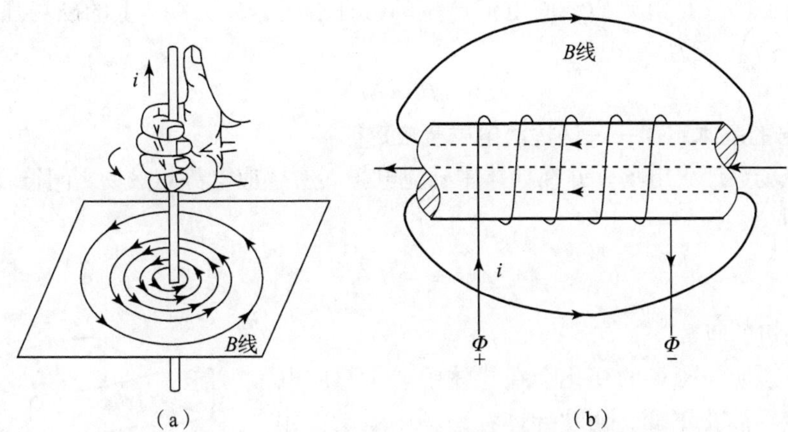


**图 0-2　磁力线与电流之间的右手螺旋关系**

（a）长直导线磁力线与电流之间的右手螺旋关系；（b）通电螺线管磁力线与电流之间的右手螺旋关系

**2. 磁通 *Φ***

磁场的强弱可用磁力线的疏密形象地描述。穿过某一截面 $S$ 的磁力线总数称为磁通量，一般用 $\Phi$ 表示，即

$$\Phi = \int_S B \cdot \mathrm{d}S \tag{0-3}$$

对于均匀磁场，若 $B$ 与 $S$ 相互垂直，则式（0-3）变为

$$\Phi = BS \quad 或 \quad B = \frac{\Phi}{S} \tag{0-4}$$

由此可见，磁感应强度 $B$ 反映的是单位面积上的磁通量，故又称为磁通密度（简称磁密）。磁通 $\Phi$ 的单位为 Wb（韦［伯］），$1\ \mathrm{T} = 1\ \mathrm{Wb/m^2}$。

**3. 磁场强度 *H***

磁场强度 $H$ 是表征磁场性质的另一个基本物理量，它同样是一个矢量。磁场强度 $H$ 的

单位为 A/m（安［培］/米）。磁通密度 $B$ 与磁场强度 $H$ 的比值反映了磁性材料的导磁能力，于是 $B$ 与 $H$ 之间的关系为

$$B = \mu H \tag{0-5}$$

式中，$\mu$ 为导磁材料的磁导率。

真空的磁导率 $\mu_0 = 4\pi \times 10^{-7}$ H/m，铁磁材料的磁导率 $\mu \gg \mu_0$，即

$$\mu = \mu_r \mu_0 \tag{0-6}$$

式中，$\mu_r$ 为导磁介质的相对磁导率。

### 0.5.3 电磁学的基本定律

**1. 电生磁的基本定律——安培环路定理**

凡有电流流动的导体的周围均会产生磁场，即“电动生磁”。由载流导体产生的磁场大小可用磁场强度 $H$ 表示，磁力线的方向与电流的方向满足右手螺旋关系。假设在一根导体中通以电流 $i$，则在导体周围空间的某一平面上产生的磁场强度为

$$\oint_L H \cdot \mathrm{d}l = \sum i \tag{0-7}$$

假设闭合磁力线是由 $N$ 匝线圈电流产生的，且沿闭合磁力线 $l$ 上的磁场强度 $H$ 处处相等，则式（0-7）变为

$$Hl = Ni \tag{0-8}$$

**2. 磁生电的基本定律——法拉第电磁感应定律**

交变的磁场会产生电场，并在导体中感应电势。所感应电势与磁场之间符合法拉第电磁感应定律，即

$$e = -N\frac{\mathrm{d}\Phi}{\mathrm{d}t} \tag{0-9}$$

式中，$N$ 为绕组的匝数。

上述讨论说明，磁场的变化会在导体中产生感应电动势。如果磁场静止不变，而让导体在磁场中运动，相对于导体来说，磁场仍是变化的，那么根据法拉第电磁感应定律，同样会在导体中产生感应电动势，其大小为

$$e = Blv \tag{0-10}$$

式中，$B$ 为磁场的磁感应强度；$v$ 为导体切割磁场的速度；$l$ 为导体的有效长度。

感应电动势的方向由右手定则确定，图 0-3 表示了 $e$、$B$ 与 $v$ 三者之间的方向关系。

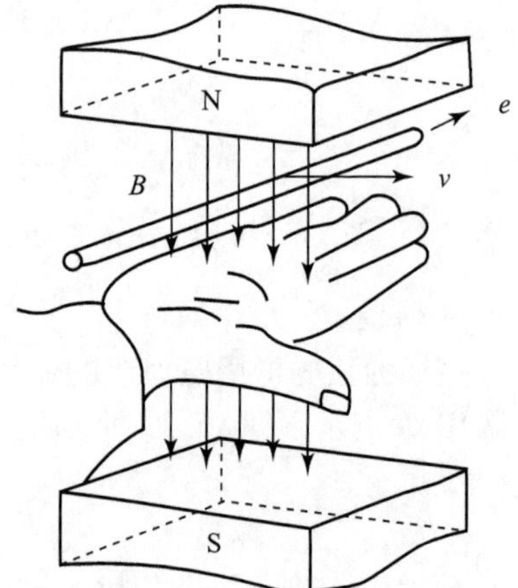


**图 0-3　感应电动势与磁场、导体运动速度之间的右手定则**

**3. 电磁力定律**

磁场对场中载流导体施加的力称为安培力。在通以电流 $i$ 的导体上取一小段导体 $\mathrm{d}l$，其电流元 $i\mathrm{d}l$ 受安培力的大小及方向，由安培定律描述，即

$$\mathrm{d}f = i\mathrm{d}l \times B \tag{0-11}$$

式中，$B$ 为电流元所在处的磁感应强度；$\mathrm{d}f$ 为磁场对电流元的作用力。

在均匀磁场中，若载流直导体与 $B$ 方向垂直，长度为 $l$，流过的电流为 $i$，则载流导体所受的力为

$$f = Bli \tag{0-12}$$

在电机学中，习惯上用左手定则确定 $f$ 的方向，即把左手伸开，大拇指与其他四指成 90°，如图 0-4 所示。如果磁力线指向手心，其他四指指向导体中电流的方向，则大拇指的指向就是导体受力的方向。

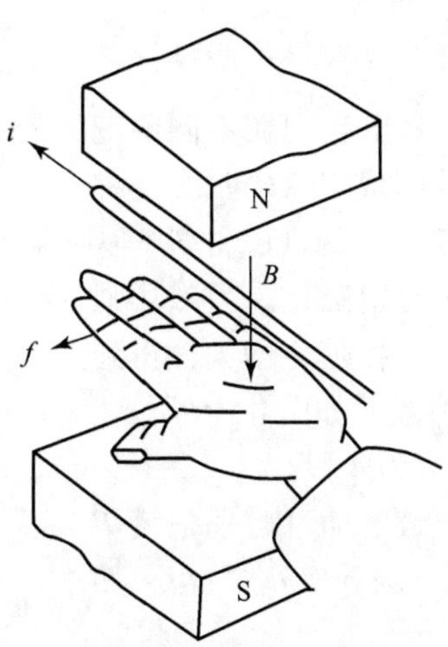


图 0-4　确定载流导体受力方向的左手定则

### 0.5.4　简单磁路的计算方法

如同电路是电流所经过的路径一样，磁通所经过的路径称为磁路。

图 0-5 所示为一个最简单的磁路，它是由铁磁材料和气隙两部分串联而成的。铁芯上绕了匝数为 $N$ 的线圈，称为励磁线圈，线圈电流为 $I$。进行磁路计算时，把这个磁路按材料及形状分成两段：一段是截面积为 $S$ 的铁芯，长度为 $l$，磁场强度为 $H$；另一段是气隙，长度为 $\delta$，磁场强度为 $H_\delta$。

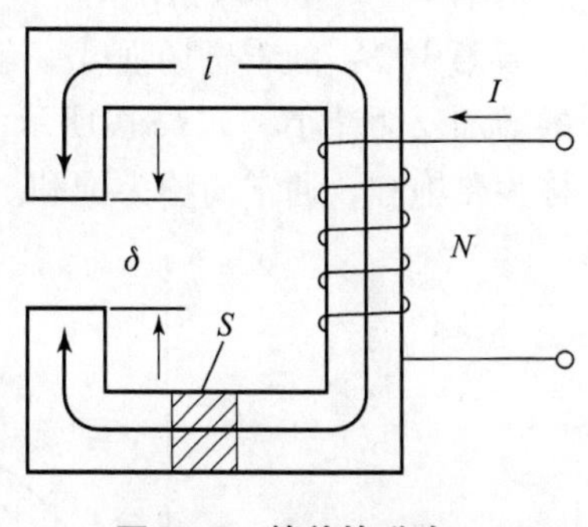


图 0-5　简单的磁路

根据安培环路定律，有

$$Hl + H_\delta \delta = IN \tag{0-13}$$

在电机或变压器里作磁路计算时，一般已知的是磁路里各段的磁通 $\Phi$ 以及各段磁路的几何尺寸（即磁路长度与横截面），要求出所需要的总磁通势 $IN$。

从式（0-13）看出，磁路长度 $l$、$\delta$ 以及匝数 $N$ 是已知的，要求出电流 $I$，必须先找出各段磁路的 $H$ 和 $H_\delta$。具体计算时，根据给定各段磁路里的磁通 $\Phi$，先计算出各段磁路中对应的磁通密度 $B\left(B=\dfrac{\Phi}{S}\right.$，$S$ 为截面积$\left.\right)$，然后根据计算出的磁通密度 $B$ 求出磁场强度 $H\left(H=\dfrac{B}{\mu}\right)$。

如果是铁磁材料，可以根据其磁化特性查出磁场强度 $H$。

### 0.5.5 铁磁材料的磁化特性

物质按其磁化效应大致可分为铁磁性物质和非铁磁性物质两类。

铁磁材料由铁磁性物质构成，主要包括铁、镍、钴及其合金。铁磁材料放入磁场后，磁场会大大增强，因此其磁导率 $\mu_{Fe}$ 为 $\mu_0$ 的数十倍乃至数万倍。铁磁性物质的磁导率 $\mu_{Fe}$ 与它所在磁场的强弱以及物质磁状态的历史有关，因此不是常数。

在工程计算时，不按 $H=\frac{B}{\mu}$ 进行计算，而是事先把各种铁磁材料用试验的方法，测出它们在不同磁场强度 $H$ 下对应的磁通密度 $B$，并画成 $B-H$ 曲线（称为磁化曲线）。对尚未磁化的一定尺寸的铁磁材料，从磁场强度 $H=0$，磁通密度 $B=0$ 开始磁化。当磁场强度 $H$ 从零逐渐增大时，磁通密度 $B$ 将随之增大，得到的曲线 $B=f(H)$ 称为起始磁化曲线，如图 0－6 所示。由图可见，起始磁化曲线大致可分为 4 段。

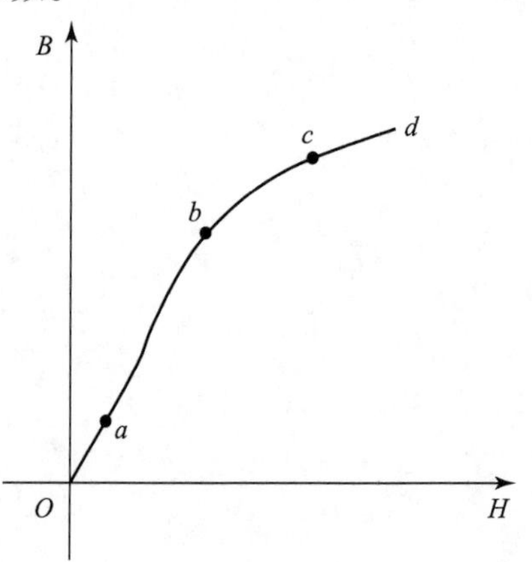

**图 0－6 铁磁材料的起始磁化曲线**

第 1 段：磁场强度 $H$ 从零开始增加且磁场强度 $H$ 很小时，磁通密度 $B$ 增加得不快，磁导率 $\mu_{Fe}$ 较小，如图 0－6 中 $Oa$ 段所示。

第 2 段：磁通密度 $B$ 随磁场强度 $H$ 的增大而迅速增加，二者近似为线性关系，$\mu_{Fe}$ 很大且基本不变，如 $ab$ 段所示。

第 3 段：随着磁场强度 $H$ 继续增大，磁通密度 $B$ 增加得越来越慢，即 $\mu_{Fe}$ 随磁场强度 $H$ 的增加反而减小，如 $bc$ 段所示。这种磁通密度 $B$ 不随磁场强度 $H$ 的增加而显著增大的状态称为磁饱和，通常简称为饱和。

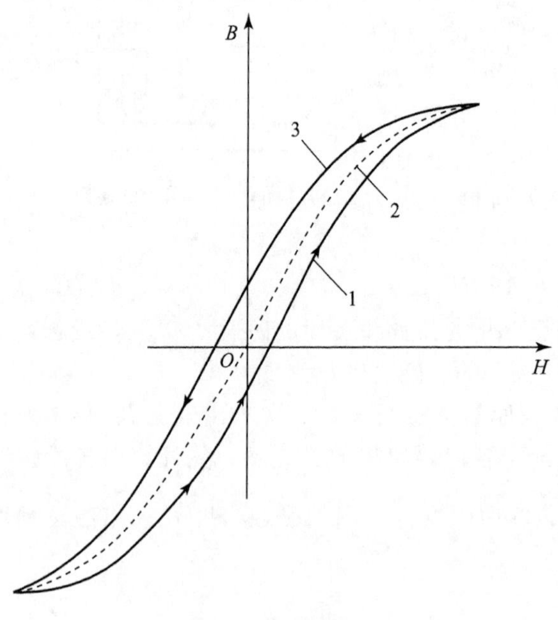

**图 0－7 磁滞回线**

第 4 段：在饱和以后，磁化曲线趋向于与非铁磁材料的 $B=\mu_0 H$ 曲线平行，如 $cd$ 段所示。

显然，铁磁材料的起始磁化曲线是非线性的，在不同的磁通密度下有不同的磁导率值。

电机中使用的铁磁材料常受到交变磁化。铁磁材料在这种周期性的磁化过程中，磁通密度 $B$ 和磁场强度 $H$ 不再是起始磁化曲线的关系，而是如图 0－7 所示的磁滞回线关系。从图 0－7 中的曲线 1 和 3 中可看出，铁磁材料的 $B-H$ 曲线不是单值的，而是具有磁滞回线的特点，即在同一个磁场强度 $H$ 下，对应着两个磁通密度 $B$ 值。这就是说，一个磁场强度 $H$ 究竟是对应着哪一个磁通密度 $B$ 值，还要看铁磁材料工作状态的历史情况。当铁磁材料的磁滞回线较窄时，可以用两条曲线的平均值，即基本磁化曲线来进行计算，如图 0－7 中曲线 2。这样，磁通密度 $B$ 与磁场强度 $H$ 之间便呈现了单值关系。

按照磁滞回线形状的不同，铁磁材料可大致分为软磁材料和硬磁材料两类。

软磁材料的磁滞回线窄，如硅钢片、铁镍合金、铸钢等。这些材料磁导率较高，回线包围面积小，磁滞损耗小，多用作电机、变压器的铁芯。

硬磁材料的磁滞回线较宽，如钨钢、钴钢等。这些材料在被磁化后，剩磁较大且不易消失，适合于制作永久磁铁。

## 思考题与习题

0－1　说明磁通、磁通密度（磁感应强度）、磁场强度、磁导率等物理量的定义、单位和相互关系。

0－2　电机中涉及哪些基本电磁定律？试说明它们在电机中的主要作用。

0－3　起始磁化曲线、磁滞回线和基本磁化曲线是如何形成的？它们有哪些差别？

# 第一篇　直流电机与拖动

# 第 1 章　直流电机

直流电机有直流发电机和直流电动机两种类型。将机械能转换为电能的直流电机是直流发电机；将电能转换为机械能的直流电机是直流电动机。

直流电动机与交流电动机相比，直流电动机结构复杂，成本高，维修不便，而且有换向问题。但是，由于直流电动机具有良好的启动和制动性能，且能在较大的范围内平滑地调节速度，所以它仍广泛应用于启动和制动要求较高的生产机械中，如起重机、矿井提升设备、电力机车、龙门刨床、轧钢机、纺织机械等。直流伺服电动机和直流测速发电机多用于自动控制系统中，作为系统的执行元件和信号检测元件。直流发电机在拖动系统中经常作为各种直流电源使用。

## 1.1　直流电机的基本工作原理

### 1.1.1　直流发电机的工作原理

直流发电机的基本工作原理如图 1－1 所示。图中 N、S 是静止的主磁极，用于产生磁通。在两磁极之间能够转动的电枢铁芯上装有电枢绕组线圈 a、b、c、d。线圈的两个端头接在相互绝缘的两个铜质的换向片 1、2 上，它们固定于转轴上且与转轴绝缘。在空间静止的电刷 A 和电刷 B 与换向片滑动接触，使旋转的线圈与外面静止的电路相连。

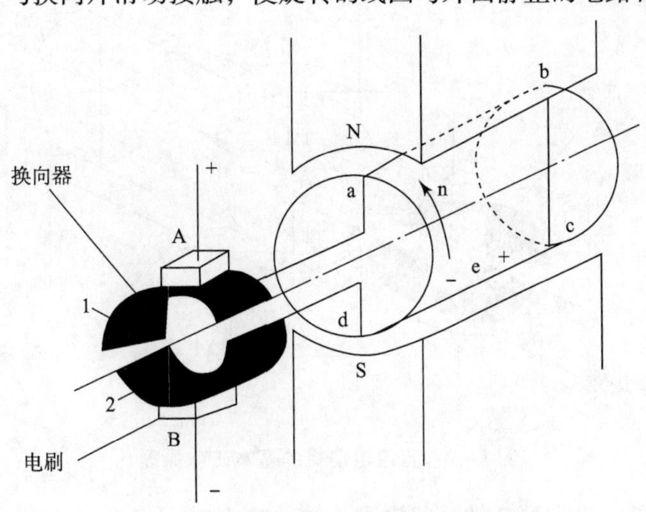


**图 1－1　直流发电机的基本工作原理**

1，2—换向片；a，b，c，d—线圈

当原动机拖动发电机电枢以恒定转速转动时，线圈的两个边 ab 和 cd 切割磁力线，根据电磁感应定律可知，在其中产生感应电动势，其方向可由右手定则判定。电枢逆时针方向旋转，此时导线 ab 中感应电动势方向由 b 指向 a；而导线 cd 中感应电动势的方向由 d 指向 c。因电动势是从低电位指向高电位，此时电刷 A 为正电位，电刷 B 为负电位。外电路中的电流由电刷 A 经负载流向电刷 B。

当电枢旋转 180°，线圈边 ab 转至 S 极中心上，线圈边 cd 转到 N 极中心下，它们的感应电动势方向发生改变。线圈 a、b 中的感应电动势方向变为由 a 指向 b，线圈 c、d 中的感应电动势方向变为由 c 指向 d。线圈 a 所接的换向片 1 转至与电刷 B 相接触，线圈 d 所接的换向片 2 转至与电刷 A 相接触。这时，电刷 A 仍具有正电位，电刷 B 仍具有负电位。外电路中的电流，仍是由电刷 A 经负载流向电刷 B。

电枢旋转时，在线圈内部产生交变的电动势，由于换向器与电刷的配合作用，使电刷 A 总是与位于 N 极下的线圈边接触，电刷 B 总是与位于 S 极上的线圈边接触，因此电刷 A 的极性总为正，电刷 B 的极性总为负，在电刷两端可获得直流电动势。这就是直流发电机的基本工作原理。

### 1.1.2 直流电动机的工作原理

直流电动机是把电能转换成机械能的装置，其基本工作原理如图 1-2 所示。直流电动机工作时电枢绕组接于直流电源上，如电刷 A 接电源正极，电刷 B 接电源负极。电流从电刷 A 流入，经线圈 a、b、c、d，再由电刷 B 流出。如图 1-2 所示瞬间，在 N 极下的线圈边 ab 中的电流方向是由 a 到 b；在 S 极上的线圈边 cd 中的电流方向是由 c 到 d。根据电磁力定律可知，载流导体在磁场中要受力，其方向可由左手定则判定：线圈边 ab 受力的方向向左，线圈边 cd 受力的方向向右。两个电磁力对转轴所形成的电磁转矩为逆时针方向，电磁转矩使电枢逆时针方向旋转。

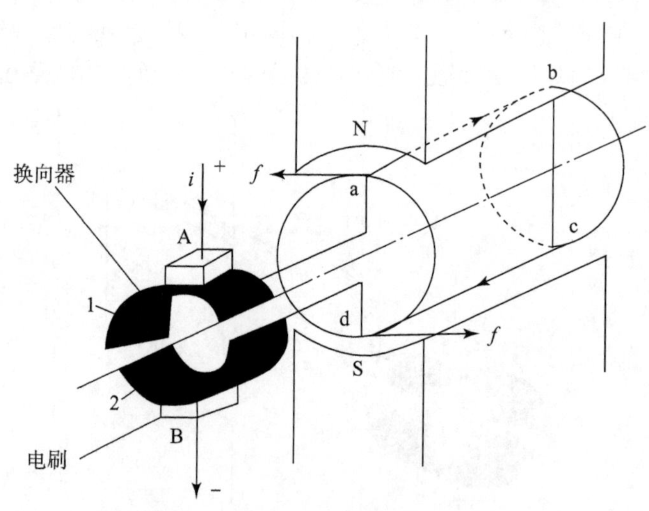


**图 1-2 直流电动机的基本工作原理**

当线圈转过 180°，换向片 2 转至与电刷 A 接触，换向片 1 转至与电刷 B 接触。电流由正极经换向片 2 流入，线圈边 cd 的电流方向由 d 流向 c，线圈边 ab 的电流方向由 b 流向 a，再由换向片 1 经电刷 B 流回负极。由左手定则可知，线圈仍受到逆时针方向的电磁转矩的作用，这个电磁转矩将使电枢保持逆时针方向转动。

通过电刷和换向器，使每一个磁极下的导体中的电流方向始终不变，因而产生单方向的电磁转矩，电枢始终向一个方向旋转，这就是直流电动机的基本工作原理。

从以上分析可见：一台直流电机原则上既可以作为电动机运行，也可以作为发电机运行，这取决于外界条件的不同。如果在电刷端外加直流电压，则电机把电能转换为机械能，作为电动机运行；如用原动机拖动直流电机的电枢旋转，电机将机械能转换为直流电能，作为发电机运行。这种同一台电机既能作为电动机运行，又能作为发电机运行的原理，在电机理论中称为可逆原理。

## 1.2　直流电机的主要结构与铭牌

在电机中，要实现机电能量的转换，电路和磁路之间必须有相对运动。因此，旋转电机必须具备静止的和旋转的两大部分，而且这两部分之间有一定大小的间隙（又称气隙）。

静止的部分称为定子。直流电机定子的作用是产生磁场并作为电机的机械支撑，它包括主磁极、换向极、机座、端盖和电刷装置等。

旋转部分称为转子。直流电机转子又称为电枢，其作用是感应电动势产生电磁转矩，以实现能量转换，它包括电枢铁芯、电枢绕组、换向器、轴和风扇等。

### 1.2.1　直流电机的定子部件

定子部件的主要作用有两个：一是建立主磁场；二是起整个电机的固定和支撑作用。

**1. 主磁极**

主磁极也称为主极，其作用是产生主磁场。在一般的大、中型直流电机中，主磁极一般是一种电磁铁，由主磁极铁芯和励磁绕组组成，如图 1－3 所示。主磁极铁芯通常用 1～1.5 mm 厚的钢板冲片叠压紧固而成。绕制好的励磁绕组套在铁芯外面，整个主磁极用螺钉固定在机座上。主磁极总是成对出现的，各主磁极上的绕组连接时要能保证相邻磁极的极性按 N 极和 S 极依次排列。主磁极铁芯的下部（称为极靴）比绕组的部分（称为极身）宽，这样可以使励磁绕组牢牢地套在主磁极铁芯上。

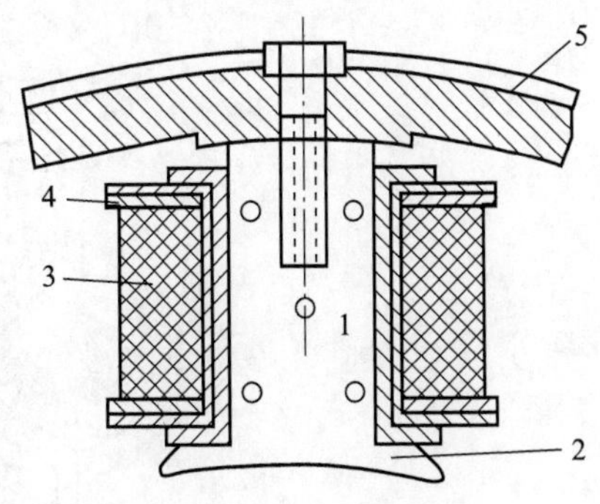


**图 1－3　主磁极**

1—极身；2—极靴；3—励磁绕组；4—绝缘板；5—机座

**2. 换向极**

换向极又称附加极，其作用是改善换向，减小电机运行时电刷与换向器之间可能产生的火花。换向芯装在两个主磁极之间，也是由换向极铁芯和换向极绕组构成的，如图 1－4 所示。换向极铁芯一般用整块钢板加工而成，换向极绕组套在换向极铁芯上与电枢绕组串联。

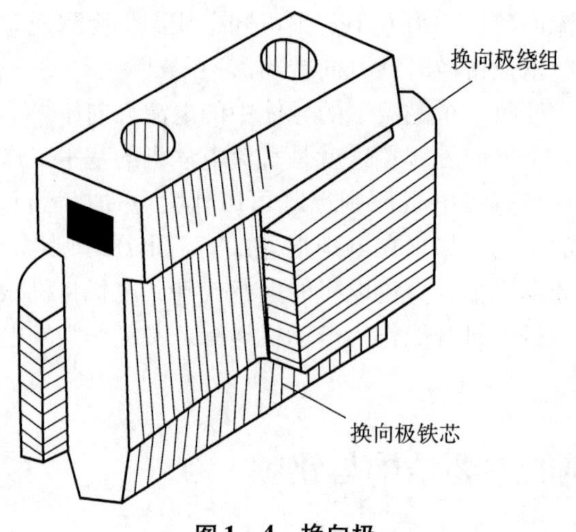


图 1-4　换向极

**3. 机座**

电机定子部分的外壳称为机座。机座通常由铸钢或厚钢板焊接而成，它是电机的机械支撑，用来固定主磁极、换向极和端盖；同时，它也是电机磁路的一部分，在磁路中，机座部分的磁路常称为磁轭。

**4. 电刷装置**

电刷装置的作用是将直流电压、直流电流引入或引出。它由铜丝辫、压紧弹簧、电刷和刷握构成，如图 1-5 所示。电刷由石墨制成，固定在刷握内，用弹簧压紧在换向器上，刷握固定在刷杆上，刷杆装在刷架上，彼此之间都绝缘。刷架装在端盖或轴承内盖上，调整位置以后，将它固定。

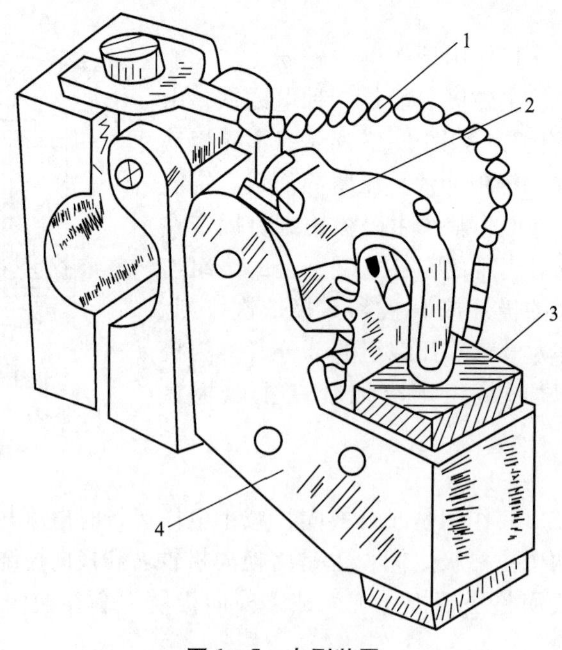


图 1-5　电刷装置

1—铜丝辫；2—压紧弹簧；3—电刷；4—刷握

### 1.2.2　直流电机的转子部件

**1. 电枢铁芯**

电枢铁芯是电机主磁路的主要部分。为减小电机内的铁芯损耗，电枢铁芯常采用 0.5 mm 厚的硅钢片冲压叠装而成，如图 1－6 所示。铁芯冲片圆周外缘均匀地冲有许多齿和槽，槽内安放电枢绕组。有的冲片上还冲有许多圆孔，以形成改善散热的轴向通风孔。

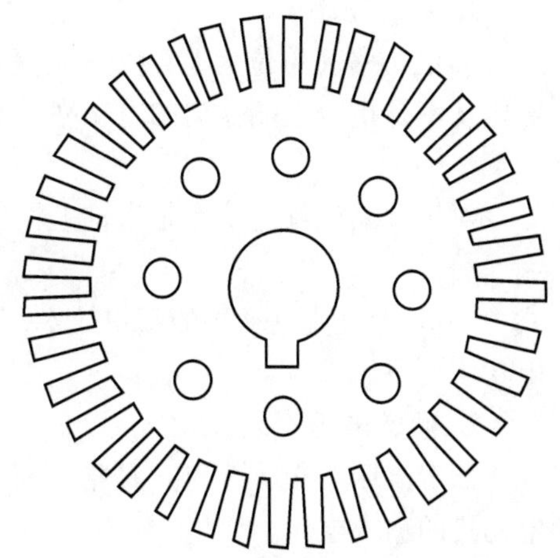

**图 1－6　电枢铁芯冲片**

**2. 电枢绕组**

电枢绕组是由一定数目按一定规律连接的线圈组成的。它是用来感应电动势和通过电流的，是直流电机电路的主要部分。线圈一般用带绝缘的圆形或矩形截面导线绕制而成，嵌放在电枢铁芯槽中，线圈的一条有效边嵌放在某个槽的上层，另一条有效边则嵌放在另一槽的下层，如图 1－7 所示。

**3. 换向器**

换向器也是直流电机的重要部件。它是由许多彼此绝缘的换向片构成的，作用是将电刷上通过的直流电流转换为绕组内的交变电流，或将绕组内的交变电动势转换为电刷端上的直流电动势。电枢绕组的每个线圈两端分别焊接在两个换向片上，换向片之间用云母绝缘，换向器的结构如图 1－8 所示。

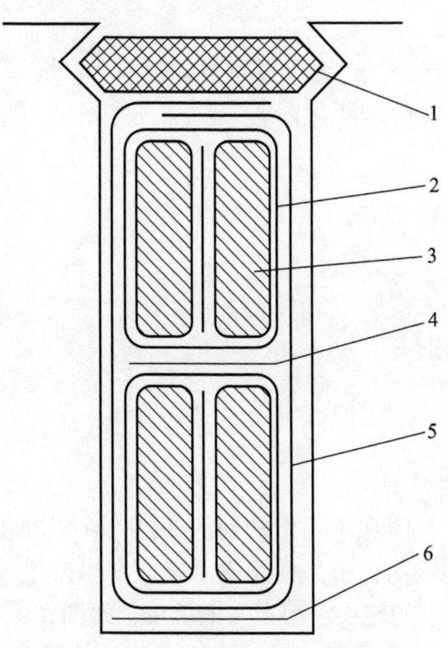


**图 1－7　电枢绕组在槽中的绝缘情况**

1—槽楔；2—线圈绝缘；3—导体；
4—层间绝缘；5—槽绝缘；6—槽底绝缘

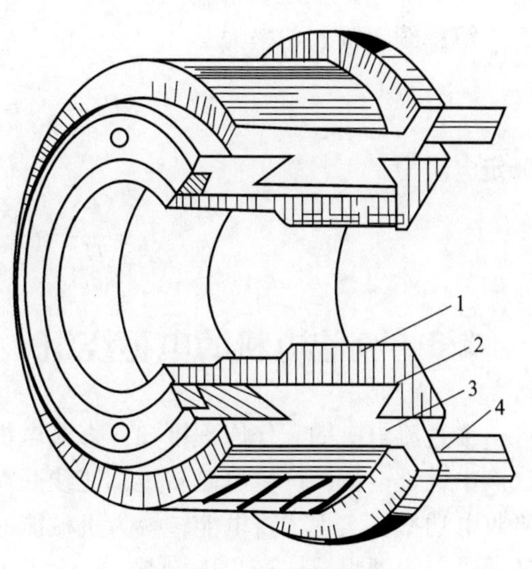


**图 1－8　换向器结构**

1—连接片；2—换向片；3—云母环；
4—V 形套筒

### 1.2.3　直流电机的铭牌数据

**1. 额定功率 $P_N$**

额定功率（单位为 kW 或 W）是指电机在额定条件下运行时的输出功率。对于发电机额定功率是指电枢端输出的电功率，有

$$P_N = U_N I_N \tag{1-1}$$

对于电动机额定功率是指轴上输出的机械功率，有

$$P_N = U_N I_N \eta_N \tag{1-2}$$

式中，$\eta_N$ 为直流电动机的额定效率，它是直流电动机额定运行时输出机械功率与电源输入电功率之比。

**2. 额定电压 $U_N$**

额定电压（单位为 V）是指电机在额定条件下运行时，直流发电机的输出电压或直流电动机的输入电压。

**3. 额定电流 $I_N$**

额定电流（单位为 A）是指在额定电压和额定负载时允许直流电动机长期输入的电流或允许直流发电机长期输出的电流。

**4. 额定转速 $n_N$**

额定转速（单位为 r/min）是指电机在额定电压和额定负载时的转速。

电机在实际应用时，是否处于额定运行状态，要由负载大小决定。一般不允许电机超过额定值运行，因为这会降低电机的使用寿命，甚至损坏电机；但电机长期处于低负载下工作，就不能得到充分利用，效率降低、浪费能量，所以应根据负载情况选用电机，使电机接近于额定状态运行，才是经济合理的。

**例 1-1**　一台直流发电机，其额定功率 $P_N = 145$ kW，额定电压 $U_N = 230$ V，额定效率 $\eta_N = 90\%$，求该发电机的输入功率 $P_1$ 及额定电流 $I_N$ 各为多少？

**解：** 额定输入功率为

$$P_1 = \frac{P_N}{\eta_N} = \frac{145}{0.9} = 161\ (\text{kW})$$

额定电流为

$$I_N = \frac{P_N}{U_N} = \frac{145 \times 10^3}{230} = 630.4\ (\text{A})$$

## 1.3　直流电机的电枢绕组

由直流电机的工作原理可知，直流电机必须具有能在磁场里转动的线圈。在电动机里，线圈中通过电流，产生电磁转矩，使线圈在磁场里转动，于是在线圈中感应产生反电动势，吸收电功率，实现了将电能转换为机械能的机电能量的转换。而在发电机里，线圈在磁场里转动时，线圈中感应产生电动势，通过换向器及电刷向外输出，接上负载后，电流流过线圈，产生制动性的电磁转矩，吸收机械功率，实现了机械能转换为电能的机电能量的转换。由此可见，在直流电机中，这种能在磁场中转动的线圈是实现机电能量转换的枢纽，所以直

流电机的转子称为电枢。

在实际电机中，电枢表面上均匀分布的槽内嵌放着许多线圈，这些线圈按一定规律连接起来，构成直流电机的电枢绕组，以便通过一定大小的电流和感应产生足够的电动势。实质上，电枢绕组就是直流电机的主要电路，所以它是直流电机的核心部分。

### 1.3.1　电枢绕组的基本知识

**1. 电枢绕组元件**

电枢绕组是由许多个形状完全一样的单匝绕组元件（也可以是多匝元件）以一定的规律连接起来的。构成绕组的线圈也称为绕组元件，元件的个数用 $S$ 表示。

所谓单匝元件，就是每个元件的元件边（一个元件有两个元件边）里仅有一根导体；对于多匝元件来说，一个元件边里就不止一根导体了。不管一个元件里有多少匝，引出线只有两根：一根称为首端；另一根称为尾端。同一个元件的首端和尾端分别连接到不同的换向片上，而各个元件之间又是通过换向片彼此连接起来的。这样就必须在同一个换向片上，既连有一个元件的首端，又连有另一个元件的尾端。可见，整个电枢绕组的元件数 $S$ 应等于换向片数，若用 $K$ 表示换向片的数目，则 $S=K$。

元件嵌在电枢铁芯的槽里，如图 1－9 所示。从图中可以看出，元件的一个边仅占了 1/2 个电枢槽，即同一个元件的一个元件边占了某一个槽的上半槽，另一个元件边占了另一个槽的下半槽。同一个槽里能嵌放两个元件边，而一个元件又正好有两个元件边，这样电枢上的槽数 $Z$ 应该等于元件数 $S$，即 $Z=S$。

**2. 节距**

表征电枢绕组元件本身和元件之间连接规律的数据为节距。直流电机电枢绕组的节距有第 1 节距 $y_1$、第 2 节距 $y_2$、合成节距 $y$ 和换向器节距 $y_K$ 4 种，如图 1－10 所示。

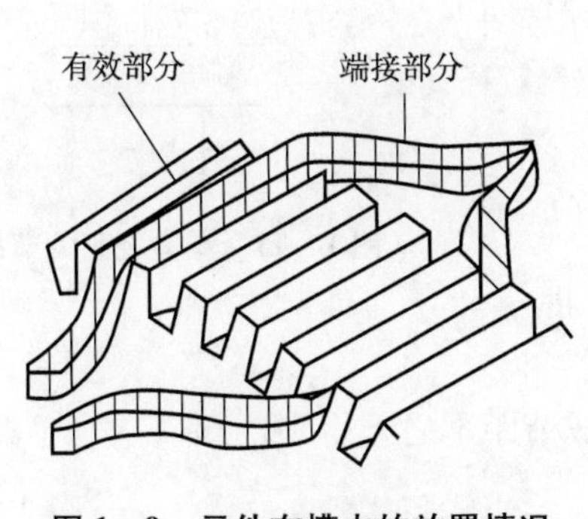


**图 1－9　元件在槽内的放置情况**

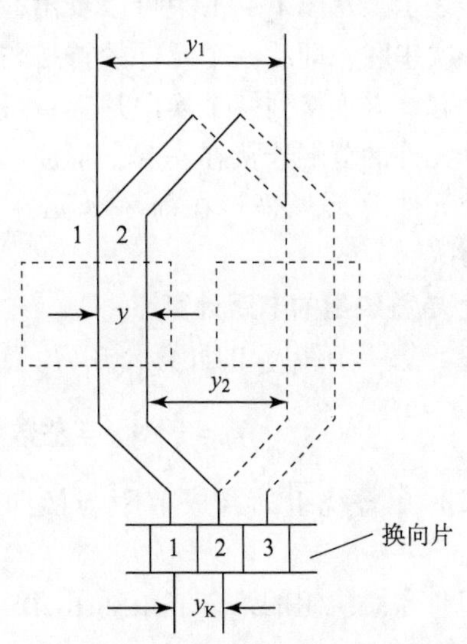


**图 1－10　单叠绕组元件连接图**

（1）第 1 节距 $y_1$：同一个元件的两个元件边在电枢圆周上所跨的距离，用槽数表示，称为第 1 节距 $y_1$。一个磁极在电枢圆周上所跨的距离称为极距 $\tau$，当用槽数表示时，极距的

表达式为

$$\tau = \frac{Z}{2p} \tag{1-3}$$

式中，$p$ 为磁极对数。

为使每个元件的感应电动势最大，第 1 节距 $y_1$ 应等于一个极距 $\tau$，但 $\tau$ 不一定是整数，而 $y_1$ 必须是整数，为此，一般取第 1 节距为

$$y_1 = \frac{Z}{2p} \pm \varepsilon = \text{整数} \tag{1-4}$$

式中，$\varepsilon$ 为小于 1 的数。

（2）第 2 节距 $y_2$：第一个元件的下层边与直接相连的第二个元件的上层边之间在电枢圆周上的距离，用槽数表示，称为第 2 节距 $y_2$。

（3）合成节距 $y$：连至同一换向片上两个元件对应边之间的距离，即第一个元件的上层边与第二个元件的上层边之间的距离，或第一个元件的下层边与第二个元件的下层边之间的距离。

（4）换向器节距 $y_K$：每个元件的首、末两端所连接的两片换向片在换向器圆周上所跨的距离，用换向片数表示，称为换向器节距 $y_K$。换向器节距 $y_K$ 与合成节距 $y$ 总是相等的，即

$$y_K = y \tag{1-5}$$

### 1.3.2　单叠绕组

单叠绕组的特点是相邻元件相互叠压，如图 1-11 所示。图中上层元件边（首端）用实线表示，下层元件边（末端）用虚线表示。从图 1-11 中可以看出，单叠绕组的所有相邻元件依次串联，即后一个元件的首端与前一个元件的末端连接在一起，并连接到一个换向片上，最后一个元件的末端与第一个元件的首端连接在一起，形成一个闭合的回路。由于后一个元件总是“叠”在前一个元件上，所以形象地称为“叠绕组”。

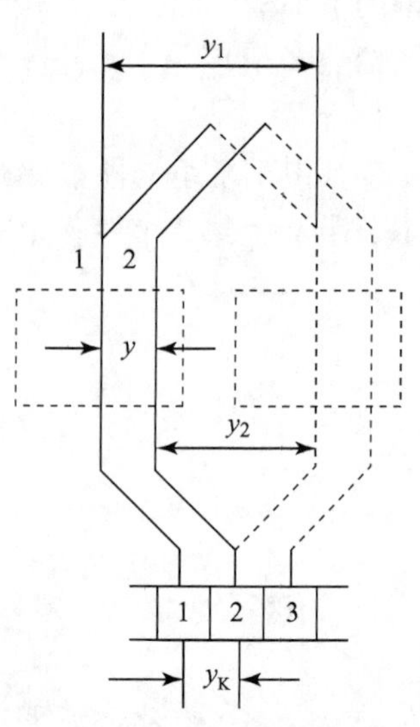

**图 1-11　单叠绕组的节距**

**1. 单叠绕组的节距计算**

（1）第 1 节距 $y_1$ 的计算公式为

$$y_1 = \frac{Z}{2p} \pm \varepsilon = \text{整数} \tag{1-6}$$

（2）单叠绕组的合成节距与换向器节距相同，即 $y = y_K = 1$。

（3）单叠绕组的第 2 节距 $y_2$ 由第 1 节距 $y_1$ 和合成节距 $y$ 之差得到，即

$$y_2 = y_1 - y \tag{1-7}$$

**2. 单叠绕组的展开图**

绕组展开图就是把放在电枢铁芯槽里的所有元件均取出来，画在同一张图里，以表示槽里各元件彼此在电路上的连接情况。因此，绕组展开图是一个原理图，并非实际电枢绕组的

结构图，它仅仅有助于了解电枢绕组在电路上的连接情况。除元件外，展开图中还包括主磁极、换向片和电刷，以表示元件间、电刷与主磁极间的相对位置关系。

在画绕组展开图之前，要先根据给定的极数 $2p$、槽数 $Z$、元件数 $S$ 和换向片数 $K$ 计算出元件的各节距，然后才能画图。下面通过一个具体的例子，说明如何画绕组的展开图。

**例 1－2**　已知一台直流电机的极数 $2p=4$，$Z=S=K=16$，画出它的右行单叠绕组的展开图。

**解：**

第一步：计算各节距。

第 1 节距 $y_1$：

$$y_1=\frac{Z}{2p}\pm\varepsilon=\frac{16}{4}=4$$

合成节距 $y$ 和换向器节距 $y_K$：

$$y=y_K=1$$

第 2 节距 $y_2$：

$$y_2=y_1-y=4-1=3$$

第二步：按照元件的节距画绕组的展开图。先画 16 根等长、等距的实线，代表各槽上层元件边，再画 16 根等长等距的虚线，代表各槽下层元件边。让虚线与实线靠近一些，实际上一根实线和一根虚线代表一个槽（指虚槽），依次把槽编上号码，如图 1－12 所示。

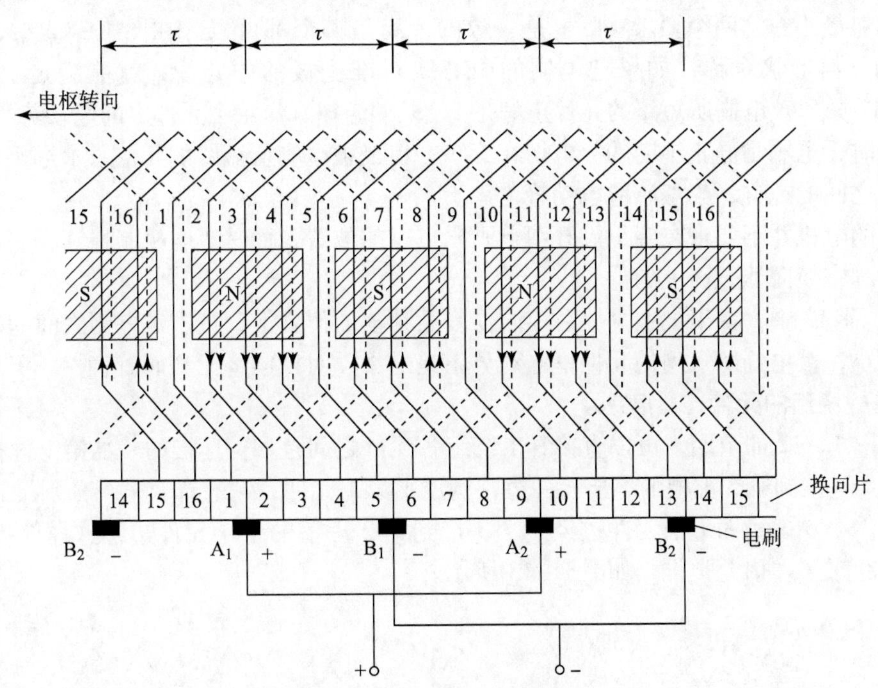


**图 1－12　单叠绕组展开图**

第三步：放磁极。让每个磁极的宽度约等于 0.7 极距，图中用 $\tau$ 表示极距，4 个磁极均匀分布在各槽之上，并标上 N、S 极性。

第四步：画 16 个小方块代表换向片，并标上号码。为了能连出形状对称的元件，换向片的编号应与槽的编号有一定的对应关系（由第 1 节距 $y_1$ 考虑）。

第五步：连接绕组。由第 1 换向片经第 1 槽上层（实线），根据第 1 节距 $y_1=4$，应该连到第 5 槽的下层（虚线），然后回到换向片 2。注意，中间隔了 4 个槽，如图 1－12 所示。由图可以看出，这时元件的几何形状是对称的。由于是右行单叠绕组，所以第 2 换向片应与第 2 槽上层（实线）相连接。当然，第 2 槽上层元件边应和第 6 槽下层（虚线）相连，这就画出了第 2 元件，之后再回到第 3 换向片。按此规律连接，一直把 16 个元件全部连接起来为止。

校核第 2 节距：第 1 元件放在第 5 槽的下层边与放在第 2 槽第 2 元件的上层边，它们之间满足 $y_2=3$ 的关系。其他元件也如此。

第六步：确定每个元件边里导体感应电动势的方向。从图 1－12 所示瞬间可以看出，1、5、9、13 元件正好位于两个主磁极的中间，该处气隙磁通密度为零，所以不产生感应电动势。其余的元件中感应电动势的方向可根据电磁感应定律的右手定则找出来。在图 1－12 中，由于磁极是放在电枢绕组上面的，N 极的磁感应线在气隙里的方向是进纸面的，S 极是出纸面的，电枢从右向左旋转，所以在 N 极下的导体电动势是向下的，在 S 极下是向上的。

第七步：放电刷。在直流电机里，电刷组数也就是刷杆的数目与主极的个数一样多。对本例来说，就是 4 组电刷，它们均匀地放在换向器表面圆周方向的位置。每个电刷的宽度等于每一个换向片的宽度。

放电刷的原则：要求正、负电刷之间得到最大的感应电动势，或被电刷所短路的元件中感应电动势最小，这两个要求实际上是一致的，满足哪个都可以。在图 1－12 中，由于每个元件的几何形状对称，如果把电刷的中心线对准主极的中心线，就能满足上述要求。在图 1－12 中，被电刷所短路的元件正好是 1、5、9、13，这 4 个元件中的电动势恰好为零。实际运行时，电刷是静止不动的，电枢在旋转，但是被电刷所短路的元件，永远都是处于两个主磁极之间的地方，当然感应电动势为零。

实际的电机并不要求在绕组展开图上画出电刷的位置，而是等电机制造好，用试验的方法确定电刷在换向器表面上的位置。

在图 1－12 中，如果把电刷放在换向器表面其他的位置上，正、负电刷之间的感应电动势都会减小，被电刷所短路的元件里电动势不是最小，对换向将无利而有害。

**3. 单叠绕组的元件连接顺序**

根据图 1－12 的节距，可以直接看出绕组各元件之间是如何连接的。如第 1 虚槽上层元件边经 $y_1=4$ 接到第 5 虚槽的下层元件边，构成了第 1 元件，它的首、末端分别接到第 1、2 换向片上。第 5 虚槽的下层元件边经 $y_2=3$ 接到第 2 虚槽的上层元件边，这样就把第 1、2 元件连接起来了。依此类推，如图 1－13 所示。

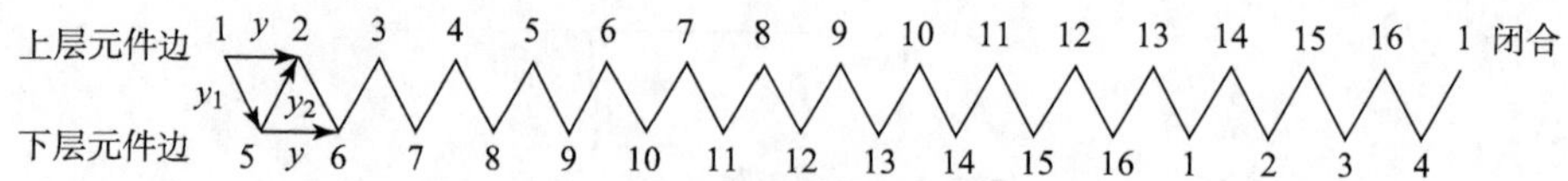


**图 1－13　单叠绕组连接次序表**

由图 1－13 可以看出，从第 1 元件开始，绕电枢一周，把全部元件边都串联起来，之后又回到第 1 元件的起始点 1。可见，整个绕组是一个闭路绕组。

**4. 单叠绕组的并联支路图**

按照图 1－13 各元件连接的顺序，可以得到如图 1－14 所示的单叠绕组并联支路图。由图可见，单叠绕组并联支路对数 $\alpha$（每两个支路算一对）等于极对数 $p$，即

$$\alpha = p$$

同理，单叠绕组电刷杆数等于极数。

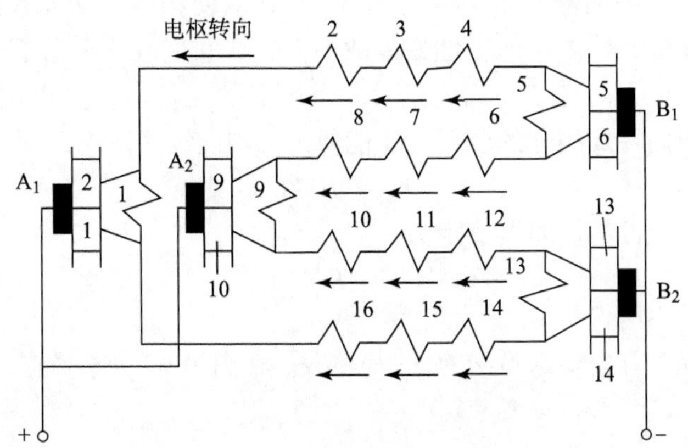


**图 1－14　单叠绕组的并联支路图**

**5. 单叠绕组的特点**

综上所述，单叠绕组具有以下特点：

（1）$y = y_K = 1$。

（2）位于同一磁极下的各元件串联起来组成了一个个支路，即支路对数等于极对数，即

$$\alpha = p$$

（3）电刷数等于主磁极数，电刷位置应使支路感应电动势最大，电刷间电动势等于并联支路电动势。

（4）电枢电流等于各并联支路电流之和。

## 1.3.3　单波绕组

单波绕组是另一种绕组的基本形式，其连接规律和单叠绕组不同，如图 1－15 所示。它是把相隔约两个极距，在磁场中位置差不多相对应的元件连接起来。

如果电机作为电动机运行，这样连接可以保证元件中通过电流时能产生同方向的电磁力，从而也可以使电机产生的总电磁转矩为最大。这种绕组连接的特点是元件两个出线端所连接的换向片相隔较远，相串联的两个元件也相隔较远。这样连接起来的元件的形

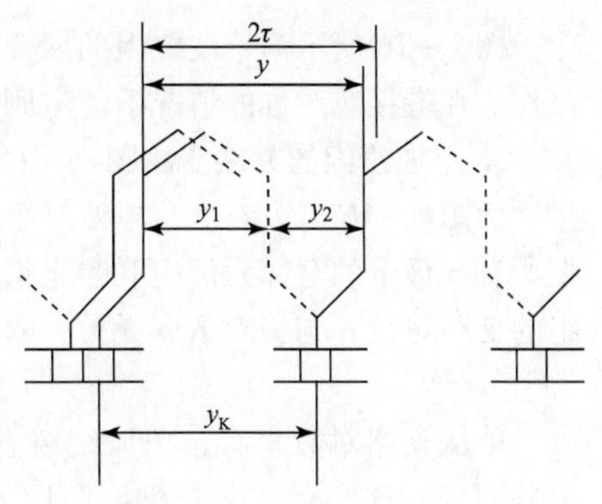


**图 1－15　单波绕组的节距**

式犹如波浪一样向前延伸，所以称为波绕组。又由于顺着串联元件绕电枢一周以后，元件的末端不能与起始元件上层元件边所连的换向片相连接，而必须与其相邻的换向片相连接，否则元件绕电枢一周以后就闭合，无法再把元件继续连接下去。这样，起始换向片与绕电枢一周后所连接换向片相距为一个换向片的距离，所以这种波绕组称为单波绕组。

**1. 单波绕组的节距计算**

（1）第1节距 $y_1$ 的计算与单叠绕组的完全一样。

（2）合成节距 $y$ 和换向器节距 $y_K$。选择 $y_K$ 时，应使相串联的元件感应电动势同方向。首先，应把两个串联的元件放在同极性磁极的下面，让它们在空间位置上相距约两个极距；其次，当沿圆周向一个方向绕了一周，经过 $p$ 个串联的元件后，其末尾所连的换向片 $py_K$，必须落在与起始的换向片1相邻的位置，才能使第二周继续往下连，即

$$py_K = K \mp 1 \tag{1-8}$$

因此，单波绕组元件的换向器节距为

$$y_K = \frac{K \mp 1}{p} \tag{1-9}$$

式中，正负号的选择，首先要满足 $y_K$ 是一个整数。在满足 $y_K$ 为整数时，一般都取负号。合成节距 $y = y_K$。

（3）第2节距 $y_2$：

$$y_2 = y - y_1 \tag{1-10}$$

**2. 单波绕组的展开图**

下面通过一个具体示例，介绍单波绕组的展开图。

**例1-3**　已知一台直流电机的数据为 $2p=4$，$Z=S=K=15$，连成单波绕组时的各节距为

$$y_1 = \frac{Z}{2p} \pm \varepsilon = \frac{15}{4} + \frac{1}{4} = 4$$

$$y_K = \frac{K \mp 1}{p} = \frac{15-1}{2} = 7$$

$$y = y_K = 7$$

$$y_2 = y - y_1 = 7 - 4 = 3$$

图1-16所示为单波绕组的展开图。至于磁极、电刷位置及电刷极性判断都与单叠绕组一样。在端接线对称的情况下，电刷中心线仍要对准磁极中心线。

**3. 单波绕组的并联支路图**

由图1-16可以看出，单波绕组是把所有N极下的全部元件串联起来组成了一个支路，把所有S极下的全部元件串联起来组成了另一支路。由于磁极只有N、S之分，所以单波绕组的支路对数 $\alpha$ 与极对数 $p$ 无关，永远为1，即

$$\alpha = 1$$

单从支路对数来看，单波绕组有两个刷杆就能进行工作。在实际使用中，仍然要装上全额刷杆，这样有利于电机换向以及减小换向器轴向尺寸。只有在特殊情况下可以少用刷杆。

单波绕组的并联支路图如图1-17所示。

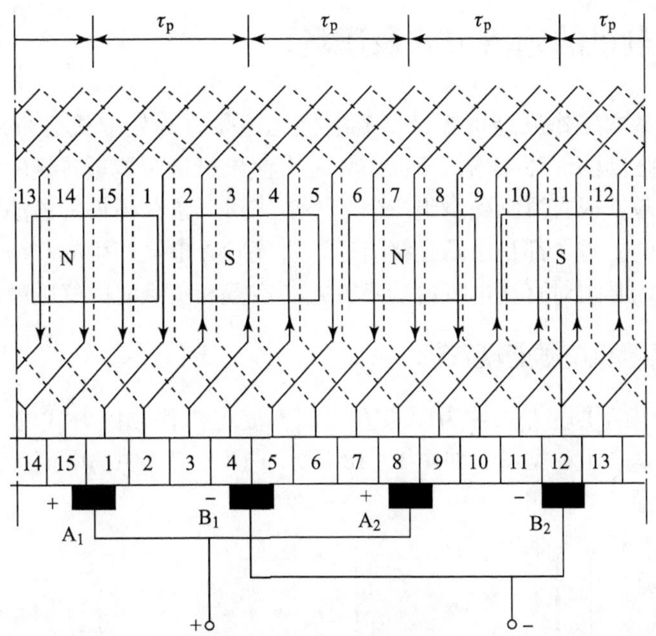


图 1－16　单波绕组的展开图

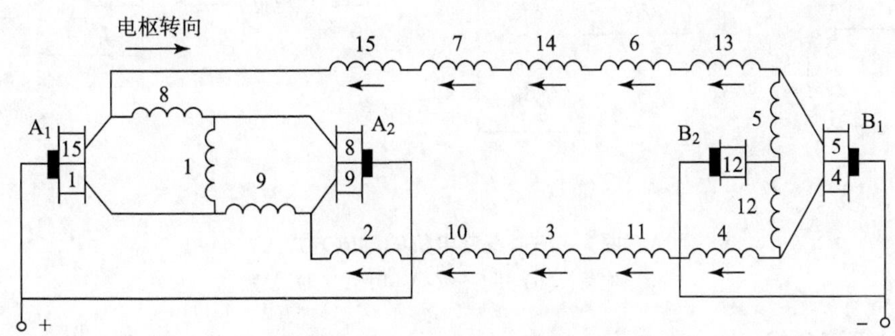


图 1－17　单波绕组的并联支路图

**4. 单波绕组的特点**

（1）同极性下各元件串联起来组成一个支路，支路对数 $\alpha = 1$，与极对数 $p$ 无关。

（2）当元件的几何形状对称，电刷在换向器表面上的位置对准主磁极中心线时，支路电动势最大（正、负电刷间电动势最大）。

（3）电刷杆数也应等于极对数（采用全额电刷）。

从上面分析单叠绕组与单波绕组来看，在电机的极对数（极对数要大于 1）、元件数以及导体截面积相同的情况下，单叠绕组并联支路数多，每个支路里的元件数少，适用于较低电压、较大电流的电机。对于单波绕组，由于支路对数永远等于 1，在总元件数相同的情况下，每个支路里含的元件数较多，所以这种绕组适用于较高电压、较小电流的电机。

## 1.4 直流电机的励磁方式及磁场

由直流电机的基本工作原理可知，直流电机无论是作为发电机运行还是作为电动机运行，必须具有一定强度的气隙磁场，所以磁场是直流电机进行能量转换的媒介。直流电机的磁场，可以由永久磁铁或直流励磁绕组产生。一般来讲，永久磁铁的磁场比较弱，所以现在绝大多数直流电机的主磁场都是由励磁绕组通以直流励磁电流产生的。为此，在分析直流电机的运行原理之前，必须对直流电机的励磁方式、空载和负载时的气隙磁场进行分析。

### 1.4.1 直流电机的励磁方式

主磁极励磁绕组的供电方式称为励磁方式。直流电机按励磁方式的不同，可以分成他励、并励、串励、复励 4 种类型，如图 1 – 18 所示。图 1 – 18 中的电流正方向是以电动机为例设定的。

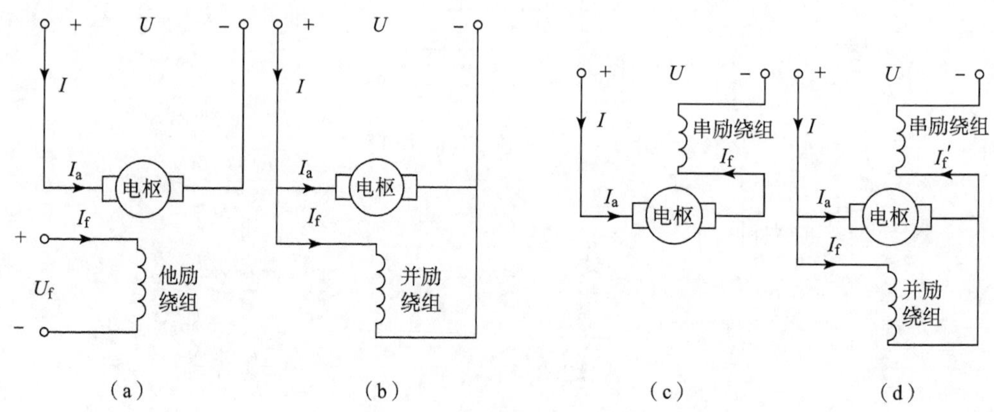


**图 1 – 18 直流电机的励磁方式**

（a）他励；（b）并励；（c）串励；（d）复励

**1. 他励直流电机**

他励直流电机的励磁绕组由其他直流电源供电，与电枢绕组之间没有电的联系，如图 1 – 18（a）所示。

**2. 并励直流电机**

并励直流电机的励磁绕组与电枢绕组并联，如图 1 – 18（b）所示。励磁电路端电压等于电枢电路端电压。

**3. 串励直流电机**

串励直流电机的励磁绕组与电枢绕组串联，如图 1 – 18（c）所示。励磁回路的励磁电流等于电枢回路的电枢电流。

**4. 复励直流电机**

复励直流电机的主磁极上有两套励磁绕组：一套与电枢绕组并联；另一套与电枢绕组串联，如图 1 – 18（d）所示。两套绕组产生的磁动势方向相同时称为积复励，磁动势方向相反时称为差复励，积复励方式较常用。

直流电机的励磁方式不同，运行特性和适用场合也不同。

### 1.4.2　直流电机的空载磁场

直流电机空载是指电机电枢电流（或输出功率）为零的运行状态。在直流电动机中，空载即机械轴上无任何机械负载；在直流发电机中，空载即电刷两端未连接任何电气负载，电枢处于开路状态。直流电机的空载磁场可以看作是由定子的励磁磁势单独产生，该磁场又称为主磁场。下面对直流电机的空载主磁场进行分析。

**1. 空载主磁场的分布**

图 1－19 所示为一台四极直流电机空载时的主磁场示意图。当励磁绕组通以直流励磁电流 $I_f$ 时，每极磁势为

$$F_f = N_f I_f \tag{1-11}$$

式中，$N_f$ 为每一个磁极上励磁绕组的总匝数。

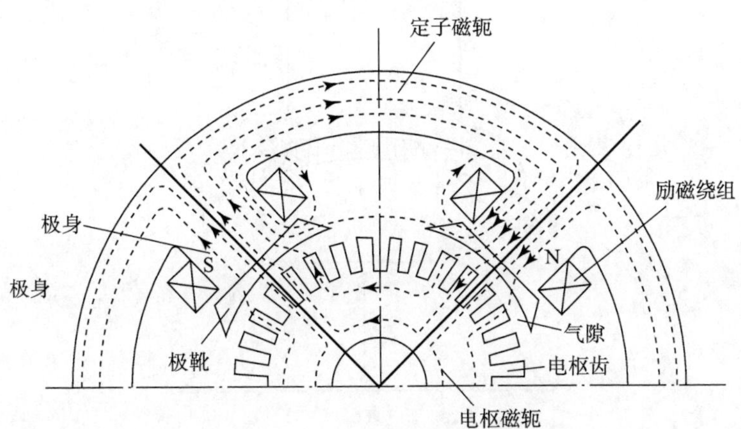


**图 1－19　直流电机空载时的磁场分布**

在励磁磁势 $F_f$ 的作用下，电机磁路内所产生的磁力线如图 1－19 所示。由图 1－19 可知，大部分磁力线经由主磁极铁芯、气隙进入电枢铁芯，这部分磁力线对应的磁通称为主磁通，用 $\Phi_0$ 表示。显然，主磁通与励磁绕组和电枢绕组同时匝链。主磁通所经过的磁路称为主磁路。除此之外，还有一小部分磁力线不经过气隙仅与励磁绕组匝链，这部分磁通称为主极漏磁通。在直流电机中，进入电枢里的主磁通是主要的，它能在电枢绕组中感应电动势，或者产生电磁转矩；而漏磁通却没有这个作用，它只是增加主磁极磁路的饱和程度。主、漏磁通的定义为：那些同时链着励磁绕组和电枢绕组的磁通是主磁通；只链着励磁绕组本身的是主极漏磁通。主极漏磁通在数量上比主磁通要小，约为主磁通的 20%。

由图 1－19 可知，每一主磁路由 5 部分组成：主磁极，定、转子之间的气隙，电枢齿，电枢磁轭，定子磁轭。其中，除了气隙是空气介质，其磁导率 $\mu_0$ 是常数外，其余各段磁路用的材料均为铁磁材料，它们的磁导率彼此并不相等，即使是同一种铁磁材料，磁导率也并非是常数。

**2. 空载磁场气隙磁通密度的分布曲线**

根据磁路定律，产生空载磁场的励磁磁通势全部降落于气隙和铁磁材料这两大部分之

中，即励磁磁通势为气隙磁通势和铁磁材料磁通势之和。虽然气隙长度在整个闭合磁路中只占很小的一部分，但是由于空气的磁导率远比铁磁材料的磁导率小，所以气隙的磁阻极大。可以认为，磁路的励磁磁通势几乎都消耗在气隙部分，而对应产生的磁场常称为空载气隙磁场。

空载时，励磁磁动势主要消耗在气隙上。当忽略铁磁材料的磁阻时，主磁极下气隙磁通密度的分布就取决于气隙的大小和形状。由于在磁极极靴范围内气隙较小，磁阻最小，因此气隙磁通密度在极靴范围内达到最大值且均匀分布。在极靴的两端，气隙是越向外越大，磁阻也越来越大，气隙磁通密度减小的很快，到两极间的几何中性线上气隙磁通密度急剧下降到零。

因此，在一个磁极极距范围内，气隙磁通密度 $B_\delta$ 的分布曲线近似为梯形，如图 1－20 所示。

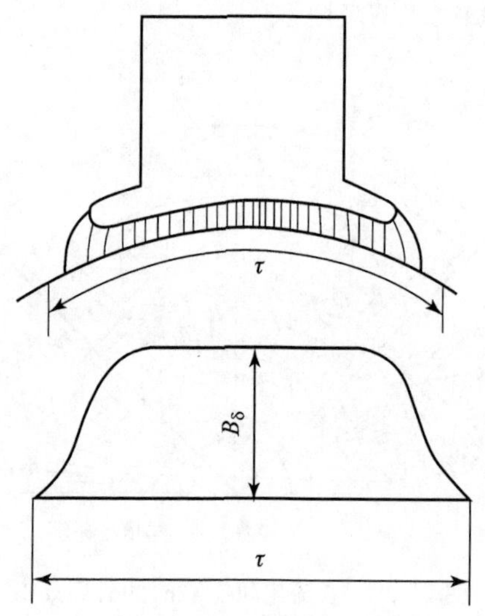


**图 1－20　空载时直流电机的气隙磁通密度波形**

**3. 直流电机的空载磁化曲线**

空载时，主磁通 $\Phi_0$ 的大小仅取决于励磁磁动势 $F_f(F_f=NI_f)$ 的大小和主磁路各段磁阻的大小。由于电机的磁路材料及其几何尺寸已确定，即磁阻已确定，而励磁绕组的匝数也已确定，因此主磁通 $\Phi_0$ 仅与励磁电流 $I_f$ 有关，两者的关系可由磁化曲线 $\Phi_0=f(I_f)$ 描述，这种关系称为电机的磁化曲线，如图 1－21 所示。

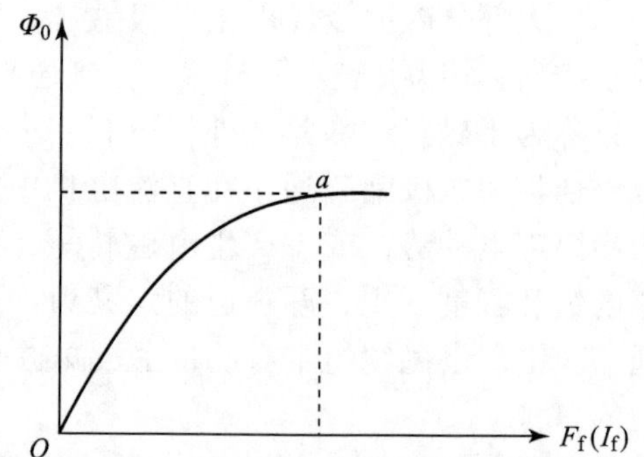


**图 1－21　直流电机的空载磁化曲线**

当主磁通很小时，铁芯没有饱和，此时铁芯的磁阻比气隙的磁阻要小得多，主磁通的大小主要决定于气隙磁阻。由于气隙磁阻是常量，因此主磁通较小时磁化曲线近似于直线；随着励磁电流的增加，铁芯趋于饱和，铁芯磁阻变大，磁通的增加逐渐变慢，磁化曲线开始弯曲；在铁芯饱和之后，磁阻变得很大，磁化曲线非常平缓地上升，此时为了增加较小的磁通就必须增加很大的励磁电流。在额定励磁时，电机一般运行在磁化曲线的膝点（$a$ 点）附近，如图 1 – 21 所示。这样既可获得较大的磁通密度，又不需要太大的励磁电流。

### 1.4.3　直流电机负载时的磁场

直流电机空载时，气隙磁场仅由主磁极建立。当直流电机带上负载时，电枢绕组中有电流流过，电枢电流建立电枢磁动势，将产生电枢磁场。

在分析电枢绕组中电流所产生的电枢磁场的分布情况时，可以首先假设产生主磁极的励磁电流为零，然后在考虑饱和的影响下将两种磁动势合成起来，就可以清楚地看出电枢磁动势对主磁极磁场的影响。

**1. 电枢磁场的分布**

为了画图简便，省去了换向器，并假设电枢是光滑的，导体在电枢表面均匀分布。电刷位于几何中性线上，即直接与几何中性线上的元件边接触。

在直流电机中，由于支路电流是通过电刷引入或引出的，所以电刷是电枢表面电流分布的分界线。在图 1 – 22 中，若电枢上半圆周的导体电流方向为流出，下半圆周的导体电流方向为流入，则根据右手定则，该电枢磁动势所建立的磁场分布如图 1 – 22 中虚线所示。

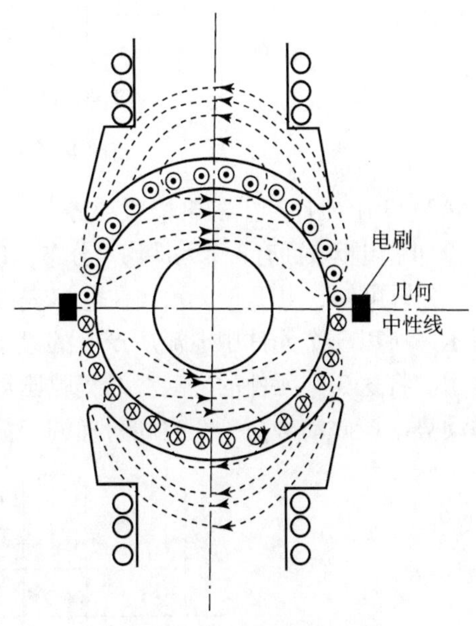


图 1 – 22　电刷在几何中性线上时的电枢磁场

电枢虽然在旋转，但由于电刷和换向器的作用，使得每个极下元件边中电流的方向是固定不变的，所以电枢磁动势以及由它建立的电枢磁场在空间位置上是固定不动的。因此，电枢磁场与主磁极磁场之间是相对静止的。由图 1 – 22 可知，当电刷放在几何中性线上时，电枢磁动势的轴线也在几何中性线上，它与主磁极线正交，称为交轴电枢磁动势。

**2. 电枢磁动势及磁通密度的分布**

为分析清楚整个电枢表面所有元件中电流产生的磁动势的大小，可以利用叠加原理，从电枢表面只有一个元件分析起，逐步增加元件数，直至与实际电枢表面的元件数相同为止。

1）一个元件产生的电枢磁动势

电枢表面只有一个元件时，设想将电枢从几何中性线处切开，展平后如图 1 – 23 所示。假设该元件匝数为 $N_c$，元件中电流为 $I_c$，则元件产生的磁动势为 $N_cI_c$。由全电流定律可知，磁动势 $F_a = N_cI_c$ 降落在闭合磁回路上。为了分析简单起见，忽略铁磁材料的磁阻，则每条磁路上的磁动势将全部降落在两段气隙上。若认为气隙是均匀的，则每段气隙各降落一半的电枢磁动势，即为 $0.5N_cI_c$。假设电枢磁通从电枢表面进入气隙为正，曲线画在横轴上面；反之为负，曲线画在横轴下面。于是可以得到一个元件所产生的电枢磁动势的波形，如图 1 – 23 所示。

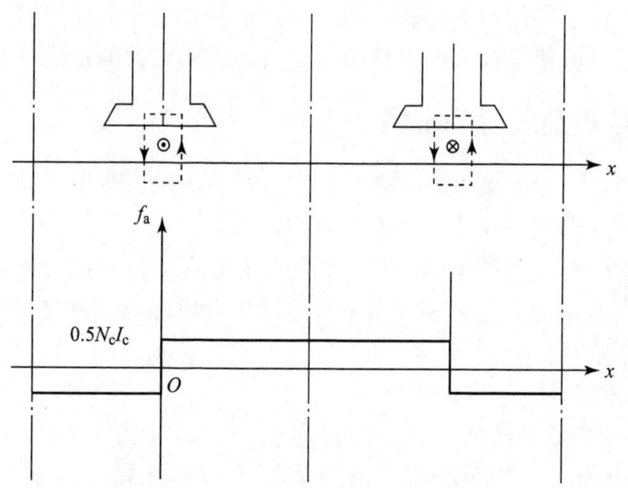


图 1-23　一个元件产生的磁动势

2）3 个元件产生的电枢磁动势

如果电枢表面有 3 个元件均匀分布，且每个元件的导体电流均为 $I_c$，元件匝数均为 $N_c$。根据以上分析可知，由于 3 个元件在电枢表面的空间位置错开一段相同的距离，如图 1-24（a）所示，所以 3 个元件中电流所产生的磁动势也应在空间上错开一定的位置，如图 1-24（b）所示。将这 3 个元件的磁动势沿气隙圆周方向空间各点进行叠加，可以得到 3 个元件产生的磁动势，该磁动势为一个空间阶梯波，如图 1-24（c）所示，其幅值为 $1.5N_cI_c$。

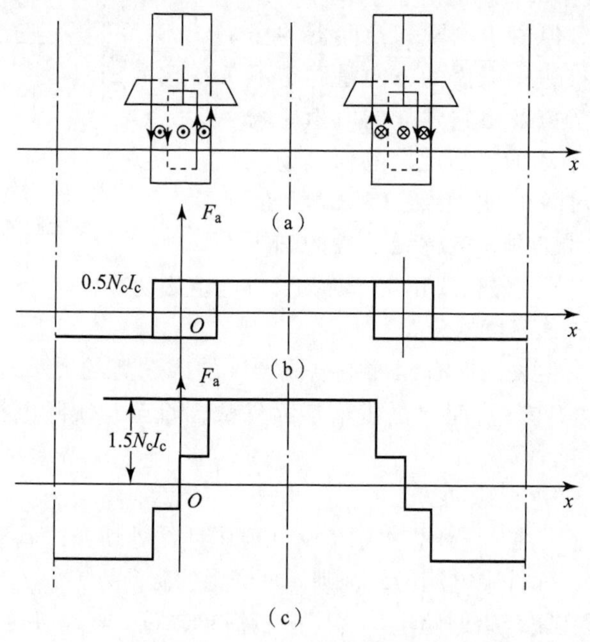


图 1-24　3 个元件产生的磁动势

3）所有元件产生的电枢磁动势

当电枢表面均匀分布着许多元件，且每个元件匝数相同，流过的电流也相同时，每个元件产生的磁动势仍为矩形波，且幅值大小相同。同理，由于每个元件的磁动势互相错开一定的距离，利用上述叠加方法将所有矩形波叠加后，总的电枢磁动势波形为一个阶梯波，如图 1－25（a）所示。当电枢表面的元件有无数多个时，其总的电枢磁动势波形接近于三角形波，如图 1－25（b）中的曲线 1 所示。由图 1－25（b）可知，电枢表面（气隙）不同点的电枢磁动势是不同的，在两主磁极间的几何中性线处，磁动势最大，而在磁极轴线下，磁动势为零。

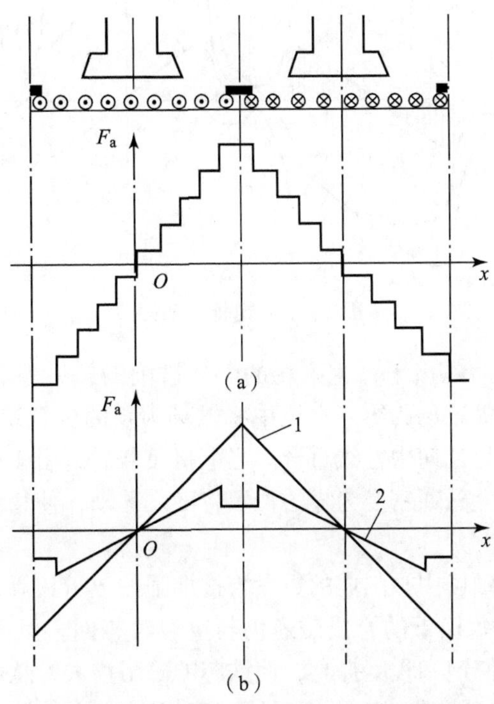


**图 1－25　电刷在几何中性线上时电枢磁动势和磁通密度的分布**

与确定主磁场磁通密度分布曲线一样，忽略铁芯中的磁压降，即可求出电枢磁场的磁通密度沿电枢表面的分布曲线，如图 1－25（b）中的马鞍形曲线 2 所示。这是因为磁通密度与磁动势成正比，但与磁阻成反比。在极靴下，气隙变化小，磁通密度受气隙大小的影响小，仅与磁动势成正比，而在两极之间，由于气隙大，磁通密度被大大削弱，使磁通密度曲线呈马鞍形。

### 1.4.4　直流电机的电枢反应

从前面的分析可知，直流电机带负载后，气隙磁场由主磁极磁动势和电枢磁动势共同建立。直流电机负载时，电枢磁动势对主磁极磁场的影响称为电枢反应。电枢反应对直流电机的运行特性很大。对于发电机来说，它直接影响到电机的感应电动势；对于电动机来说，它将影响到与电机拖动性质有关的电磁转矩和转速。

把主磁场与电枢磁场合成，即可看到电枢磁场的影响。利用叠加原理，可以将按平顶波分布的主磁极磁通密度（图 1－26 中的 $b_0$ 线）与按马鞍形分布的电枢磁通密度（图 1－26 中的 $b_a$ 线）进行叠加，得到直流电机负载时的气隙磁通密度分布（图 1－26 中的 $b_\delta$ 线）。

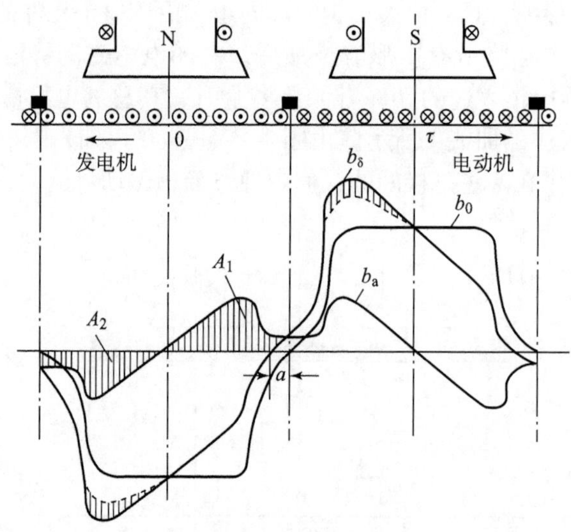


**图 1-26　电枢反应图**

由图 1-26 可知，每个磁极下，主磁场的 1/2 被削弱，另外 1/2 被加强。当电机空载时，几何中性线处的主磁极磁场为零。电机中将磁场为零的位置统称为物理中性线。因此，电机空载时，物理中性线与几何中性线重合。当电机负载后，由于电枢反应的影响，使气隙磁场发生畸变，电枢表面上磁通密度为零的位置将随之移动，使物理中性线与几何中性线不重合。

当磁路不饱和时，主磁场中被削弱的数量与被加强的数量相等，如图 1-26 中所示的面积 $A_1=A_2$。此时，负载时每极下的合成磁通仍与空载时相同。但在实际电机中，由于磁路饱和的影响，增磁部分将使饱和程度提高，使铁芯的磁阻增大，从而使气隙磁通密度比不计饱和时降低，而去磁部分气隙磁通密度与不计饱和时基本一致。因此，负载时每极磁通比空载时略有减小，总体呈现去磁趋势。负载时实际气隙合成磁场如图 1-26 中的虚线所示。

综合上述分析可知，直流电机电枢反应的作用如下：

（1）使气隙磁场发生畸变，物理中性线偏离几何中性线。

（2）考虑饱和时，每极磁通略有减小，即具有一定的去磁作用。

## 1.5　直流电机的感应电动势和电磁转矩

### 1.5.1　感应电动势

当直流电机的电枢旋转时，在气隙磁场的作用下电枢绕组将产生感应电动势 $E_a$，我们所讨论的电动势是指两电刷间的电动势，即电枢绕组每一条支路的感应电动势。从电刷两端看，由于每条支路在任何瞬间所串联的元件数是相等的，而且每条支路里的元件边分布在同一个磁极下的不同位置，所以每个元件内感应电动势的瞬时值是不同的。但是任何瞬时构成支路的情况基本相同，因此每条支路中各元件电动势瞬时值总和可以认为是不变的。要计算支路电动势，只要先求出一根导体的平均电动势 $e_{av}$，再乘以一条支路的总导体数 $N/2a$，就

可以求出电枢感应电动势 $E_a$，即

$$E_a = \frac{N}{2a} e_{av} \tag{1-12}$$

而一根导体的平均感应电动势为

$$e_{av} = B_{av} l v \tag{1-13}$$

式中，$B_{av}$为一个磁极范围内气隙磁通密度的平均值（T）；$e_{av}$为一根导体的平均感应电动势（V）；$l$ 为电枢导体的有效长度（m）；$v$ 为电枢导体运动的线速度（m/s）。

$B_{av}$与每极磁通的关系为

$$B_{av} = \frac{\Phi}{\tau l} \tag{1-14}$$

式中，$\tau$ 为极距（m）。

线速度为

$$v = \frac{2p\tau n}{60} \tag{1-15}$$

将式（1-14）、式（1-15）代入式（1-13），可得

$$e_{av} = \frac{2p\Phi n}{60} \tag{1-16}$$

当电刷与位于几何中性线上的元件相接触时，电枢感应电动势为

$$E_a = \frac{N}{2a} \times 2p\Phi \times \frac{n}{60} = \frac{pN}{60a}\Phi n = C_e \Phi n \tag{1-17}$$

式中，$C_e$ 为一个常数，称为电动势常数，其表达式为

$$C_e = \frac{pN}{60a} \tag{1-18}$$

式中，$p$ 为磁极对数；$a$ 为并联支路对数；$N$ 为电枢总导体数。

### 1.5.2　电磁转矩

当直流电机的电枢绕组中有电流通过时，在气隙磁场作用下将产生电磁转矩 $T_{em}$，电动机运行状态下 $T_{em}$为拖动转矩，带动机械负载旋转，输出机械功率；而在发电机运行状态下，$T_{em}$为制动转矩，阻碍机组旋转，吸收原动机的机械功率。载流导体在磁场中要受到电磁力的作用。根据电磁力定律，任意一个导体所受到的电磁力为

$$f = Bli \tag{1-19}$$

设电枢总电流为 $I_a$，则流过每一根导体的电流为

$$i_a = \frac{I_a}{2a} \tag{1-20}$$

先求出一根导体所受到的平均电磁力 $f_{av}$，即

$$f_{av} = B_{av} l i_a \tag{1-21}$$

则每根导体产生的平均电磁转矩为

$$T_{av} = f_{av} \frac{D}{2} \tag{1-22}$$

式中，$T_{av}$为平均电磁转矩（N · m）；$D$ 为电枢直径（m），$D = 2p\tau/\pi$。

电枢表面共有 $N$ 根导体，则总的电磁转矩为

$$T_{em}=\frac{pN}{2\pi a}\Phi I_a=C_T\Phi I_a \tag{1-23}$$

式中，$C_T$ 为转矩常数，它由电机的结构决定，即

$$C_T=\frac{pN}{2\pi a} \tag{1-24}$$

根据电磁转矩和电枢电动势的表达式，可以得出同一台电机的转矩常数与电动势常数之间的比例关系为

$$C_T=\frac{30}{\pi}C_e=9.55C_e \tag{1-25}$$

## 1.6 直流电机的换向

直流电机运行时，随着电枢的转动，电枢绕组的元件从一条支路被电刷短路后进入另一条支路，元件中的电流随之改变方向的过程称为换向过程（简称换向）。换向不良会产生电火花或环火，严重时将烧毁电刷，导致电机不能正常运行，甚至引起事故。

### 1.6.1 直流电机的换向过程

直流电机每个支路里所含元件的总数都相等，但就某一个元件来说，它一会儿在这个支路里，一会儿又在另一个支路里。同时，某一个元件从一个支路换到另一个支路时，必定要经过电刷。另外，当电机带了负载时，电枢中同一支路里各元件的电流大小与方向都一样，相邻支路里电流大小虽然一样，但方向却是相反的。可见，某一个元件经过电刷，从一个支路换到另一个支路时，元件里的电流必然变换方向。

图 1-27 表示直流电机一个元件的换向过程。图中以单叠绕组为例，且设电刷宽度等于一片换向片的宽度，电枢从右向左运动。换向开始时，电刷正好与换向片 1 完全接触，1 号元件位于电刷右边一条支路，设电流为 $+i_a$，方向为顺时针，如图 1-27（a）所示。换向过程中，电刷同时与换向片 1 和换向片 2 接触，1 号元件被短路，元件中电流为 $i$，如图 1-27（b）所示。当电枢转动到电刷与换向片 2 完全接触时，1 号元件从电刷右边的支路进入电刷左边

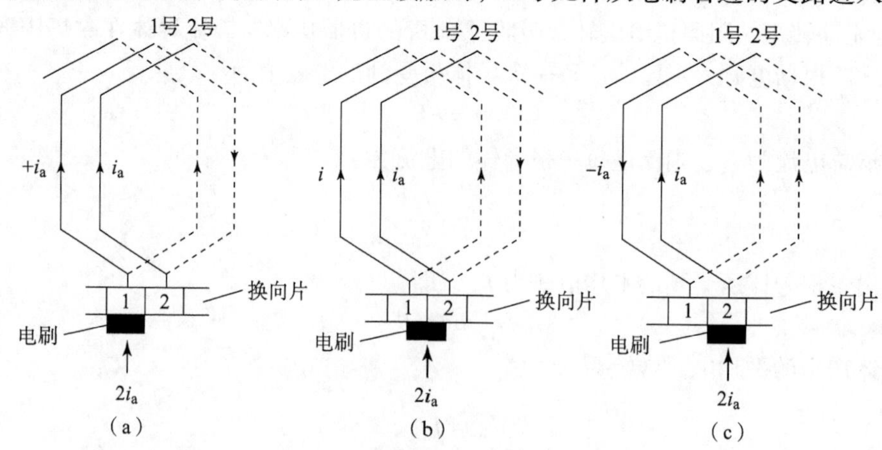


图 1-27　电枢绕组的换向过程

的支路，电流变为逆时针方向，即为 $-i_a$，如图 1－27（c）所示，至此，1 号元件换向结束。处于换向过程中的元件称为换向元件。从换向开始到换向结束所经历的时间称为换向周期。直流电机的换向周期一般只有千分之几秒甚至更短，直流电机在运行时，电枢绕组每个元件在经过电刷时，都要经历上述的换向过程。

换向性能是直流电机运行品质的重要指标。换向不良会在电刷与换向片之间产生火花。当火花大到一定程度，就有可能损坏电刷和换向器表面，使电机不能正常工作。但直流电机运行时，并不是一点火花也不许出现。详细情况请参阅我国有关国家技术标准的规定。

产生火花的原因是多方面的，除电磁原因外，还有机械的原因（如电机振动、换向器偏心、电刷与换向器接触不良等）。由于换向过程中还伴随有电化学、电热等因素，所以换向问题相当复杂，至今尚无完整的理论分析。但是，目前关于换向的理论分析与计算可近似描述换向过程的物理本质，加上人们长期实践中积累的经验，已经能较好地解决现代直流电机的换向问题。

就电磁方面看，换向元件在换向过程中，电流的变化会使换向元件本身产生自感电动势，阻碍换向的进行。如果电刷宽度大于换向片宽度，同时换向的元件不止一个，彼此之间会有互感电动势产生，也起着阻碍换向的作用。自感电动势和互感电动势之和称为电抗电动势。另外，电枢反应磁动势的存在，使处在几何中心线上的换向元件的导体中产生切割电动势，这些电动势的存在会在换向元件中产生电流，这个电流称为附加电流。当附加电流比较大时，可能使得在换向结束时换向元件的附加电流仍不为零，这个电流足够大时会产生火花。

### 1.6.2　改善换向的方法

改善换向的目的在于消除或削弱电刷下的火花。产生火花的原因是多方面的，其中最主要的是电磁原因。为此，下面分析如何消除或削弱电磁原因引起的电磁性火花。

产生电磁性火花的直接原因是附加换向电流。为改善换向，必须限制附加换向电流。因此，应设法增大电刷与换向器之间的接触电阻，或者减小换向元件中的感应电动势。改善换向的方法一般有以下 3 种。

**1. 选用合适的电刷，增加电刷与换向片之间的接触电阻**

电机用电刷的型号规格很多，其中碳－石墨电刷的接触电阻最大，石墨电刷和电化石墨电刷次之，铜－石墨电刷的接触电阻最小。

直流电机如果选用接触电阻大的电刷，则有利于换向，但接触压降较大，电能损耗大，发热厉害，同时由于这种电刷允许的电流密度较小，电刷接触面积和换向器尺寸以及电刷的摩擦都将增大，因而设计制造电机时必须综合考虑两方面的因素，选择恰当的电刷。为此，在使用维修中欲更换电刷时，必须选用与原来同一型号的电刷，如果实在配不到相同牌号的电刷，那就尽量选择特性与原来相接近的电刷，并全部更换。

**2. 装设换向极**

换向极装设在相邻两主磁极之间的几何中性线上，如图 1－28 所示。几何中性线附近一个不大的区域称为换向区，是换向元件的元件边在换向过程中所转过的区域。换向极的作用是让它在换向元件处产生一个磁动势，首先把电枢反应磁动势抵消，使切割电动势为零。同时在换向区建立一个换向极磁场，使换向元件切割该磁场时产生一个与电抗电动势大小相等或近似相等、方向相反的附加电动势，以抵消或明显削弱电抗电动势，从而使换向元件回路中的合成电动势为零或接近于零，换向过程为直线换向或接近于直线换向，火花小，换向良好。

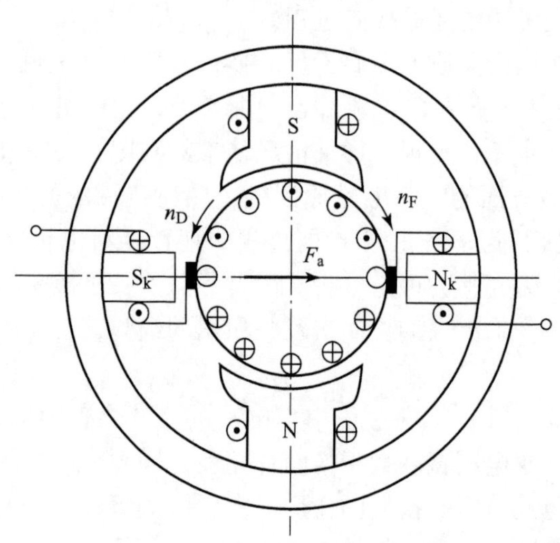


图 1-28 用换向极改善换向

装设换向极是改善换向最有效的方法，容量在 1 kW 以上的直流电机几乎都装有与主磁极数目相等的换向极。

**3. 采用补偿绕组**

电枢反应使磁场发生畸变，负载较大时，气隙磁通密度分布严重畸变，可能使极靴下增磁区域的气隙磁通密度达到很高的值。元件切割该处磁场，产生较高的感应电动势，与这些元件相连的换向片的片间电位差比较高。如果片间电位差超过一定的限度，就会在换向片间产生电位差火花。在换向不利的情况下，这种电位差火花会和电刷与换向器之间的换向火花连成一片，形成跨越正、负电刷之间的电弧，使整个换向器被一圈火环所包围，这种现象称为环火。环火发生时，轻则烧坏电刷和换向器，严重时会烧坏电枢绕组，使电机无法运行。

由以上分析可知，产生环火的主要原因是电枢磁动势使气隙磁场发生畸变。为防止环火，必须设法克服电枢磁动势对气隙磁场的影响，有效的办法是在主磁极上装置补偿绕组。在主磁极极靴上开有均匀分布的槽，槽内嵌放着补偿绕组，使补偿绕组电流的方向与所对应的主磁极下电枢绕组的电流方向相反，确保补偿绕组磁动势和电枢反应磁动势的方向相反，从而补偿电枢反应磁动势的影响。为了使补偿作用在任何负载下都能抵消或明显削弱电枢反应磁动势的影响，补偿绕组应与电枢绕组串联。

装置补偿绕组可以提高电机运行的可靠性，但会使电机结构复杂、成本提高，一般仅用于负载变化剧烈、换向比较困难的大中型电机中。

## 1.7 直流发电机

直流发电机是将机械能转换为电能的电磁装置。它在将机械能转换为电能的过程中，与一切能量转换一样，也要遵循能量守恒定律，即发电机输入的机械能与输出的电能及在能量转换过程中产生的能量损耗之间要保持平衡关系。当发电机带负载时，向外电路输出电功率，电枢绕组中流过电流。绕组中的电流与磁场作用产生电磁转矩，电磁转矩的方向与旋转方向相反，起制动作用。电磁转矩吸收机械功率，为使发电机的转速保持恒定，原动机必须向发电机轴上不断地输入机械功率。

### 1.7.1　直流发电机的基本方程式

直流发电机稳态运行的基本方程式，包括电动势平衡方程式、转矩平衡方程式和功率平衡方程式。以并励直流发电机为例，按照发电机惯例，各物理量的参考方向如图 1-29 所示。电枢电动势 $E_a$ 大于端电压 $U$，电枢电动势 $E_a$ 与电枢电流 $I_a$ 同向。向负载侧看，端电压 $U$ 与输出电流 $I$ 同向。发电机的转向取决于拖动转矩 $T_1$，即 $T_1$ 与转速 $n$ 同向，而电磁转矩 $T$ 与转速 $n$ 反向。对于励磁回路，规定励磁电流 $I_f$ 与励磁电压 $U_f$ 的参考方向相同。

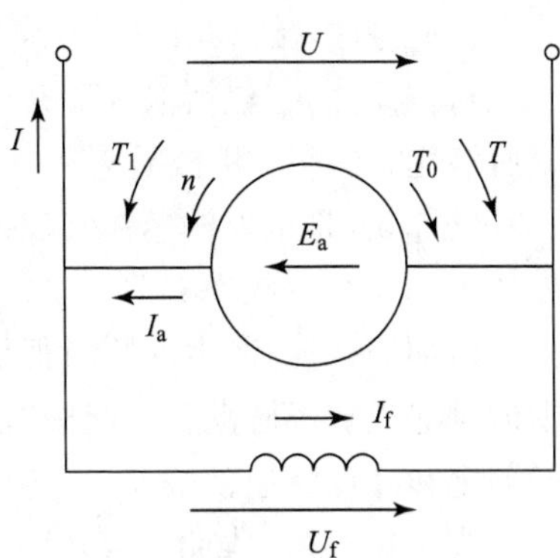


**图 1-29　发电机惯例**

**1. 电动势平衡方程式**

以并励直流发电机为例，按发电机惯例（图 1-29）规定的参考方向，根据基尔霍夫电压定律，可列出电枢回路的电动势平衡方程式为

$$E_a = U + r_a I_a + 2\Delta U_b \tag{1-26}$$

式中，$E_a = C_e \Phi n$，每极磁通量 $\Phi$ 由空载磁化特性和电枢反应决定，即 $\Phi = f(I_f, I_a)$；$r_a$ 为电枢回路串联的各绕组（包括电枢绕组、换向极绕组和补偿绕组等）的总电阻；$2\Delta U_b$ 为正、负电刷接触电阻上的电压降，随 $I_a$ 的变化而变化，在额定负载时一般取 $2\Delta U_b \approx 2$ V。

实际应用中，不单独考虑 $2\Delta U_b$ 的作用，而是把它归入电枢回路总电阻中，电枢回路总电阻通常用 $R_a$ 表示，它包括电枢回路各串联绕组的电阻和电刷接触电阻，于是式（1-26）可写为

$$E_a = U + R_a I_a \tag{1-27}$$

并励直流发电机励磁回路的电压方程式为

$$U_f = R_f I_f \tag{1-28}$$

式中，$U_f$ 为励磁电压，$U_f = U$；$R_f$ 为励磁绕组的电阻。

并励直流发电机的励磁电流 $I_f$ 由电枢电动势供给，因此输出电流 $I = I_a - I_f$。

**2. 转矩平衡方程式**

直流发电机以转速 $n$ 稳态运行时，作用在电枢上的转矩有 3 个：一是原动机的拖动转矩 $T_1$；二是电枢电流与气隙磁场相互作用产生的电磁转矩 $T$，是制动性转矩；三是电机的机械摩擦和铁耗等引起的空载转矩 $T_0$，$T_0$ 总是制动性转矩，如图 1-29 所示。

稳态运行时，拖动转矩与制动转矩相平衡，按图 1-29 中规定的参考方向，有

$$T_1 = T + T_0 \tag{1-29}$$

**3. 功率平衡方程式**

用机械角速度 $\Omega$ 乘以式（1-29）的两边，可得

$$T_1 \Omega = T\Omega + T_0 \Omega \tag{1-30}$$

即

$$P_1 = P_{em} + p_0 \tag{1-31}$$

式中，$P_{em}$为电磁功率，$P_{em}=T\Omega$；$P_1$ 为原动机输出的机械功率，即直流发电机轴上输入的机械功率，$P_1 = T_1\Omega$；$p_0$ 为直流发电机的空载损耗，其表达式为

$$p_0 = T_0\Omega = p_m + p_{Fe} + p_{ad} \tag{1-32}$$

式中，$p_m$ 为机械损耗；$p_{Fe}$为铁耗；$p_{ad}$为附加损耗（或称杂散损耗）。

机械损耗 $p_m$ 包括轴承摩擦、电刷与换向器表面摩擦、电机旋转部分与空气的摩擦以及风扇所消耗的功率。机械损耗 $p_m$ 与电机转速 $n$ 有关，当转速 $n$ 一定时，机械损耗 $p_m$ 几乎为常数。

铁耗 $p_{Fe}$是电枢铁芯在气隙磁场中旋转时所产生的磁滞与涡流损耗。$p_{Fe}$与铁芯中磁通密度的大小和交变频率有关。当励磁电流和转速不变时，$p_{Fe}$基本不变。

附加损耗 $p_{ad}$产生的原因很复杂。例如，电枢反应使气隙磁场畸变，导致铁耗增大；电枢齿槽造成磁场脉动，引起极靴及电枢铁芯的损耗增大等。附加损耗 $p_{ad}$ 相对较小，难以准确测定和计算，通常按 $p_{ad} = (0.5\% \sim 1\%)P_N$ 估算。

式（1－31）表明，直流发电机输入的机械功率 $P_1$ 扣除空载损耗 $p_0$ 后即为电磁功率 $P_{em} = T\Omega$，即

$$P_{em} = T\Omega = \frac{P_N}{2\pi a}\Phi I_a \cdot \frac{2\pi n}{60} = \frac{P_N}{60a}\Phi n I_a = E_a I_a \tag{1-33}$$

这说明，原动机克服电磁转矩 $T$ 所提供的机械功率 $T\Omega$，转换成了电枢电路的电功率 $E_aI_a$。因此，电磁功率 $P_{em}$表达了直流发电机中机械能向电能的转换关系。

电枢电路获得的电磁功率 $P_{em} = E_aI_a$ 扣除电路中的铜耗，余下的电功率才是输出给负载的电功率，即输出功率 $P_2$。用 $I_a$ 乘以式（1－27）的两边，并用 $I_a = I + I_f$ 代入，式（1－27）变为

$$\begin{aligned} E_aI_a &= (U + I_aR_a)I_a = U(I + I_f) + I_a^2R_a \\ &= UI + I_a^2R_a + UI_f = UI + I_a^2R_a + I_f^2R_f \end{aligned}$$

即

$$P_{em} = P_2 + p_{Cu} + p_{Cuf} \tag{1-34}$$

式中，$P_2$ 为直流发电机的输出功率，$P_2 = UI$；$p_{Cu}$为电枢回路总电阻上的损耗，称为电枢铜耗，$p_{Cu} = I_a^2R_a$；$p_{Cuf}$为励磁回路电阻上的损耗，称为励磁铜耗，$p_{Cuf} = U_fI_f = UI_f = I_f^2R_f$。

由于他励直流发电机的励磁电流不由电枢电动势提供，因此在电枢的功率平衡关系中不考虑励磁铜耗 $p_{Cuf}$。

由式（1－31）、式（1－32）及式（1－34）可画出并励发电机的功率流程图，如图 1－30 所示。

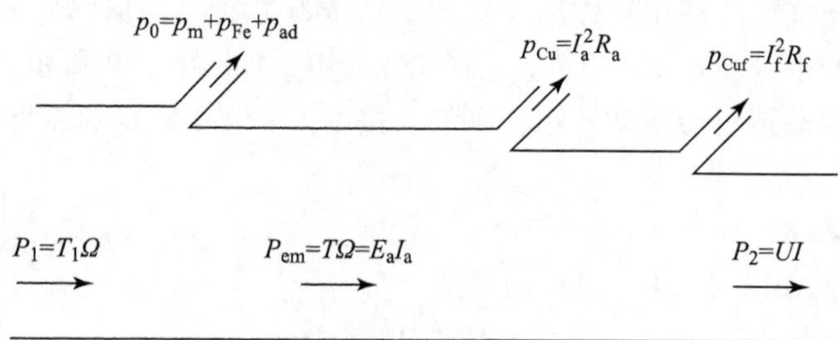


**图 1－30　并励直流发电机的功率流程图**

**例 1-4**　一台额定功率 $P_N=20$ kW 的并励直流发电机，它的额定电压 $U_N=230$ V，额定转速 $n_N=1\,500$ r/min，电枢回路总电阻 $R_a=0.156\ \Omega$，励磁回路总电阻 $R_f=73.3\ \Omega$。已知机械损耗和铁损耗 $p_m+p_{Fe}=1$ kW，求额定负载情况下各绕组的铜损耗、电磁功率、总损耗、输入功率及效率（计算过程中，令 $P_N=P_2$，附加损耗 $p_{ad}=0.01P_N$）。

**解**：先计算额定电流：

$$I_N=\frac{P_N}{U_N}=\frac{20\times10^3}{230}=86.96\ (\text{A})$$

励磁电流为

$$I_f=\frac{U_N}{R_f}=\frac{230}{73.3}=3.14\ (\text{A})$$

电枢绕组电流为

$$I_a=I_N+I_f=86.96+3.14=90.1\ (\text{A})$$

电枢回路铜损耗为

$$p_{Cua}=I_a^2R_a=90.1^2\times0.156=1\,266\ (\text{W})$$

励磁回路铜损耗为

$$p_{Cuf}=I_f^2R_f=3.14^2\times73.3=723\ (\text{W})$$

电磁功率为

$$\begin{aligned}P_M&=E_aI_a=P_2+p_{Cua}+p_{Cuf}\\&=20\,000+1\,266+723=21\,989\ (\text{W})\end{aligned}$$

总损耗为

$$\begin{aligned}\sum p&=p_{Cua}+p_{Cuf}+p_m+p_{Fe}+p_{ad}\\&=1\,266+723+1\,000+0.01\times20\,000=3\,189\ (\text{W})\end{aligned}$$

输入功率为

$$P_1=P_2+\sum p=20\,000+3\,189=23\,189\ (\text{W})$$

效率为

$$\eta=\frac{P_2}{P_1}=\frac{20\,000}{23\,189}=86.25\%$$

### 1.7.2　直流发电机的运行特性

直流发电机稳态运行时，端电压 $U$、负载电流 $I$、励磁电流 $I_f$ 和转速 $n$ 等 4 个物理量是主要的，也是可变的和较容易测得的。其中，转速 $n$ 由原动机决定，一般保持为额定转速 $n_N$ 不变。在此条件下，其他 3 个量中的一个保持不变，另外两个量之间的关系即是一个运行特性。直流发电机的运行特性有以下 3 个。

（1）负载特性。指负载电流 $I=$ 常数时，端电压 $U$ 与励磁电流 $I_f$ 间的关系 $U=f(I_f)$。其中，电枢电流 $I_a=0$ 时的特性，称为空载特性。

（2）电压调整特性（也称外特性）。指 $I_f=$ 常数（对自励发电机，是指励磁回路总电阻不变）时，$U$ 与 $I$ 间的关系为 $U=f(I)$。

（3）调整特性。指 $U=$ 常数时，$I_f$ 与负载电流 $I$ 间的关系 $I_f=f(I)$。

直流发电机的运行特性与励磁方式有关，下面分别讨论。

**1. 他励直流发电机的运行特性**

1）他励直流发电机的空载特性

空载特性是指电枢转速 $n=n_N$、负载电流 $I=0$ 时，电枢的空载端电压与励磁电流之间的关系为 $U=f(I_f)$。

他励发电机空载运行时，电枢电流也为零，空载电压就等于电枢感应电动势，即 $U=E_a$；又因电机的转速恒定，则由感应电动势计算公式可知，电枢感应电动势 $E_a$ 与主磁通 $\Phi$ 成正比。因此，发电机的空载特性曲线 $U=f(I_f)$ 与电机的磁化曲线 $\Phi=f(I_f)$ 的纵坐标之间仅相差一个比例常数，空载特性实质上就是电机的磁化曲线，如图 1－31 所示。

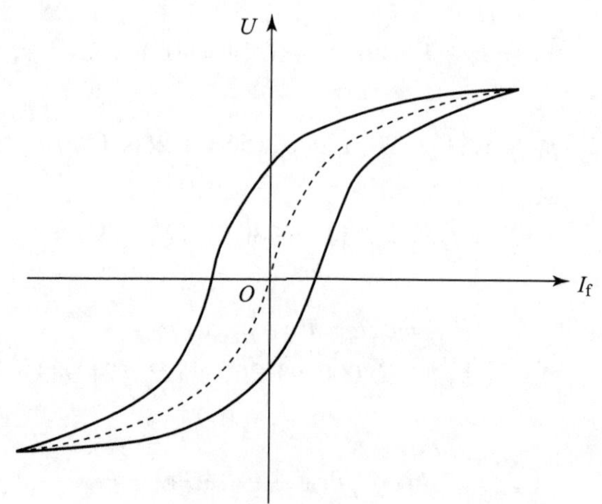


**图 1－31　他励直流发电机的空载特性曲线**

由图 1－31 可以看出，直流发电机的空载特性为非线性，而且上升与下降过程是不相等的。在实际中通常选用平均特性曲线作为空载特性曲线。

2）他励直流发电机的外特性

外特性是指电枢转速 $n=n_N$、励磁电流 $I_f=$ 常数时，发电机端电压与负载电流之间的关系为 $U=f(I)$。改变发电机负载的大小即可改变负载电流，测量此时的电流与电压的对应数值，并把它们绘制成曲线即为他励发电机的外特性曲线，如图 1－32 所示。由图可见，当负载电流即电枢电流增大时，他励直流发电机的外特性曲线略微下垂。

他励直流发电机的外特性曲线下垂的原因可利用电动势平衡方程式 $U=C_e\Phi n-R_aI$ 来分析。随着负载电流即电枢电流的增大，电枢反应的去磁作用增强，使气隙合成磁通减小，从而使发电机的电枢感应电动势也随之减小；同时，随着电枢电流增大，电枢回路的电阻压降也增大。这两方面的因素使得发电机的端电压下降。

3）他励直流发电机的调整特性

调整特性是指 $n=n_N$，$U=U_N$ 时，$I_f=f(I)$ 的关系曲线，如图 1－33 所示。调整特性是一条上升的曲线。当负载电流增大时，必须增加励磁电流去补偿电枢反应的去磁作用和内阻压降，才能保持端电压不变。

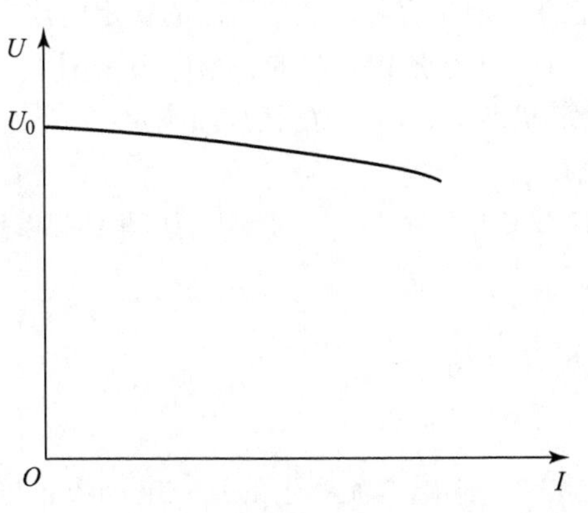


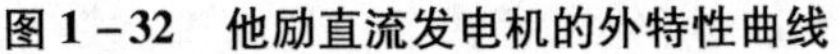
图 1－32　他励直流发电机的外特性曲线

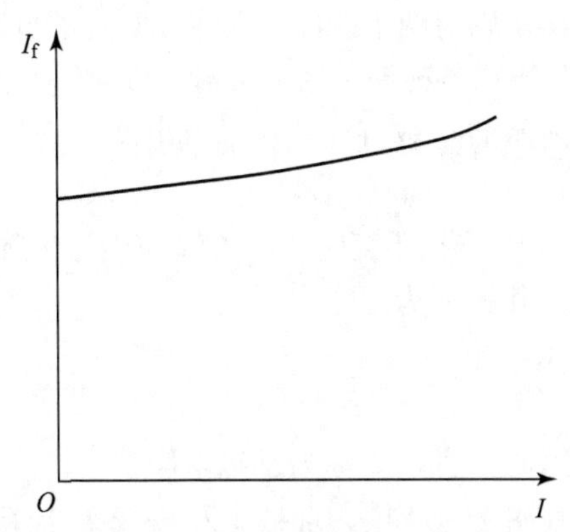


图 1－33　他励直流发电机的调整特性曲线

**2. 并励直流发电机的自励条件和外特性**

1）并励直流发电机的自励条件

并励直流发电机的励磁电流 $I_f$ 由发电机本身的电枢绕组来供给，而在没有励磁电流的前提下，电枢绕组是怎样建立起电压的呢？

并励发电机电压建立的过程，称为自励过程。自励的第一个条件是发电机必须有剩磁。直流发电机在经过一次他励运行之后，在主磁极铁芯中将保留有一定的剩磁。一般发电机的剩磁量为额定磁通量的 2% ~5%。当原动机拖动发电机以恒定转速旋转时，电枢绕组便产生一个微小的电动势。在此电动势的作用下，就有一个小电流流过励磁绕组。励磁电流产生的磁通，有可能与剩磁方向相同也有可能与剩磁方向相反。自励的第二个条件是励磁绕组与电枢绕组的连接要正确，使励磁电流产生的磁通与剩磁方向相同。这样，电机的磁场将增强，感应电动势又可以升高，励磁电流又可加大，使磁通进一步加强。并励直流发电机的自励过程如图 1－34 所示。

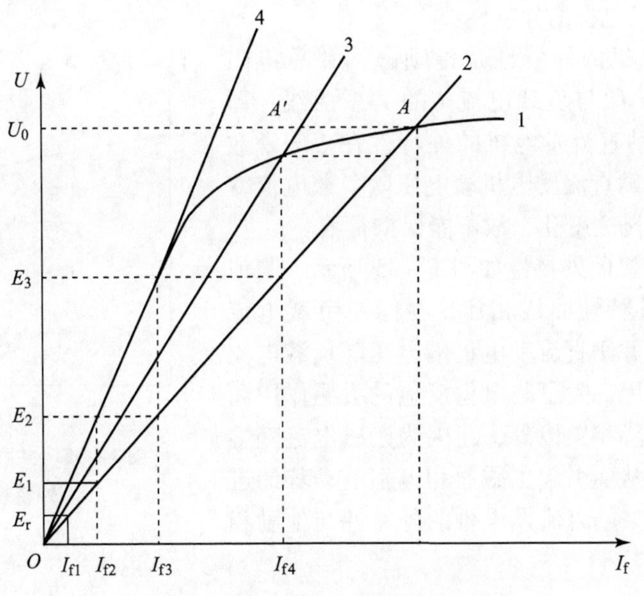


图 1－34　并励直流发电机的自励过程

满足以上两个条件，只能说明有了自励的可能性，但是否可以达到所需的稳定电压，还必须从发电机的磁路关系上考虑。励磁绕组的端电压 $U_0$ 与励磁电流 $I_f$ 的关系应满足图 1-34 曲线 1 所示的空载特性；从励磁电路上观察，在稳定状态下，$U_0=U_f$ 又必须满足

$$U_0=R_fI_f \tag{1-35}$$

当 $R_f$ 保持不变时，$U_0$ 随 $I_f$ 成正比变化，即 $U_0=R_fI_f$ 的关系为一直线，如图 1-34 直线 2 所示，其斜率为

$$\tan\alpha=\frac{U_0}{I_f}=I_fR_f/I_f=R_f \tag{1-36}$$

因此，直线 2 称为励磁电阻线。

在图 1-34 中，曲线 1 和直线 2 交于 $A$ 点。此时，励磁电流产生的空载电动势正好与励磁电路中电阻压降平衡，励磁电流不再增加，电机进入空载稳定状态，交点 $A$ 就是并励直流发电机空载电压的稳定点。

由此可见，并励直流发电机的空载电压值取决于空载特性和励磁电阻线的交点 $A$。因此，增加励磁电路中的电阻可以改变 $R_f$，即增大励磁电阻线的斜率，则交点 A 将沿着空载特性曲线向原点移动。空载电压逐步下降，当励磁电路的电阻线与空载特性曲线的直线部分重合时，便没有固定的交点，空载电压不稳定，如图 1-34 中曲线 4 所示。此种状态称为临界状态，对应的电阻称为临界电阻。因此，励磁电路的总电阻必须低于相应的临界电阻。

总结起来，并励直流发电机的自励条件如下：

（1）直流发电机必须有剩磁。如果发现剩磁没有或太弱，则应用其他直流电源励磁一次，以恢复剩磁。

（2）励磁绕组与电枢应连接正确，否则励磁绕组接通后，电枢电压反而下降，如遇到这种现象，应将励磁绕组的两个接线端对调或将电机的旋转方向反向。

（3）励磁电路电阻应小于发电机运行转速对应的临界电阻。因为，当励磁电阻高于临界电阻时，使得交点电压与剩磁电压差不多，直流发电机的输出电压无法增大。

2）并励直流发电机的外特性

并励直流发电机的外特性是指励磁回路总电阻 $R_f$ = 常数，端电压 $U$ 与负载电流 $I$ 的关系曲线，即 $U=f(I)$。它与他励直流发电机的外特性在 $I_f$ = 常数的情况下不同，并励直流发电机端电压随负载电流变化时，励磁电流也随之变化，故不能保持常数。

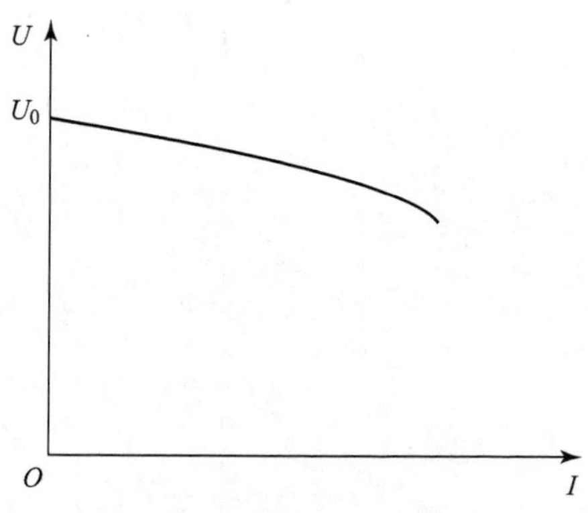

**图 1-35　并励直流发电机的外特性曲线**

并励直流发电机的外特性如图 1-35 所示。与他励直流发电机的外特性曲线相比，在同一负载电流下，端电压较低。并励直流发电机端电压随负载电流的增大而下降的原因，除了与电枢反应的去磁作用和电枢回路的电阻压降相关以外，还因为励磁电流随端电压下降而减小，从而引起主磁通和电枢电动势的进一步下降。因此，并励直流发电机的外特性与他励相比下降得快。

# 1.8　直流电动机

## 1.8.1　直流电机的可逆原理

从原理上讲，一台旋转电机无论是交流电机还是直流电机，都既可作为发电机运行，也可作为电动机运行，其运行状态取决于外部条件。

下面以图 1-36 为例说明可逆原理。设直流电网电压 $U$ 不变，直流电机运行于发电机状态时，从机械方面看，原动机拖动转矩 $T_1$ 与转速 $n$ 同向，输入功率 $P_1=T_1\Omega>0$，表示电机从原动机输入机械功率；电磁转矩 $T$ 与 $n$ 方向相反，起制动作用。从电路方面看，$E_a>U$，$I_a$ 与 $E_a$ 同向，电磁功率 $P_{em}=E_aI_a>0$，表示发电机向电网输出电功率。

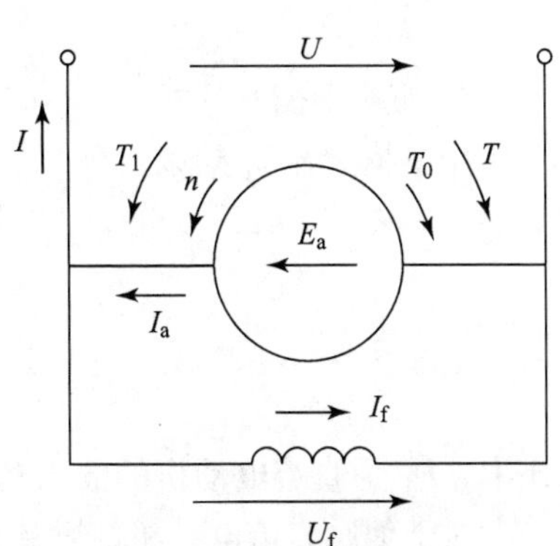


图 1-36　发电机惯例

若保持励磁电流不变，将来自原动机的输入功率 $P_1$ 减小，假设使 $P_1=0$，即 $T_1=0$。在开始瞬间，转速 $n$ 由于惯性不能立即变化，因此 $E_a$、$I_a$ 和 $T$ 都不会立即变化，这时作用在电机转轴上的制动转矩 $T$ 和 $T_0$ 使 $n$ 降低，$E_a$ 随之减小。当 $E_a$ 减小到等于 $U$ 时，$I_a=0$，$T=0$。由于 $T_0$ 仍存在，因此 $n$ 会继续降低。一旦 $n$ 降低到使 $E_a<U$ 时，就有 $I_a<0$，$I_a$ 与 $E_a$ 反向，则 $T<0$，即 $T$ 由原来的制动转矩变为拖动转矩。当 $T$ 与 $T_0$ 相平衡时，$n$ 不再变化。此时，有 $UI_a<0$，即电机从电网吸收电功率；$P_{em}=E_aI_a<0$，表示将电功率转换为机械功率。可见，将一台直流发电机的原动机撤去，就可使它由发电机变为电动机运行。如果再让电机拖动一个转矩大小为 $T_L$ 的机械负载，则 $n$ 会进一步降低，使 $E_a$ 减小、$I_a$ 增大，产生更大的 $T$ 使轴上转矩平衡，电机就作为电动机稳态负载运行。

上述的物理过程也可以反过来，这就是直流电机的可逆原理。

## 1.8.2　直流电动机的基本方程式

以并励直流电动机为例，采用电动机惯例时，各物理量的参考方向如图 1-37 所示。向电枢看，端电压 $U$ 与输入电流 $I$ 同向；电枢电动势 $E_a$ 小于端电压 $U$，电枢电流 $I_a$ 与 $E_a$ 反向；电磁转矩 $T$ 与转速 $n$ 同向，即电动机的转向取决于电磁转矩 $T$；负载转矩 $T_L$ 和空载转矩 $T_0$ 与 $n$ 反向；对于励磁回路，仍规定励磁电流 $I_f$ 与励磁电压 $U_f$ 的参考方向相同。

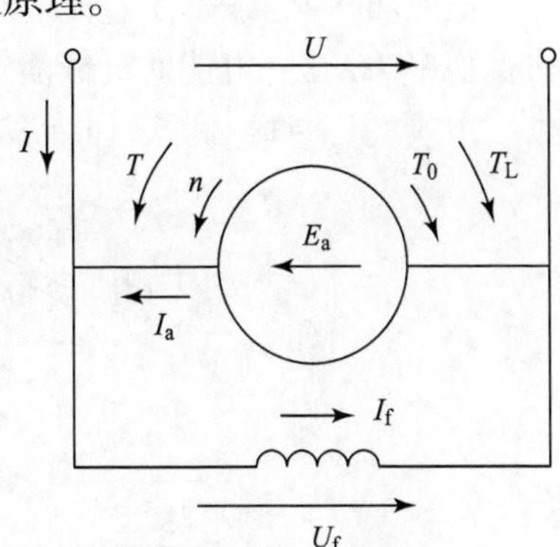


图 1-37　电动机惯例

### 1. 电动势平衡方程式

以并励直流电动机为例，按电动机惯例规定的参考方向，电枢回路的电动势平衡方程式为

$$U=E_a+R_aI_a \tag{1-37}$$

并励直流电动机励磁回路的电压方程式仍为

$$U_f = R_f I_f \tag{1-38}$$

输入电流为 $I = I_a + I_f$。

**2. 转矩平衡方程式**

直流电动机以转速 $n$ 稳态运行时，作用在电枢上的转矩有 3 个：一是电枢电流与气隙磁场相互作用产生的电磁转矩 $T$，是拖动转矩；二是机械负载的制动性转矩 $T_L$，其大小等于电动机的输出转矩 $T_2$；三是制动性的空载转矩 $T_0$。

稳态运行时，拖动转矩与制动转矩相平衡，按图 1-37 中规定的参考方向，有

$$T = T_L + T_0 = T_2 + T_0 \tag{1-39}$$

**3. 功率平衡方程式**

用电枢电流 $I_a$ 乘以式（1-37）的两边，并将 $I_a = I - I_f$ 代入式（1-37），式（1-37）变为

$$UI - UI_f = E_a I_a + I_a^2 R_a \tag{1-40}$$

即

$$P_1 = P_{em} + p_{Cu} + p_{Cuf} \tag{1-41}$$

式中，$P_1$ 为直流电动机的输入功率，$P_1 = UI$。

对于他励直流电动机，励磁电流由其他直流电源提供，因此在电枢的功率平衡关系中不考虑励磁铜耗 $p_{Cuf}$。

直流电机的运行原理表明，电机输入的电功率 $P_1$ 扣除电路中的铜耗后，余下的电功率是电枢获得的电磁功率 $P_{em} = E_a I_a = T\Omega$。

用机械角速度 $\Omega$ 乘以式（1-39）的两边，可得

$$T\Omega = T_2\Omega + T_0\Omega \tag{1-42}$$

即

$$P_{em} = P_2 + p_0 \tag{1-43}$$

式中，$P_2$ 为电动机输出的机械功率，其大小等于负载吸收的机械功率 $T_L\Omega$，即 $P_2 = T_2\Omega$。

电磁功率 $P_{em}$ 表达了直流电动机将电枢电路吸收的电功率 $E_a I_a$ 转换成电磁转矩 $T$ 产生的机械功率 $T\Omega$ 这一电能向机械能转换的关系。

由式（1-41）和式（1-42）可画出并励直流电动机的功率流程图，如图 1-38 所示。

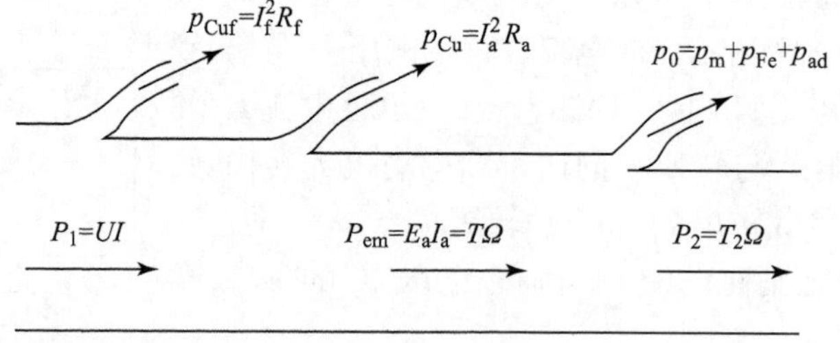


**图 1-38 并励直流电动机的功率流程图**

## 1.8.3 直流电动机的工作特性

**1. 转速特性**

当 $U = U_N$，$I_f = I_{fN}$时，$n = f(I_a)$ 的关系就称为转速特性。额定励磁电流 $I_{fN}$的定义是：

当电动机电枢两端加额定电压 $U_N$，拖动额定负载，即 $I_a = I_{aN}$，转速也为额定值 $n_N$ 时的励磁电流。

根据直流电动机的电动势平衡方程式

$$U = E_a + R_a I_a \tag{1-44}$$

和感应电动势公式

$$E_a = C_e \Phi n \tag{1-45}$$

可得

$$n = \frac{U_N}{C_e \Phi_N} - \frac{R_a}{C_e \Phi_N} I_a \tag{1-46}$$

这就是他励电动机的转速特性公式。

如果忽略电枢反应的影响，当 $I_a$ 增加时，转速 $n$ 要下降。不过，因 $R_a$ 较小，转速 $n$ 下降得不多，如图 1-39 所示。如果考虑电枢反应有去磁效应，转速有可能要上升，设计电机时要注意这个问题，因为转速 $n$ 要随着电流 $I_a$ 的增加略微下降才能稳定运行。

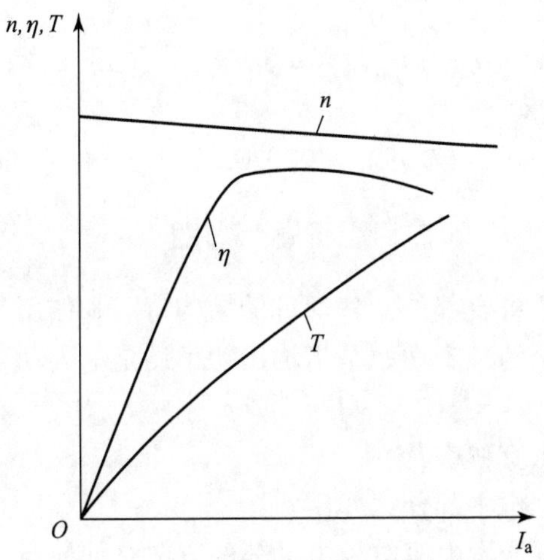


**图 1-39　他励直流电动机的工作特性**

**2. 转矩特性**

当 $U = U_N$，$I_f = I_{fN}$ 时，$T = f(I_a)$ 的关系称为转矩特性。

由电磁转矩的公式

$$T = \frac{pN}{2\pi a}\Phi I_a = C_T \Phi I_a \tag{1-47}$$

可以看出，当气隙每极磁通为额定值 $\Phi_N$ 时，电磁转矩 $T$ 与电枢电流 $I_a$ 成正比。如果考虑电枢反应有去磁效应，随着 $I_a$ 的增大，$T$ 要略微减小，如图 1-39 所示。

**3. 效率特性**

当 $U = U_N$，$I_f = I_{fN}$ 时，$\eta = f(I_a)$ 的关系称为效率特性。

总损耗 $\sum p$ 中，空载损耗 $p_0 = p_{Fe} + p_m$ 不随负载电流 $I_a$ 的变化而发生变化，电枢回路总铜耗 $p_{Cua}$ 随 $I_a^2$ 成正比变化，所以 $\eta = f(I_a)$ 的曲线如图 1-39 所示。负载电流 $I_a$ 从零开始增大时，效率 $\eta$ 逐渐增大；当 $I_a$ 增大到一定程度后，效率 $\eta$ 又逐渐减小。直流电动机效率为0.75~0.94，容量大的效率高。

**例1-5** 一台他励直流电动机的额定数据为：$P_N=17$ kW，$U_N=220$ V，$n_N=3\ 000$ r/min，$I_N=87.7$ A，电枢回路总电阻 $R_a=0.114\ \Omega$，忽略电枢反应影响。试求：

（1）电动机额定负载时的输出转矩；

（2）额定电磁转矩；

（3）额定效率；

（4）理想空载时的转速。

**解**：（1）额定输出转矩：

$$T_N=\frac{P_N}{\Omega}=9.55\frac{P_N}{n_N}=9.55\times17\times10^3/3\ 000=54.1\ (\mathrm{N\cdot m})$$

（2）额定电磁转矩：

$$C_e\Phi=(U_N-I_{aN}R_a)/n_N=(220-87.7\times0.114)/3\ 000=0.07$$

$$T_{em}=9.55C_e\Phi I_{aN}=9.55\times0.07\times87.7=58.63\ (\mathrm{N\cdot m})$$

（3）额定效率：

$$\eta_N=P_N/P_1=P_N/(U_NI_N)=17\times10^3/(220\times87.7)=88\%$$

（4）理想空载时的转速：

$$n_0=U_N/(C_e\Phi)=220/0.07=3\ 143\ (\mathrm{r/min})$$

## 思考题与习题

1-1 直流电机有哪些主要部件？各部件的结构特点和作用是什么？

1-2 直流电机铭牌上的额定功率是指输出功率还是输入功率？对发电机和电动机有什么不同？

1-3 单叠绕组的特点有哪些？

1-4 换向器在直流电机中起什么作用？

1-5 如何改变他励直流发电机电枢电动势的方向？如何改变他励直流电动机空载运行时的转向？

1-6 一台直流电动机额定功率 $P_N=55$ kW，额定电压 $U_N=110$ V，额定转速 $n_N=1\ 000$ r/min，额定效率 $\eta_N=85\%$。求该电动机的额定电流 $I_N$ 和额定输出转矩 $T_N$。

1-7 已知一直流电机数据：元件数 $S$ 和换向片数 $K$ 均等于22，极对数 $p=2$，右行单叠绕组。

（1）计算绕组各节距 $y_K$、$y_1$、$y$、$y_2$；

（2）画出绕组展开图、磁极与电刷位置，并标出电刷的极性；

（3）画出并联支路图，求支路对数 $a$。

1-8 一台四级他励直流发电机，额定功率 $P_N=30$ kW，额定电压 $U_N=230$ V，额定转速 $n_N=1\ 500$ r/min。采用单叠绕组，电枢导体总数 $N=572$，额定运行时每级磁通量 $\Phi=0.017$ Wb。求额定运行时的电枢电动势 $E_{aN}$ 和电磁转矩 $T_N$。

1-9 某他励直流电动机的额定数据：$P_N=6$ kW，$U_N=220$ V，$n_N=1\ 000$ r/min，$p_{Cua}=500$ W，$p_0=395$ W。计算额定运行时电动机的 $T_{2N}$、$T_0$、$T_N$、$P_M$、$\eta_N$ 及 $R_a$。

1-10 有两台完全一样的并励直流电动机 $U_N=230$ V，$n_N=1\ 200$ r/min，$R_a=0.1$。在

$n = 1\ 000$ r/min 时，空载特性上的数据分别为 $I_f = 1.3$ A，$E_0 = 186.7$ V 和 $I_f = 1.4$ A，$E_0 = 195.9$ V。现将这两台电机的电枢绕组、励磁绕组都接在 230 V 的电源上（极性正确），并且两台电机转轴连在一起，不拖动任何负载。当 $n = 1\ 200$ r/min 时，第 1 台电机励磁电流为 1.4 A，第 2 台励磁电流为 1.3 A。判断哪一台是发电机，哪一台是电动机，并求运行时的总损耗。

1－11　某他励直流电动机的铭牌数据：$P_N = 1.75$ kW，$U_N = 110$ V，$I_{aN} = 20.1$ A，$n_N = 1\ 450$ r/min，试求：

（1）固有机械特性；

（2）50%额定负载时的转速；

（3）转速为 1 500 r/min 时的电枢电流。

1－12　一台并励直流电动机数据：$P_N = 5.5$ kW，$U_N = 110$ V，$I_N = 58$ A，$n_N = 1\ 470$ r/min，$R_f = 137\ \Omega$，$R_a = 0.17\ \Omega$。电机在额定运行时突然在电枢回路串入 0.5 Ω 电阻，若不计电枢电路中的电感，计算此瞬间的电枢电动势、电枢电流和电磁转矩，并求稳态转速（假设负载转矩不变）。

# 第2章　直流电动机的电力拖动

在现代化工业生产过程中，为了实现各种生产工艺过程，需要使用各种各样的生产机械，这些生产机械一般采用电动机来拖动。这种用电动机作为原动机来拖动生产机械运行的系统称为电力拖动系统。电力拖动系统通常由电源、电动机、传动机构、工作机构和控制设备组成，如图2－1所示。

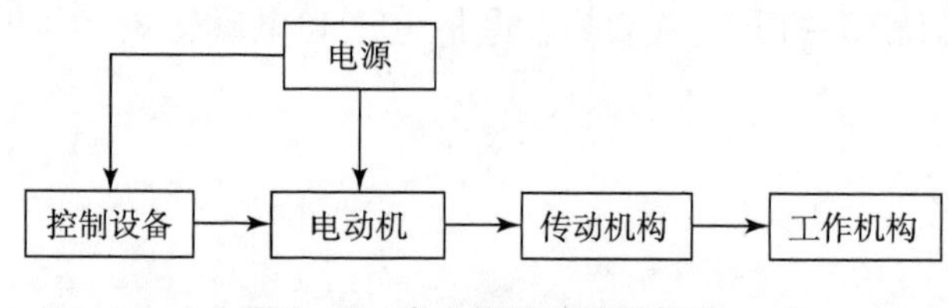


**图2－1　电力拖动系统的构成**

电动机把电能转换成机械能，通过传动机构驱动工作机构工作。传动机构把电动机的运动经过中间变速或变换运动方式后再传给工作机构。工作机构是执行某一生产任务的机械设备，是电力拖动的对象。控制设备是由各种控制元器件组成的，用于控制电动机，从而实现对工作机构的控制。为了向电动机及电气控制设备供电，电源是不可缺少的。

按照电动机种类的不同，电力拖动分为直流电动机拖动和交流电动机拖动两大类。本章首先介绍直流电动机的电力拖动。

## 2.1　电力拖动系统的动力学基础

### 2.1.1　电力拖动系统的运动方程式

**1. 运动方程式**

电力拖动系统的运动方程式描述了系统的运动状态，系统的运动状态取决于作用在原动机转轴上的各种转矩。下面分析电动机直接与生产机械的工作机构相接时拖动系统的各种转矩及运动方程式。

图2－2所示为电动机单轴拖动系统，电动机的电磁转矩 $T_{em}$ 通常与转速 $n$ 同方向，是驱动性质的转矩。生产机械的工作机构转矩即负载转矩 $T_L$ 通常是制动性质的。如果忽略电动机的空载转矩 $T_0$，根据牛顿第二定律可知，拖动系统旋转时的运动方程式为

$$T_{em} - T_L = J\frac{d\Omega}{dt} \tag{2-1}$$

式中，$J$ 为运动系统的转动惯量（kg·m$^2$）；$\Omega$ 为系统旋转的角速度（rad/s）；$J\frac{d\Omega}{dt}$为系统

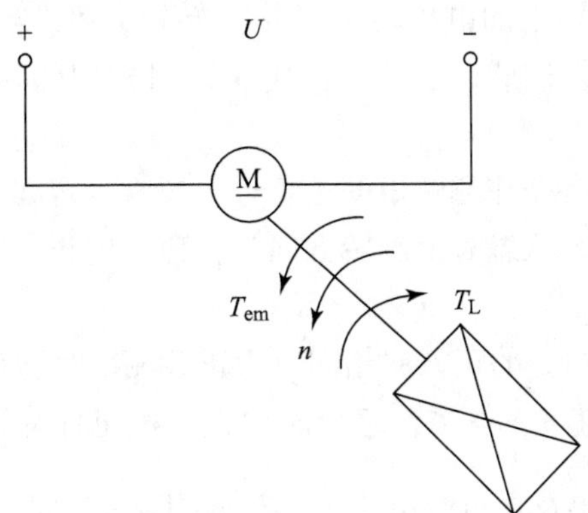


图 2-2　电动机与工作机构直接相连的单轴电力拖动系统

的惯性转矩（N·m）。

在实际工程计算中，经常用转速 $n$ 代替角速度 $\Omega$ 表示系统的转动速度，用飞轮惯量 $GD^2$（也称飞轮矩）代替转动惯量 $J$ 表示系统的机械惯性。$\Omega$ 与 $n$ 以及 $J$ 与 $GD^2$ 的关系如下：

$$\Omega = \frac{2\pi n}{60} \tag{2-2}$$

$$J = m\rho^2 = \frac{G}{g} \cdot \frac{D^2}{4} = \frac{GD^2}{4g} \tag{2-3}$$

式中，$n$ 为转速（r/min）；$m$ 与 $G$ 分别为旋转体的质量与重力（kg 与 N）；$r$ 与 $D$ 分别为惯性半径与直径（m）；$g$ 为重力加速度，$g = 9.8\ \text{m/s}^2$。

把式（2-2）、式（2-3）代入式（2-1），可得运动方程的实用形式：

$$T_{em} - T_L = \frac{GD^2}{375} \cdot \frac{dn}{dt} \tag{2-4}$$

式中，$GD^2$ 为旋转体的飞轮矩（$N \cdot m^2$）。

注意：式（2-4）中的 375 具有加速度量纲，而飞轮矩 $GD^2$ 是反映物体旋转惯性的一个整体物理量。电动机和生产机械的飞转矩 $GD^2$ 可从产品样本和有关设计资料中查到。

由式（2-4）可知，系统的旋转运动可分为 3 种状态：

（1）当 $T_{em} > T_L$，$\frac{dn}{dt} > 0$ 时，系统处于加速运行状态，即处于瞬态过程。

（2）当 $T_{em} < T_L$，$\frac{dn}{dt} < 0$ 时，系统处于减速运行状态，即处于瞬态过程。

（3）当 $T_{em} = T_L$，$\frac{dn}{dt} = 0$ 时，$n = 0$ 或 $n = c$（$c$ 为常数），系统处于静止或恒转速运行状态，即处于稳态。

可见，当$\frac{dn}{dt} \neq 0$ 时，系统处于加速或减速运行状态，即处于动态，因此常把$\frac{GD^2}{375} \cdot \frac{dn}{dt}$或 $T_{em} - T_L$ 称为动态转矩，而 $T_L$ 为静负载转矩，运动方程式（2-4）就是动态的转矩平衡方程式。

**2. 运动方程式中转矩正、负号的规定**

在电力拖动系统中，随着生产机械负载类型和工作状况的不同，电动机的运行状态将发生变化，即作用在电动机转轴上的电磁转矩（拖动转矩）$T_{em}$与负载转矩（阻转矩）$T_L$ 的大小和方向都可能发生变化。因此，运动方程式（2－4）中的转矩 $T_{em}$和 $T_L$ 是带有正负号的代数量。

在应用运动方程式时，必须注意转矩的正负号，通常规定如下：

首先选定电动机处于电动状态时的旋转方向为转速 $n$ 的正方向，然后按照下列规则确定转矩的正负号：

（1）电磁转矩 $T_{em}$与转速 $n$ 的正方向相同时为正，相反时为负。

（2）负载转矩 $T_L$ 与转速 $n$ 的正方向相反时为正，相同时为负。

惯性转矩$\frac{GD^2}{375}\cdot\frac{\mathrm{d}n}{\mathrm{d}t}$的大小及正负号由 $T_{em}$和 $T_L$ 的代数差（$T_{em}-T_L$）决定。

在图 2－2 所示的电力拖动系统中，电动机和工作机构直接相连，这时工作机构的转速等于电动机的转速。若忽略电动机的空载转矩，则工作机构的负载转矩就是作用在电动机轴上的阻转矩，这种系统称为单轴系统。实际的电力拖动系统往往不是单轴系统，而是通过一套传动机构把电动机和工作机构连接起来，这种系统称为多轴系统。传动机构的作用是把电动机的转速变换成工作机构所需要的转速，或者把电动机的旋转运动变换成负载所需要的直线运动。对于多轴系统，应当将其等效成单轴系统后再进行分析计算，其等效方法可参考相关书籍。

### 2.1.2　负载的转矩特性

电力拖动系统的运动方程式中包括了电动机的电磁转矩 $T_{em}$、生产机械的负载转矩 $T_L$ 及系统的转速 $n$ 之间的关系，定量地描述了拖动系统的运动规律。但是，要对运动方程式求解，首先必须知道电动机的机械特性 $n=f(T_{em})$ 及负载的机械特性 $n=f(T_L)$。负载的机械特性也称为负载转矩特性，简称负载特性。下面先介绍生产机械的负载特性。

虽然生产机械的类型很多，但是生产机械的负载转矩特性基本上可以分为 3 类。

**1. 恒转矩负载特性**

所谓恒转矩负载特性，是指生产机械的负载转矩 $T_L$ 的大小与转速 $n$ 无关，即无论转速 $n$ 如何变化，负载转矩 $T_L$ 的大小都保持不变。根据负载转矩的方向是否与转向有关，恒转矩负载又分为反抗性恒转矩负载和位能性恒转矩负载两种。

1）反抗性恒转矩负载

反抗性恒转矩负载的特点：负载转矩的大小恒定不变，而方向总是与转速的方向相反，即负载转矩的性质总是起反抗运动的阻转矩性质。显然，反抗性恒转矩负载特性在第一和第三象限内，如图 2－3 所示。皮带运输机、轧钢机、机床的刀架平移和行走机构等由摩擦力产生转矩的机械都属于反抗性恒转矩负载。

2）位能性恒转矩负载

位能性恒转矩负载是由拖动系统中某些具有位能的部件（如起重类型负载中的重物）产生的，其特点是不仅负载转矩的大小恒定不变，而且其方向也不变。例如，起重机，无论是提升重物还是下放重物，由物体重力所产生的负载转矩的方向都是不变的。因此，位能性恒转矩负载特性位于第一与第四象限内，如图 2－4 所示。

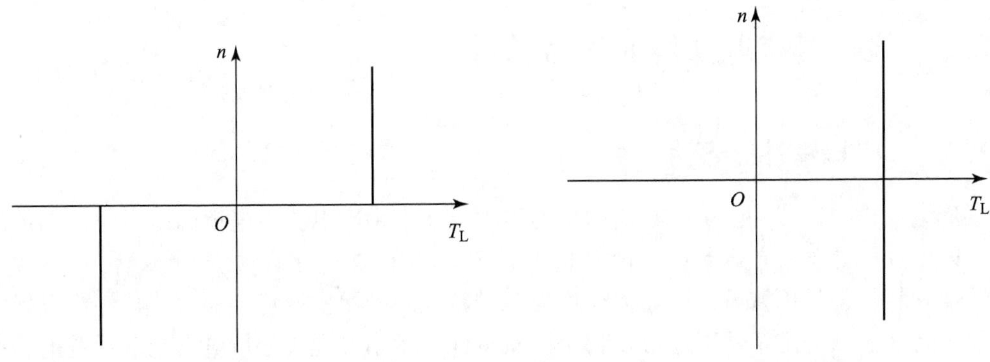


图 2－3　反抗性恒转矩负载特性图　　图 2－4　位能性恒转矩负载特性

**2. 恒功率负载特性**

恒功率负载的特点：负载转矩与转速的乘积为一常数，即负载功率等于常数，也就是负载转矩 $T_L$ 与转速 $n$ 成反比。恒功率负载特性是一条反比例曲线，如图 2－5 所示。

某些生产工艺过程要求具有恒功率负载特性。例如，车床的切削，粗加工时需要较大的进刀量和较低的转速，精加工时需要较小的进刀量和较高的转速；又如，轧钢机轧制钢板时，小工件需要高速度低转矩，大工件需要低速度高转矩，这些工艺要求都需要利用恒功率负载特性。

**3. 泵与风机类负载特性**

水泵、油泵、通风机和螺旋桨等机械的负载转矩基本上与转速的平方成正比，这类机械的负载特性是一条抛物线，如图 2－6 中的曲线 1 所示。

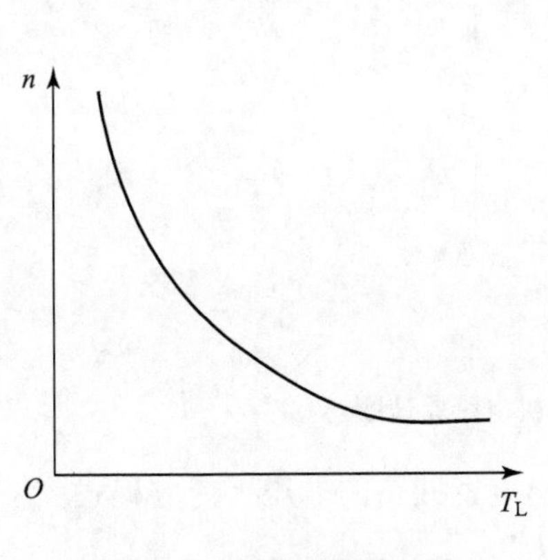


图 2－5　恒功率负载特性

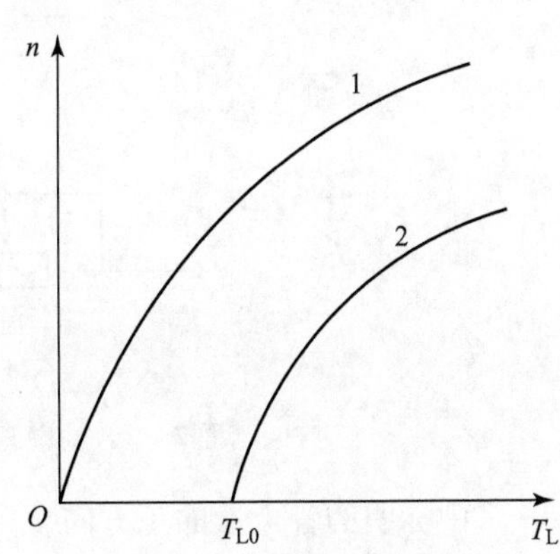


图 2－6　风机类负载特性

以上介绍的恒转矩负载特性、恒功率负载特性及泵与风机负载特性都是从实际各种负载中概括出来的典型的负载特性。实际生产机械的负载转矩特性可能是以某种特性为主，或是以上几种典型特性的结合。例如，实际通风机除了主要是风机负载特性外，由于其轴承上还有一定的摩擦转矩 $T_{L0}$，因而实际通风机的负载特性应为 $T_L = T_{L0} + kn^2$，如图 2－6 中曲线 2 所示。

## 2.2 他励直流电动机的机械特性

### 2.2.1 机械特性的表达式

直流电动机的机械特性是指在电动机的电枢电压、励磁电流、电枢回路电阻为恒值的条件下，即电动机处于稳态运行时，电动机的转速 $n$ 与电磁转矩 $T_{em}$ 之间的关系 $n=f(T_{em})$。由于转速和转矩都是机械量，因而把它称为机械特性。利用机械特性和负载特性可以确定系统的稳态转速。在一定条件下还可以利用机械特性和运动方程式分析电力拖动系统的动态运行情况，如转速、转矩及电流随时间的变化规律。可见，电动机的机械特性对分析电力拖动系统的运行是非常重要的。

图 2-7 所示为他励直流电动机的电路原理图。图中 $U$ 为外施电枢电压，$E_a$ 是电枢电动势，$I_a$ 是电枢电流，$R_a$ 是电枢电阻，$R_s$ 是电枢回路串联电阻，$I_f$ 是励磁电流，$\Phi$ 是励磁磁通，$R_f$ 是励磁绕组电阻，$R_{sf}$ 是励磁回路串联电阻。

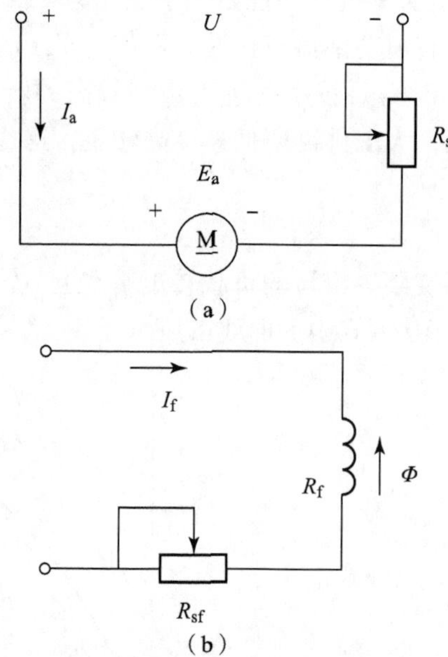


**图 2-7 他励直流电动机电路原理图**

按图 2-7 中标明的各个量的正方向，可以列出电枢回路的电压平衡方程式：

$$U=E_a+RI_a \tag{2-5}$$

式中，$R$ 为电枢回路总电阻，$R=R_a+R_s$。

将电枢电动势 $E_a=C_e\Phi n$ 和电磁转矩 $T_{em}=C_T\Phi I_a$ 代入式（2-5）中，可得他励直流电动机的机械特性方程式：

$$n=\frac{U}{C_e\Phi}-\frac{R}{C_eC_T\Phi^2}T_{em}=n_0-\beta T_{em}=n_0-\Delta n \tag{2-6}$$

式中，$C_e$、$C_T$ 分别为电动势常数和转矩常数，$C_T=9.55C_e$；$n_0$ 为电磁转矩 $T_{em}=0$ 时的转速，称为理想空载转速，$n_0=\dfrac{U}{C_e\Phi}$；$\beta$ 为机械特性的斜率，$\beta=\dfrac{R}{C_eC_T\Phi^2}$；$\Delta n$ 为转速降，$\Delta n=\beta T_{em}$。

由式 $T_{em}=C_T\Phi I_a$ 可知，电磁转矩 $T_{em}$ 与电枢电流 $I_a$ 成正比，因此只要励磁磁通 $\Phi$ 保持不变，则机械特性方程式（2-7）也可用转速特性代替，即

$$n=\frac{U}{C_e\Phi}-\frac{R}{C_e\Phi}I_a \tag{2-7}$$

由式（2-7）可知，当 $U$、$\Phi$、$R$ 为常数时，他励直流电动机的机械特性是一条以 $\beta=\dfrac{R}{C_e\Phi}$ 为斜率向下倾斜的直线，如图 2-8 所示。

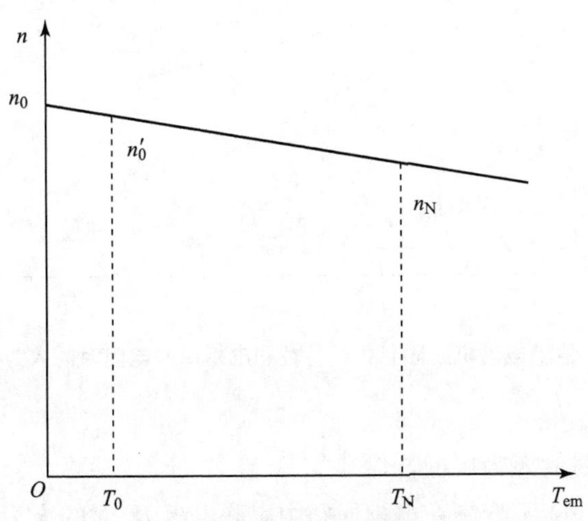


**图 2-8　他励直流电动机的机械特性**

必须指出，电动机的实际空载转速 $n_0'$ 比理想空载转速 $n_0$ 略低。这是因为电动机由于摩擦等原因存在一定的空载转矩 $T_0$，空载运行时，电磁转矩不可能为零，它必须克服空载转矩，即 $T_{em}=T_0$，故实际空载转速应为

$$n_0'=\frac{U}{C_e\Phi}-\frac{R}{C_eC_T\Phi^2}T_0=n_0-\beta T_0=n_0-\Delta n \tag{2-8}$$

转速降 $\Delta n$ 是理想空载转速与实际转速之差。转矩一定时，它与机械特性的斜率 $\beta$ 成正比。$\beta$ 越大，机械特性曲线越陡，$\Delta n$ 越大；$\beta$ 越小，特性曲线越平，$\Delta n$ 越小。通常 $\beta$ 大的机械特性称为软特性，$\beta$ 小的机械特性称为硬特性。

### 2.2.2　固有机械特性和人为机械特性

事实上，式（2-6）中的电枢回路电阻 $R$、端电压 $U$ 和励磁磁通 $\Phi$ 都是可以根据实际需要进行调节的，每调节一个参数可以对应得到一条机械特性，因此可以得到多条机械特性。其中，电动机自身所固有的、反映电动机本来“面目”的机械特性是在电枢电压、励磁磁通为额定值且电枢回路不外串联电阻时的机械特性，这条机械特性称为电动机的固有机械特性。把调节 $U$、$R$、$\Phi$ 等参数后得到的机械特性称为人为机械特性。

**1. 固有机械特性**

当 $U=U_N$、$\Phi=\Phi_N$、$R=R_a(R_s=0)$ 时，机械特性称为固有机械特性，其方程式为

$$n=\frac{U}{C_e\Phi_N}-\frac{R_a}{C_eC_T\Phi_N^2}T_{em} \tag{2-9}$$

因为电枢电阻 $R_a$ 很小，特性斜率 $\beta$ 很小，通常额定转速降 $\Delta n$ 只有额定转速的百分之几到百分之十几，所以他励直流电动机的固有机械特性是硬特性，如图 2－9 中的直线 $R_a$ 所示。

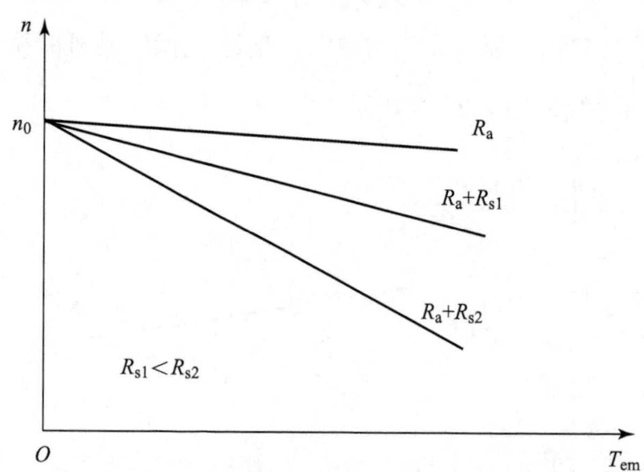


**图 2－9　他励电动机的固有机械特性和电枢串联电阻时的人为机械特性**

**2. 人为机械特性**

1）电枢串联电阻时的人为机械特性

保持 $U=U_N$、$\Phi=\Phi_N$ 不变，在电枢回路中串联电阻 $R_s$ 时的人为机械特性方程为

$$n=\frac{U_N}{C_e\Phi_N}-\frac{R_a+R_s}{C_eC_T\Phi_N^2}T_{em} \tag{2-10}$$

与固有特性相比，电枢串联电阻时人为机械特性的理想空载转速 $n_0$ 不变，但斜率 $\beta$ 随串联电阻的增大而增大，因此特性变软。改变 $R_s$ 大小，可以得到一组通过理想空载点 $n_0$ 并具有不同斜率 $\beta$ 的人为机械特性，如图 2－9 所示。

2）降低电枢电压时的人为机械特性

保持 $\Phi=\Phi_N$、$R=R_a(R_s=0)$ 不变，改变电枢电压 $U$ 时的人为机械特性方程为

$$n=\frac{U}{C_e\Phi_N}-\frac{R_a}{C_eC_T\Phi_N^2}T_{em} \tag{2-11}$$

电动机的工作电压以额定电压为上限，只能在低于额定电压的范围内改变电压。与固有特性比较，降低电压时人为机械特性的斜率 $\beta$ 不变，但理想空载转速 $n_0$ 随电压的降低而正比减小。因此，降低电压时的人为机械特性是位于固有特性下方且与固有特性平行的一组直线，如图 2－10 所示。

3）减弱励磁磁通时的人为机械特性

改变励磁回路调节电阻 $R_{sf}$，就可以改变励磁电流，从而改变励磁磁通。由于电动机额定运行时磁路已经开始饱和，再增加励磁电流会使电机的磁路饱和，磁通也不会明显增加，电机的铁耗增加，导致电机发热。受励磁绕组发热条件的限制，励磁电流也不允许再大幅度

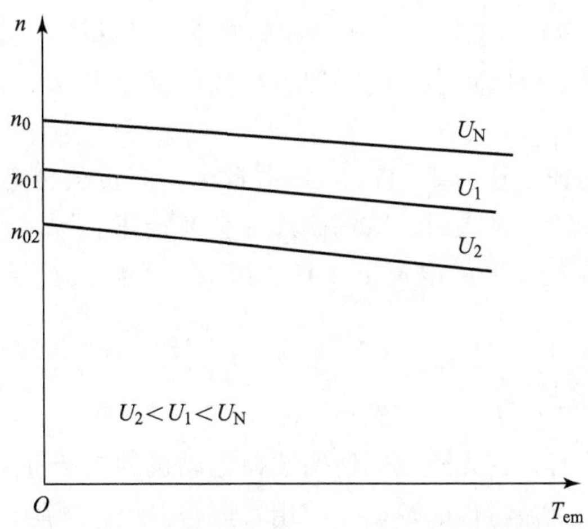


图 2-10　直流电动机降压时的人为机械特性

地增加，因此只能在额定值以下减小励磁电流，减弱励磁磁通。

保持 $U=U_N$、$R=R_a$（$R_s=0$）不变，电枢回路不串联电阻，则减弱磁通时的人为机械特性方程为

$$n=\frac{U_N}{C_e\Phi}-\frac{R_a}{C_eC_T\Phi^2}T_{em} \tag{2-12}$$

对应的转速特性为

$$n=\frac{U_N}{C_e\Phi}-\frac{R_a}{C_e\Phi}I_a \tag{2-13}$$

在电枢串联电阻和降低电压的人为机械特性中，因为 $\Phi=\Phi_N$ 不变，$T_{em}\propto I_a$，所以它们的机械特性 $n=f(T_{em})$ 曲线也代表了转速特性 $n=f(I_a)$ 曲线。由于在减弱磁通时 $\Phi$ 是个变量，所以 $n=f(T_{em})$ 与 $n=f(I_a)$ 两条曲线是不同的，如图 2-11 所示。当 $n=0$ 时，堵转电流 $I_k=\dfrac{U}{R_a}=$常数，而 $n_0$ 随 $\Phi$ 的减小反而增大，因此 $n=f(I_a)$ 的人为机械特性是一组通过横坐标点的直线，如图 2-11（a）所示。磁通越小，理想空载转速 $n_0$ 越高，特性越软。

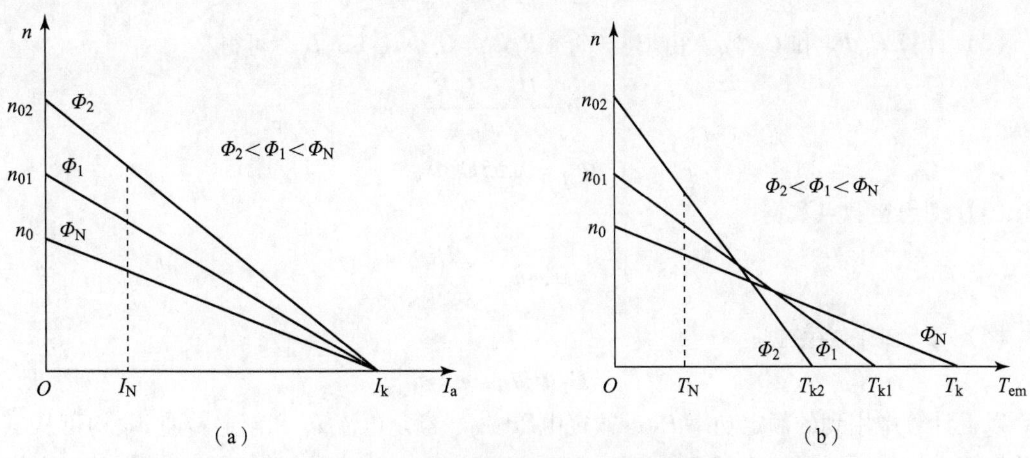


图 2-11　减弱磁通时的人为机械特性

（a）堵转时转速特性；（b）堵转时转矩特性

由式（2－8）可知，当 $n=0$ 时，堵转电磁转矩 $T_k=C_T\Phi I_k$。由于 $I_k=$ 常数，所以当磁通 $\Phi$ 减小时，$T_k$ 随着 $\Phi$ 正比例减小，同时理想空载转速 $n_0$ 增大，特性急剧变软，如图 2－11（b）所示。

改变磁通可以调节转速。从图 2－11（b）中看出，当负载转矩不太大时，磁通减小使转速升高；只有当负载转矩特别大时，减弱磁通才会使转速下降，然而，这时的电枢电流已经过大，电动机不允许在这样大的电流下工作。因此，实际运行条件下可以认为，磁通越小，稳定转速越高。

### 2.2.3 机械特性的求取

在设计电力拖动系统时，首先应该知道所选择电动机的机械特性，可是电动机的产品目录或铭牌中都未直接给出机械特性的数据，使用者通常是根据铭牌数据 $P_N$、$U_N$、$I_N$、$n_N$ 计算或通过试验获取机械特性的。

**1. 固有特性的求取**

由于他励直流电动机的固有机械特性为一条直线，因此只要求出直线上任意两点的数据就可以画出这条直线。一般计算理想空载点（$T_{em}=0$、$n=n_0$）和额定运行点（$T_{em}=T_N$、$n=n_N$）数据，具体步骤如下。

（1）估算 $R_a$。电枢电阻 $R_a$ 可用实测方法求得，也可用以下经验公式进行估算。根据实践经验总结，电动机额定运行时，电枢铜耗占总损耗的 1/2～2/3，即

$$p_{Cu}=\left(\frac{1}{2}\sim\frac{2}{3}\right)\sum p \tag{2-14}$$

而

$$p_{Cu}=I_N^2R_a$$

$$\sum p=U_NI_N-P_N$$

则

$$R_a=\left(\frac{1}{2}\sim\frac{2}{3}\right)\frac{U_NI_N-P_N}{I_N^2} \tag{2-15}$$

（2）计算 $C_e\Phi_N$ 和 $C_T\Phi_N$。由 $U_N=E_a+R_aI_N=C_e\Phi n_N+R_aI_N$，可得

$$C_e\Phi=\frac{U_N-I_NR_a}{n_N}$$

$$C_T\Phi_N=9.55C_e\Phi_N$$

（3）理想空载点数据：

$$T_{em}=0,\quad n_0=\frac{U_N}{C_e\Phi_N}$$

（4）额定工作点数据：

$$T_N=C_T\Phi_NI_N,\quad n=n_N$$

以上计算中用到的额定功率 $P_N$、额定电压 $U_N$、额定电流 $I_N$ 和额定转速 $n_N$ 均可从电动机的铭牌中查得。根据计算所得（0，$n_0$）和（$T_N$，$n_N$）两点就可以画出电动机的固有机械特性曲线。

**2. 人为机械特性的求取**

在固有机械特性方程式 $n=n_0-\beta T_{em}$ 为已知的基础上，根据人为机械特性所对应的参数（$U$、$R_s$ 或 $\Phi$）变化重新计算 $n_0$ 和 $\beta$ 值，便可求得人为机械特性方程式。若要画出人为机械特性，还需计算出某一负载点数据，如点（$T_N$，$n$），然后连接（0，$n_0$）和（$T_N$，$n$）两点，便得到人为机械特性曲线。

**例 2－1**　一台他励直流电动机的铭牌数据：$P_N=22$ kW，$U_N=220$ V，$I_N=116$ A，$n_N=1\ 500$ r/min，试计算：

（1）固有机械特性；

（2）电枢回路串 $R_s=0.4\ \Omega$ 电阻的人为机械特性；

（3）电源电压降低为 100 V 时的人为机械特性；

（4）弱磁至 $\Phi=0.8\Phi_N$ 时的人为机械特性。

**解：**（1）求固有机械特性。先估算 $R_a$，由式（2－16）取系数为 2/3 时，可得

$$R_a=\frac{2}{3}\left(\frac{U_NI_N-P_N}{I_N^2}\right)=\frac{2}{3}\left(\frac{220\times116-22\times10^3}{116^2}\right)=0.174\ (\Omega)$$

$$C_e\Phi_N=\frac{U_N-I_NR_a}{n_N}=\frac{220-116\times0.174}{1\ 500}=0.133$$

$$n_0=\frac{U_N}{C_e\Phi_N}=\frac{220}{0.133}=1\ 654\ (\text{r/min})$$

$$T_N=9.55C_e\Phi_NI_N=9.55\times0.133\times116=147.3\ (\text{N}\cdot\text{m})$$

已知理想空载点（$T_{em}=0$，$n_0=1\ 654$ r/min）和额定工作点（$T_N=147.3$ N · m，$n=n_N=1\ 500$ r/min）两点，即可以绘制出固有机械特性曲线，如图 2－12 中的曲线 4 所示。

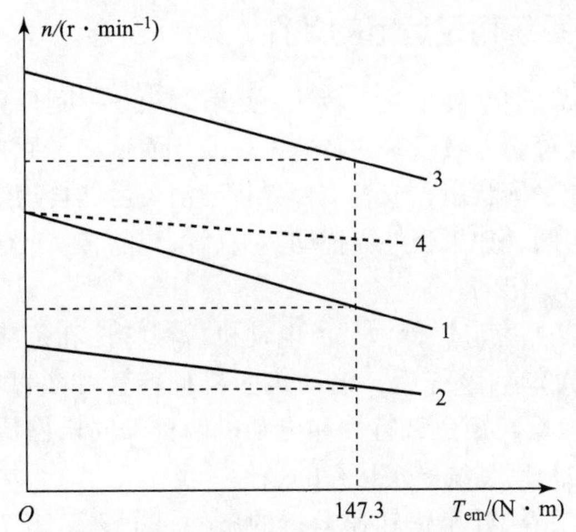


**图 2－12　固有机械特性和人为机械特性**

（2）串联 $R_s$ 的人为机械特性。计算额定工作点数据：

$$n_{1N}=n_0-\frac{R_a+R_s}{C_eC_T\Phi_N^2}T_N$$

$$=1\ 654-\frac{0.174+0.4}{9.55\times0.133^2}\times147.3=1\ 153\ (\text{r/min})$$

已知理想空载点（$T_{em}=0$，$n_0=1\ 654$ r/min）和额定工作点（$T_N=147.3$ N·m，$n=n_{1N}=1\ 153$ r/min）两点，即可以绘制出人为机械特性曲线如图 2－12 中的曲线 1 所示。

（3）降低电压为 100 V 时的人为机械特性。

$$n_{02}=\frac{U}{C_e\Phi_N}=\frac{100}{0.133}=752\ (\text{r/min})$$

此时 $\Delta n_N$ 不变，因此对应 $T=T_N$ 的转速为

$$\begin{aligned}n_{2N}&=n_{02}-\Delta n_N\\&=752-(1\ 654-1\ 500)=598\ (\text{r/min})\end{aligned}$$

已知理想空载点（$T_{em}=0$，$n_{02}=752$ r/min）和工作点（$T=147.3$ N·m，$n=n_{2N}=598$ r/min）两点，即可以绘制出降低电压为 100 V 时的人为机械特性曲线，如图 2－12 中的曲线 2 所示。

（4）弱磁时的人为机械特性。

$$n_{03}=\frac{U_N}{0.8C_e\Phi_N}=\frac{220}{0.8\times0.133}=2\ 068\ (\text{r/min})$$

$$\begin{aligned}n_{3N}&=n_{03}-\frac{R_a}{0.8^2\times9.55(C_e\Phi_N)^2}\\&=2\ 068-\frac{0.174}{0.8^2\times9.55\times0.133^2}\times147.3=1\ 831\ (\text{r/min})\end{aligned}$$

已知理想空载点（$T_{em}=0$，$n_{03}=2\ 068$ r/min）和工作点（$T_N=147.3$ N·m，$n=n_{3N}=1\ 831$ r/min）两点，即可以绘制出弱磁至 $\Phi=0.8\Phi_N$ 时的人为机械特性曲线，如图 2－12 中的曲线 3 所示。

### 2.2.4 电力拖动系统稳定运行的条件

若有一电力拖动系统，原来处于某一转速下运行，由于受到外界某种扰动，如负载的突然变化或电网电压的波动等，导致系统的转速发生变化而偏离了原来的平衡状态。如果系统能在新的条件下达到新的平衡状态，或者当外界扰动消失后能自动恢复到原来的转速下继续运行，则称该系统是稳定的；如果当外界扰动消失后系统的转速或无限制地上升，或一直下降至零，则称该系统是不稳定的。

一个电力拖动系统能否稳定运行，是由电动机机械特性和负载转矩特性的配合情况决定的。把实际系统简化为单轴系统后，电动机的机械特性和负载转矩特性可画在同一坐标图中，图 2－13 所示为恒转矩负载特性和电动机两种不同机械特性的配合情况。下面以图 2－13 为例，分析电力拖动系统稳定运行的条件。

由运动方程式可知，系统处于恒转速运行的条件是电磁转矩 $T_{em}$ 与负载转矩 $T_L$ 相等，因此在图 2－13 中，电动机机械特性和负载转矩特性的交点 $A$ 或 $B$ 是系统运行的工作点。在 $A$ 或 $B$ 点处均满足 $T_{em}=T_L$，且均具有恒定的转速 $n_A$ 或 $n_B$。但当出现扰动时，$A$ 点和 $B$ 点的运行情况是有区别的。

当系统在图 2－13（a）中的 $A$ 点运行时，若扰动使转速获得一个微小的增量，则转速由 $n_A$ 上升到 $n_A'$，此时电磁转矩小于负载转矩，因此在扰动消失后，系统将减速，直至回到 $A$ 点运行。若扰动使转速由 $n_A$ 下降到 $n_A''$，此时电磁转矩大于负载转矩，因此在扰动消失后，

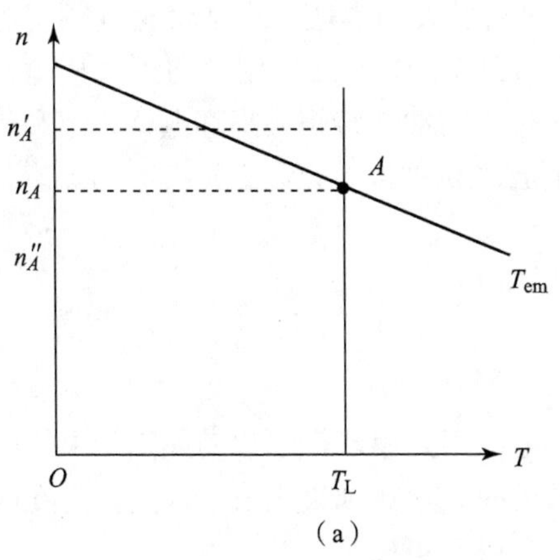


(a)

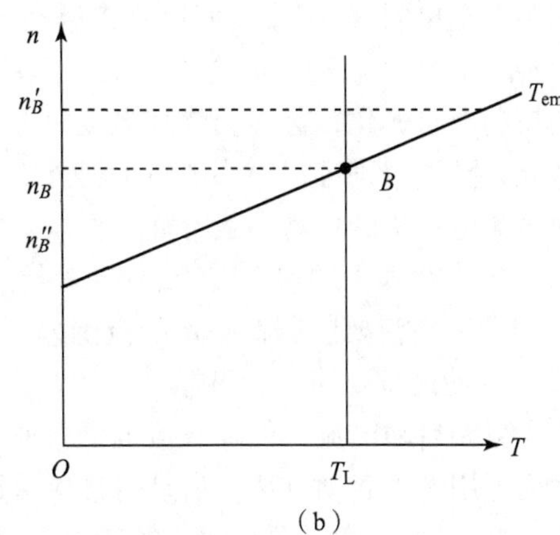


(b)

**图 2-13　电力拖动系统稳定运行条件**

(a) 稳定运行；(b) 不稳定运行

系统将加速，直至回到 $A$ 点运行。可见，$A$ 点是系统的稳定运行点。

当系统在图 2-13 (b) 中的 $B$ 点运行时，若扰动使转速由 $n_B$ 上升到 $n_B'$，这时电磁转矩大于负载转矩，即使扰动消失了，系统也将一直加速，不可能回到 $B$ 点运行。若扰动使转速由 $n_B$ 下降到 $n_B''$，则电磁转矩小于负载转矩，系统将一直减速，也不可能回到 $B$ 点运行。因此，$B$ 点是不稳定运行点。

通过以上分析可知，电力拖动系统的工作点在电动机机械特性与负载特性的交点上，但并非所有的交点都是稳定工作点。也就是说，$T_{em}=T_L$ 仅仅是系统稳定运行的一个必要条件，而不是充分条件。要实现稳定运行，还需要电动机机械特性与负载转矩特性在交点 ($T_{em}=T_L$) 处配合好。电力拖动系统稳定运行的充分必要条件如下：

(1) 必要条件。电动机的机械特性与负载的转矩特性必须有交点，即 $T_{em}=T_L$。

(2) 充分条件。在交点的转速以上存在 $T_{em}<T_L$，而在交点的转速以下存在 $T_{em}>T_L$。

由于大多数负载转矩都随转速的升高而增大或者保持恒定，因而只要电动机具有下降的机械特性，就能满足稳定运行的条件。

应当指出，上述电力拖动系统的稳定运行条件无论对直流电动机还是交流电动机都是适用的，具有普遍的意义。

## 2.3　他励直流电动机的启动

电动机的启动是指电动机接通电源后由静止状态加速到稳定运行状态的过渡过程。电动机在启动瞬间 ($n=0$) 的电磁转矩称为启动转矩，启动瞬间的电枢电流称为启动电流，分别用 $T_{st}$ 和 $I_{st}$ 表示。启动转矩为

$$T_{st}=C_T\Phi I_{st} \tag{2-16}$$

如果他励直流电动机在额定电压下直接启动，由于启动瞬间转速 $n=0$，电枢电动势 $E_a=0$，故启动电流为

$$I_{st}=\frac{U_N}{R_a} \tag{2-17}$$

因为电枢电阻 $R_a$ 很小，所以直接启动电流将达到很大的数值，通常可达到额定电流的10~20倍。过大的启动电流会引起电网电压下降，影响电网上其他用户的正常用电，使电动机的换向严重恶化，甚至会烧坏电动机。同时，过大的冲击转矩会损坏电枢绕组和传动机构。因此，除了个别容量很小的电动机外，一般直流电动机是不允许直接启动的。

对直流电动机的启动一般有如下要求：

（1）要有足够大的启动转矩；

（2）启动电流要限制在一定的范围内；

（3）启动设备要简单、可靠。

为了限制启动电流，他励直流电动机通常采用电枢回路串联电阻启动或降低电枢电压启动。无论采用哪种启动方法，启动时都应保证电动机的磁通达到最大值。这是因为在同样的电流下，$\Phi$ 大则 $T_{st}$ 大；而在同样的转矩 $T_{st}$ 下，$\Phi$ 大则 $I_{st}$ 可以小一些。

### 2.3.1 电枢回路串联电阻启动

电动机启动前，应使励磁回路调节电阻 $R_f=0$，这样励磁电流 $I_f$ 最大，使磁通 $\Phi$ 最大。电枢回路串联启动电阻 $R_{st}$，则在额定电压下的启动电流为

$$I_{st}=\frac{U_N}{R_a+R_{st}} \tag{2-18}$$

式中，$R_{st}$ 值应使 $I_{st}$ 不大于允许值。

对于普通直流电动机，一般要求 $I_{st}\leqslant(1.5\sim2)I_N$。

在启动电流产生的启动转矩作用下，电动机开始转动并逐渐加速。随着转速的升高，电枢电动势（反电动势）$E_a$ 逐渐增大，使电枢电流逐渐减小，电磁转矩也随之减小，这样转速的上升就逐渐缓慢下来。为了缩短启动时间，保持电动机在启动过程中的加速度不变，就要求在启动过程中电枢电流维持不变，因此随着电动机转速的升高，应将启动电阻平滑地切除，最后使电动机转速达到运行值。

实际上，平滑地切除电阻是不可能的，一般是在电阻回路中串联多级（通常为2~5级）电阻，在启动过程中逐级加以切除。启动电阻的级数越多，启动过程就越快且越平稳，但所需要的控制设备也越多，投资也越大。下面对电枢串联多级电阻的启动过程进行定性分析。图2-14所示为采用三级电阻启动时电动机的电路原理图及其机械特性。

启动开始时，接触器的触点S闭合，而 $S_1$、$S_2$、$S_3$ 断开，如图2-14（a）所示，额定电压加在电枢回路总电阻 $R(R=R_a+R_{st1}+R_{st2}+R_{st3})$ 上，启动初始电流为 $I_1=\frac{U_N}{R}$，则此时启动电流 $I_1$ 和启动转矩 $T_1$ 均达到最大值（通常取额定值的2倍左右）。接入全部启动电阻时的人为机械特性如图2-14（b）中的曲线1所示。启动瞬间对应于 $a$ 点，启动转矩 $T_1$ 大于负载转矩 $T_L$，电动机开始加速，电动势 $E_a$ 逐渐增大，电枢电流和电磁转矩逐渐减小，工作点沿曲线1箭头方向移动。当转速升到 $n_1$，电流降至 $I_2$，转矩减至 $T_2$（图中 $b$ 点）时，触点 $S_3$ 闭合，切除电阻 $R_{st3}$，$I_2$ 称为切换电流，一般取 $I_2=(1.1\sim1.2)I_N$ 或 $T_2=(1.1\sim1.2)T_N$。切除 $R_{st3}$ 后，电枢回路电阻减小为 $R_2=R_a+R_{st1}+R_{st2}$，与之对应的人为机械特性如图2-14（b）中的曲线2所示。在切除电阻瞬间，由于机械惯性，转速不能突变，因而电动机的工作点由 $b$ 点沿水平方向跃变到曲线2上的 $c$ 点。选择适当的各级启动电阻，可使

$c$ 点的电流仍为 $I_1$，这样电动机又处在最大转矩 $T_1$ 下进行加速，工作点沿曲线 2 箭头方向移动。当到达 $d$ 点时，转速升至 $n_2$，电流又降至 $I_2$，转矩也降至 $T_2$，此时触点 $S_2$ 闭合，将 $R_{st2}$ 切除，电枢回路电阻变为 $R_1=R_a+R_{st1}$，工作点由 $d$ 点平移到人为机械特性曲线 3 上的 $e$ 点。$e$ 点的电流和转矩仍为最大值，电动机又处在最大转矩 $T_1$ 下加速，工作点在曲线 3 上移动。当转速升至 $n_3$ 时，即在 $f$ 点切除最后一级电阻 $R_{st1}$ 后，电动机将过渡到固有机械特性上，并加速到 $h$ 点处于稳定运行，启动过程结束。

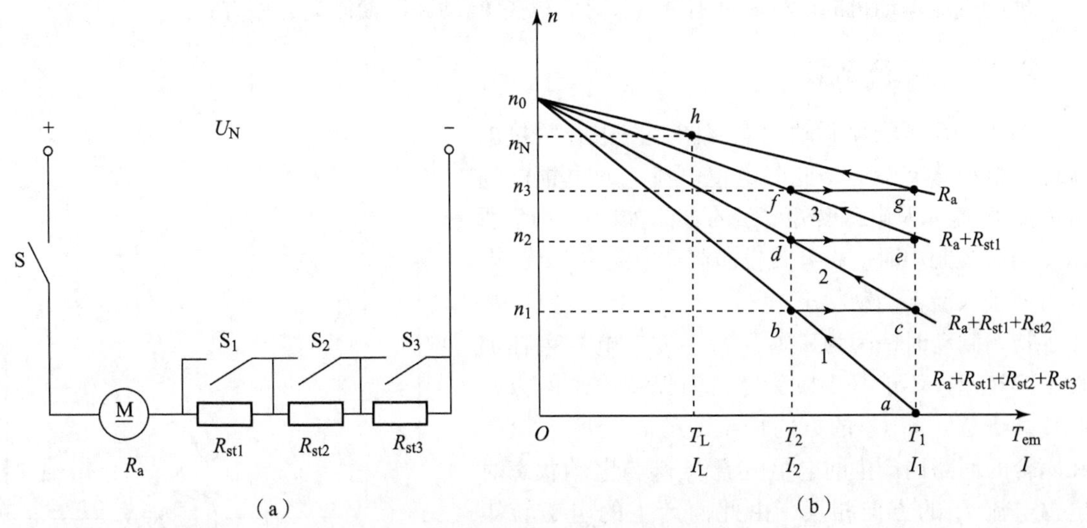


**图 2－14　他励电动机串联电阻多级启动**

(a) 串联电阻启动电路；(b) 串联电阻多级启动机械特性

### 2.3.2　降压启动

当直流电源电压可调时，可以采用降压启动。启动时，以较低的电源电压启动电动机，启动电流便随电压的降低而正比减小。随着电动机转速的上升，反电动势逐渐增大，再逐渐提高电源电压，使启动电流和启动转矩保持在一定的数值上，从而保证电动机按需要的加速度升速。

这种启动方法需要可调压的直流电源，过去多采用直流的发电机电动机组，即每一台电动机专门由一台直流发电机供电。当调节发电机的励磁电流时，便可改变发电机的输出电压，从而改变加在电动机电枢两端的电压。随着晶闸管技术和计算机技术的发展，直流发电机逐步被晶闸管整流电源所取代。

降压启动过程平滑，能量损耗小，但要求有单独的可调压直流电源，启动设备复杂，初期投资大，多用于要求经常启动的场合和大中型电动机的启动，实际使用的直流伺服系统多采用这种降压启动方法。

## 2.4　他励直流电动机的制动

根据电磁转矩 $T_{em}$ 和转速 $n$ 方向之间的关系，可以把电机分为两种运行状态：当 $T_{em}$ 与 $n$

同方向时，称为电动运行状态，简称电动状态；当 $T_{em}$ 与 $n$ 反方向时，称为制动运行状态，简称制动状态。电动状态下，电磁转矩为驱动转矩；制动状态下，电磁转矩为制动转矩。

在电力拖动系统中，电动机经常需要工作在制动状态。例如，许多生产机械工作时，往往需要快速停车或者由高速运行迅速转为低速运行，这就要求电动机进行制动；对于像起重机等位能性负载的工作机构，为了获得稳定的下放速度，电动机也必须运行在制动状态。因此，电动机的制动运行也是十分重要的。

他励直流电动机的电气制动有能耗制动、反接制动和回馈制动 3 种方式。

### 2.4.1 能耗制动

图 2－15 是能耗制动的电路图。图中开关接电源侧为电动状态运行，此时电枢电流 $I_a$、电枢电动势 $E_a$、转速 $n$ 及电磁转矩 $T_{em}$ 的方向如图 2－15 所示。当需要制动时，将开关投向制动电阻 $R_b$ 上，电动机便进入能耗制动状态。

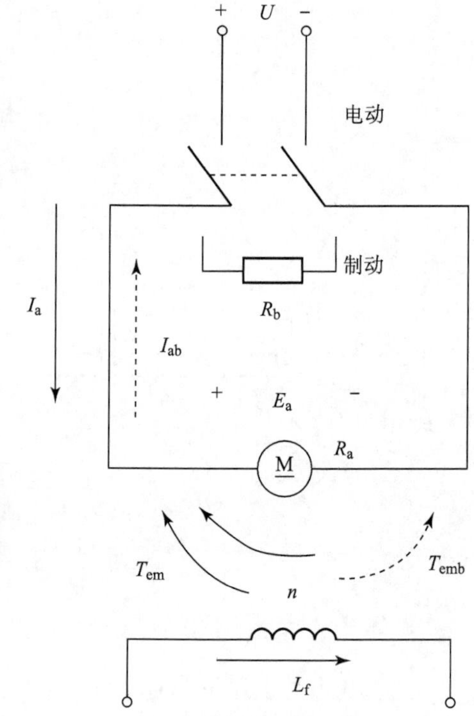

**图 2－15 能耗制动电路图**

初始制动时，因为磁通保持不变，电枢存在惯性，其转速 $n$ 不能马上降为零，而保持原来的方向旋转，于是 $n$ 和 $E_a$ 的方向均不改变。但是，由 $E_a$ 在闭合的回路内产生的电枢电流 $I_{ab}$ 却与电动状态时电枢电流 $I_a$ 的方向相反，由此而产生的电磁转矩 $T_{emb}$ 也与电动状态时 $T_{em}$ 的方向相反，变为制动转矩，于是电机处于制动状态。制动状态时，电机靠生产机械惯性力的拖动而发电，将生产机械储存的动能转换成电能，并消耗在电阻 $R_a+R_b$ 上，直到电机停止转动为止，因此这种制动方式称为能耗制动。

能耗制动是在 $U=0$、$\Phi=\Phi_N$、$R=R_a+R_b$ 的前提条件下进行的，其机械特性方程为

$$n=-\frac{R_a+R_b}{C_e C_T \Phi_N^2}T_{em} \tag{2-19}$$

或

$$n=-\frac{R_a+R_b}{C_e \Phi_N}I_a \tag{2-20}$$

能耗制动时 $U=0$，则

$$n_0=\frac{U}{C_e\Phi}=0 \tag{2-21}$$

即能耗制动的机械特性是一条过坐标原点的直线，斜率为

$$\beta=\frac{R_a+R_b}{C_e C_T \Phi_N^2} \tag{2-22}$$

特性曲线如图 2－16 所示。图中所示曲线 $A$ 点处，其 $n>0$，$T_{em}>0$，$T_{em}$ 为驱动转矩。开始制动时，因 $n$ 不能突变（能量不能突变），工作点将沿水平方向跃变到能耗制动特性曲

线上的 $B$ 点。在 $B$ 点，$n>0$，$T_{em}<0$，电磁转矩为制动转矩，于是电动机开始减速，工作点沿 $BO$ 方向移动。

若电动机拖动反抗性负载，则工作点到达 $O$ 点时，$n=0$，$T_{em}=0$，电机便停转。若电动机拖动位能性负载，则工作点到达 $O$ 点时，虽然 $n=0$，$T_{em}=0$，但在位能负载的作用下，电机将反转并加速，工作点将沿特性曲线 $OC$ 方向移动。此时 $E_a$ 的方向随 $n$ 的反向而反向，即 $n$ 和 $E_a$ 的方向均与电动状态时相反，而 $E_a$ 产生的 $I_a$ 方向却与电动状态时相同，随之 $T_{em}$ 的方向也与电动状态时相同，即 $n<0$，$T_{em}>0$，电磁转矩仍为制动转矩。随着反向转速的增加，制动转矩也不断增大。当制动转矩与负载转矩平衡时，电机便在某一转速下处于稳定的制动状态运行，即匀速下放重物，如图 2－16 中的 $C$ 点，这时电动机处于制动运行状态。

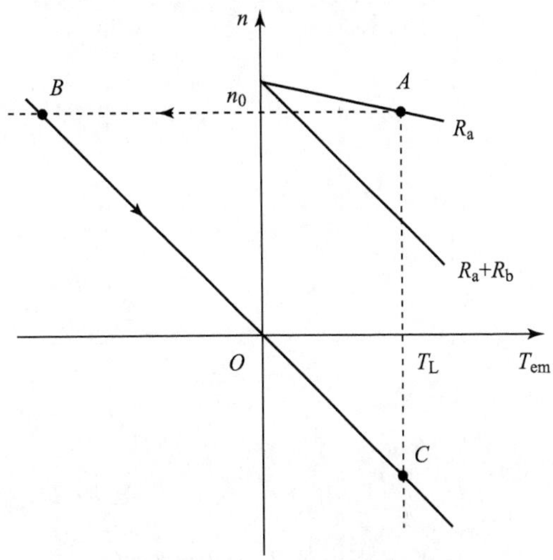

图 2－16　能耗制动时的机械特性

改变制动电阻 $R_b$ 的大小，可以改变能耗制动特性曲线的斜率，从而可以改变起始制动转矩的大小以及下放位能负载时的稳定速度。$R_b$ 越小，特性曲线的斜率越小，起始制动转矩越大，下放位能负载的速度越小。减小制动电阻，可以增大制动转矩，缩短制动时间，提高工作效率。但制动电阻太小，将会造成制动电流过大，通常限制最大制动电流不超过 2～2.5 倍的额定电流。选择制动电阻的原则为

$$I_{ab}=\frac{E_a}{R_a+R_b}\leqslant I_{max}=(2\sim2.5)I_N \tag{2-23}$$

即

$$R_b\geqslant\frac{E_a}{(2\sim2.5)I_N}-R_a \tag{2-24}$$

式中，$E_a$ 为制动瞬间（制动前电动状态时）的电枢电动势。如果制动前电机处于额定运行状态，则 $E_a=U_N-R_aI_N\approx U_N$。

能耗制动操作简单，但随着转速的下降，电动势减小，制动电流和制动转矩也随之减小，制动效果变差。若为了使电机能更快地停转，可以在转速降到一定程度时切除一部分制动电阻，使制动转矩增大，从而加强制动作用。

### 2.4.2　反接制动

反接制动分为电压反接制动和倒拉反转反接制动（也称为电势反接制动）两种。

**1. 电压反接制动**

电压反接制动的电路图如图 2－17 所示。当开关 S 投向“电动”侧时，电枢接正极性的电源电压，此时电机处于电动状态运行。进行制动时，开关 S 投向“制动”侧，此时电枢回路串入制动电阻 $R_b$ 后，接上极性相反的电源电压，即电枢电压由原来的正值变为负值。此时，在电枢回路内，$U$ 与 $E_a$ 顺向串联，共同产生很大的反向电流。

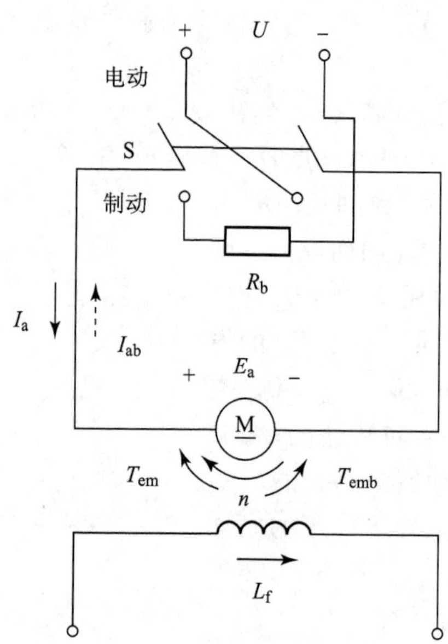


**图 2-17　电压反接制动电路图**

反向的电枢电流 $I_{ab}$ 产生很大的反向电磁转矩 $T_{emb}$，从而产生很强的制动作用，这就是电压反接制动。

当电动状态时，电枢电流的大小由 $U_N$ 与 $E_a$ 之差决定；当反接制动时，电枢电流的大小由 $U$ 与 $E$ 之和决定。因此，反接制动时电枢电流是非常大的。为了限制过大的电枢电流，反接制动时必须在电枢回路中串联制动电阻 $R_b$。$R_b$ 的大小应使反接制动时电枢电流不超过电动机的最大允许电流 $I_{max}=(2\sim2.5)I_N$，因此应串入的制动电阻值为

$$R_b \geqslant \frac{E_a}{(2\sim2.5)I_N} - R_a \tag{2-25}$$

比较式（2-25）和式（2-26）可知，反接制动电阻值要比能耗制动电阻值约大 1 倍。电压反接制动时的机械特性曲线就是在 $U=-U_N$、$\Phi=\Phi_N$、$R=R_a+R_b$ 条件下的一条人为机械特性曲线，即

$$n=-\frac{U_N}{C_e\Phi_N}-\frac{R_a+R_b}{C_eC_T\Phi_N^2}T_{em} \tag{2-26}$$

或

$$n=-\frac{U_N}{C_e\Phi_N}-\frac{R_a+R_b}{C_e\Phi_N}I_a$$

由式（2-26）可见，机械特性曲线是一条通过 $-n_0$ 点，斜率为 $\frac{R_a+R_b}{C_eC_T\Phi_N^2}$ 的直线，如图 2-18 中线段 $BC$ 所示。电压反接制动时电机工作点的变化情况如图 2-18 所示，设电动机原来工作在固有机械特性上的 $A$ 点，反接制动时，由于转速不能突变，工作点沿水平方向跃变到反接制动机械特性上的 $B$ 点，之后在制动转矩作用下，转速开始下降，工作点沿 $BC$ 方向移动。当到达 $C$ 点时，制动过程结束。在 $C$ 点，$n=0$，但制动的电磁转矩 $T_{emb}\neq0$，如果负载是反抗性负载，当 $C$ 点处的电磁转矩大于负载转矩时，若为了制动停车，在电机转

速接近于零时的机械特性必须立即断开电源，否则电动机将在反向电磁转矩的作用下反向启动，并一直加速到 $D$ 点，进入反向电动状态下稳定运行。

反接制动过程中（图 2－18 中 $BC$ 段），从电源输入的电功率和从轴上输入的机械功率转变成的电功率一并全部消耗在电枢回路的电阻 $R_a + R_b$ 上，其能量损耗是很大的。

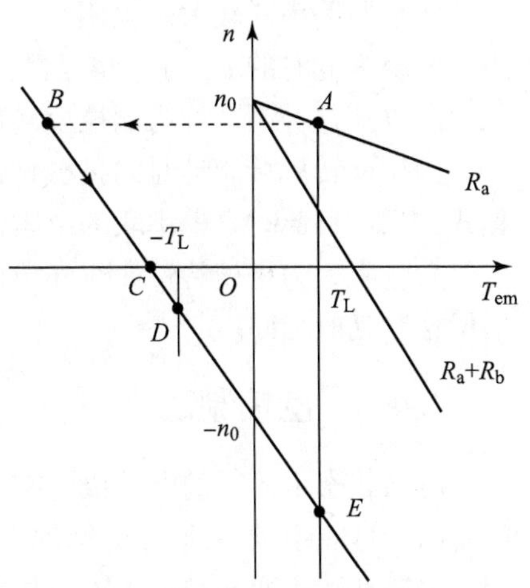


**图 2－18　电压反接制动时的机械特性**

**2. 倒拉反转反接制动**

倒拉反转反接制动只适用于位能性恒转矩负载，现以起重机下放重物为例来说明。正向电动状态（提升重物）时，电动机工作在固有机械特性（图 2－19（b））上的 $A$ 点。如果在电枢回路中串联一个较大的电阻 $R_b$，便可实现倒拉反转反接制动。串联电阻 $R_b$ 将得到一条斜率较大的人为机械特性曲线，如图 2－19（b）中的直线 $n_0D$ 所示。串联电阻瞬间，因转速不能突变，所以工作点由固有机械特性上的 $A$ 点沿水平方向跳跃到人为机械特性曲线上的 $B$ 点，此时电磁转矩 $T_B$ 小于负载转矩 $T_L$，于是电机开始减速，工作点沿人为机械特性曲线由 $B$ 点向 $C$ 点变化。到达 $C$ 点时，$n=0$，电磁转矩为堵转转矩 $T_k$，因 $T_k$ 仍小于负载转矩 $T_L$，所以在重物的重力作用下电机将反向旋转，即下放重物。因为励磁不变，所以 $E_a$ 随 $n$ 的反向而改变方向，由图 2－19（a）可以看出 $I_a$ 的方向不变，故 $T_{em}$ 的方向也不变。这样，电机反转后，电磁转矩为制动转矩，电机处于制动状态，运行在如图 2－19（b）中的 $CD$ 段。随着电机反向转速的增加，$E_a$ 增大，电枢电流 $I_a$ 和制动的电磁转矩 $T_{em}$ 也相应增大。当到达 $D$ 点时，电磁转矩与负载转矩平衡，电机便以稳定的转速匀速下放重物。电机串联的电阻 $R_b$ 越大，则最后稳定的转速越高，下放重物的速度也越快。

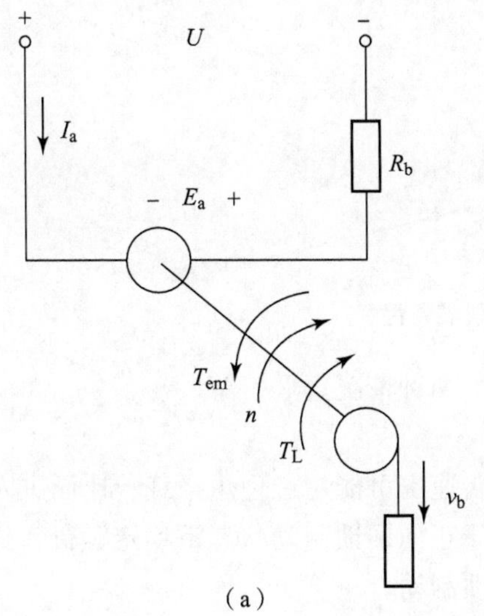


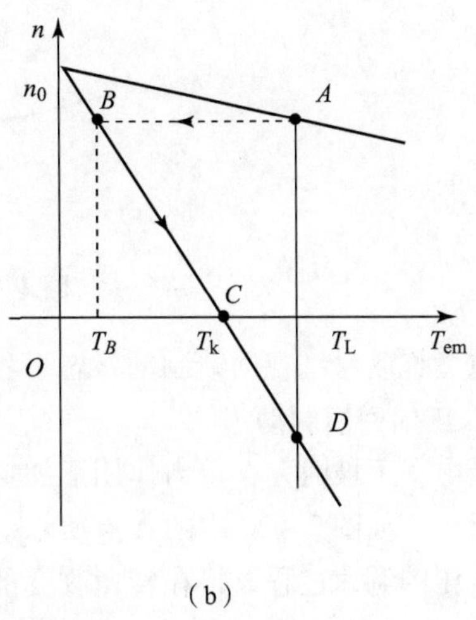


**图 2－19　倒拉反接制动机械特性**

（a）制动原理；（b）机械特性

电枢回路串联较大的电阻后，电机能出现反转制动运行，这主要是位能负载的倒拉作用，又因为此时的 $E_a$ 与 $U$ 也是顺向串联的，共同产生电枢电流，这一点与电压反接制动相似，所以把这种制动称为倒拉反转反接制动（或电势反接制动）。

倒拉反转反接制动时的机械特性方程式就是电动状态时电枢串联电阻的人为机械特性方程式，只不过此时电枢串联的电阻值较大。因此，倒拉反转反接制动特性曲线是电动状态电枢串联电阻人为机械特性曲线在第四象限的延伸部分。倒拉反转反接制动时的能量关系和电压反接制动时相同。

### 2.4.3 回馈制动

电动状态下运行的电动机，在某种条件下（如电动机拖动机车下坡时）会出现运行转速 $n$ 高于理想空载转速 $n_0$ 的情况，此时 $E_a > U$，电枢电流反向，电磁转矩的方向也随之改变，由拖动转矩变成制动转矩。从能量传递方向看，电机处于发电状态，将机械能变换成电能回馈给电网，因此称这种状态为回馈制动状态。

回馈制动的条件：$n > n_0$，$E_a > U$。回馈制动时的机械特性方程式与电动状态时相同，只是运行在机械特性曲线上不同的区段而已。正向回馈制动时的机械特性位于第二象限，反向回馈制动时位于第四象限，如图 2－20 中的 $n_0A$ 段和 $-n_0B$ 段。

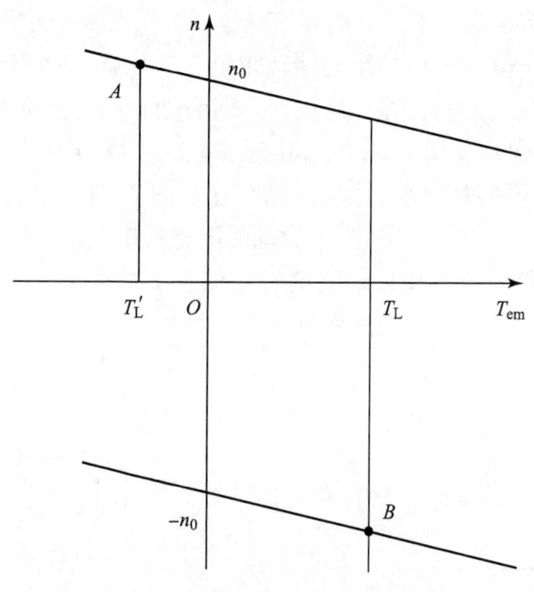


图 2－20　回馈制动机械特性

电力拖动系统在回馈制动状态下稳定运行有以下两种情况。

**1. 正向回馈制动**

当电车下坡时，在重力作用下加速运行，运行转速也可能超过理想空载转速而进入第二象限运行，如图 2－20 中的 $A$ 点所示。这时电机处于正向回馈制动状态下稳定运行，如降低电枢电压的调速过程，将在转速改变的瞬态发生回馈制动。

**2. 反向回馈制动**

当电动机拖动起重机下放重物出现回馈制动时，工作点将通过 $-n_0$ 点进入第四象限，出现运行转速超过理想空载转速的反向回馈制动状态。当到达 $B$ 点时，制动的电磁转矩与重物作用力相平衡，电力拖动系统便在回馈制动状态下稳定运行，即重物匀速下降。

回馈制动时，由于有功率回馈到电网，因而与能耗制动和反接制动相比，回馈制动是比较经济的。

## 2.5　他励直流电动机的调速

为了提高生产效率或满足生产工艺的要求，许多生产机械在工作过程中都需要调速。例如，车床切削工件时，精加工用高转速，粗加工用低转速；轧钢机在轧制不同品种和不同厚度的钢材时，也必须有不同的工作速度。

电力拖动系统的调速可以采用机械调速、电气调速或二者配合起来调速。通过改变传动机构速度比进行调速的方法称为机械调速；通过改变电动机参数进行调速的方法称为电气调速。本节只介绍他励直流电动机的电气调速。

所谓调速，就是在所拖动的负载不变的前提下，人为改变运行的转速。改变电动机的参数就是人为地改变电动机的机械特性，从而使负载工作点发生变化，转速随之变化。可见，在调速前后，电动机必然运行在不同的机械特性上。如果机械特性不变，则因负载变化而引起电动机转速的改变不能称为调速。

根据他励直流电动机的转速公式

$$n = \frac{U - I_a R}{C_e \Phi} \tag{2-27}$$

可知，当电枢电流 $I_a$ 不变时（在一定的负载下），只要改变电枢电压 $U$、电枢回路串联电阻 $R_s$（即改变 $R = R_a + R_s$）及励磁磁通 $\Phi$ 三者之中的任意一个量，就可改变转速 $n$。因此，他励直流电动机具有 3 种调速方法：调压调速、电枢串联电阻调速和调磁调速。为了评价各种调速方法的优缺点，对调速方法提出了一定的技术经济指标，称为调速指标。下面先介绍调速指标，然后讨论他励直流电动机的 3 种调速方法及其与负载类型的配合问题。

### 2.5.1　调速指标

评价调速性能好坏的指标有以下 4 个。

**1. 调速范围**

调速范围是指电动机在额定负载下可能运行的最高转速 $n_{max}$ 与最低转速 $n_{min}$ 之比，通常用 $D$ 表示，即

$$D = \frac{n_{max}}{n_{min}} \tag{2-28}$$

不同的生产机械对电动机的调速范围有不同的要求。要扩大调速范围，必须尽可能地提高电动机的最高转速和降低电动机的最低转速。电动机的最高转速受到电动机的机械强度、换向条件、电压等级等方面的限制，而最低转速则受到低速运行时转速的相对稳定性的限制。

**2. 静差率（相对稳定性）**

转速的相对稳定性是指负载变化时转速变化的程度，转速变化小，其相对稳定性好。转

速的相对稳定性用静差率 $\delta$ 表示。当电动机在某一机械特性上运行时，由理想空载增加到额定负载，电动机的转速降落 $\Delta n = n_0 - n_N$ 与理想空载转速 $n_0$ 之比称为静差率，用百分数表示，即

$$\delta = \frac{n_0 - n_N}{n_0} \times 100\% = \frac{\Delta n_N}{n_0} \times 100\% \tag{2-29}$$

显然，电动机的机械特性越硬，其静差率越小，转速的相对稳定性就越高。但是静差率的大小不仅仅是由机械特性的硬度决定的，还与理想空载转速的大小有关。例如，图 2-21 中两条相互平行的机械特性曲线 2 和曲线 3，它们的硬度相同，额定转速降也相等，即 $\Delta n_2 = \Delta n_3$，但由于它们的理想空载转速不等，$n_{02} > n_{03}$，因而它们的静差率不等，$\delta_2 < \delta_3$。可见，硬度相同的两条机械特性曲线，理想空载转速越低，其静差率越大。

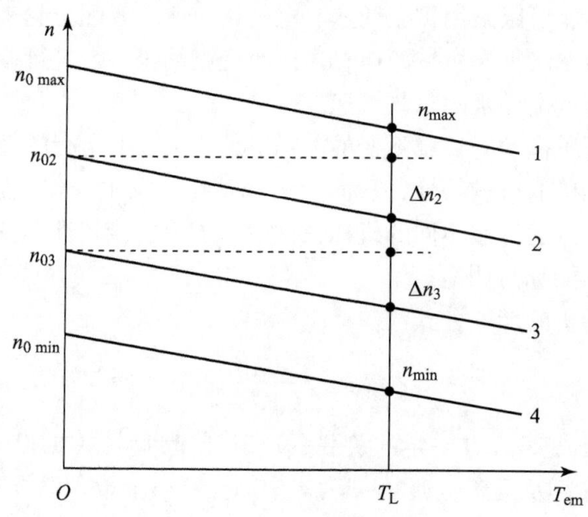


**图 2-21　降压时的机械特性**

静差率与调速范围两个指标是相互制约的。若图 2-21 中曲线 1 和曲线 4 为电动机最高转速和最低转速时的机械特性，则电动机的调速范围 $D$ 与最低转速时静差率 $\delta$ 的关系为

$$D = \frac{n_{max}}{n_{min}} = \frac{n_{max}}{n_{0min} - \Delta n_N} = \frac{n_{max}}{\dfrac{\Delta n_N}{\delta} - \Delta n_N} = \frac{n_{max}\delta}{\Delta n_N(1-\delta)} \tag{2-30}$$

式中，$\Delta n_N$ 为最低转速机械特性上的转速降；$\delta$ 为最低转速时的静差率，即系统的最大静差率。

由式（2-15）可知，若对静差率这一指标要求过高，即 $\delta$ 值越小，则调速范围 $D$ 就越小；反之，若要求调速范围 $D$ 越大，则静差率 $\delta$ 也越大，转速的相对稳定性越差。

不同的生产机械对静差率的要求不同，普通车床要求 $\delta \leq 30\%$，而高精度的造纸机则要求 $\delta \leq 0.1\%$。在保证一定静差率指标的前提下，要扩大调速范围，就必须减小转速降 $\Delta n_N$，也就是说，必须提高机械特性的硬度。

**3. 调速的平滑性**

在一定的调速范围内，调速的级数越多，就认为调速越平滑。相邻两级转速之比称为平滑系数，即

$$\varphi = \frac{n_i}{n_{i-1}} \tag{2-31}$$

式中，$\varphi$ 值越接近 1，则平滑性越好。

当 $\varphi = 1$ 时，称为无级调速，即转速可以连续调节。调速不连续时，级数有限，称为有级调速。

**4. 调速的经济性**

经济性包含两方面的内容：一是指调速设备的投资和调速过程中的能量损耗、运行效率及维修费用等；二是指电动机在调速时能否得到充分利用，即调速方法是否与负载类型相配合。

## 2.5.2　调速方法

**1. 电枢回路串联电阻调速**

电枢回路串联电阻调速的原理及调速过程如图 2－22 所示。

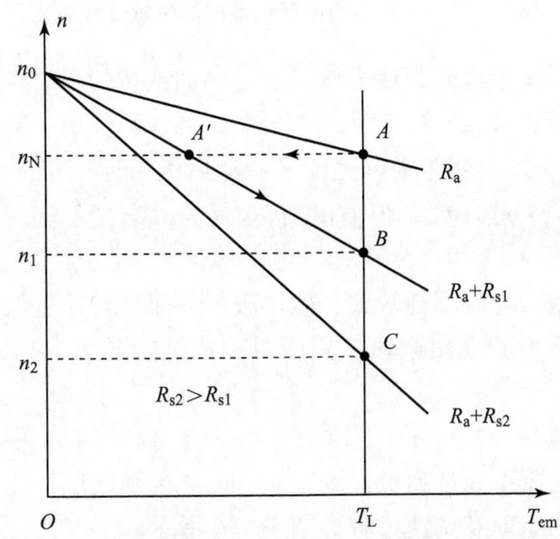


**图 2－22　直流他励电动机电枢串联电阻调速原理与过程**

（1）前提条件。$U = U_N$，$\Phi = \Phi_N$，$T_L = c$（常数），$R = R_a + R_s$。

（2）调速过程。设电动机拖动恒转矩负载 $T_L$ 在固有机械特性曲线的 $A$ 点上运行，其转速为 $n_N$。若电枢回路串入电阻 $R_{s1}$，则达到新的稳态后，工作点变为人为机械特性曲线上的 $B$ 点，转速下降到 $n_1$。由图 2－22 可以看出，串联的电阻值越大，稳态转速就越低。

现以转速由 $n_N$ 降至 $n_1$ 为例，说明其调速过程。电动机原来在 $A$ 点稳定运行时，$T_{em} = T_L$，$n = n_N$。当串联 $R_{s1}$ 后，电动机的机械特性变为直线 $n_0B$，因串联电阻瞬间转速由于惯性不突变（动能不能突变），故 $E_a$ 不突变，于是 $I_a$ 及 $T_{em}$ 突然减小，工作点平移到 $A'$ 点。在 $A'$ 点，$T_{em} < T_L$，电动机开始减速。随着 $n$ 的减小，$E_a$ 减小，$I_a$ 及 $T_{em}$ 增大，即工作点沿 $A'B$ 方向移动，当到达 $B$ 点时，$T_{em} = T_L$，达到了新的平衡，电动机便在 $n_1$ 转速下稳定运行。调速过程中转速 $n$ 和电流 $i_a$（或 $T_{em}$）随时间的变化过渡过程曲线如图 2－23 所示。

（3）电枢串联电阻调速的特点。电枢串联电阻调速的优点是设备简单，操作方便。电

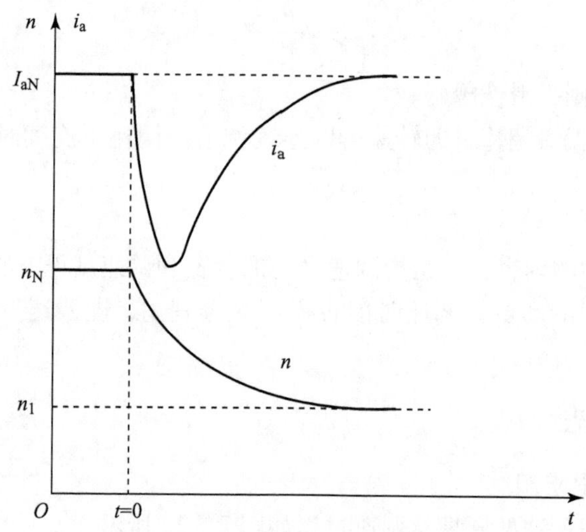


**图 2－23　电枢串联电阻调速时的过渡过程曲线**

枢串联电阻调速的缺点：由于电阻只能分段调节，因而调速的平滑性差；低速时特性曲线斜率大，静差率大，因此转速的相对稳定性差；轻载时调速范围小，额定负载时调速范围一般为 $D\leqslant 2$；如果负载转矩保持不变，则调速前和调速后因磁通不变而使电动机的 $T_{em}$ 和 $I_a$ 不变，输入功率（$P_1=U_N I_a$）也不变，但输出功率（$P_2\propto T_L n$）却随转速的下降而减少，减少的部分被串联的电阻消耗掉了。

因此，电枢串联电阻调速的损耗较大，效率较低，而且转速越低，串联电阻越大，则损耗越大，效率越低。电枢串联电阻调速多用于对调速性能要求不高的生产机械上，如起重机、电车等。

**2. 降低电源电压调速**

由于电动机的工作电压不允许超过额定电压，因此电枢电压只能在额定电压以下进行调节。降低电源电压调速的原理及调速过程如图 2－24 所示。

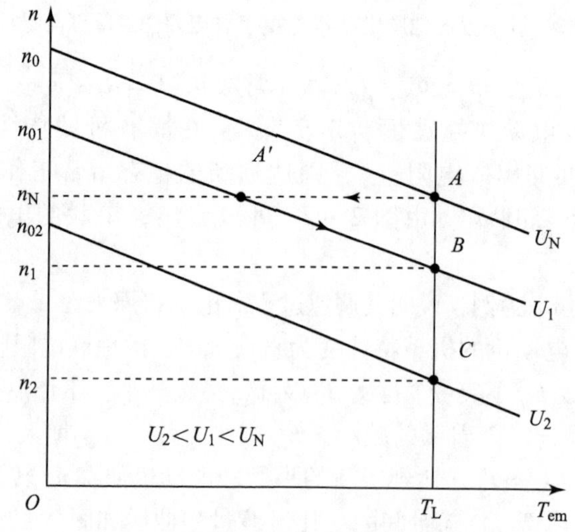


**图 2－24　直流电动机降压调速原理与过程**

（1）前提条件。$\Phi=\Phi_N$，$R=R_a$，$T_L=c$（常数），$U$ 向下可调。

（2）调速过程。设电动机拖动恒转矩负载 $T_L$ 在固有机械特性曲线的 $A$ 点上运行，其转速为 $n_N$。若电源电压由 $U_N$ 下降至 $U_1$，则达到新的稳态后，工作点将移到对应人为机械特性曲线上的 $B$ 点，其转速下降为 $n_1$。从图 2-24 可以看出，电压越低，稳态转速也越低。

电动机原来在 $A$ 点稳定运行时，$T_{em}=T_L$，$n=n_N$。电压降至 $U_1$ 后，电动机的机械特性变为直线 $n_{01}B$。在降压瞬间，转速 $n$ 由于惯性不能突变，$E_a$ 不能突变，因此 $I_a$ 和 $T_{em}$ 突然减小，工作点平移到 $A'$ 点。在 $A'$ 点，$T_{em}<T_L$，电动机开始减速，随着 $n$ 减小，$E_a$ 减小，$I_a$ 和 $T_{em}$ 增大，工作点沿 $A'B$ 方向移动，到达 $B$ 点时，达到了新的平衡，$T_{em}=T_L$，此时电动机便在较低转速 $n_1$ 下稳定运行。降压调速过程与电枢串联电阻调速过程类似，调速过程中转速和电枢电流（或转矩）随时间的变化曲线也与图 2-23 类似。

（3）降压调速的特点。降压调速的优点如下：

①电源电压能够平滑调节，可以实现无级调速；

②调速前后机械特性的斜率不变，硬度较高，负载变化时速度稳定性好；

③无论是轻载还是负载，调速范围相同，一般可达 $D=2.5\sim12$；

④电能损耗较小。

降压调速的缺点是需要一套电压可连续调节的直流电源，早期常采用发电机电动机系统，简称 G-M 系统，可以改变发电机 G 发出的电压，从而实现对直流电动机 M 的调压调速。这种系统的性能较为优越，但设备多、投资大。目前，G-M 系统已被晶闸管-电动机系统所取代。降压调速多用在对调速性能要求较高的生产机械上，如机床、轧钢机、造纸机等。

以上两种调速在 $T_{em}=T_L=c$（常数）时，调速前后电枢回路的电流保持不变。

**3. 减弱磁通调速**

额定运行的电动机，其磁路已基本饱和，即使励磁电流增加很大，磁通增加也很小。另外，从电机的性能考虑也不允许磁路过饱和。因此，改变磁通只能从额定值往下调，即进行弱磁调速，其调速原理及调速过程如图 2-25 所示。

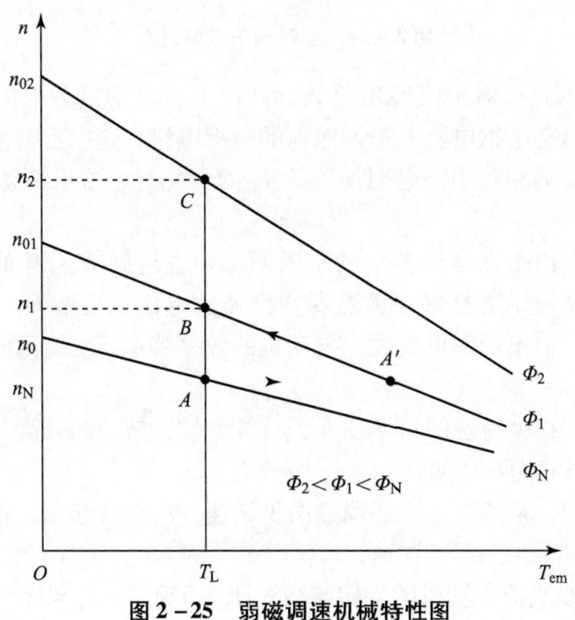


**图 2-25　弱磁调速机械特性图**

设电动机拖动恒转矩负载 $T_L$ 在固有机械特性曲线的 $A$ 点上运行，其转速为 $n_N$。若磁通由 $\Phi_N$ 减小至 $\Phi_1$，则达到新的稳态后，工作点将移到对应人为机械特性曲线上的 $B$ 点，其转速上升为 $n_1$。从图中可见，磁通越少，稳态转速将越高。

(1) 前提条件：$U = U_N$，$R = R_a$，$T_L = c$（常数），$\Phi$ 向下可调。

(2) 调速过程。电动机原来在 $A$ 点稳定运行时，$T_{em} = T_L$，$n = n_N$。当磁通减弱到 $\Phi_1$ 时，电动机的机械特性变为直线 $n_{01}B$。在磁通减弱的瞬间，转速 $n$ 由于惯性不能突变，电动势 $E_a$ 随 $\Phi$ 而减小，于是电枢电流 $I_a$ 增大。尽管 $\Phi$ 减小，但 $I_a$ 增大很多，所以电磁转矩 $T_{em}$ 还是增大的，因此工作点移到 $A'$ 点。在 $A'$ 点，$T_{em} > T_L$，电动机开始加速，随着 $n$ 上升，$E_a$ 增大，$I_a$ 和 $T_{em}$ 减小，工作点沿 $A'B$ 方向移动。到达 $B$ 点时，$T_{em} = T_L$，出现了新的平衡，此时电动机便在较高的转速 $n_1$ 下稳定运行。调速过程中电枢电流和转速随时间的变化规律如图 2－26 所示。

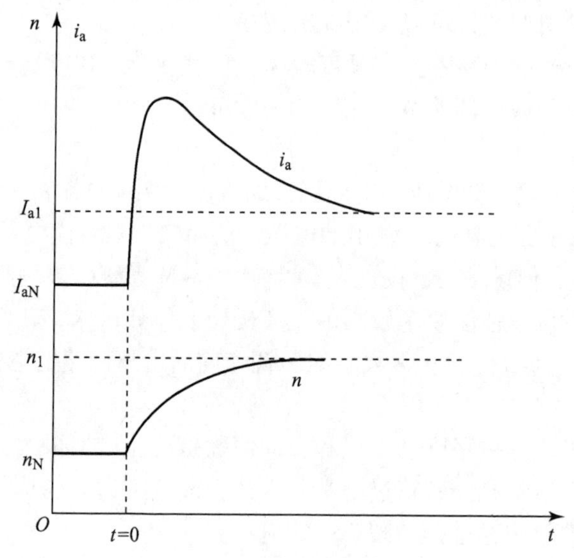


**图 2－26　弱磁调速过渡过程**

(3) 弱磁调速的特点。对于恒转矩负载，调速前后电动机的电磁转矩不变，因为磁通减小，所以调速后的稳态电枢电流大于调速前的电枢电流，这一点与前两种调速方法是不同的。当忽略电枢反应影响和较小的电阻压降 $R_aI_a$ 的变化时，可近似认为转速与磁通成反比变化。

弱磁调速的优点：由于在电流较小的励磁回路中进行调节，因而控制方便，能量损耗小，设备简单，而且调速平滑性好。虽然弱磁升速后电枢电流增大，电动机的输入功率增大，但由于转速升高，输出功率也增大，电动机的效率基本不变，因而弱磁调速的经济性是比较好的。

弱磁调速的缺点：机械特性的斜率变大，特性变软；转速的升高受到电机换向能力和机械强度的限制，因此升速范围不可能很大，一般 $D \leqslant 2$。

为了扩大调速范围，常常把降压和弱磁两种调速方法结合起来。在额定转速以下采用降压调速，在额定转速以上采用弱磁调速。

**例 2－2**　一台他励直流电动机的额定参数：$U_N = 220$ V，$I_N = 41.1$ A，$n_N = 1\ 500$ r/min，

$R_a=0.4\ \Omega$。保持额定负载转矩不变，试求：

（1）电枢回路串联 1.65 Ω 电阻后的稳态转速；

（2）电源电压降为 110 V 时的稳态转速；

（3）磁通减弱为 90% $\Phi_N$ 时的稳态转速。

**解：**

$$C_e\Phi_N=\frac{U_N-I_aR_a}{n_N}=\frac{220-41.1\times0.4}{1\ 500}=0.136$$

（1）因为负载转矩不变，磁通不变，所以 $I_a$ 不变，有

$$n=\frac{U_N-(R_a+R_s)I_a}{C_e\Phi_N}=\frac{220-(0.4+1.65)\times41.1}{0.136}=998\ (\text{r/min})$$

（2）因为负载转矩不变，磁通不变，所以 $I_a$ 不变，有

$$n=\frac{U-R_aI_a}{C_e\Phi_N}=\frac{110-0.4\times41.1}{0.136}=688\ (\text{r/min})$$

（3）因为 $T_{em}=C_T\Phi_NI_N=C_T\Phi'I'=$ 常数，所以

$$I'_a=\frac{\Phi_N}{\Phi'}I_N=\frac{1}{0.9}\times41.1=45.7\ (\text{A})>I_N$$

即弱磁调速时，若负载转矩不变且等于额定转矩，则弱磁调速后电枢电流将超过额定电流，电机过载。此时转速为

$$n=\frac{U_N-R_aI'_a}{C_e\Phi'}=\frac{220-0.4\times45.7}{0.9\times0.136}=1\ 648\ (\text{r/min})$$

### 2.5.3　调速方式与负载类型的配合

**1. 电动机的允许输出与充分利用的概念**

电动机运行时，电机的实际输出是由负载决定的。电动机的允许输出是指电动机在某一转速下长期可靠工作时所能输出的最大转矩和功率。允许输出的大小主要决定于电机的发热，而电机的发热又主要决定于电枢电流。因此，在一定的转速下，对应额定电流时的输出转矩与功率便是电动机的允许输出转矩和功率。

所谓电动机的充分利用，是指在一定的转速下电动机的实际输出转矩和功率达到了它的允许输出值，即电枢电流达到了额定值。

显然，在大于额定电流下工作的电机，其实际输出转矩和功率将超过其允许值，这时电机将会因过热而烧坏；而在小于额定电流下工作的电机，其实际输出转矩和功率将小于其允许值，这时电机便得不到充分利用而造成浪费。正确地使用电动机，应当使电动机既满足负载的要求，又得到充分利用，即保证电动机总是处于额定电流下工作。不调速的电动机通常都工作在额定状态，电枢电流为额定值，因此恒转速运行的电动机一般都能得到充分利用。但当电动机调速时，在不同的转速下，电枢电流能否总是保持为额定值，即电动机能否在不同的转速下都得到充分利用，这就需要进一步研究了。事实上，这个问题与调速方式和负载类型的配合有关。

**2. 恒转矩与恒功率调速方式**

以电机在不同转速下都能得到充分利用为条件（$I_a=I_N$），可以把他励直流电动机的调

速分为恒转矩调速和恒功率调速两种方式。电枢串联电阻调速和降压调速属于恒转矩调速方式，而弱磁调速属于恒功率调速方式。电枢串联电阻调速和降压调速时，磁通 $\Phi=\Phi_N$ 保持不变，如果在不同转速下保持电流 $I_a=I_N$ 不变，即电机得到充分利用，则电动机的允许输出转矩和功率分别为

$$\begin{cases}T=T_{em}-T_0\approx T_{em}=C_T\Phi_N I_N=\text{常数}\\P=\dfrac{Tn}{9.55}=cn\end{cases}$$

式中，$c$ 为常数。

由上式可见，电枢串联电阻和降压调速时，电动机的允许输出功率与转速成正比，而允许输出转矩为恒值，故称为恒转矩调速方式。

弱磁调速时，磁通 $\Phi$ 是变化的，在不同转速下，若保持 $I_a=I_N$ 不变，则电动机的允许输出转矩和功率分别为

$$\begin{cases}T\approx T_{em}=C_T\Phi I_N=9.55C_e\Phi I_N\\n=\dfrac{U_N-I_NR_a}{C_e\Phi}\end{cases}\tag{2-32}$$

则

$$Tn=c,\ P=\frac{Tn}{9.55}=c\tag{2-33}$$

式中，$c$ 为常数。

由式（2-33）可见，弱磁调速时，电动机的允许输出转矩与转速成反比，而允许输出功率为恒值，故称为恒功率调速方式。

式（2-32）和式（2-33）中的允许输出转矩和功率随转速的变化关系，如图 2-27 所示。显然，图中以 $n_N$ 为界，分为两个区域：$n<n_N$（电枢串电阻和降压调速）为恒转矩调速区；$n>n_N$（弱磁调速）为恒功率调速区。

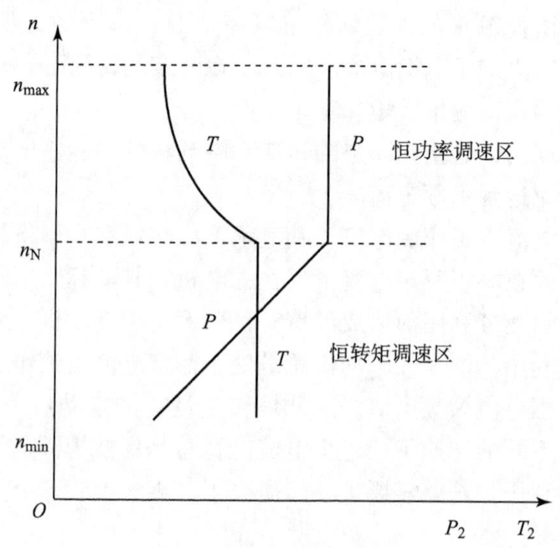


图 2-27　他励直流电动机调速时的允许输出

根据以上分析可得，调速方式与负载类型的适当配合如下：

（1）电枢串联电阻调速和降压调速属于恒转矩调速方式，适用于恒转矩负载。

（2）弱磁调速属于恒功率调速方式，适用于恒功率负载。

## 思考题与习题

2－1　什么是电力拖动系统？举例说明电力拖动系统都由哪几部分组成。

2－2　什么叫电动机的固有机械特性和人为机械特性？

2－3　不计电枢反应，他励直流电动机机械特性为什么是下垂的？如果电枢反应去磁作用很明显，对机械特性有什么影响？

2－4　他励直流电动机运行在额定状态，如果负载为恒转矩负载，减小磁通，电枢电流是增大、减小还是不变？

2－5　他励直流电动机有几种调速方法？它们的特点是什么？

2－6　电力拖动系统稳定运行的充分和必要条件是什么？

2－7　一般的他励直流电动机为什么不能直接启动？采用什么启动方法比较好？

2－8　判断下列各结论是否正确（是在（　）中打√，否在（　）中打×）。

（1）他励直流电动机降低电源电压调速属于恒转矩调速方式，因此只能拖动恒转矩负载运行。（　）

（2）他励直流电动机电源电压为额定值，电枢回路不串联电阻，减弱磁通时，无论拖动恒转矩负载还是恒功率负载，只要负载转矩不过大，电动机的转速都升高。（　）

（3）他励直流电动机降压或串联电阻调速时，最大静差率数值越大，调速范围也越大。（　）

（4）不考虑电动机运行在电枢电流大于额定电流时电动机是否因过热而损坏的问题，他励电动机带很大的负载转矩运行，减弱电动机的磁通，电动机转速也一定会升高。（　）

（5）他励直流电动机降低电源电压调速与减少磁通升速，都可以做到无级调速。（　）

（6）降低电源电压调速的他励直流电动机在额定转矩运行时，不论转速高低，均有电枢电流 $I_a = I_N$。（　）

2－9　他励直流电动机拖动恒转矩负载调速机械特性如图 2－28 所示，请分析工作点从 $A_1$ 向 $A$ 调节时，电动机可能经过的不同运行状态。

2－10　分析下列各种情况下，采用电动机惯例的一台他励直流电动机运行在什么状态：

（1）$P_1 > 0$，$P_M > 0$；

（2）$P_1 > 0$，$P_M < 0$；

（3）$U_N I_a < 0$，$E_a I_a < 0$；

（4）$U = 0$，$n < 0$；

（5）$U = U_N$，$I_a < 0$；

（6）$E_a < 0$，$E_a I_a > 0$；

（7）$T > 0$，$n < 0$，$U = U_N$；

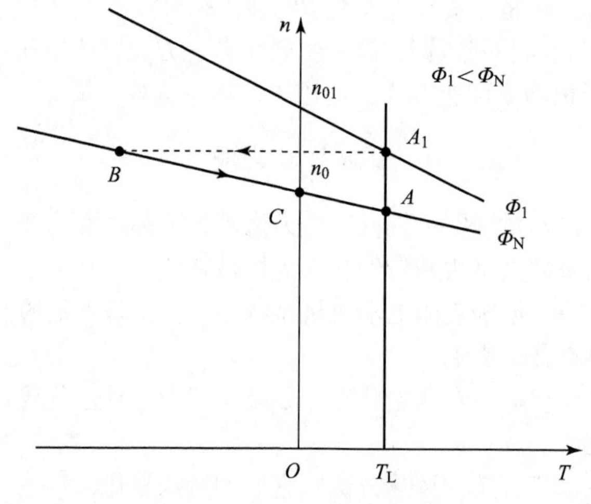


图 2-28　题 2-9 图

（8）$n<0$，$U=-U_N$，$I_a>0$；

（9）$E_a>U_N$，$n>0$；

（10）$T_\Omega<0$，$P_1=0$，$E_a<0$。

2-11　某他励直流电动机的额定功率 $P_N=96\ kW$，额定电压 $U_N=440\ V$，额定电流 $I_N=250\ A$，额定转速 $n_N=500\ r/min$，电枢回路总电阻 $R_a=0.078\ \Omega$，拖动额定大小的恒转矩负载运行，忽略空载转矩，试求：

（1）若采用电枢回路串联电阻启动，启动电流 $I_S=2I_N$，计算应串联的电阻值及启动转矩；

（2）若采用降压启动，条件同上，电压应降至多少并计算启动转矩。

2-12　某台他励直流电动机的额定功率 $P_N=22\ kW$，额定电压 $U_N=220\ V$，额定电流 $I_N=115\ A$，额定转速 $n_N=1\ 500\ r/min$，电枢回路总电阻 $R_a=0.1\ \Omega$，忽略空载转矩 $T_0$，电动机在额定负载运行时，要求把转速降到 1 000 r/min，试求：

（1）采用电枢串联电阻调速需串联的电阻值；

（2）采用降低电源电压调速需把电源电压降到多少；

（3）上述两种调速情况下，电动机的输入功率与输出功率（输入功率不计励磁回路之功率）。

2-13　某台 $Z_2-71$ 他励直流电动机的额定功率 $P_N=17\ kW$，额定电压 $U_N=220\ V$，额定电流 $I_N=90\ A$，额定转速 $n_N=1\ 500\ r/min$，额定励磁电压 $U_f=110\ V$。该电动机在额定电压额定磁通时，拖动某负载运行的转速为 $n=1\ 550\ r/min$，当负载要求向下调速，最低转速 $n_{min}=600\ r/min$，现采用降压调速方法，请计算下面两种情况下调速时电枢电流的变化范围：

（1）若该负载为恒转矩负载；

（2）若该负载为恒功率负载。

2-14　某台他励直流电动机有关数据：$P_N=60\ kW$，$U_N=220\ V$，$I_N=305\ A$，$n_N=1\ 000\ r/min$，电枢回路总电阻 $R_a=0.04\ \Omega$，试求下列各种情况下电动机的调速范围：

（1）静差率 $\delta\leqslant30\%$，电枢串联电阻调速；

（2）静差率 $\delta \leqslant 20\%$，电枢串联电阻调速；

（3）静差率 $\delta \leqslant 20\%$，降低电源电压调速。

2 - 15　一台他励直流电动机的有关数据：$P_N = 17$ kW，$U_N = 110$ V，$I_N = 185$ A，$n_N = 1\ 000$ r/min。已知电动机最大允许电流 $I_{max} = 1.8I_N$，电动机拖动 $T_L = 0.8T_N$ 负载电动运行，试求：

（1）若采用能耗制动停车，电枢应串联多大电阻？

（2）若采用反接制动停车，电枢应串联多大电阻？

（3）两种制动方法在制动开始瞬间的电磁转矩是多大？

（4）两种制动方法在制动到 $n = 0$ 时的电磁转矩是多大？

2 - 16　某卷扬机由他励直流电动机拖动，电动机的数据：$P_N = 11$ kW，$U_N = 440$ V，$I_N = 29.5$ A，$n_N = 730$ r/min，$R_a = 1.05\ \Omega$，下放某重物时负载转矩 $T_L = 0.8T_N$。试求：

（1）若电源电压反接、电枢回路不串联电阻，计算电动机的转速；

（2）若用能耗制动运行下放重物，电动机转速绝对值最小是多少？

（3）若下放重物要求转速为 $-380$ r/min，可采用几种方法，电枢回路里需串联电阻是多少？

# 第二篇　变压器

# 第3章　变压器的基本概念

变压器是一种静止的电器，它是利用电磁感应原理，把一种电压等级的交流电能转换成同频率的另一种电压等级的交流电能。变压器是电力系统中的主要设备，在电能的传输、分配和使用过程中具有重要意义。此外，它在自动控制、电气测量、通信、冶金、焊接等方面均有广泛的应用。

## 3.1　变压器的用途、工作原理及分类

### 3.1.1　变压器的用途

变压器是电力系统中的重要元件。由于将大功率的电能从发电站输送到远距离的用电区，输电线路的电压越高，输电线路中的电流和损耗就越小，所以高压输电是较为经济的。我国现有高压线路的输电电压为110 kV、220 kV、330 kV、500 kV及750 kV等几种。发电机发出的电压受其绝缘条件的限制不可能太高，一般为6.3～27 kV。因此，需用升压变压器把发电机发出的电压升高后送入输电线路。电能被输送到用电地区后，还要用降压变压器把输电电压降低为配电电压，然后再输送到各用电分区，最后再经配电变压器把电压降到用户所需要的电压等级，供用户使用。故从发电、输电、配电到用户，通常需要经过多次升压和降压。一般变压器的安装容量与发电机的容量之比为6∶1。

另外，变压器的用途还很多，如测量系统中广泛应用的仪用互感器，可将高电压变换成低电压或将大电流变换成小电流，以隔离高压和便于测量；在实验室中广泛应用的自耦调压器，可任意调节输出电压的大小，以适应负载的要求；在电信、自动控制系统中，控制变压器、电源变压器、输入及输出变压器等也已得到广泛应用。

总之，变压器的应用非常广泛，变压器的生产和使用具有重要意义。

### 3.1.2　变压器的工作原理

变压器是利用电磁感应原律，把一种电压等级的交流电能转换成同频率的另一种电压等级的交流电能。图3－1所示为其工作原理示意图。与电网一侧相连的线圈称为一次绕组（或称原边），一次绕组的所有物理量用下标“1”表示；与负载一侧相连的线圈称为二次绕组（或称副边），二次绕组的所有物理量用下标“2”表示。

若将一次绕组接到交流电源上，绕组中便有交流电流流过，在铁芯中产生与外加电压相同频率且与一、二次绕组同时交链的交变磁通 $\Phi$。根据电磁感应定律，交变的磁通在一、二次绕组中的感应电动势分别为

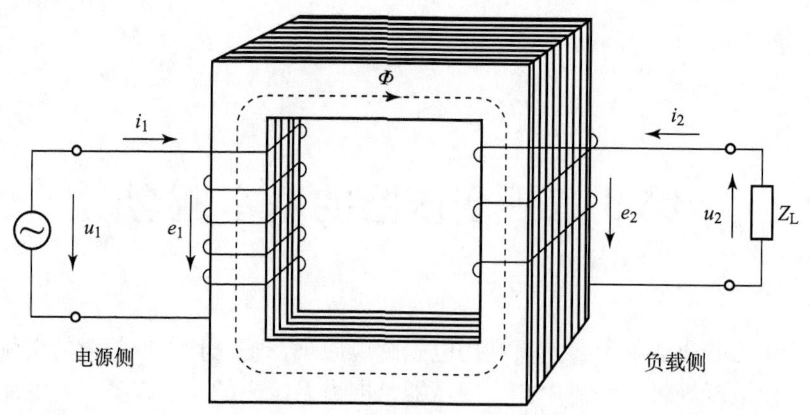


**图 3-1　变压器的工作原理示意图**

$$e_1 = -N_1 \frac{\mathrm{d}\Phi}{\mathrm{d}t} \tag{3-1}$$

$$e_2 = -N_2 \frac{\mathrm{d}\Phi}{\mathrm{d}t} \tag{3-2}$$

式中，$N_1$、$N_2$ 分别为一、二次绕组的匝数。

若忽略绕组的漏电抗压降，设一、二次绕组间的耦合系数为 1，且不考虑绕组的电阻压降，则变压器一、二次绕组的端电压可近似表示为

$$\begin{cases} u_1 = -e_1 = N_1 \dfrac{\mathrm{d}\Phi}{\mathrm{d}t} \\ u_2 = e_2 = -N_2 \dfrac{\mathrm{d}\Phi}{\mathrm{d}t} \end{cases} \tag{3-3}$$

从上述公式可以得出一、二次绕组电压和电动势有效值与匝数的关系为

$$\frac{U_1}{U_2} = \frac{E_1}{E_2} = \frac{N_1}{N_2} \tag{3-4}$$

由此可见，变压器一、二次绕组感应电动势之比及电压之比，都等于一、二次绕组的匝数之比。在磁通一定的条件下，只改变一、二次绕组的匝数比，便可改变二次绕组输出电压的大小，以满足各种不同用电者的要求，这就是变压器的基本工作原理。

### 3.1.3　变压器的分类

变压器的分类方法很多，常用的有以下几种。

（1）按用途分类。变压器按用途可分为电力变压器和特种变压器。

电力变压器是电力系统中输配电的主要设备，容量从几十千伏安到上百万千伏安，电压从几百伏到上百万伏。电力变压器可分为升压变压器、降压变压器、配电变压器、联络变压器（用于连接几个不同电压等级的电网）和厂用变压器等。

特种变压器包括变流（整流、换流）变压器、电炉变压器、矿用变压器、牵引变压器和高压试验变压器等。

（2）按绕组数目分类。变压器按绕组数目可分为单绕组（自耦）变压器、双绕组变压器、三绕组变压器和多绕组变压器。

（3）按相数分类。变压器按相数可分为单相变压器、三相变压器和多相变压器。

（4）按铁芯结构分类。变压器按铁芯结构可分为心式变压器和壳式变压器。

## 3.2　变压器的基本结构

变压器的主要构成部分有铁芯、绕组、绝缘套管、油箱及其他附件等。其中，铁芯和绕组是变压器的主要部件，称为器身。在电力系统中应用最广泛的是油浸式电力变压器，如图 3－2 所示。

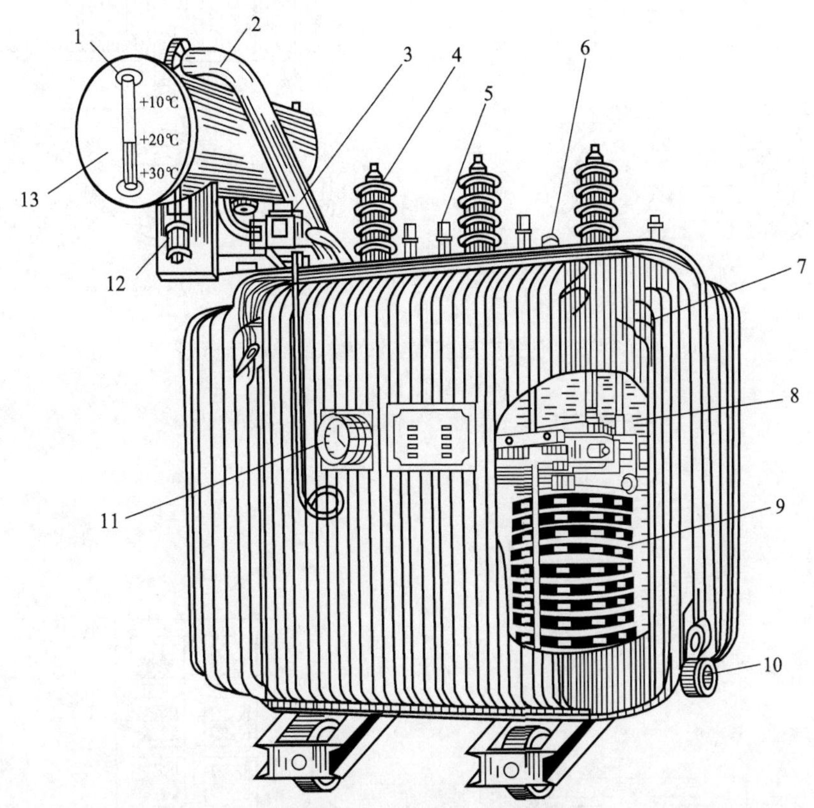


**图 3－2　油浸式电力变压器**

1—油表；2—安全气道；3—气体继电器；4—高压套管；5—低压套管；6—调压分接开关；7—油箱；8—铁芯；9—线圈；10—放油阀门；11—信号式温度计；12—吸湿器；13—储油柜

**1. 铁芯**

铁芯构成了变压器的磁路，同时又是套装绕组的骨架。铁芯分为铁芯柱和铁轭两部分。铁芯柱上套绕组，铁轭将铁芯柱连接起来形成闭合磁路。为了减少铁芯中的磁滞、涡流损耗，提高磁路的导磁性能，铁芯一般用高磁导率的硅钢片叠装而成。硅钢片有热轧和冷轧两种，其厚度为 0.35 ~ 0.5 mm，两面涂有漆膜，使片与片之间绝缘。

变压器铁芯的结构有心式和壳式两种形式。心式结构的特点是铁芯柱被绕组包围，如图 3－3 所示。壳式结构的特点是铁芯包围绕组顶面、底面和侧面，如图 3－4 所示。壳式结构的变压器机械强度较好，但制造复杂。由于心式结构比较简单，绕组装配及绝缘比较容易，因而电力变压器的铁芯主要采用心式结构。

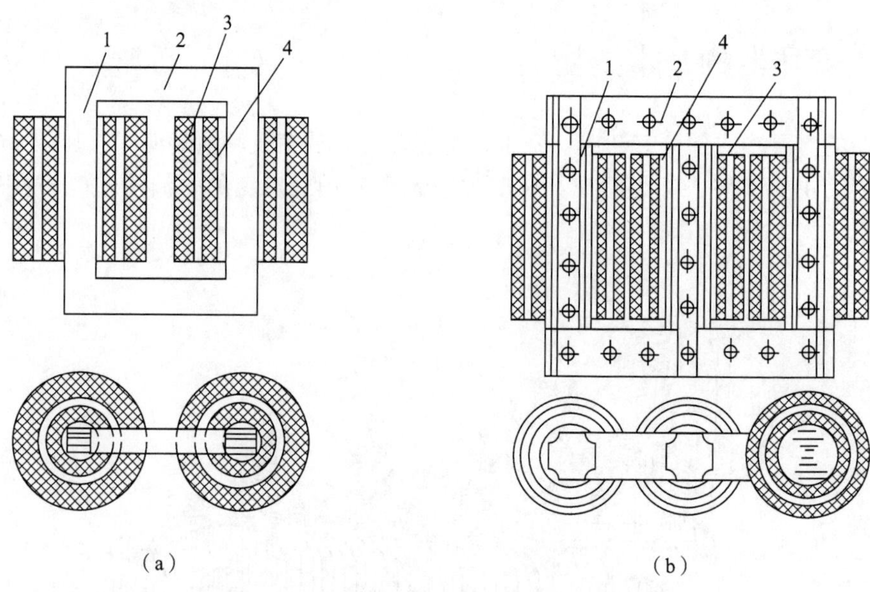


**图 3-3 心式变压器绕组和铁芯的结构示意图**

(a) 单相；(b) 三相

1—铁芯柱；2—铁轭；3—高压绕组；4—低压绕组

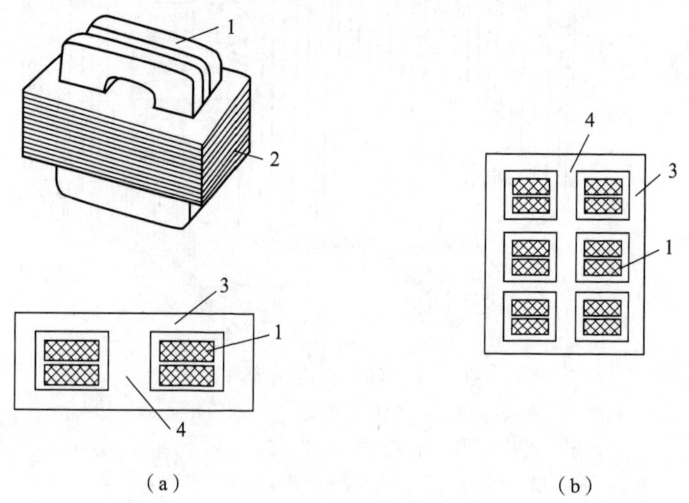


**图 3-4 壳式变压器绕组和铁芯的结构示意图**

(a) 单相；(b) 三相

1—绕组；2—铁芯；3—铁轭；4—铁芯柱

变压器的铁芯一般是将硅钢片剪成一定形状，然后把铁柱和铁轭的钢片一层一层地交错重叠制成的，如图 3-5 所示。采用交错式叠法减小了相邻层的接缝，从而减小了励磁电流。由于这种结构简单经济，可靠性高，因此国产变压器普遍采用叠装式铁芯结构。大型变压器大多采用冷轧硅钢片作为铁芯材料，这种冷轧硅钢片沿碾压方向的磁导率较高，铁耗较小。

在磁路转角处，磁通方向和碾压方向成 90°角，为了使磁通方向和碾压方向基本一致，通常采用图 3－6 所示的斜切冷孔硅钢片铁芯的叠装方法。

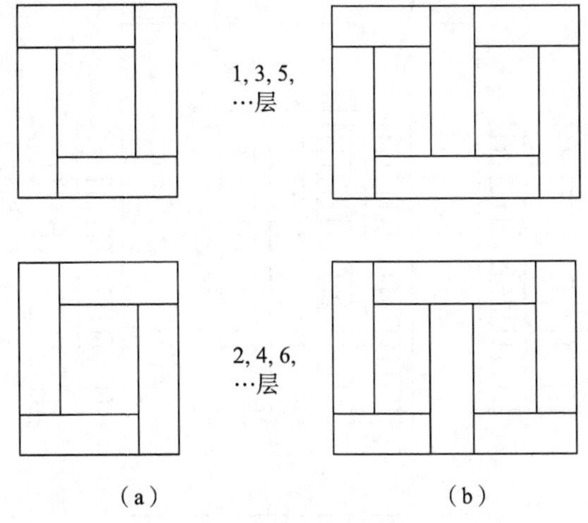


**图 3－5　铁芯硅钢片交错式叠装法**

（a）单相；（b）三相

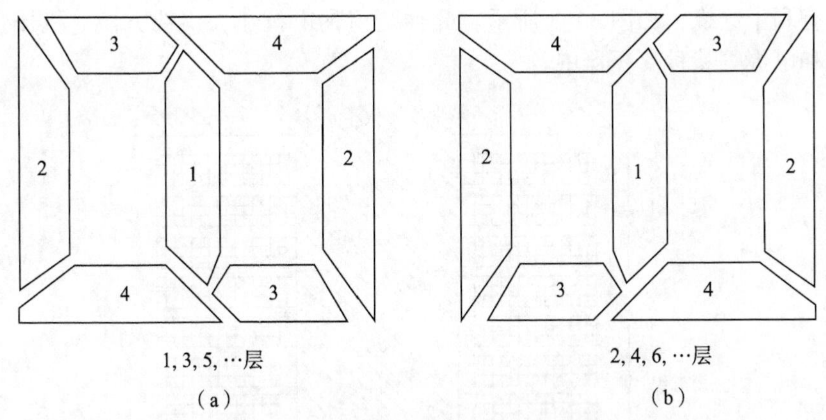


**图 3－6　斜切冷轧硅钢片铁芯的叠装法**

**2. 绕组**

绕组是变压器的电路部分，它是由绝缘铜线或铝线绕制而成的。

变压器中接于高压电网的绕组称为高压绕组，接于低压电网的绕组称为低压绕组。从高、低压绕组的相对位置来看，变压器的绕组又可分为同心式和交叠式两种。

同心绕组是将一次、二次侧线圈套在同一铁芯柱的内外层，一般低压绕组在内层，高压绕组在外层，如图 3－7 所示。当低压绕组电流较大时，绕组导线较粗，也可放到外层。绕组的层间留有油道，以利于绝缘和散热。同心绕组结构简单，制造方便，大多数电力变压器采用同心绕组。同心绕组又可分为圆筒式、线段式、连续式和螺旋式等结构。通常，圆筒式用于容量不大的变压器绕组；线段式用于小容量高压绕组；连续式主要用于大容量、高电压绕组；螺旋式用于大容量低压绕组。

交叠绕组是将高、低压线圈绕成饼状，沿铁芯轴向交叠放置，一般两端靠近铁轭处放置

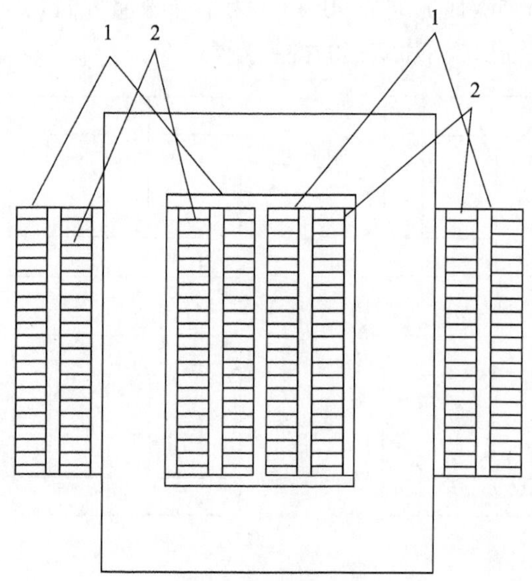


**图 3－7　同心绕组**

1—高压绕组；2—低压绕组

低压绕组，有利于绝缘，如图 3－8 所示。此种绕组漏电抗小，引线方便，机械强度好，主要用在电炉和电焊等特种变压器中。

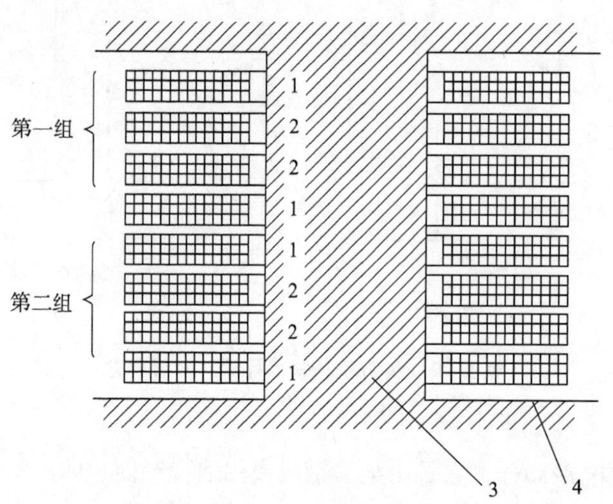


**图 3－8　交叠绕组**

1—低压绕组；2—高压绕组；3—铁芯；4—铁轭

**3. 油箱**

变压器器身装在油箱内，油箱内充满变压器油。变压器油是一种矿物油，具有很好的绝缘性能，起两个作用：一是在变压器绕组与绕组、绕组与铁芯及油箱之间起绝缘作用；二是变压器油受热后产生对流，对变压器铁芯和绕组起散热作用。

油箱有许多散热油管，以增大散热面积。为了加快散热，有的大型变压器采用内部油泵强迫油循环，外部用变压器风扇吹风或用自来水冲淋变压器油箱等，这些都是变压器的冷却方式。

**4. 绝缘套管**

变压器的绝缘套管装在变压器的油箱盖上。变压器绕组的引出线从油箱内穿过油箱盖时，必须经过瓷质的绝缘套管，以保证带电的引线与接地的油箱之间的绝缘。为了增加表面放电距离，高压绝缘套管外部做成多级伞形，电压越高，级数越多。

**5. 其他附件**

典型的油浸式电力变压器中还有储油柜（油枕）、吸湿器、安全气道、继电保护装置、调压分接开关、温度监控装置等附件。

## 3.3　变压器的额定值与主要系列

为使用户了解变压器的结构特点和运行性能，每台变压器上都有一个铭牌，在铭牌上标明了变压器的型号、额定值及其他有关数据。

**1. 额定值**

额定值是对变压器正常工作状态所作的使用规定，它是正确使用变压器的依据。

1）额定容量 $S_N$

额定容量 $S_N$ 指变压器在额定工作条件下输出能力的保证值，即视在功率，单位为 V·A 或 kV·A。

单相变压器的额定容量为

$$S_N = U_{1N}I_{1N} = U_{2N}I_{2N} \tag{3-5}$$

三相变压器的额定容量为

$$S_N = \sqrt{3}U_{1N}I_{1N} = \sqrt{3}U_{2N}I_{2N} \tag{3-6}$$

2）额定电压 $U_{1N}$和 $U_{2N}$

额定电压 $U_{1N}$和 $U_{2N}$表示变压器空载运行时，在额定分接下各绕组端电压的保证值，单位为 V 或 kV。$U_{1N}$是指一次绕组的额定电压；$U_{2N}$是指变压器一次绕组加额定电压，且二次绕组开路时的端电压。

3）额定电流 $I_{1N}$和 $I_{2N}$

额定电流 $I_{1N}$和 $I_{2N}$是指变压器在额定负载情况下，各绕组长期允许通过的电流，单位为 A。$I_{1N}$是指一次绕组的额定电流；$I_{2N}$是指二次绕组的额定电流。

对单相变压器，有

$$I_{1N} = \frac{S_N}{U_{1N}},\ I_{2N} = \frac{S_N}{U_{2N}}$$

对三相变压器，有

$$I_{1N} = \frac{S_N}{\sqrt{3}U_{1N}},\ I_{2N} = \frac{S_N}{\sqrt{3}U_{2N}}$$

4）额定频率 $f_N$

我国规定标准工业用电的频率即工频为 50 Hz。

**2. 变压器型号**

变压器的型号表示了一台变压器的结构特点、额定容量、电压等级和冷却方式等内容。

例如，SJL—560/10，其中“S”表示三相，“J”表示油浸式，“L”表示铝导线，“560”表示额定容量为560 kV·A，“10”表示高压绕组额定电压等级为10 kV。

国家标准规定电力变压器产品型号代表符号的含义，如表3－1所示。

**表3－1 电力变压器的分类和型号**

| 代表符号排列顺序 | 分类 | 类别 | 代表符号 |
|---|---|---|---|
| 1 | 绕组耦合方式 | 自耦 | O |
| 2 | 相数 | 单相<br>三相 | D<br>S |
| 3 | 冷却方式 | 空气自冷<br>油自然循环<br>油浸式<br>风冷<br>水冷<br>强迫油循环风冷<br>强迫油循环水冷 | —<br>—<br>J<br>F<br>W<br>FP<br>WP |
| 4 | 绕组数 | 双绕组<br>三绕组 | —<br>S |
| 5 | 绕组导线材质 | 铜<br>铝 | —<br>L |
| 6 | 调压方式 | 无励磁调压<br>有载调压 | —<br>Z |

**例3－1** 有一台三相铝线变压器，额定容量$S_N = 500$ kV·A，一、二次绕组均为星形（Y）连接，$U_{1N}/U_{2N} = 10$ kV/0.4 kV，试求一、二次绕组的额定电流。

**解：** 一、二次绕组的额定电流分别为

$$I_{1N} = \frac{S_N}{\sqrt{3}U_{1N}} = \frac{500 \times 10^3}{\sqrt{3} \times 10 \times 10^3} = 28.87\ (\text{A})$$

$$I_{2N} = \frac{S_N}{\sqrt{3}U_{2N}} = \frac{500 \times 10^3}{\sqrt{3} \times 0.4 \times 10^3} = 721.69\ (\text{A})$$

## 思考题与习题

3－1 为什么在电力系统中广泛应用变压器？试举几个在工业企业及其他行业中运用变压器的例子。

3－2 简述变压器铁芯结构和绕组结构的形式。

3－3 变压器铁芯的作用是什么？为什么铁芯要用厚0.35 mm、表面涂有绝缘漆的硅钢片叠压而成，而不用整块硅钢？

3－4 变压器有哪些主要的额定值？它们是怎样定义的？

3－5 一台三相变压器，额定电压$U_{1N}/U_{2N} = 10$ kV/3.15 kV，额定电流$I_{1N}/I_{2N} = 57.74$ A/183.3 A，试求该变压器的额定容量。

3 - 6　一台单相变压器，额定容量 $S_N = 50$ kV · A，额定电压 $U_{1N}/U_{2N} = 220$ kV/36 kV，试求一、二次绕组的额定电流。

3 - 7　有一台 D - 50/10 单相变压器，额定容量 $S_N = 50$ kV · A，$U_{1N}/U_{2N} = 10\ 500$ kV/230 kV，试求变压器一、二次绕组的额定电流。

3 - 8　有一台三相变压器，额定容量 $S_N = 5\ 000$ kV · A，一、二次绕组分别采用星形（Y）和三角形（△）接法，$U_{1N}/U_{2N} = 10$ kV/6.3 kV，试求：

（1）变压器一、二次绕组的额定电压和额定电流；

（2）变压器一、二次绕组的额定相电压和额定相电流。

# 第4章　变压器的运行分析

## 4.1　单相变压器的空载运行

变压器的空载运行是指变压器一次绕组接在额定频率、额定电压的交流电源上，而二次绕组开路时的运行状态，如图4－1所示。变压器中，接电源的绕组称为一次绕组，向外供电的绕组称为二次绕组。$N_1$ 和 $N_2$ 分别为一次、二次绕组的匝数。

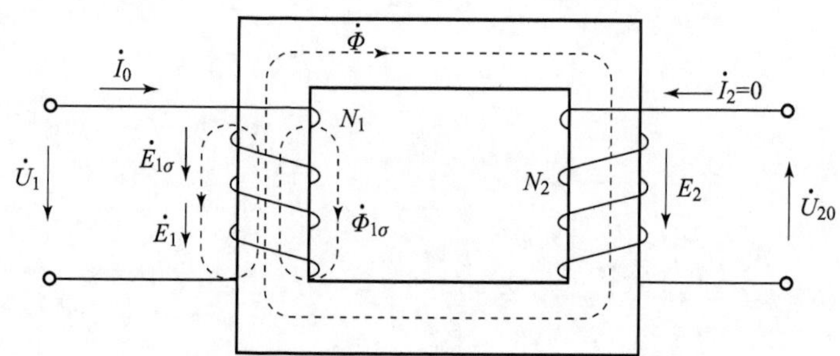


图4－1　单相变压器空载运行示意图

### 4.1.1　空载时的磁场

当变压器空载时，一次绕组产生电流，二次绕组没有电流流过，此时一次绕组中的电流称为空载电流，用 $\dot{I}_0$ 表示。当 $\dot{I}_0$ 流过一次绕组时，产生交变磁通，因此空载电流 $\dot{I}_0$ 也称为励磁电流。由于铁芯的磁导率远大于空气的磁导率，所以绝大部分磁通沿铁芯闭合，同时交链一、二次绕组，称为主磁通 $\dot{\Phi}$。另外，有很少的一部分磁通沿变压器油和空气路径闭合，只交链一次绕组，称为一次绕组的漏磁通 $\dot{\Phi}_{1\sigma}$。

根据电磁感应原律可知，主磁通在一、二次绕组中分别产生感应电动势 $\dot{E}_1$ 和 $\dot{E}_2$。漏磁通 $\dot{\Phi}_{1\sigma}$ 只在一次绕组中产生感应电动势 $\dot{E}_{1\sigma}$，称为漏感电动势。二次绕组的空载电压为 $\dot{U}_{20}$。

### 4.1.2　电压、电动势和磁通的关系

**1. 电压、电动势和磁通正方向的确定**

由于变压器中的电压、感应电动势和磁通都是交变的，为了表明它们之间的内在关系，需要规定正方向。为了利用同样一个方程式表示同一电磁现象，通常都按惯例规定正方向。

（1）电压降的正方向与电流的正方向一致。

（2）磁通的正方向与产生该磁通电流的正方向符合右手螺旋定则。

（3）由交变磁通产生的感应电动势，其正方向与磁通的正方向符合右手螺旋关系。

**2. 感应电动势与磁通之间的关系**

如果主磁通按正弦规律变化，即 $\Phi=\Phi_m\sin\omega t$，则电动势瞬时值分别为

$$\begin{aligned}e_1&=-N_1\frac{d\Phi}{dt}=-\omega N_1\Phi_m\cos\omega t\\&=\omega N_1\Phi_m\sin(\omega t-90^\circ)\\&=E_{m1}\sin(\omega t-90^\circ)\end{aligned}\tag{4-1}$$

$$e_2=-N_2\frac{d\Phi}{dt}=E_{m2}\sin(\omega t-90^\circ)\tag{4-2}$$

式中，$\Phi_m$ 为主磁通 $\Phi$ 的最大值；$E_{m1}$ 为一次绕组电动势的最大值，$E_{m1}=\omega N_1\Phi_m$；$E_{m2}$ 为二次绕组电动势的最大值，$E_{m2}=\omega N_2\Phi_m$。

其有效值分别为

$$E_1=\frac{\omega N_1\Phi_m}{\sqrt{2}}=\frac{2\pi fN_1\Phi_m}{\sqrt{2}}=4.44fN_1\Phi_m\tag{4-3}$$

$$E_2=\frac{\omega N_2\Phi_m}{\sqrt{2}}=\frac{2\pi fN_2\Phi_m}{\sqrt{2}}=4.44fN_2\Phi_m\tag{4-4}$$

式中，$E_1$、$E_2$ 分别为一、二次绕组感应电动势的有效值；$\omega$ 为一次绕组电源角频率，$\omega=2\pi f$；$f$ 为一次绕组电源的频率。

相量表示为

$$\dot{E}_1=-j4.44fN_1\dot{\Phi}_m\tag{4-5}$$

$$\dot{E}_2=-j4.44fN_2\dot{\Phi}_m\tag{4-6}$$

同理，漏磁通在一次绕组中产生的漏感电动势为

$$\dot{E}_{1\sigma}=-j\dot{I}_0\omega L_1=-j\dot{I}_0X_1\tag{4-7}$$

式中，$L_1$ 为一次绕组的漏电感系数，是一个不随励磁电流大小变化的常数；$X_1$ 为一次绕组的漏电抗，$X_1=\omega L_1$，$X_1$ 也是常数，不随励磁电流的大小而变化。

**3. 电动势平衡方程式**

变压器空载运行时，除感应电动势外，空载电流流过一次绕组时，还要产生电阻压降 $\dot{I}_0R_1$。根据基尔霍夫第二定律以及图 4－1 标定的正方向，可得一次绕组的电动势平衡方程式为

$$\dot{U}_1=-\dot{E}_1-\dot{E}_{1\sigma}+\dot{I}_0R_1=-\dot{E}_1+\dot{I}_0R_1+j\dot{I}_0X_1=-\dot{E}_1+\dot{I}_0Z_1\tag{4-8}$$

式中，$Z_1$ 为一次绕组的漏阻抗，$Z_1=R_1+jX_1$。

由于空载电流 $\dot{I}_0$很小，电阻 $R_1$ 和漏电抗 $X_1$ 都很小，因此 $\dot{I}_0Z_1$ 也很小，可忽略不计，由此可得

$$\dot{U}_1\approx-\dot{E}_1=j4.44fN_1\dot{\Phi}_m\tag{4-9}$$

式（4－9）说明，当忽略漏阻抗压降时，$\dot{U}_1$仅由电动势 $\dot{E}_1$所平衡。若电源频率不变，主磁通 $\dot{\Phi}_m$的大小仅仅决定于外施电压 $\dot{U}_1$的大小，即当电源的电压和频率均不变时，主磁通 $\dot{\Phi}_m$基本不变，磁路饱和状态基本不变，这是变压器运行时的一个重要结论。

由于变压器空载运行时，二次绕组中没有电流，不产生阻抗压降，因此二次绕组的端电

压就等于其感应电动势，即

$$\dot{U}_{20}=\dot{E}_2 \tag{4-10}$$

### 4.1.3 空载电流和空载损耗

变压器空载运行时，空载电流 $\dot{I}_0$主要用来产生主磁通。空载电流包含两个分量：一个是产生交变磁通的无功分量，又称磁化分量，起励磁作用，它与主磁通同相位，用 $\dot{I}_{0r}$表示；另一个是产生变压器空载损耗的有功分量，又称铁耗分量，产生磁滞和涡流损耗，它超前主磁通 90°，用 $\dot{I}_{0a}$表示。

空载电流的数值很小，一般仅占额定电流的2% ~10%，并且变压器的容量越大，空载电流占额定电流的百分数越小。在空载电流的两个分量中，由于有功分量所占比重极小，仅为无功分量的10%左右，因此空载电流基本上是属于纯无功性质的。但是，它使电力系统的功率因数降低，因此应该尽量减少空载电流。

变压器空载运行时的有功损耗称为空载损耗。空载损耗主要包括空载电流流过一次绕组时在电阻中产生的损耗（称为铜耗，约占空载损耗的2%）和交变磁通穿过铁芯时在铁芯中产生的损耗（称为铁耗）。铁芯损耗占主要分量，因此可以近似认为空载损耗等于铁芯损耗。铁芯损耗是铁芯在交变磁场下产生的涡流损耗和磁滞损耗。

空载损耗占额定容量的0.2% ~1.5%，且随着变压器容量的增大而减小。

### 4.1.4 空载运行时的等效电路和相量图

**1. 空载运行时的等效电路**

前面已介绍过，空载电流 $\dot{I}_0$在一次绕组产生的漏磁通 $\dot{\Phi}_{1\sigma}$感应出一次漏磁电动势 $\dot{E}_{1\sigma}$，其在数值上可用空载电流 $\dot{I}_0$在漏抗 $X_1$ 上的压降 $\dot{I}_0X_1$ 表示。同样，空载电流 $\dot{I}_0$产生主磁通在一次绕组感应出主电动势 $\dot{E}_1$，它也可以用某一参数的压降表示。但是考虑到主磁通在铁芯中还会引起铁耗，因此应当引入一个阻抗 $Z_m$，将 $\dot{E}_1$和 $\dot{I}_0$联系起来。这样，$\dot{E}_1$的作用可看作是电流 $\dot{I}_0$流过阻抗 $Z_m$ 时产生的压降，即

$$-\dot{E}_1=\dot{I}_0Z_m=\dot{I}_0(R_m+jX_m) \tag{4-11}$$

式中，$Z_m$ 为变压器的励磁阻抗，$Z_m=R_m+jX_m$；$R_m$ 为变压器的励磁电阻，是反映铁耗大小的一个等效电阻；$X_m$ 为变压器的励磁电抗，是主磁通在铁芯中引起的等效电抗。

在变压器中，如果将电与磁的相互关系用纯电路的形式等效地表示出来，就可以简化对变压器的分析和计算，这种电路称为等效电路。

将式（4-11）代入式（4-8），可得

$$\dot{U}_1=\dot{I}_0Z_1+\dot{I}_0Z_m=\dot{I}_0(R_1+jX_1)+\dot{I}_0(R_m+jX_m) \tag{4-12}$$

由式（4-12）可画出变压器空载运行时的等效电路，如图4-2所示。

空载变压器相当于两个阻抗值不等的线圈串联：一个是阻抗值为 $Z_1=R_1+jX_1$ 的空心线圈；另一个是阻抗值为 $Z_m=R_m+jX_m$ 的铁芯线圈。$Z_1$ 为定值，$R_m$ 和 $X_m$ 均随电压和铁芯饱和程度不同而变化。只有当外加电压的大小和频率都不变时，$Z_m$ 才可以看成是常数。不过，变压器正常运行时，外施电压 $\dot{U}_1$的波动幅度不大，基本上为恒定值，故 $Z_m$ 可近似认为是个常数。

对于电力变压器，由于 $R_1 \ll R_m$，$X_1 \ll X_m$，故有时可把一次漏阻抗 $Z_1=R_1+jX_1$ 忽略不

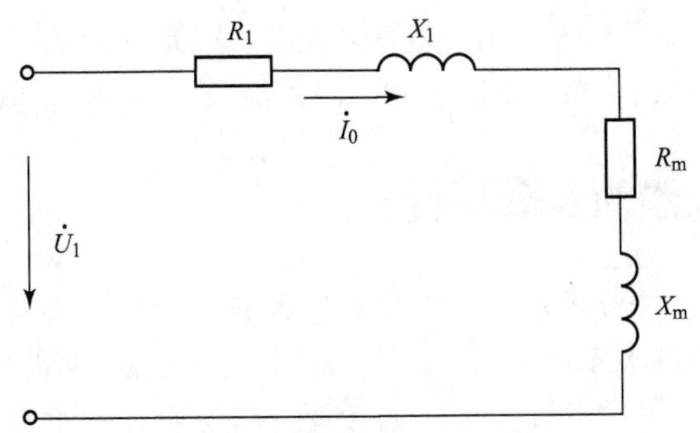


**图 4-2　变压器空载运行时的等效电路**

计，则变压器空载等效电路就成为只有一个励磁阻抗 $Z_m$ 的元件了。因此，在外施电压一定时，变压器空载电流的大小主要取决于励磁阻抗的大小。

**2. 空载时的相量图**

先把主磁通相量 $\dot{\Phi}_m$ 作为参考相量画在图 4-3（a）中，再画 $\dot{E}_1$滞后 $\dot{\Phi}_m$ 90°，$\dot{I}_{0r}$与 $\dot{\Phi}_m$同相，$\dot{I}_{0a}$与 $-\dot{E}_1$同相，把 $\dot{I}_{0a}$与 $\dot{I}_{0r}$相量和称为励磁电流，用 $\dot{I}_0$表示，即

$$\dot{I}_0 = \dot{I}_{0r} + \dot{I}_{0a} \tag{4-13}$$

式中，$\dot{I}_{0a}$为有功分量；$\dot{I}_{0r}$为无功分量。

励磁电流 $\dot{I}_0$领先主磁通相量 $\dot{\Phi}_m \alpha$ 角，称为铁耗角。

令 $\dot{I}_0$与 $-\dot{E}_1$相量间的相位差为 $\Phi_0$，则

$$\begin{cases} I_{0a} = I_0 \cos\Phi_0 \\ I_{0r} = I_0 \sin\Phi_0 \\ I_0 = \sqrt{I_{0a}^2 + I_{0r}^2} \end{cases}$$

一般电力变压器 $\dot{I}_0 = (0.02 \sim 0.10)\dot{I}_{1N}$，容量越大，$\dot{I}_0$相对较小。

根据式（4-8）画出电压 $\dot{U}_1$的相量图，如图 4-3 所示为变压器空载运行相量图。

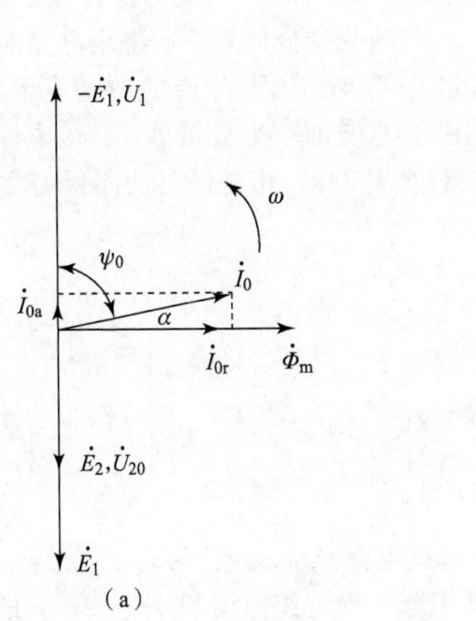


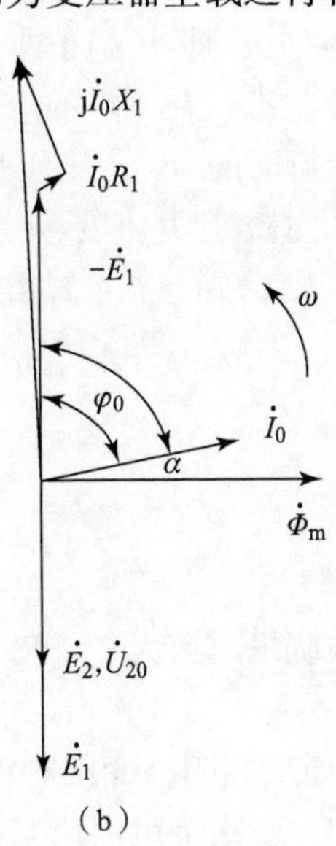


**图 4-3　变压器空载运行相量图**

在图4-3（b）中，$\Phi_0$ 是 $\dot{U}_1$ 与 $\dot{I}_0$之间的相位差。因为一次漏阻抗压降很小，$\dot{U}_1 \approx -\dot{E}_1$，所以 $\Phi_0 \approx \pi/2$。说明变压器空载运行时，功率因数很低（$\cos\Phi_0$ 值小），为0.1～0.2。

## 4.2 单相变压器的负载运行

变压器的一次绕组接交流电源、二次绕组接负载的运行状态称为变压器的负载运行。图4-4所示为变压器负载运行的原理示意图，此时，二次绕组两端接负载阻抗 $Z_L$，负载端电压为 $\dot{U}_2$，电流为 $\dot{I}_2$；一次绕组电流为 $\dot{I}_1$，端电压为 $\dot{U}_1$。下面分析变压器在负载运行状态下的电磁关系。

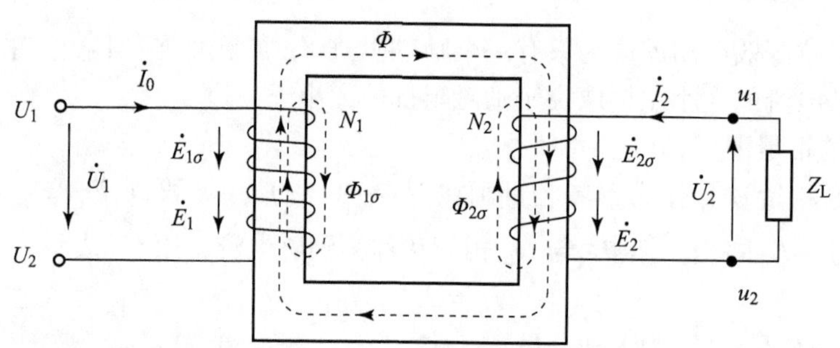


图4-4 变压器负载运行示意图

### 4.2.1 负载时的物理状况

当变压器二次绕组接上负载时，电动势 $\dot{E}_2$将在二次绕组中产生电流 $\dot{I}_2$，其方向与 $\dot{E}_2$相同，随负载的变化而变化，$\dot{I}_2$流过二次绕组 $N_2$ 时建立磁动势 $\dot{F}_2=\dot{I}_2N_2$。从电磁关系上来说，变压器就从空载运行过渡到了负载运行。$\dot{F}_2$也将在铁芯内产生磁通，即此时铁芯中的主磁通 $\dot{\Phi}$ 不再单独由一次绕组决定，而是由一、二次绕组共同作用在同一磁路产生。磁动势 $\dot{F}_2$的出现使主磁通 $\dot{\Phi}$ 趋于改变，随之电动势 $\dot{E}_1$和 $\dot{E}_2$也发生变化，从而打破了原来空载运行时的平衡状态。在一定的电网电压 $\dot{U}_1$下，$\dot{E}_1$的改变会导致一次绕组电流由空载时的 $\dot{I}_0$改变为负载运行时的 $\dot{I}_1$。但由于电源电压和频率不变，因而相应的主磁通也应保持不变。于是为了保持主磁通 $\Phi$ 不变，一次绕组电流应比 $\dot{I}_0$增加一个分量 $\Delta\dot{I}_1$，该电流增量所产生的磁动势 $\Delta\dot{I}_1N_1$ 恰好与二次绕组电流产生的磁动势 $\dot{I}_2N_2$ 相抵消，从而保持主磁通基本不变，即

$$\Delta\dot{I}_1N_1+\dot{I}_2N_2=0 \tag{4-14}$$

或

$$\Delta\dot{I}_1=-\frac{N_2}{N_1}\dot{I}_2 \tag{4-15}$$

此时一次绕组电流为

$$\dot{I}_1=\dot{I}_0+\Delta\dot{I}_1 \tag{4-16}$$

式（4-16）表明，变压器负载运行时，通过电磁感应关系，一、二次绕组电流是紧密联系在一起的，二次绕组电流变化的同时必然引起一次绕组电流的变化；相应地，二次绕组输出功率变化的同时也必然引起一次绕组从电网吸收功率的变化。

### 4.2.2　负载运行时的基本方程式

**1. 磁动势平衡方程式**

变压器负载运行时，一次绕组磁动势 $\dot{F}_1$和二次绕组磁动势 $\dot{F}_2$都作用在同一磁路上，如图4-4所示。于是，根据磁路的全电流定律可得变压器负载运行时的磁动势方程式为

$$\dot{F}_1 + \dot{F}_2 = \dot{F}_0 \tag{4-17}$$

这就是说，变压器负载运行时，作用在主磁路的两个磁动势 $\dot{F}_1$和 $\dot{F}_2$构成了负载时的合成磁动势 $\dot{F}_0$，从而由 $\dot{F}_0$建立了铁芯内的主磁通。对于电力变压器，因为一次绕组漏阻抗压降 $\dot{I}_1Z_1$ 很小可忽略，负载时仍然有关系式 $\dot{U}_1 \approx \dot{E}_1 = 4.44fN_1\Phi_m$，故负载时的主磁通 $\Phi_m$（由 $\dot{F}_1$和 $\dot{F}_2$共同作用产生）近似等于空载主磁通（由 $\dot{F}_0$产生）。负载时的励磁电流 $\dot{I}_m$与空载电流 $\dot{I}_0$也近似相等，可将式 $\dot{F}_1 + \dot{F}_2 = \dot{F}_0$记为

$$N_1\dot{I}_1 + N_2\dot{I}_2 = N_1\dot{I}_0 \tag{4-18}$$

整理可得

$$\dot{I}_1 = \dot{I}_0 + \left(-\frac{\dot{I}_2}{k}\right) = \dot{I}_0 + \Delta\dot{I}_1 \tag{4-19}$$

式中，$k = \frac{N_1}{N_2}$；$\Delta\dot{I}_1$为一次绕组负载电流分量，$\Delta\dot{I}_1 = -\frac{N_2}{N_1}\dot{I}_2$。

式（4-19）说明负载运行时，一次绕组电流便由 $\dot{I}_0$增加为 $\dot{I}_1$，它由两个分量组成：一个是励磁分量 $\dot{I}_0$，用于建立负载运行时所需的主磁通；另一个是负载分量 $\Delta\dot{I}_1$，它所产生的磁动势 $\Delta\dot{I}_1N_1$ 用于补偿二次绕组电流产生的磁动势 $\dot{I}_2N_2$。由此可见，变压器负载运行时通过磁动势平衡使一、二次绕组电流紧密联系在一起，二次绕组电流的改变必将引起一次绕组电流的改变，电能就这样从一次绕组传到了二次绕组。

负载运行时，$I_0 \ll I_1$，可忽略 $I_0$，则有

$$\frac{I_1}{I_2} \approx \frac{1}{k} = \frac{N_2}{N_1} \tag{4-20}$$

式（4-20）说明，一、二次绕组电流的大小近似与绕组匝数成反比，可见变压器一、二次绕组匝数不同，不仅能改变电压，同时也能改变电流。

**2. 电动势平衡方程式**

由于实际上变压器的一、二次绕组之间不可能完全耦合，因而除了主磁通在一、二次绕组中感应的电动势 $\dot{E}_1$和 $\dot{E}_2$外，仅与一次绕组交链的一次绕组漏磁通 $\dot{\Phi}_{1\sigma}$和与二次绕组交链的二次绕组漏磁通 $\dot{\Phi}_{2\sigma}$又在各自交链的绕组内产生漏感电动势 $\dot{E}_{1\sigma}$和 $\dot{E}_{2\sigma}$。

与空载时电动势平衡方程式同样的道理，按规定的各物理量正方向，利用基尔霍夫定律，可得电动势平衡方程式如下：

一次绕组：

$$\dot{U}_1 = -\dot{E}_1 - \dot{E}_{1\sigma} + \dot{I}_1R_1 = -\dot{E}_1 + (R_1 + jX_1)\dot{I}_1 = -\dot{E}_1 + Z_1\dot{I}_1 \tag{4-21}$$

式中，$Z_1$ 为一次绕组的漏阻抗，是一个常数，与绕组中电流的大小无关，$Z_1 = R_1 + jX_1$。

二次绕组：

$$\dot{U}_2 = \dot{E}_2 + \dot{E}_{2\sigma} - \dot{I}_2R_2 = \dot{E}_2 - (R_2 + jX_2)\dot{I}_2 = \dot{E}_2 - Z_2\dot{I}_2 \tag{4-22}$$

式中，$R_2$ 为二次绕组的电阻；$X_2$ 为二次绕组的漏电抗；$Z_2$ 为二次绕组的漏阻抗，$Z_2 =$

$R_2 + jX_2$。

变压器二次绕组电压 $\dot{U}_2$也可通过负载阻抗 $Z_L$ 及二次绕组电流$\dot{I}_2$表示，即

$$\dot{U}_2 = Z_L \dot{I}_2 \tag{4-23}$$

综上所述，将变压器负载时的基本电磁关系归纳起来，可得以下基本方程式组：

$$\begin{cases} \dot{U}_1 = -\dot{E}_1 + \dot{I}_1 Z_1 \\ \dot{U}_2 = \dot{E}_2 - \dot{I}_2 Z_2 \\ k = \dfrac{\dot{E}_1}{\dot{E}_2} \\ \dot{I}_1 + \dfrac{\dot{I}_2}{k} = \dot{I}_0 \\ -\dot{E}_1 = \dot{I}_0 Z_m \\ \dot{U}_2 = \dot{I}_2 Z_L \end{cases} \tag{4-24}$$

### 4.2.3 负载运行时的等效电路和相量图

变压器的基本方程式反映了变压器内部的电磁关系，利用该方程组便能对变压器进行定量计算。例如，已知外加电源 $\dot{U}_1$、变比 $k$ 及参数 $Z_1$、$Z_2$、$Z_m$ 和负载阻抗 $Z_L$，就能从上述 6 个方程式中解出 6 个未知量 $\dot{I}_1$、$\dot{I}_2$、$\dot{I}_0$、$\dot{E}_1$、$\dot{E}_2$和 $\dot{U}_2$。但实际上，联立求解复数方程组是相当烦琐的，并且由于一般电力变压器变比 $k$ 值较大，使一、二次绕组电压、电流、阻抗等数值相差极大，因而分析计算既不方便也不精确，特别是画相量图更困难。为了避免这些问题，可采用一个既能准确反映变压器内部电磁过程，又便于工程计算的等效电路代替实际的变压器，通过绕组折算便可得到这种等效电路。

**1. 绕组折算**

为了得到变压器的等效电路，先要进行绕组折算。绕组折算的目的在于导出变压器负载运行时一、二次绕组间仅有电的联系的等效电路，从而简化计算，以便于画出相量图。通常将二次绕组折算到一次绕组，当然也可以相反。所谓把二次绕组折算到一次绕组，就是用一个和一次绕组匝数 $N_1$ 相等、电磁效应关系不变的等效绕组替代变压器的二次绕组 $N_2$。通常规定，折算后的各物理量在原来的符号上加一个上标号“′”以示区别。

绕组折算时，只要保证二次绕组的磁动势 $\dot{F}_2$及二次绕组各功率（损耗）不变，则铁芯的合成磁动势 $\dot{F}_0$不变，主磁通 $\Phi$ 不变，一次绕组从电网吸收的电流、功率不变，对电网等效。这样折算前后整个回路的电磁关系不变，因此不会改变变压器内部的电磁本质。下面分别求取二次绕组各物理量的折算值。

1）二次绕组电流的折算

根据折算前后二次绕组磁动势不变的原则，有

$$N_1 \dot{I}_2' = N_2 \dot{I}_2$$

$$\dot{I}_2' = \frac{N_2}{N_1}\dot{I}_2 = \frac{\dot{I}_2}{k} \tag{4-25}$$

2）二次绕组电动势、电压的折算

因为折算前后 $\dot{F}_2$不变，故主磁通和漏磁通均未改变。根据感应电动势与匝数成正比的

关系，又由于折算后的二次绕组与一次绕组匝数相同，即 $N_2' = N_1 = kN_2$，可得

$$\dot{E}_2' = \frac{N_1}{N_2}\dot{E}_2 = k\dot{E}_2 \tag{4-26}$$

$$\dot{E}_{2\sigma}' = k\dot{E}_{2\sigma} \tag{4-27}$$

$$\dot{U}_2' = k\dot{U}_2 \tag{4-28}$$

3）二次绕组漏阻抗的折算

根据折算前后二次绕组的铜损耗及无功功率不变的原则，可得

$$R_2' = k^2 R_2 \tag{4-29}$$

$$X_2' = k^2 X_2 \tag{4-30}$$

$$Z_2' = k^2 Z_2 \tag{4-31}$$

4）负载阻抗的折算

因为阻抗为电压与电流之比，故

$$Z_L' = \frac{\dot{U}_2'}{\dot{I}_2'} = \frac{k\dot{U}_2}{\frac{1}{k}\dot{I}_2} = k^2\frac{\dot{U}_2}{\dot{I}_2} = k^2 Z_L \tag{4-32}$$

综上所述，折算过的二次绕组各物理量中，电动势和电压的折算值是原值乘以变比 $k$，电流的折算值是原值除以变比 $k$，阻抗的折算值是原值乘以 $k^2$。折算后，变压器负载运行的方程式组为

$$\begin{cases}\dot{U}_1 = -\dot{E}_1 + \dot{I}_1 Z_1 \\ \dot{U}_2' = \dot{E}_2' - \dot{I}_2' Z_2' \\ \dot{E}_1 = \dot{E}_2' \\ \dot{I}_1 + \dot{I}_2' = \dot{I}_0 \\ -\dot{E}_1 = \dot{I}_0 Z_m \\ \dot{U}_2' = \dot{I}_2' Z_L'\end{cases} \tag{4-33}$$

**2. 等效电路与相量图**

1）$T$ 形等效电路

进行折算后，就可以将两个独立电路直接连在一起，把变压器中铁芯磁路的工作状况用纯电路的形式代替，即得变压器负载时的等效电路。

根据变压器负载运行的方程式组可以画出图 4－5 所示的等效电路，图中二次绕组所接负载阻抗的折算值为 $Z_L'$。在此等效电路中，励磁支路 $Z_m = R_m + jX_m$ 中流过励磁电流 $\dot{I}_0$，它在铁芯中产生主磁通 $\Phi$，$\Phi$ 在一次绕组中感应电动势 $\dot{E}_1$，励磁电阻 $R_m$ 的损耗代表铁耗，励磁电抗 $X_m$ 反映了主磁通在电路中的作用。

2）近似等效电路

T 形等效电路虽能准确反映变压器运行时的物理情况，但它含有串、并联支路，运算较为复杂。考虑到电力变压器中，一般 $Z_m \gg Z_1$，因此 $Z_1\dot{I}_0$很小，可忽略不计；同时根据一次电动势平衡方程式 $\dot{U}_1 = -\dot{E}_1 + Z_1\dot{I}_1$可知，由于 $Z_1\dot{I}_1$很小，也可以忽略不计，则 $\dot{U}_1 = -\dot{E}_1$，又 $\dot{I}_0 = -\frac{\dot{E}_1}{Z_m} \approx \frac{\dot{U}_1}{Z_m}$。故 $\dot{I}_0$基本不随负载而变，这样便可以把励磁支路从 T 形电路的中部

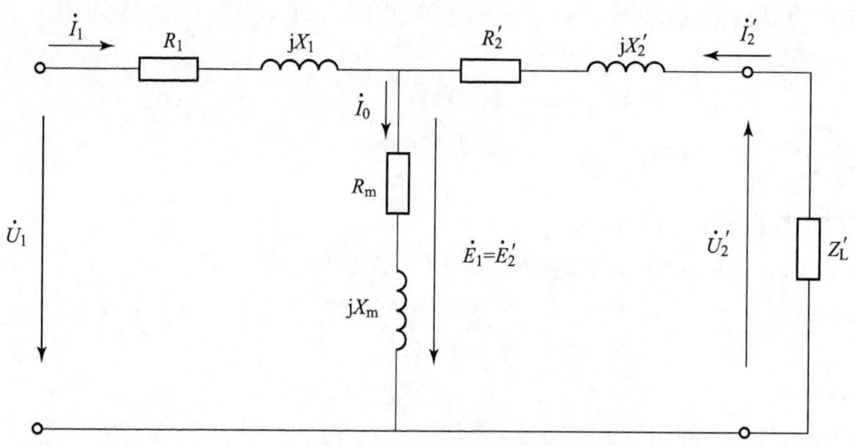


**图 4-5　变压器的 T 形等效电路**

移至电源端，得到如图 4-6 所示的近似等效电路，又由于其阻抗元件支路构成一个 Γ 形电路，故称其为 Γ 形等效电路。该电路只有励磁支路与负载支路并联，计算简化许多，而且所引起的误差也很小。

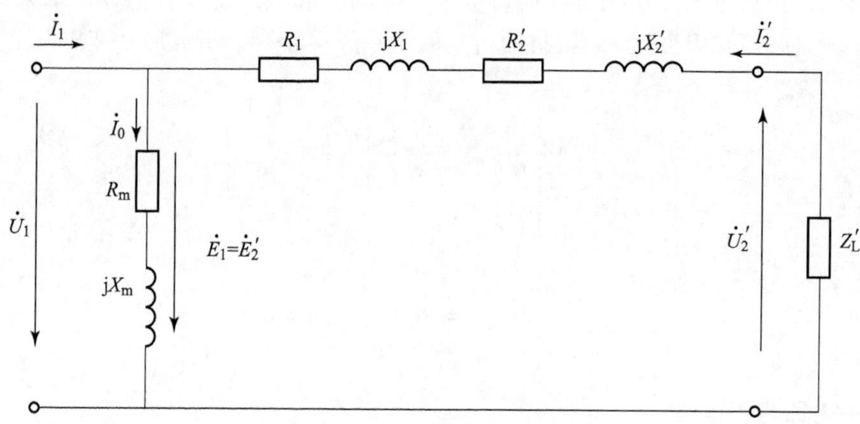


**图 4-6　变压器的近似等效电路**

3）简化等效电路

在实际应用的变压器中，$\dot{I}_N \gg \dot{I}_0$，通常 $\dot{I}_0$ 为 $\dot{I}_N$的2% ~10%，故在分析变压器满载或负载电流较大时，可近似认为 $\dot{I}_0=0$，将励磁支路断开，从而得到一个更为简单的阻抗串联电路，称为简化的等效电路，如图 4-7 所示，图中：

$$\begin{cases} R_k = R_1 + R_2' \\ X_k = X_1 + X_2' \\ Z_k = R_k + jX_k \end{cases}$$

式中，$Z_k$ 为变压器的短路阻抗；$R_k$ 为短路电阻；$X_k$ 为短路电抗。

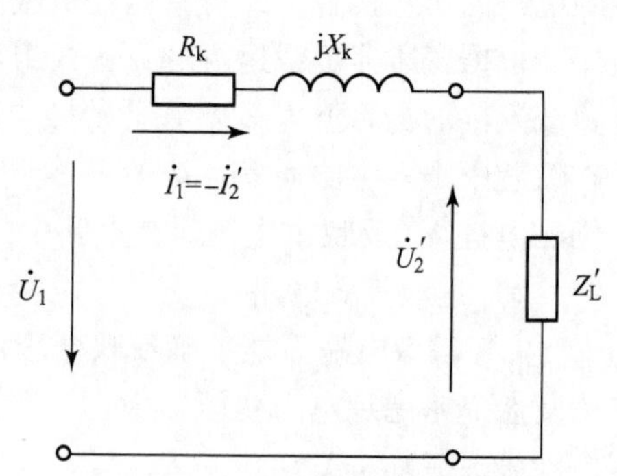


**图 4-7　变压器简化等效电路**

4）负载时的相量图

根据基本方程式和 T 形等效电路，可画出变压器负载运行时的相量图。图 4－8 所示为变压器带感性负载时的相量图，它清楚直观地表明了各物理量的大小和相位关系。

画相量图时，以 $\dot{U}_2'$作为参考相量，并有如下关系：

（1）根据负载的性质，确定 $\dot{U}_2'$和 $\dot{I}_2'$之间的相位关系。

（2）在 $\dot{U}_2'$相量上加上 $R_2'\dot{I}_2'$、$jX_2'\dot{I}_2'$得到 $\dot{E}_2'=\dot{E}_1'$。

（3）画出领先 $\dot{E}_1$ 90°的主磁通 $\dot{\Phi}_m$。

（4）根据 $\dot{I}_0=-\dfrac{\dot{E}_1}{Z_m}$画出相量 $\dot{I}_0$，它领先 $\dot{\Phi}_m$一个铁耗角。

（5）画出 $-\dot{I}_2'$，它与 $\dot{I}_0$的相量和为 $\dot{I}_1$。

（6）画出 $-\dot{E}_1$，加上 $R_1\dot{I}_1$，再加上 $jX_1\dot{I}_1$得到 $\dot{U}_1$。

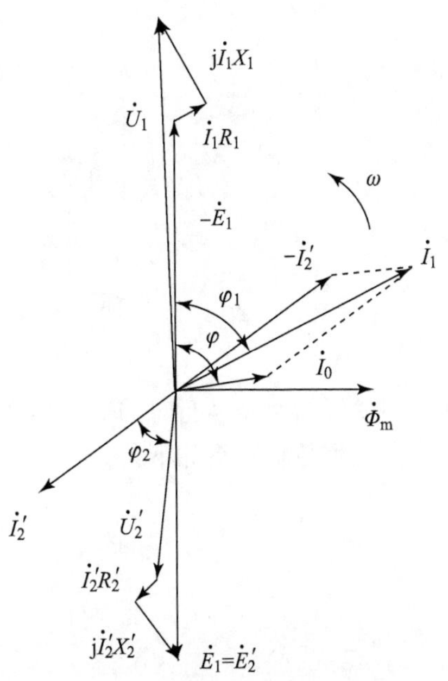


**图 4－8　变压器负载时的相量图**

等效电路、方程式和相量图是用来研究分析变压器的 3 种基本手段，是对一个问题的 3 种表述。基本方程式是变压器电磁关系的数学表述形式，等效电路是基本方程式的模拟电路，相量图是基本方程式的图解表示法。定性分析时，用相量图较为清楚；定量计算时，则多使用等效电路。

# 4.3　变压器参数的测定

前面的分析得出变压器稳态对称运行时的等效电路，实际应用时，先要知道变压器的参数，才能画出其等效电路，供分析和计算使用。这些参数的大小直接影响变压器的运行性能。变压器的参数是由变压器使用的材料、结构形状及几何尺寸决定的。要确定其参数：一种方法是在设计时根据材料及结构尺寸计算出来；另一种方法是对现成的变压器用试验的办法测出来。本节仅介绍测定变压器参数的试验方法。

## 4.3.1　空载试验

从变压器的空载试验可以求出变比 $k$、铁损耗 $p_{Fe}$、励磁阻抗 $Z_m$ 等。

空载试验可在高压侧或低压侧加电压，但考虑到空载试验电压要加到额定电压，因此为了便于试验和安全起见，通常在低压侧加压试验、高压侧开路。单相变压器空载试验线路如图 4－9 所示。二次绕组开路，一次绕组接上额定电压 $U_{1N}$，测量 $U_1$ 和 $I_0$，输入功率 $P_0$ 及高压侧电压 $U_{20}$。

空载试验时测量低压侧空载电压 $U_{1N}$（低压侧额定电压）、空载电流 $I_0$、空载输入功率 $P_0$ 及高压侧的电压 $U_{20}$。从图 4－9 中可以看出，此时变压器不输出有功功率，变压器空载运行时的输入功率 $P_0$ 为铁芯损耗与空载铜损耗之和，由于铜损耗远远小于 $p_{Fe}$，可以忽略不

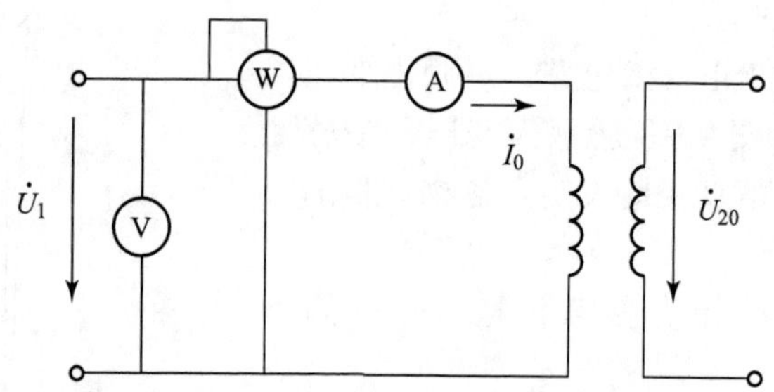


**图 4-9　单相变压器空载试验线路**

计，即变压器空载运行时的输入功率 $P_0$ 等于变压器的铁芯损耗，即 $P_0 = p_{Fe} = I_0^2 R_m$。

由所测数据可得如下公式：

$$k = \frac{U_1}{U_{20}} \tag{4-34}$$

$$|Z_m| = \frac{U_1}{I_0} \tag{4-35}$$

$$R_m = \frac{P_0}{I_0^2} \tag{4-36}$$

$$X_m = \sqrt{|Z_m|^2 - R_m^2} \tag{4-37}$$

注意：因空载电流、铁芯损耗及励磁阻抗均随电压大小而变，即与铁芯饱和程度有关，所以空载电流和空载功率常取额定电压时的值，并以此求取励磁阻抗的值。

对于三相变压器，应用上列公式时，必须采用每相值，即一相的损耗以及相电压和相电流等来进行计算。

### 4.3.2　短路试验

变压器短路试验通常在高压侧进行，其目的是测量短路电流 $I_k$、短路电压 $U_k$、短路损耗 $P_k$，计算短路阻抗 $Z_k$ 和阻抗电压。单相变压器短路试验的接线如图 4-10 所示。短路试验时，低压侧短接，高压侧加上一个低电压，为额定电压的 4.5% ~10%，使短路电流 $I_k$ 达到额定值。试验时用调压器外施电压从零逐渐增大，直到高压侧短路电流 $I_k$ 达到额定电流 $I_{1N}$时，测量出所加电压 $U_k$ 和输入功率 $P_k$，并记录试验时的室温 $\theta$（℃）。

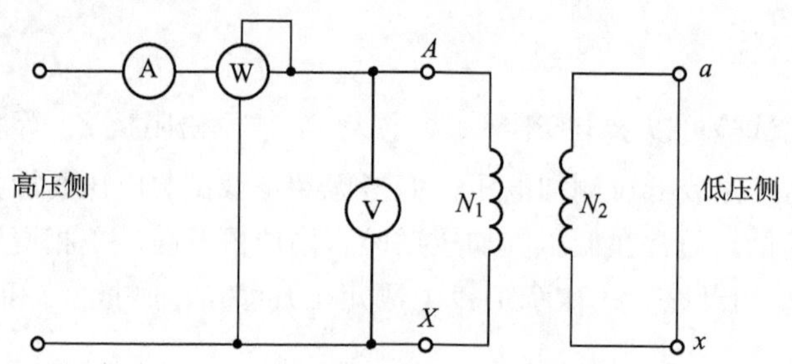


**图 4-10　单相变压器短路试验接线**

由于短路试验时外加电压很低，主磁通很小，所以铁耗和励磁电流均可忽略不计，这时输出的功率可认为完全消耗在绕组的电阻上，即 $P_k \approx p_{Cu}$。由简化等效电路，根据测量结果，取 $I_k = I_{1N}$时的数据计算室温下的短路参数。

短路阻抗为

$$Z_k = \frac{U_k}{I_k} = \frac{U_k}{I_{1N}} \tag{4-38}$$

短路电阻为

$$R_k = \frac{P_k}{I_k^2} = \frac{P_k}{I_{1N}^2} \tag{4-39}$$

短路电抗为

$$X_k = \sqrt{Z_k^2 - R_k^2} \tag{4-40}$$

由于绕组的电阻随温度变化，而短路试验一般在室温下进行，故测得的电阻应换算到国家标准规定的基准工作温度 75℃时的值。

对于铜线变压器，有

$$R_{k75℃} = \frac{234.5 + 75}{234.5 + \theta} R_k \tag{4-41}$$

对于铝线变压器，有

$$R_{k75℃} = \frac{228 + 75}{228 + \theta} R_k \tag{4-42}$$

式中，$\theta$ 为试验时的环境温度（℃）；$R_k$ 为温度是 $\theta$ 时的短路电阻值（Ω）。

在 75℃时的短路阻抗为

$$Z_{k75℃} = \sqrt{R_{k75℃}^2 + X_k^2} \tag{4-43}$$

短路试验时，若把短路电压 $U_k$ 表示成额定电压的百分数，可得

$$U_k(\%) = \frac{U_k}{U_{1N}} \times 100\% = \frac{I_k Z_k}{U_{1N}} \times 100\% = \frac{Z_k}{Z_{1N}} \times 100\% = Z_k(\%) \tag{4-44}$$

由式（4－44）可见，用相对于额定值的百分数表示时，短路电压与短路阻抗是相等的。短路电压通常标在变压器的铭牌上，它的大小反映了变压器在额定负载下运行时的漏阻抗的大小。从运行的角度上看，希望此值小一些，使变压器输出电压波动受负载变化的影响小些；但从限制变压器短路电流的角度来看，则希望此值大一些，这样可以使变压器在发生短路故障时的短路电流小一些。

对于三相变压器，变压器的参数是指一相的参数，因此只要采用相电压、相电流、一相的功率进行计算即可。

## 4.4　标幺值

在变压器与电机的工程计算中，各物理量（如电压、电流、功率、阻抗等）往往不用它们的实际值进行计算，而常采用将某一物理量的实际值与选定的一个同单位的基值进行比较的形式，它们的比值就称为这个物理量的标幺值。标幺值是一个相对值，没有单位，习惯用各物理量原来的符号右上角加“＊”号表示。

通常取各物理量对应的额定值作为基值。例如，取一、二次绕组额定电压 $U_{1N}$、$U_{2N}$作

为一、二次绕组电压的基值，取一、二次绕组额定电流 $I_{1N}$、$I_{2N}$ 作为一、二次绕组电流的基值，则一、二次绕组阻抗的基值分别为

$$Z_{1B}=\frac{U_{1N}}{I_{1N}},\ Z_{2B}=\frac{U_{2N}}{I_{2N}}$$

变压器功率的基值为额定容量 $S_N$。

采用标幺值有以下优点：

（1）可以简化各量的数值，并能直观地看出变压器的运行情况，如 $I_2^*=0.9$ 为欠载，$I_2^*=1.05$ 为过载。

（2）电力变压器的参数和性能指标数据变化范围很小，便于分析比较，例如，短路阻抗标幺值 $Z_k^*=0.04\sim0.175$，空载电流 $I_0^*=0.02\sim0.10$。

（3）用标幺值表示时，折算到一次绕组或二次绕组的参数值恒相等，故用标幺值计算时不必再进行折算。

标幺值的缺点是其量纲为1，因而物理概念比较模糊，也无法用量纲作为检查计算结果是否正确的手段。

## 4.5 变压器的运行特性

变压器的运行特性主要有外特性与效率特性，而表征变压器运行性能的主要指标有两个：一是二次绕组电压变化，即外特性；二是效率。

### 4.5.1 变压器的外特性与电压变化率

**1. 变压器的外特性**

当电源电压和负载的功率因数等于常数时，二次绕组电压随负载电流变化的规律（$U_2=f(I_2)$ 曲线）称为变压器的外特性（曲线）。

图4-11所示为不同性质负载时变压器的外特性曲线。由图可知，变压器二次绕组电压

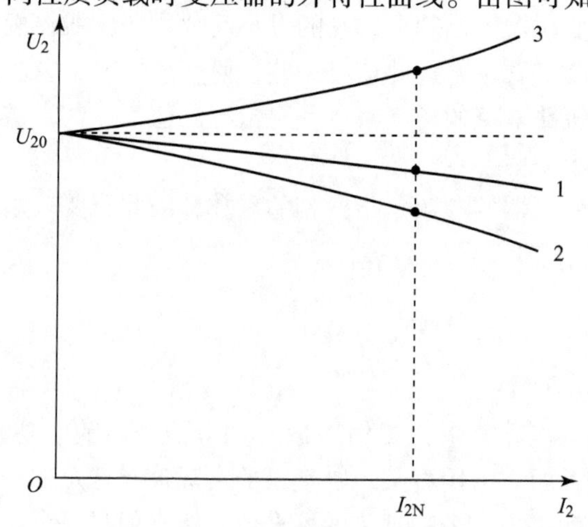


**图4-11 变压器的外特性曲线**

1—$\cos\varphi_2=1$；2—$\cos\varphi_2=0.8$（滞后）；3—$\cos\varphi_2=0.8$（超前）

的大小不仅与负载电流的大小有关，而且与负载的功率因数有关。纯电阻负载时，端电压变化较小；感性负载时，变化较大，但外特性都是下降的；容性负载时，外特性可能上翘，上翘程度随容性的增大而增大。

**2. 电压变化率**

对变压器做负载试验时，会发现变压器二次绕组端电压随着负载电流的改变而改变，而且当负载的性质或功率因数变化时，其二次绕组端电压变化的幅度也不一样。

变压器负载运行时，由于一、二次绕组都存在漏阻抗，故当负载电流通过时，变压器内部将产生阻抗压降，使二次绕组端电压随负载电流的变化而变化。为了表征 $U_2$ 随负载电流 $I_2$ 变化的程度，引进电压变化率的概念。所谓电压变化率，是指变压器一次绕组施以额定电压，负载大小及功率因数一定的情况下，二次绕组空载电压 $U_{20}$ 与带负载时二次绕组电压 $U_2$ 之差再与二次绕组额定电压 $U_{2N}$ 的比值，用 $\Delta U$ 表示，即

$$\Delta U = \frac{U_{20} - U_2}{U_{2N}} \times 100\% = \frac{U_{2N} - U_2}{U_{2N}} \times 100\% = \frac{U_{1N} - U_2'}{U_{1N}} \times 100\%$$

$\Delta U$ 的大小反映了供电电压的稳定性，是表征变压器运行性能的重要指标之一。

### 4.5.2　变压器的效率特性

**1. 变压器的损耗**

变压器是静止电气设备，因此在能量传递过程中没有机械损耗，故其效率比旋转电机高。一般中小型电力变压器的效率在 95% 以上，大型电力变压器的效率可达 99% 以上。变压器产生的损耗主要包括铁损耗和一、二次绕组的铜损耗。

变压器的铁损耗为铁芯中的磁滞和涡流损耗，它决定于铁芯中磁通密度的大小、磁通交变的频率和硅钢片的质量。变压器的铁损耗近似与一次绕组外加电源电压 $U_1^2$ 成正比，而与负载大小无关。当电源电压一定时，变压器的铁损耗就基本不变了，故铁损耗又称为“不变损耗”。

变压器铜损耗中的基本铜损耗是电流在一、二次绕组直流电阻上的损耗 $I_1^2 R_k$。变压器铜损耗的大小与负载电流的平方成正比，因此称为“可变损耗”。

**2. 变压器的效率特性**

变压器在能量转换过程中会产生损耗，使输出功率小于输入功率。变压器的输出功率 $P_2$ 与输入功率 $P_1$ 之比称为效率，用百分数表示，即

$$\eta = \frac{P_2}{P_1} \times 100\%$$

效率的大小反映了变压器运行的经济性，是表征变压器运行性能的重要指标之一。

变压器的效率可用直接负载法，通过测量输出功率 $P_2$ 和输入功率 $P_1$ 确定。但由于变压器的效率一般较高，$P_2$ 与 $P_1$ 相差很小，测量仪器本身的误差相对较大，故直接测量很难获得准确结果。工程上大多采用间接法来计算变压器的效率，即通过空载试验和短路试验求出变压器的铁耗 $p_{Fe}$ 和铜耗 $p_{Cu}$，然后按下式计算效率：

$$\eta = \frac{P_2}{P_1} = \left(1 - \frac{\sum p}{P_1}\right) \times 100\% = \left(1 - \frac{p_{Fe} + p_{Cu}}{P_2 + p_{Fe} + p_{Cu}}\right) \times 100\% \qquad (4-45)$$

式中，$\sum p = p_{Fe} + p_{Cu}$。

为简便起见，在用式（4-43）计算效率时，先作以下几个假设：

（1）计算输出功率时，由于变压器的电压变化率很小，因而带负载时可忽略二次绕组电压 $U_2$ 的变化，则

$$P_2 = mU_{2N}I_2\cos\varphi_2 = \beta mU_{2N}I_{2N}\cos\varphi_2 = \beta S_N\cos\varphi_2$$

式中，$m$ 为变压器的相数；$\beta$ 为变压器的负载系数，$\beta = I_2/I_{2N}$；$S_N$ 为变压器的额定容量，$S_N = mU_{2N}I_{2N}$。

（2）额定电压下空载损耗 $p_0 = p_{Fe}$ = 常数，即认为铁耗不随负载变化，为不变损耗。

（3）额定电流时的短路损耗 $p_{kN}$ 作为额定负载电流时的铜损耗 $p_{Cu}$，且认为铜耗与负载电流的平方成正比，即 $p_{Cu} = \beta^2 p_{kN}$。

应用以上3个假设后，式（4-43）可写为

$$\eta = \left(1 - \frac{p_0 + \beta^2 p_{kN}}{\beta S_N\cos\varphi_2 + p_0 + \beta^2 p_{kN}}\right) \times 100\% \qquad (4-46)$$

对于已制成的变压器，$p_0$ 和 $p_{kN}$ 是一定的，因此效率与负载大小及功率因数有关。

当功率因数一定时，变压器的效率与负载系数之间的关系 $\eta = f(\beta)$ 称为变压器的效率特性曲线，如图4-12所示。由图可见，空载时输出功率为零，$\beta = 0$，$\eta = 0$；负载较小时，$\beta$ 较小，损耗相对较大，效率 $\eta$ 较低；负载增加，效率 $\eta$ 也随 $\beta$ 增加而增加。在某一负载时，效率 $\eta$ 最大，然后又开始下降，这是因为铜耗 $p_{Cu}$ 与 $\beta^2$ 成正比增大，在超过这一负载后，效率随 $\beta$ 的增大反而变小了。

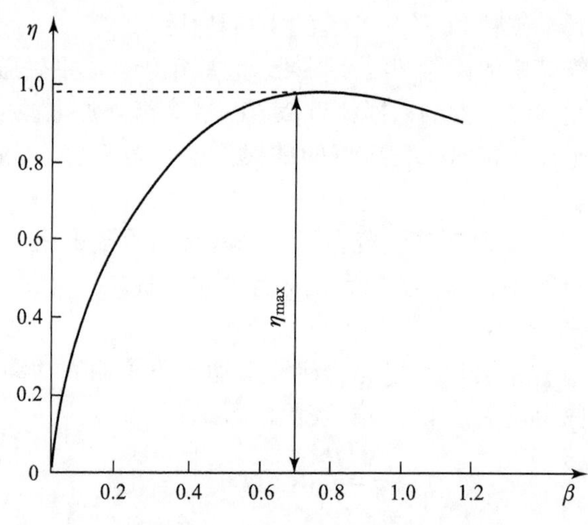


**图4-12 变压器效率特性曲线**

将式（4-46）对 $\beta$ 取一阶导数，并令 $\frac{d\eta}{d\beta} = 0$，可得变压器产生最大效率的条件为

$$\beta_m = \sqrt{\frac{p_0}{p_{kN}}} \qquad (4-47)$$

式中，$\beta_m$ 为最大效率时的负载系数。

式（4-46）说明，当铜损等于铁损即可变损耗等于不变损耗时，效率最高，有

$$\eta_{\max}=1-\frac{2p_0}{\beta_m S_N\cos\varphi_2+2p_0} \tag{4-48}$$

实际变压器常年接在电网上，铁损总是存在的，而铜耗却随负载变化。一般变压器不可能总在额定负载下运行，因此为保证变压器的运行性能，提高全年的经济效益，设计时，铁损应设计得小些，一般取 $\beta_m=0.5\sim0.6$，对应的 $p_{kN}$ 与 $p_0$ 之比为 3～4。

## 思考题与习题

4－1　变压器一次绕组漏阻抗 $Z_1=R_1+jX_1$ 的大小是由哪些因素决定的？其是常数吗？

4－2　变压器空载运行时的磁通是由什么电流产生的？主磁通和一次漏磁通在磁通路径、数量和与二次绕组的关系上有何不同？由此说明主磁通与漏磁通在变压器中的不同作用。

4－3　电力变压器空载运行时功率因数高吗？这时输入变压器的功率主要消耗在何处？

4－4　说明变压器折合算法的依据及具体方法。可以将一次绕组的量折算到二次绕组吗？折算后各电压、电流、电动势及阻抗、功率等量与折算前的量分别是何关系？

4－5　变压器一、二次绕组间的功率传递靠什么作用实现的？在等效电路上可用哪些电量的乘积表示？由此说明变压器能否直接传递直流电功率。

4－6　变压器做空载和短路试验时，从电源输入的有功功率主要消耗在什么地方？在一、二次绕组分别做同一试验，测得的输入功率相同吗？为什么？

4－7　一台单相变压器：$S_N=2$ kV·A，$U_{1N}/U_{2N}=1\ 100$ V/110 V，$R_1=4\ \Omega$，$X_1=15\ \Omega$，$R_2=0.04\ \Omega$，$X_2=0.15\ \Omega$。当负载阻抗 $Z_L=10+j5\ \Omega$ 时，试求：

（1）一、二次绕组的电流 $I_1$ 和 $I_2$；

（2）二次绕组的电压 $U_2$ 比 $U_{2N}$ 降低了多少？

4－8　晶体管功率放大器从输出信号来说相当于一个交流电源，若其电动势为 $E_s=8.5$ V，内阻 $R_s=72\ \Omega$；另有一扬声器，电阻为 $R=8\ \Omega$。现采用两种方法把扬声器接入放大器电路作负载，一种是直接接入，另一种是经过变比为 $k=3$ 的变压器接入，如图4－13（a）和图4－13（b）所示。若忽略变压器的漏阻抗及励磁电流。试求：

（1）两种接法时扬声器获得的功率；

（2）欲使放大器输出功率最大，变压器变比应为多少？

（3）变压器在电路中的作用是什么？

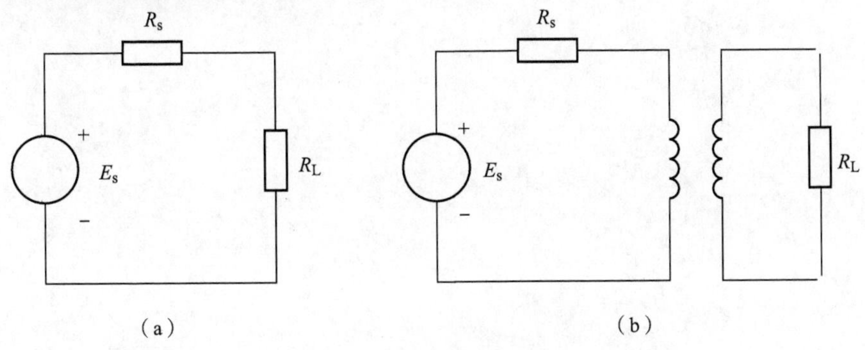


**图4－13　变压器两种接法**

4－9　一台三相电力变压器：$S_N = 1\ 000$ kV·A，$U_{1N}/U_{2N} = 10\ 000$ V/3 300 V，一、二次绕组分别为星形和三角形连接，短路阻抗标幺值$\underline{Z}_k = (0.015 + j0.053)$ Ω，带三相三角形连接对称负载，每相负载阻抗 $Z_L = (50 + j85)$ Ω，计算一、二次绕组电流 $I_1$、$I_2$ 及二次绕组端电压的大小。

4－10　设有一台 600 kV·A，35 kV/6.3 kV 的单相双绕组变压器，当有额定电流通过时，变压器内部的漏阻抗压降占额定电压的 6.5%，绕组中的铜损耗为 9.50 kW（认为是75℃时的数值）；当在一次绕组上外加额定电压时，空载电流占额定电流的 5.5%，功率因数为 0.10，试求：

（1）该变压器的短路阻抗和励磁阻抗。

（2）当一次绕组外加额定电压，二次绕组外接一个阻抗 $Z_L = 80\angle 40°$ Ω 的负载时的 $U_2$、$I_1$ 及 $I_2$。

4－11　一台三相变压器：$S_N = 5\ 600$ kV·A，$U_{1N}/U_{2N} = 35$ kV/6.3 kV，一、二次绕组分别为星形和三角形连接。在高压侧做短路试验，测得 $U_{1k} = 2\ 610$ V，$I_{1k} = 92.3$ A，$p_k = 53$ kW。当 $U_1 = U_{1N}$、$I_2 = I_{2N}$时，测得二次绕组电压 $U_2 = U_{2N}$。求此时负载的性质及功率因数角 $\varphi_2$ 的大小。

4－12　一台三相变压器：$S_N = 5\ 600$ kV·A，$U_{1N}/U_{2N} = 6\ 000$ V/3 300 V，一、二次绕组分别为星形、三角形连接。空载损耗 $p_0 = 18$ kW，额定电流时短路损耗 $p_{kN} = 56$ kW。试求：

（1）当输出电流 $I_2 = I_{2N}$、$\cos\varphi_2 = 0.8$ 时的效率 $\eta$；

（2）效率最大时的负载因数 $\beta_m$。

# 第5章　三相变压器

由于电力系统采用三相制，因此三相变压器在实际中应用最为广泛。三相变压器在对称稳态运行时，三相的电压、电流、电动势等大小分别相等，相位分别互差120°，因此可以只取其中一相进行分析，第4章中介绍的分析方法和结论也都适用。

本章介绍的是三相变压器特有的磁路系统和电路系统，即三相铁芯磁路的结构和三相绕组连接方法及形成的连接组，还要介绍与其相关的并联运行问题。

## 5.1　三相变压器的磁路系统

三相变压器按其磁路系统结构的不同可分为两类：三相磁路彼此无关联的组式变压器和三相磁路彼此关联的心式变压器。

**1. 组式（磁路）变压器**

三相组式变压器是由三台单相变压器组成的，相应的磁路称为组式磁路，如图5－1所示。每相的主磁通沿各自磁路闭合，独立互不相关。当一次绕组外加三相对称电压时，各相的主磁通 $\dot{\Phi}_U$、$\dot{\Phi}_V$、$\dot{\Phi}_W$ 必然对称。由于磁路三相对称，因而各相空载电流也是对称的。

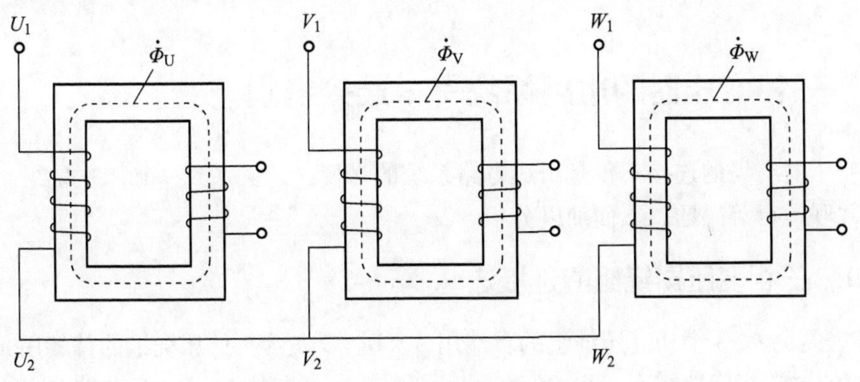


图5－1　三相组式变压器的磁路

**2. 心式（磁路）变压器**

三相心式变压器的铁芯结构是从三相组式变压器铁芯演变过来的。每相有一个铁芯柱，3个铁芯柱用铁轭连接起来，构成三相铁芯。三相心式变压器的磁路系统如图5－2所示。从图上可以看出，任何一相的主磁通都要通过其他两相的磁路作为自己的闭合磁路。如果把3台单相变压器的铁芯合并成如图5－2（a）所示的形式，则当三相变压器一次绕组外施对称三相电压时，三相主磁通对称，中间铁芯柱内的磁通 $\dot{\Phi}_U+\dot{\Phi}_V+\dot{\Phi}_W=0$，即中间铁芯柱无磁通经过，因此可将中间铁芯柱省掉，变成如图 5 - 2（b）所示的形式。为使结构简单、便于制造，将三相铁芯的 V 相铁轭缩短，并把三个铁芯柱布置在同一平面内，便得到如图 5 - 2（c）所示的形式，这就是常用的三相心式变压器铁芯。

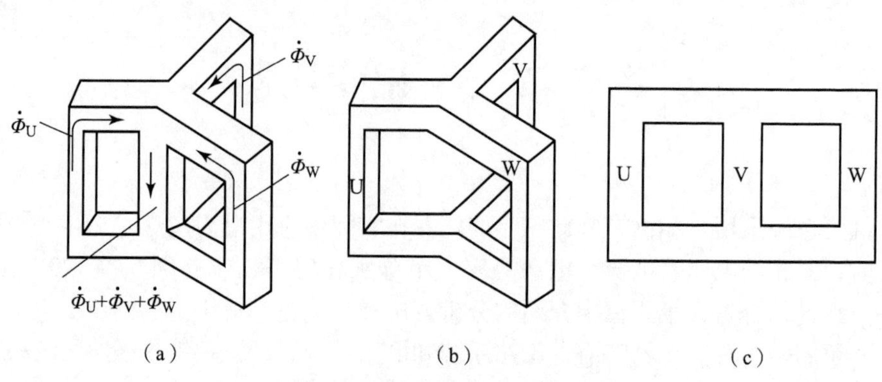


**图 5 - 2　三相心式变压器的磁路系统**

在三相心式变压器中，磁路彼此相关且三相磁路长度不相等。中间 V 相磁路最短，两边 U、W 两相较长，磁阻也较 V 相大。当外施对称三相电压时，由于三相磁路不对称，三相空载电流便不相等，但由于空载电流较小，它的不对称对变压器负载运行的影响极小，因而可略去不计。

以上两种类型磁路系统的三相变压器各有其优、缺点。在相同额定容量下，三相心式变压器具有效率高、占地少、成本低，运行维护方便等优点，故应用广泛。三相组式变压器中每个单相变压器都比三相心式变压器的体积小、质量小、运输方便，另外还可减少备用容量，因此对于一些超高压、大容量的巨型变压器，为减少制造及运输困难，常采用三相组式变压器。

## 5.2　三相变压器的电路系统——连接组别

三相变压器绕组的连接不仅是组成电路系统的需要，还关系到一、二次绕组高次谐波的大小以及并联运行等问题，下面加以分析。

### 5.2.1　三相变压器绕组的连接法

三相变压器中，3 个相高压绕组的首端用 A、B、C 表示，低压绕组的首端用 a、b、c 表示，3 个相的尾端相应地用 X、Y、Z 和 x、y、z 表示。首端 A、B、C 为高压绕组引出端，首端 a、b、c 为低压绕组引出端。三相绕组可以为星形（Y）连接或三角形（△）连接。当采用Y连接时，将 3 个尾端 X、Y、Z 或 x、y、z 连在一起为中点。若要把中点引出，则以“0”标志。

三相变压器每相的相电动势即为该相绕组电动势；线电动势是指引出端的电动势，线电动势 $\dot{E}_{AB}$就是 A 到 B 的电动势，$\dot{E}_{BC}$是 B 到 C 的电动势，$\dot{E}_{CA}$是 C 到 A 的电动势。在三相对称系统中，接成Y或△方式的三相绕组，其相电动势与线电动势之间的关系随绕组接线方式不同而不同。Y连接接线图如图 5 - 3（a）所示，在接线图中，绕组按相序自左向右排列。

相电动势为

$$\begin{cases}\dot{E}_{\mathrm{A}}=E\angle 0^{\circ}\\ \dot{E}_{\mathrm{B}}=E\angle -120^{\circ}\\ \dot{E}_{\mathrm{C}}=E\angle -240^{\circ}\end{cases}$$

线电动势为

$$\begin{cases}\dot{E}_{\mathrm{AB}}=\dot{E}_{\mathrm{A}}-\dot{E}_{\mathrm{B}}\\ \dot{E}_{\mathrm{BC}}=\dot{E}_{\mathrm{B}}-\dot{E}_{\mathrm{C}}\\ \dot{E}_{\mathrm{CA}}=\dot{E}_{\mathrm{C}}-\dot{E}_{\mathrm{A}}\end{cases}$$

画出的相量图如图5-3（b）所示。这是一个位形图，它的特点是图中重合在一处的各点是等电位的，如X、Y、Z，并且图中任意两点间的有向线段就表示该两点的电动势相量，如$\overrightarrow{\mathrm{AX}}$，即$\dot{E}_{\mathrm{AX}}=\dot{E}_{\mathrm{A}}$，$\overrightarrow{\mathrm{AB}}$即$\dot{E}_{\mathrm{AB}}$。该相量图可先画它的相电动势部分（注意X、Y、Z要重合，相序要正确），然后画出$\overrightarrow{\mathrm{AB}}$、$\overrightarrow{\mathrm{BC}}$和$\overrightarrow{\mathrm{CA}}$，即为线电动势相量。

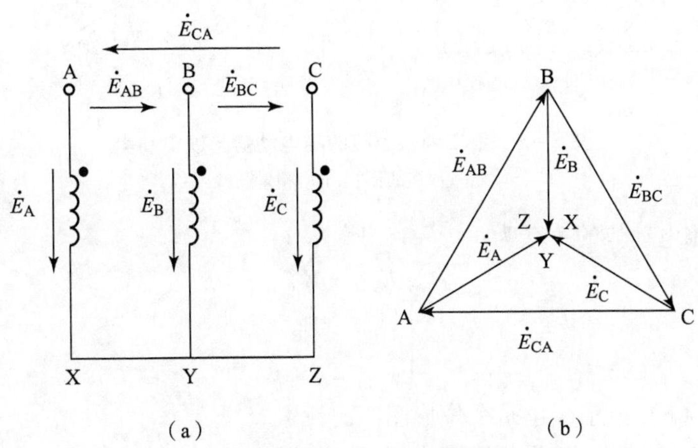


**图5-3　Y连接的相电动势与线电动势**

（a）接线图；（b）相量图

第一种△连接如图5-4（a）所示，接线顺序是CZ-BY-AX-CZ。

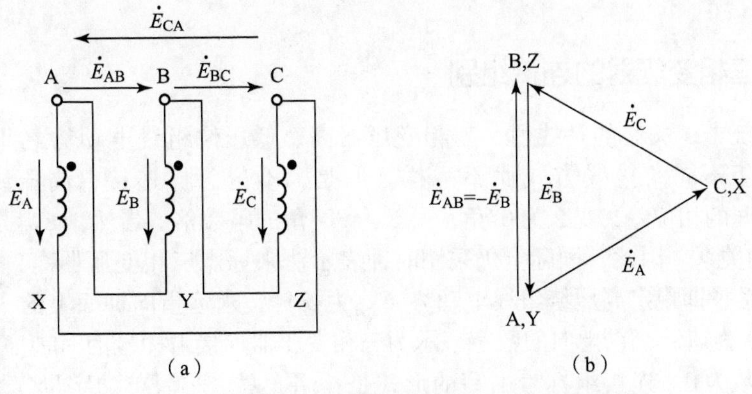


**图5-4　第一种△连接的相电动势与线电动势**

（a）接线图；（b）相量图

线电动势与相电动势的关系为

$$\begin{cases}\dot{E}_{AB} = -\dot{E}_B \\ \dot{E}_{BC} = -\dot{E}_C \\ \dot{E}_{CA} = -\dot{E}_A\end{cases}$$

相量图如图 5-4（b）所示。这也是个位形图，可先画相电动势，再画线电动势。

第二种△连接方式如图 5-5（a）所示，接线顺序是 AX-BY-CZ-AX。

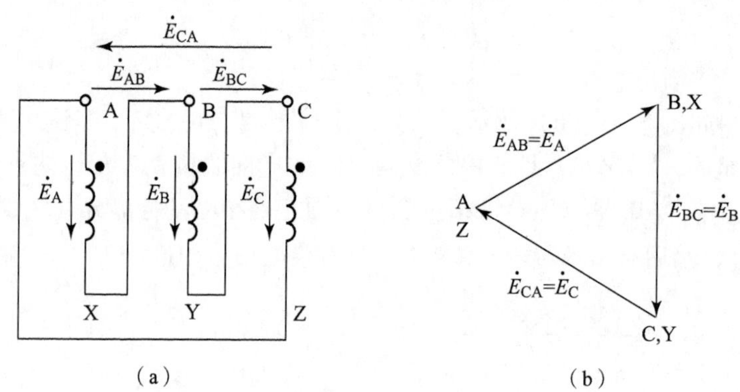


**图 5-5　第二种△连接的相电动势与线电动势**

（a）接线图；（b）相量图

线电动势与相电动势的关系为

$$\begin{cases}\dot{E}_{AB} = \dot{E}_A \\ \dot{E}_{BC} = \dot{E}_B \\ \dot{E}_{CA} = \dot{E}_C\end{cases}$$

相量图如图 5-5（b）所示，也是个位形图。

从Y和△连接的电动势相量位形图中看出，只要三相的相序为 A-B-C-A，则 A、B、C 3 个点是顺时针方向依次排列，△ABC 是个等边三角形。这个结果可以帮助我们正确地画出电动势相量位形图来。

三相变压器高、低压绕组都可用Y或△连接。用Y连接时，中点可引出线，也可不引出线。

### 5.2.2　三相变压器的连接组别

在三相系统中，关心的是线值。三相变压器高、低压绕组线电动势之间的相位差角，因高、低压绕组不同的接线方式而不一样。但是，不论怎样连接，高压绕组线电动势 $\dot{E}_{AB}$ 和 $\dot{E}_{ab}$之间的相位差，要么为0°角，要么为30°角的整数倍。当然，$\dot{E}_{BC}$与 $\dot{E}_{bc}$、$\dot{E}_{CA}$与 $\dot{E}_{ca}$也有同样的关系。因此，国际上仍采用时钟表示法来标志三相变压器高、低压绕组线电动势的相位关系，即规定高压绕组线电动势 $\dot{E}_{AB}$为长针，永远指向钟面上的“12”；低压绕组线电动势 $\dot{E}_{ab}$为短针，它指向的数字表示为三相变压器连接组标号的时钟序数，其中指向“12”，时钟序数为0。连接组标号书写的形式是：用大写、小写英文字母 Y 或 y 分别表示高、低压绕组Y连接；D 或 d 分别表示高、低压绕组△连接；在英文字母后边写出时钟序数。

下面分别确定高、低绕组 Yy 连接及 Yd 连接的连接组标号。

**1. Yy 连接**

以绕组连接如图 5 - 6（a）所示的 Yy 连接三相变压器为例，确定其连接组标号。

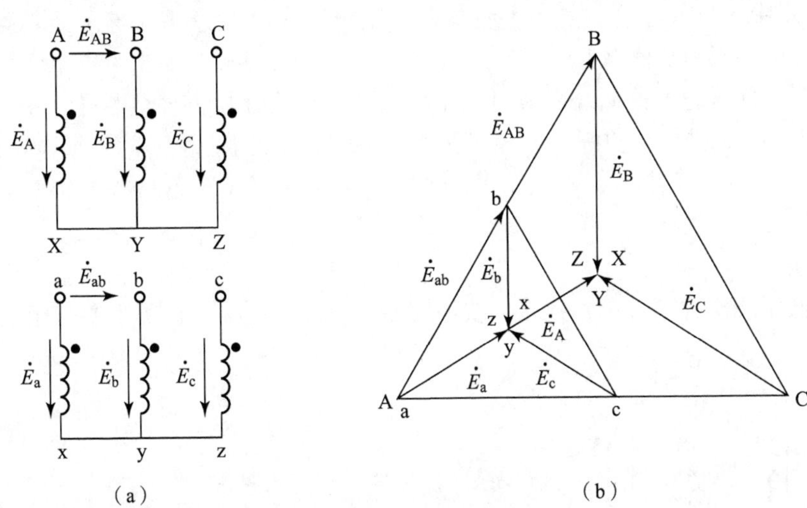


**图 5 - 6　Y，y0 连接组别**

（a）接线图；（b）相量图

三相变压器绕组连接图中，上下对着的高、低压绕组套在同一铁芯柱上。在如图 5 - 6（a）中的绕组上，A 与 a、B 与 b、C 与 c 打“·”，表示每个铁芯柱的高、低压绕组都是首端为同极性端，三相对称。

当已知三相变压器绕组连接及同极性端，确定变压器的连接组标号的方法是：分别画出高压绕组和低压绕组的电动势相量位形图，从图中高压边线电动势 $\dot{E}_{AB}$与低压边线电动势 $\dot{E}_{ab}$的相位关系，便可确定其连接组标号。具体步骤如下：

（1）在绕组连接图上标出各个相电动势与线电动势，如图 5 - 6（a）所示，标出了 $\dot{E}_A$、$\dot{E}_B$、$\dot{E}_C$、$\dot{E}_{AB}$及 $\dot{E}_a$、$\dot{E}_b$、$\dot{E}_c$、$\dot{E}_{ab}$等。

（2）按照高压绕组连接方式，首先画出高压绕组电动势相量位形图，如图 5 - 6（b）所示。

（3）根据同一铁芯柱上的高、低压绕组的相位关系，先确定低压绕组的相电动势相位；然后按照低压绕组的接线方式，画出低压绕组电动势相量位形图。从图 5 - 6（a）可以看出，同一铁芯柱上的绕组 AX 和 ax，两绕组首端是同极性端。因此，高、低压绕组相电动势 $\dot{E}_A$ 和 $\dot{E}_a$同相位；同理，$\dot{E}_B$和 $\dot{E}_b$同相位，$\dot{E}_C$和 $\dot{E}_c$同相位。画低压绕组相电动势相量图时，可以采用把 a 点重合在高压边的 A 点上，先画 $\dot{E}_a$矢量，定出 a、x 两点，这样 $\dot{E}_a$与 $\dot{E}_A$不仅同方向，而且共起点。低压绕组也是Y连接，其电动势相量图如图 5 - 6（b）所示。

（4）由高、低压绕组线电动势相量图中 $\dot{E}_{AB}$与 $\dot{E}_{ab}$的相位关系，根据时钟表示法的规定，$\dot{E}_{AB}$指向钟面 12 的位置，由 $\dot{E}_{ab}$指的数字确定连接组标号。如图 5 - 6（b）所示，$\dot{E}_{ab}$与 $\dot{E}_{AB}$同位置，因此该变压器连接组别标号为 0，表示为 Y，y0。

以上确定连接组别的步骤，对各种接线情况的三相变压器都适用。在这个步骤中，有两点要注意：

①学会根据高、低压绕组的接线方式画出各自的电动势相量图；

②画高、低压绕组电动势相量图之间的相位关系时，其依据就是套在同一铁芯柱上的高、低压绕组电动势，当绕组首端为同极性端时，它们的相位相同；当绕组首端为异极性端时，它们的相位相反。

把图5-6中a与A重合，是为了使高、低压绕组线电动势 $\dot{E}_{AB}$ 与 $\dot{E}_{ab}$ 共起点，使它们的相位关系可以表现得更直观。

考虑到高、低压绕组首端既可为同极性端也可为异极性端，绕组既可为ax、by与cz的标记，又可为cz、ax与by的标记，还可为by、cz与ax的标记等，Y/Y连接的三相变压器，可以得到（Y，y0）、（Y，y2）、（Y，y4）、（Y，y6）、（Y，y8）和（Y，y10）几种连接组别，标号都是偶数。

**2. Yd 连接**

（1）若低压绕组为第一种△连接，绕组接线，如图5-7（a）所示的三相变压器。

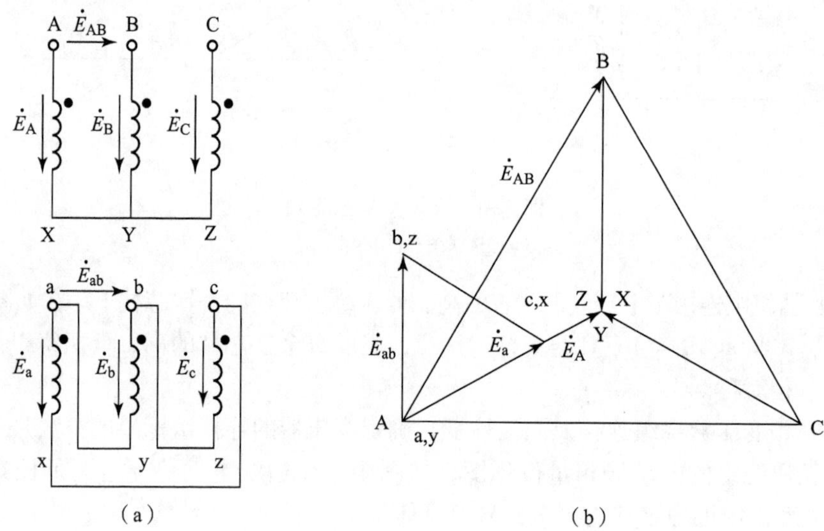


**图5-7　Y，d11 连接组别**

（a）接线图；（b）相量图

采用同样的办法，画出高、低压绕组电动势相量图，如图5-7（b）所示，从而确定它的连接组别为Y，d11。

（2）若三相变压器低压绕组为第二种△连接，其他条件与（1）相同，其连接组别为Y，d1，如图5-8所示。

Y/d连接的变压器，还可以得到（Y，d3）、（Y，d5）、（Y，d7）、（Y，d9）连接组别，标号都是奇数。

此外，还有其他的连接组别，不再一一叙述。

## 5.2.3　标准连接组

单相和三相变压器有很多连接组别。为了方便，国家标准规定：单相双绕组电力变压器只有一个标准连接组别，为I，I0；三相双绕组电力变压器有5种连接组别，即（Y，yn0）、（Y，d11）、（YN，d11）、（YN，y0）及（Y，y0）。

Y，yn0主要用做配电变压器，其二次绕组有中线引出，作为三相四线制供电，既可用

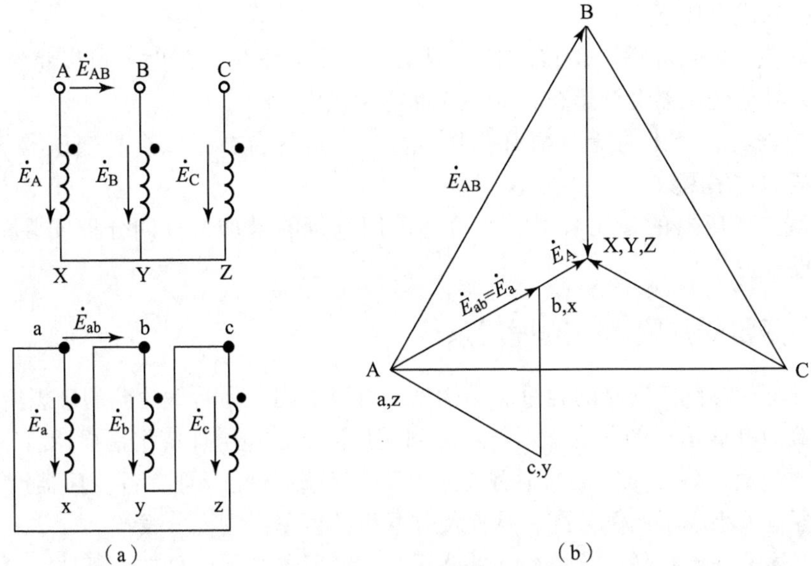


**图5-8　Y，d1连接组别**

（a）接线图；（b）相量图

于照明，也可用于动力负载。这种变压器高压侧电压不超过35kV，低压侧电压为400V（单相230V）。Y，d11用在二次绕组超过400V的线路中，YN，d11用在110kV以上的高压输电线路中，其高压侧可以通过中点接地。YN，y0用于一次绕组需要接地的场合。Y，y0供三相动力负载。

## 5.3　变压器的并联运行

变电所中常常采用多台变压器并联运行的方式。所谓并联运行，就是将变压器的一、二次绕组分别接到一、二次绕组的公共母线上，共同向负载供电的运行方式，如图5-9所示。

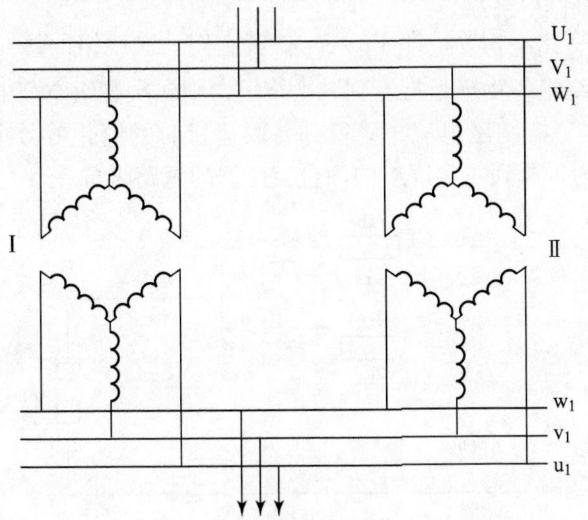


**图5-9　两台Y，y连接三相变压器的并联运行**

并联运行的优点如下：

（1）提高供电的可靠性，检修方便。当某台变压器发生故障时，可以将它从电网中切除进行检修，其他变压器继续运行，而不中断正常供电。

（2）可根据负载变化的情况调整并联运行变压器的台数，以提高变压器的运行效率，改善供电系统的功率因数。

（3）可减少变压器的备用容量，并可随着用电量的增加，分期分批安装新的变压器，以减少初期投资。

### 5.3.1 变压器并联运行的理想条件

并联运行时，各台变压器的容量和结构型式可以不同，但希望达到的理想情况如下：

（1）空载时并联运行的各变压器绕组之间无环流，以免增加绕组铜损耗。

（2）带负载后，各变压器的负载系数相等，即负载分配合理，各变压器所分担的负载电流按各自容量大小成正比例分配，从而使并联组的容量得到充分发挥。

要达到上述的理想并联运行情况，并联运行的变压器必须满足如下条件：

（1）各变压器一、二次绕组额定电压应分别相等，即变比相同。

（2）各变压器的连接组标号必须相同。

（3）各变压器的短路阻抗（或短路电压）的标幺值相等，且短路阻抗角也相等。

（4）实际使用时，一般还要求并联运行的两台变压器的容量之比不大于3: 1。

如满足了前两个条件，则可保证空载时变压器绕组之间无环流。满足第3个条件时，各台变压器能合理分担负载。在实际并联运行过程中，同时满足以上3个条件既不容易也不现实，因此，除第（2）条必须严格满足外，其余两条允许稍有差异，下面分别讨论。

### 5.3.2 不满足并联运行理想条件时的运行分析

为简明起见，在分析某一条件不满足时，假设其他条件都是满足的，并且以两台变压器并联运行为例进行分析。

**1. 变比不等时的并联运行**

设两台变压器的变比不相等，即 $k_{\mathrm{I}} \neq k_{\mathrm{II}}$。若它们一次绕组的接同一电源，一次绕组的电压相等，可将一次绕组各物理量折算到二次绕组，则二次绕组空载电压必然不相等，分别为 $\dot{U}_1/k_{\mathrm{I}}$ 和 $\dot{U}_1/k_{\mathrm{II}}$。忽略励磁电流，则得到并联运行时的简化等效电路如图 5－10 所示。图中 $Z_{k\mathrm{I}}$、$Z_{k\mathrm{II}}$ 分别为折算到二次绕组的两台变压器的短路阻抗。

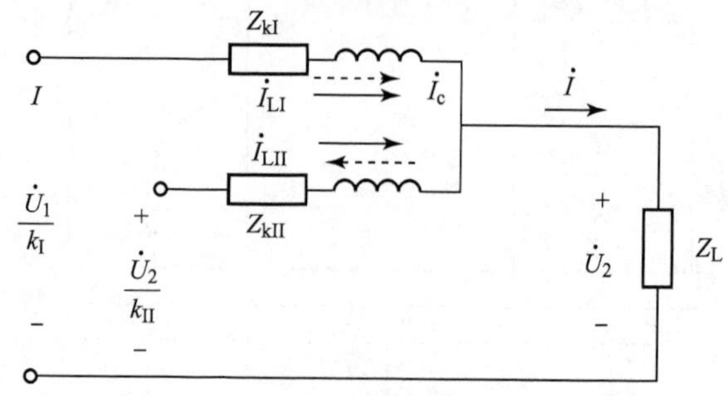


图 5－10　变比不等的两台变压器的并联运行

由于 $\dot{U}_1/k_{\text{I}} \neq \dot{U}_1/k_{\text{II}}$，将产生的电压为

$$\Delta U = \frac{\dot{U}_1}{k_{\text{I}}} - \frac{\dot{U}_1}{k_{\text{II}}} \tag{5-1}$$

在变压器的两台二次绕组引起的空载环流电流为

$$\dot{I}_c = \frac{\dot{U}_1\left(\frac{1}{k_{\text{I}}} - \frac{1}{k_{\text{II}}}\right)}{Z_{k\text{I}} + Z_{k\text{II}}} \tag{5-2}$$

空载环流电流 $\dot{I}_c$与负载大小无关。

由于变压器短路阻抗很小，因而即使变比差值很小，也能产生较大的环流，这既占用了变压器容量，又增加了变压器的损耗，是很不利的。通常规定并联运行的变压器变比相差不超过1%。

**2. 连接组号对变压器并联运行的关系**

连接组号不同的变压器，即使一、二次绕组额定电压相同，如果并联运行，则由前面连接组别的分析可知，二次绕组电压之间的相位至少相差30°。例如，（Y，y0）与（Y，d11）两组变压器并联时二次绕组电压的相量图如图5-11所示，此时一次绕组接入电网，二次绕组电压相量的相位差为30°，二次绕组线电压差为

$$\Delta U = 2U_N \sin(30°/2) = 0.518U_N \tag{5-3}$$

由于短路阻抗很小，电压差将在两台变压器的二次绕组中产生很大的环流，其数值会超过额定电流很多倍，致使变压器严重发热，甚至会烧毁绕组，因而连接组号不同的变压器绝不允许并联运行。

**3. 短路阻抗标幺值不等时的并联运行**

设两台变压器变比相等，连接组别相同，略去励磁电流，可得到并联运行的等效电路如图5-12所示，此时空载环流 $\dot{I}_c = 0$。

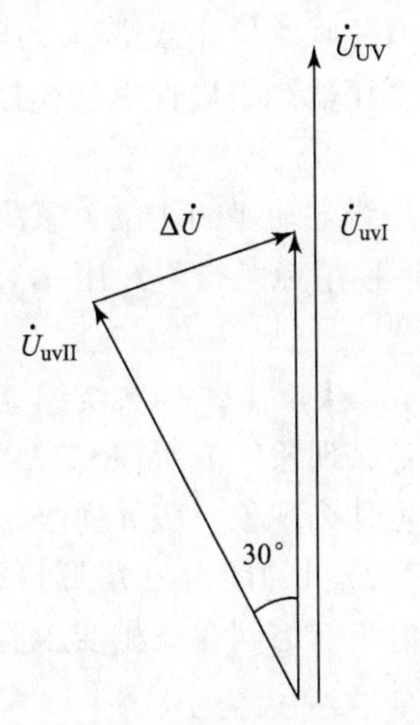


**图5-11　（Y，y0）与（Y，d11）并联时二次绕组电压相量图**

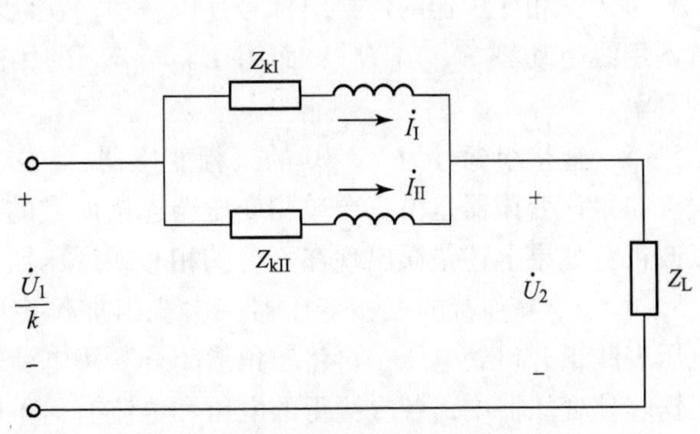


**图5-12　短路阻抗标幺值不相等时并联运行的简化等效电路**

由图5-12可知，两变压器阻抗电压降相等，有

$$\dot{I}_{\mathrm{I}} Z_{\mathrm{k\,I}} = \dot{I}_{\mathrm{II}} Z_{\mathrm{k\,II}} \tag{5-4}$$

由于并联的两变压器容量不等，故负载电流分配是否合理不能直接从实际值判断，而应从其是否与各自额定容量成正比进行判断，用标幺值（负载系数）表示。

由于

$$\frac{\dot{I}_{\mathrm{I}}}{\dot{I}_{\mathrm{I\,N}}} \times \frac{\dot{I}_{\mathrm{I\,N}} Z_{\mathrm{k\,I}}}{U_{\mathrm{N}}} = \frac{\dot{I}_{\mathrm{II}}}{\dot{I}_{\mathrm{II\,N}}} \times \frac{\dot{I}_{\mathrm{II\,N}} Z_{\mathrm{k\,II}}}{U_{\mathrm{N}}} \tag{5-5}$$

故有

$$\begin{cases} \beta_{\mathrm{I}} Z_{\mathrm{k\,I}}^{*} = \beta_{\mathrm{II}} Z_{\mathrm{k\,II}}^{*} \\ \beta_{\mathrm{I}} : \beta_{\mathrm{II}} = \dfrac{1}{Z_{\mathrm{k\,I}}^{*}} : \dfrac{1}{Z_{\mathrm{k\,II}}^{*}} \end{cases} \tag{5-6}$$

式中，$\beta_{\mathrm{I}}$、$\beta_{\mathrm{II}}$分别为第Ⅰ和第Ⅱ台变压器的负载系数。

由此可见，并联运行的各台变压器所分担的负载大小与其短路阻抗标幺值成反比，即短路阻抗标幺值大的变压器分担的负载小，而标幺值小的变压器分担的负载大。当短路阻抗标幺值小的变压器满载时，标幺值大的变压器欠载；当短路阻抗标幺值大的变压器满载时，标幺值小的变压器过载。要充分利用变压器容量，应使各台变压器的负载系数相等，即并联运行变压器的短路阻抗标幺值相等。要求并联运行变压器的最大容量和最小容量之比不宜超过3:1。

## 思考题与习题

5-1　三相变压器组和三相心式变压器在磁路结构上有何区别？三相对称的磁通和三相同相的磁通在这两种磁路中遇到的磁阻有何不同？

5-2　三相变压器的连接组由哪些因素决定？

5-3　单相双绕组变压器各绕组的极性端与其出线端的标志有关吗？单相双绕组变压器可能有几种不同的连接组标号，并进一步说明用电压表确定单相变压器绕组极性端和连接组标号的方法。

5-4　三相变压器的连接组标号是以一、二次绕组电动势还是线电动势的相位关系决定的？不用线电动势 $\dot{E}_{\mathrm{AB}}$与 $\dot{E}_{\mathrm{ab}}$，而用 $\dot{E}_{\mathrm{BC}}$与 $\dot{E}_{\mathrm{bc}}$的相位关系确定连接组标号行吗？用 $\dot{E}_{\mathrm{BA}}$与 $\dot{E}_{\mathrm{ba}}$行吗？

5-5　连接组标号为Y，y0的三相变压器，一次绕组的B与Y接反了，二次绕组连接无误。如果该变压器是由三台单相变压器连接而成的，则会发生什么现象？能否在二次绕组予以改正？如果上述错误出现在一台三相心式变压器中，又会发生什么现象？应如何改正？

5-6　Y，d连接的三相变压器一次绕组加额定电压，将二次绕组的闭合三角形打开，用电压表测量开口处电压；再将三角形闭合，用电流表测量回路电流。请问在三相变压器组与三铁芯柱变压器中，各次测得的电压和电流有何不同？为什么？

5-7　连接组标号与一、二次绕组电压都相同的变压器并联运行时，若短路阻抗标幺值不同，对负载分配有何影响？若并联运行的各变压器容量大小不同，为尽量提高设备容量利用率，则它们的额定容量与其短路阻抗标幺值最好满足什么关系？

5-8　连接组标号与短路阻抗标幺值都相同的变压器并联运行时，若其变比不等，会发生什么情况？为充分利用并联运行各变压器的容量，对容量大的变压器，希望其变比大些还是小些好？为什么？

5-9　有一台 D，d 连接的变压器组，各相变压器的容量为 2 000 kV·A，额定电压为 60 kV/6.6 kV，在二次绕组测得的短路电压为 160 V，满载时的铜耗为 15 kW。另有一台 Y，y 连接的变压器组，各相变压器的容量为 3 000 kV·A，额定电压为 34.7 kV/3.82 kV，在一次绕组测得的短路电压为 840 V，满载时的铜损耗为 22.5 kW。这两台变压器组能并联运行吗？

5-10　某变电所共有 3 台变压器，数据如下：

变压器 A：$S_{NA}=3\ 200$ kV·A，$U_{1NA}/U_{2NA}=35$ kV/6.3 kV，$u_{kA}=6.9\%$；

变压器 B：$S_{NB}=5\ 600$ kV·A，$U_{1NB}/U_{2NB}=35$ kV/6.3 kV，$u_{kB}=7.5\%$；

变压器 C：$S_{NC}=3\ 200$ kV·A，$U_{1NC}/U_{2NC}=35$ kV/6.3 kV，$u_{kC}=7.6\%$。

3 台变压器的连接组标号均为 Y，y0，试求：

（1）变压器 A 与变压器 B 并联运行，当总负载为 8 000 kV·A 时，每台变压器分担多少负载？

（2）3 台变压器并联运行时，在不许任何一台变压器过载的条件下输出的最大总负载。

# 第6章　其他特种变压器

在电力系统及其他工业部门中，除大量采用双绕组变压器外，也出现了多种特殊用途的变压器，其种类繁多，本章仅对较常用的自耦变压器和仪用互感器的工作原理及特点进行分析。

## 6.1　自耦变压器

**1. 结构特点**

普通变压器的一、二次绕组是相互绝缘的，只有磁的耦合而没有电的直接联系。如果将双绕组变压器的一、二次绕组串联起来作为新的一次绕组，而二次绕组仍作二次绕组与负载阻抗相连接，便得到一台降压自耦变压器，这时原来的普通变压器的一个绕组成为自耦变压器一、二次绕组的共同部分，如图6－1所示。显然，自耦变压器一、二次绕组之间不但有磁的联系，而且还有电的联系，这也是它与普通双绕组变压器的根本区别。目前，在高电压、大容量的输电系统中，自耦变压器主要用来连接两个电压等级相近的电力网，作联络变压器之用。在实验室中还常采用二次绕组有滑动接触的自耦变压器作为调压器。此外，它还可用作感应电动机的启动补偿器。

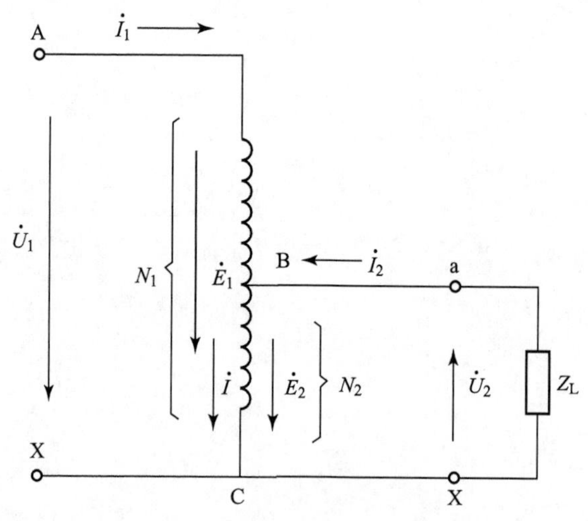


**图6－1　自耦变压器原理图**

**2. 自耦变压器的电压、电流及容量关系**

1）变压作用

如图6－1所示，AX间匝数为$N_1$，ax间匝数为$N_2$。当AX间外施交流电压$\dot{U}_1$时，由于

主磁通 $\Phi$ 的作用，在 AX 间产生感应电动势 $\dot{E}_1=4.44fN_1\dot{\Phi}_m$，而在 ax 间产生感应电动 $\dot{E}_2=4.44fN_2\dot{\Phi}_m$X。如不计漏阻压降，则

$$\frac{\dot{U}_1}{\dot{U}_2}=\frac{\dot{E}_1}{\dot{E}_2}=\frac{N_1}{N_2}=k \tag{6-1}$$

式中，$N_1$ 为一次侧绕组匝数；$N_2$ 为二次侧绕组匝数；$k$ 为自耦变压器的变比。

2）变流作用

假设电源流入电流为 $\dot{I}_1$，负载电流为 $\dot{I}_2$，则绕组 $N_2$ 中流过的电流 $\dot{I}=\dot{I}_1+\dot{I}_2$。根据磁势平衡关系，可得

$$\dot{I}_1(N_1-N_2)+\dot{I}N_2=\dot{I}_0N_1$$

即

$$\dot{I}_1(N_1-N_2)+(\dot{I}_1+\dot{I}_2)N_2=\dot{I}_0N_1$$

整理可得

$$\dot{I}_1N_1+\dot{I}_2N_2=\dot{I}_0N_1$$

忽略空载磁势，则

$$I_1=-\frac{N_2}{N_1}I_2=-\frac{1}{k}I_2 \tag{6-2}$$

利用基尔霍夫定律，得出流经二次绕组中的电流为

$$\dot{I}=\dot{I}_1+\dot{I}_2=-\frac{\dot{I}_2}{k}+\dot{I}_2=\left(1-\frac{1}{k}\right)\dot{I}_2$$

由式（6-2）可以看出，电流 $\dot{I}$ 与 $\dot{I}_1$的实际方向也是相反的，在数值上可写成标量的代数和为

$$I=I_2-I_1$$

或

$$I_2=I_1+I \tag{6-3}$$

式（6-3）说明，自耦变压器的二次绕组输出电流为公共绕组的电流与一次绕组电流之和。由此可知，流经公共绕组中的电流总是小于输出电流。

3）容量关系

自耦变压器工作时，其输出容量为

$$S_2=U_2I_2=U_2(I_1+I)=U_2I_1+U_2I \tag{6-4}$$

式（6-4）表明，自耦变压器的输出容量由两部分组成，其中 $U_2I_2$ 为传导容量，它是由电源通过串联绕组直接传递到负载的容量；$U_2I$ 为电磁容量，也称为绕组容量，它是通过电磁感应从电源传递到负载的容量。

**3. 自耦变压器的优缺点及应用**

自耦变压器的主要优点如下：

（1）由于自耦变压器的绕组容量小于额定容量，故在同样的额定容量下，自耦变压器的主要尺寸小，有效材料（硅钢片和铜线）和结构材料（钢材）都较节省，从而降低了成本。

（2）因为材料消耗少，使铜损耗和铁损耗也相应减少，故自耦变压器的效率较高。

（3）减小了变压器的体积、重量，有利于大型变压器的运输和安装，且占地面积也小。

自耦变压器的主要缺点如下：

（1）和相应的普通双绕组变压器相比较，自耦变压器的短路阻抗标幺值较小，因此短路电流较大。

（2）一、二次绕组之间有电的直接联系，当一次绕组过电压时，必然导致二次绕组严重过电压，存在高低压窜边的潜在危险，因此运行时一、二次绕组都需装设避雷器，以防高压侧产生过电压时引起低压绕组绝缘的损坏。

## 6.2 仪用互感器

仪用互感器是一种用于测量的专用设备，在许多自动控制系统中用来检测信号。仪用互感器分为电流互感器和电压互感器两种，它们的作用原理与变压器相同。

使用互感器测量的目的：一是为了工作人员和仪表的安全，将测量回路与高压电网隔离；二是可以使用小量程的电流表、电压表分别测量大电流和高电压。互感器的规格多种多样，我国规定电流互感器二次绕组额定电流都是 5 A 或 1 A，电压互感器二次绕组额定电压都是 100 V。

互感器除了用于测量电流和电压外，还在各种继电保护装置中用作测量系统，其应用极为广泛，下面予以简要介绍。

**1. 电压互感器**

图 6－2 所示为电压互感器的原理图。电压互感器的一次绕组直接并联在被测的高压电路上，二次绕组接电压表或功率表的电压线圈。其结构特点是一次绕组匝数很多，二次绕组匝数很少。由于电压表或功率表的电压线圈内阻抗很大，因而电压互感器实际上相当于一台二次绕组处于空载状态的特殊降压变压器。

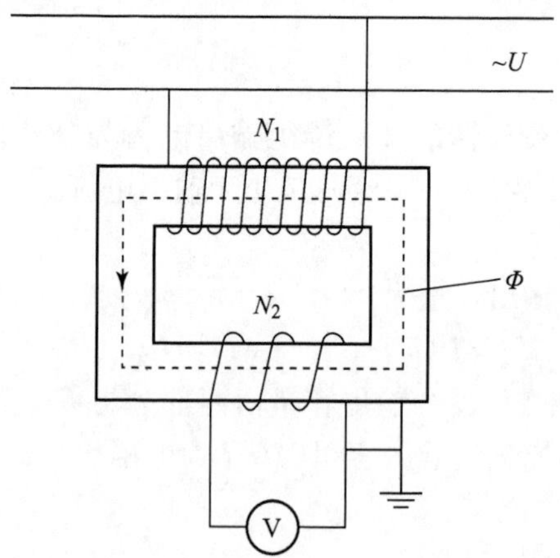


**图 6－2　电压互感器原理图**

如果忽略漏阻抗压降，则有

$$U_1 = \frac{N_1}{N_2}U_2 = k_u U_2 \quad (6-5)$$

式中，$k_u$ 为电压互感器的电压变比，为常数。

这就是说，把电压互感器的二次绕组电压数值乘上常数 $k_u$，即可作为一次绕组被测电压的数值。测量 $U_2$ 的电压表可按 $k_u U_2$ 刻度，从表上直接读出被测电压。

实际的电压互感器有变比误差和相位误差两类误差，误差大小与励磁电流和一、二次绕组漏阻抗的大小有关。为减少误差，铁芯可采用高度硅钢片且使铁芯工作在不饱和状态。根据实际误差的大小，电压互感器的精度分为 0.2、0.5、1.0 和 3.0 四个等级，每个等级的允许误差可参考相关技术标准。

电压互感器在使用中应注意的主要事项如下：

(1) 使用时电压互感器的二次绕组不允许短路。由于电压互感器正常运行时接近空载，因而若二次绕组短路，则会产生很大的短路电流，烧毁绕组。

(2) 为安全起见，电压互感器二次绕组连同铁芯一起必须可靠接地。

(3) 电压互感器有一定的额定容量，使用时二次绕组不宜接过多的仪表，以免影响互感器的精度等级。

**2. 电流互感器**

图 6－3 所示为电流互感器的原理图。电流互感器的一次绕组匝数少，由一匝或几匝截面较大的导线构成，串联在需要测量电流值的电路中。二次绕组匝数较多，线径较细，与负载（内阻抗极小的电流表或功率表的电流线圈）接成闭合回路。由于二次绕组负载阻抗很小，因而可认为电流互感器是一台处于短路运行状态的单相变压器。

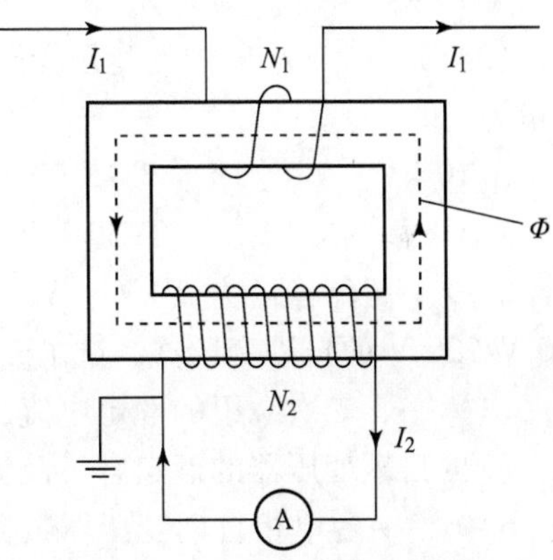


**图 6－3　电流互感器原理图**

如果忽略励磁电流，可以将励磁支路开路，由变压器的磁通势平衡关系，可得

$$\frac{I_1}{I_2}=\frac{N_2}{N_1}=k_i \tag{6-6}$$

或

$$I_1=k_i I_2$$

式中，$k_i$ 为电流变比。

也就是说，把电流互感器的二次绕组电流大小乘上一个电流变比即可得到一次绕组被测电流的大小。测量 $I_2$ 的电流表可按 $k_i I_2$ 刻度，从表上直接读出被测电流。

由于互感器总有一定的励磁电流，故一、二次绕组的电流比近似为一个常数，测量的电流总有一定的数值误差和相位误差，而电流互感器的励磁电流是造成检测误差的主要原因。根据误差的大小，电流互感器分为 0.2、0.5、1.0、3.0 和 10.0 五个标准等级，各级允许的误差请参考国家有关技术标准。

使用电流互感器时需注意以下事项：

(1) 二次绕组绝对不许开路。若二次绕组开路，电流互感器处于空载运行状态，则一次绕组电流全部成为励磁电流，使铁芯的磁通增大，铁芯过分饱和，铁耗急剧增大，引起互感器发热甚至烧毁绕组。同时，因二次绕组匝数很多，将感应出很高的电压，危及操作人员和测量设备安全，故在一次绕组电路工作时如需检修和拆换电流表或功率表的电流线圈，则必须先将互感器二次绕组短路。

（2）二次绕组必须可靠接地。这是为了防止绝缘击穿后电力系统的高电压危及二次绕组回路中的设备及人员的安全。

## 思考题与习题

6-1　自耦变压器的功率是如何传递的？为什么它的设计容量比额定容量小？

6-2　在使用电压互感器和电流互感器时应注意哪些事项？

6-3　为什么电压互感器运行时二次绕组不允许短路，电流互感器运行时二次绕组不允许开路？

6-4　对以下各题选择正确结论。

（1）单相双绕组变压器：$S_N = 10$ kV·A，$U_{1N}/U_{2N} = 220$ V/110 V，改接为 330 V/100 V 的自耦变压器，自耦变压器额定容量为（　　）。

A. 10 kV·A　　B. 15 kV·A　　C. 20 kV·A　　D. 5 kV·A

（2）第（1）小题中的变压器改接为 330 V/220 V 的自耦变压器时，自耦变压器的额定容量为（　　）。

A. 10 kV·A　　B. 15 kV·A　　C. 20 kV·A　　D. 6.7 kV·A

E. 5 kV·A　　F. 30 kV·A

6-5　一台容量为 5 kV·A、$U_{1N}/U_{2N} = 110$ V/220 V 的单相双绕组变压器，改接成 330 V/220 V 的自耦变压器，试求改接后：

（1）一、二次绕组的额定电流；

（2）自耦变压器的额定容量及传导容量。

6-6　一台单相自耦变压器数据：$U_1 = 220$ V，$U_2 = 180$ V，$I_2 = 400$ A，当不计算损耗和漏阻抗压降时，试求：

（1）自耦变压器 $I_1$ 及公共绕组电流 $I$；

（2）输入和输出功率、绕组电磁功率、传导功率（各功率均指视在功率）。

# 第三篇　交流电机与拖动

# 第 7 章　交流电机的定子绕组、磁动势及感应电动势

交流电机包括异步电机和同步电机两大类。异步电机主要用作电动机，而同步电机主要用作发电机。虽然两大类电机在转子结构、转子转速、励磁方式和运行性能等方面有很多差异，但电机内部所发生的电磁现象、机电能量转换等却有很多共同之处，因此存在共同的研究内容。绕组、电动势和磁动势是分析交流电机的重要理论基础。

## 7.1　交流电机的电枢绕组

### 7.1.1　三相交流绕组的基本要求和分类

**1. 三相交流绕组的基本要求**

虽然交流电机定子绕组的种类很多，但对各种交流绕组的基本要求却是相同的。从设计制造和运行性能两个方面考虑，对三相交流绕组的基本要求如下：

（1）每相绕组的阻抗要求相等，即每相绕组的匝数、形状都是相同的。

（2）在导体数目一定的情况下，力争获得较大的电动势和磁动势。

（3）电动势和磁动势中的谐波分量应尽可能小，电动势和磁动势的波形力求接近正弦波。

（4）端部连线尽可能短，以节省用铜量。

（5）绝缘性能可靠，制造、维修方便。

**2. 三相交流绕组的分类**

三相交流绕组按照槽内元件边的层数分为单层绕组和双层绕组。单层绕组按连接方式不同可分为等元件式、交叉链式和同心式绕组等；双层绕组则分为双层叠绕组和双层波绕组。

单层绕组与双层绕组相比，电气性能稍差，但槽利用率高，制造工时少，因此小容量电动机中（$P_N \leqslant 10$ kW）一般都采用单层绕组。

**3. 交流定子绕组的几个基本概念**

1）极距 $\tau$

两个相邻磁极轴线之间沿定子铁芯内表面的距离称为极距 $\tau$，极距一般用每个极面下所占的槽数表示。当定子槽数为 $Z$，极对数为 $p$ 时，$\tau = \dfrac{Z}{2p}$。

2）电角度

电机圆周的几何角度恒为 360°，这个角度称为机械角度。从电磁观点来看，若转子上

有一对磁极，它旋转一周，定子导体就掠过一对磁极，导体中感应电动势就变化一个周期，即 360°电角度。若电动机的极对数为 $p$，则每经过一对磁极，磁场就变化一周，相当于 360°电角度。因此，电动机圆周按电角度计算为 $p\times360°$，即

$$电角度 = p \times 机械角度 \tag{7-1}$$

3）槽距角 $\alpha$

相邻两个槽之间的电角度称为槽距角 $\alpha$。因为定子槽在定子内圆上是均匀分布的，所以若定子槽数为 $Z$，电动机极对数为 $p$，则

$$\alpha = \frac{p \times 360°}{Z} \tag{7-2}$$

4）每极每相槽数 $q$

每一个极下每相所占有的槽数称为每极每相槽数 $q$，若绕组相数为 $m$，则

$$q = \frac{Z}{2mp} \tag{7-3}$$

若 $q$ 为整数，则称为整数槽绕组；若 $q$ 为分数，则称为分数槽绕组。

5）相带

在异步电动机中，一般将每对磁极下的导体平均分给各相，每相绕组在每个极面下所连续占有的宽度（用电角度表示）称为相带。因为每个磁极占有的电角度为 180°，所以对三相绕组而言，每相占有 60°的电角度，称为 60°相带。由于三相绕组在空间彼此要相距 120°电角度，因而相带的划分沿定子内圆应依次为 $U_1$、$W_2$、$V_1$、$U_2$、$W_1$、$V_2$，如图 7-1 所示。这样只要掌握了相带的划分和线圈的节距，就可以掌握绕组的排列规律。

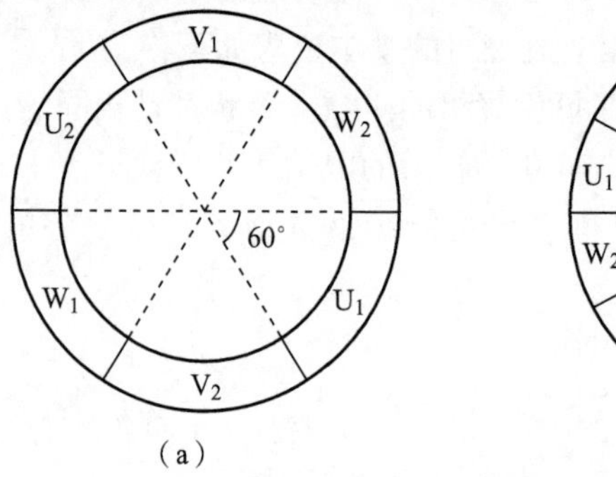


**图 7-1　60°相带三相绕组**

(a) 2 极；(b) 4 极

## 7.1.2　单层绕组

单层绕组的每个槽内只放置一个线圈边，整台电机的线圈总数等于定子槽数的 1/2。单层绕组分为链式绕组、交叉式绕组和同心式绕组。

**1. 单层链式绕组**

单层链式绕组是由形状、几何尺寸和节距都相同的线圈连接而成的，就整体外形来看，形如长链，故称为链式绕组。

$2p=2$、$q=1$ 是一种最简单的情况，定子铁芯内圆上共有 $Z_1=2m_1pq=6$ 个槽，每个相

带中只有一个槽，其中 $U_1$、$U_2$ 的线圈边构成一相绕组，$V_1$、$V_2$ 和 $W_1$、$W_2$ 构成另外两相绕组。图 7 -2 所示为绕组展开图。

当 $2p=4$、$q=1$ 时，定子槽数 $Z_1=12$，每对极下有 6 个槽，每对极下三相绕组的排列完全相同，相当于把图 7 -2 的情况重复一次，这样每相绕组就有两个线圈，它们可以并联连接，也可以串联连接。图 7 -3 所示为串联连接的情况。

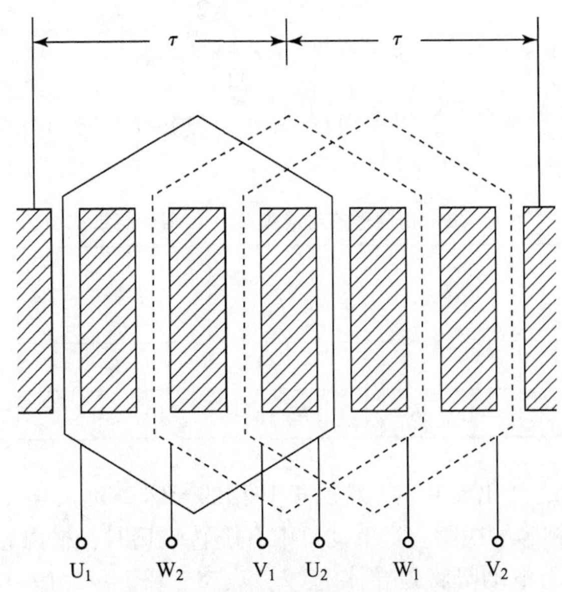


**图 7 -2　三相 2 极交流绕组展开图**

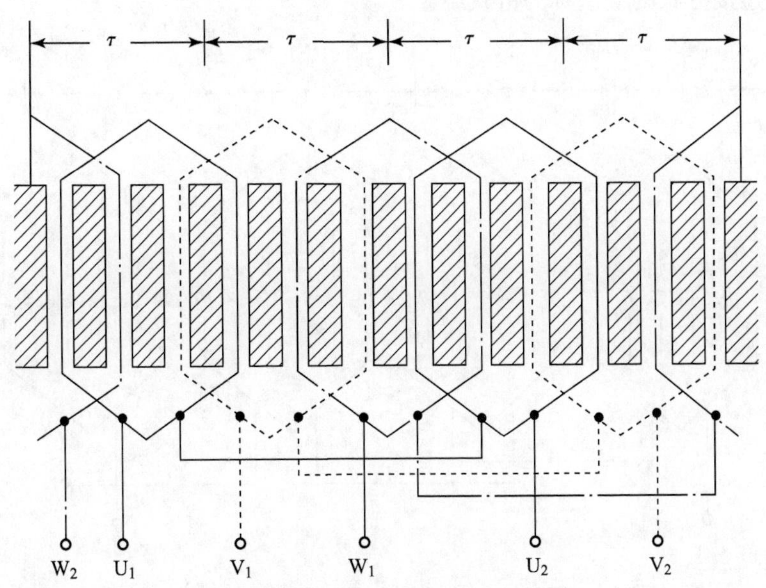


**图 7 -3　三相 4 极绕组展开图**

下面以 $Z_1=24$、$2p=4$ 的三相异步电动机定子绕组为例，说明链式绕组的构成。

**例 7 -1**　设有一台极数 $2p=4$ 的电动机，定子槽数 $Z_1=24$，采用三相单层链式绕组，说明单层绕组的构成原理并绘出绕组展开图。

**解**：(1) 计算极距 $\tau$、每极每相的槽数 $q$ 和槽距角 $\alpha$：

$$\tau=\frac{Z_1}{2p}=\frac{24}{4}=6$$

$$q=\frac{Z_1}{2m_1p}=\frac{24}{2\times3\times2}=2$$

$$\alpha=\frac{p\times360°}{Z_1}=\frac{2\times360°}{24}=30°$$

(2) 分相。将槽依次编号，绕组采用60°相带，则每个相带包含两个槽，相带和槽号的对应关系列于表7-1中。

**表7-1 相带和槽号的对应关系（三相单层链式绕组）**

| 槽号 \ 相带 | $U_1$ | $W_2$ | $V_1$ | $U_2$ | $W_1$ | $V_2$ |
|---|---|---|---|---|---|---|
| 第一对极 | 1，2 | 3，4 | 5，6 | 7，8 | 9，10 | 11，12 |
| 第二对极 | 13，14 | 15，16 | 17，18 | 19，20 | 21，22 | 23，24 |

(3) 构成一相绕组，绘出展开图。将属于U相的导体2和7，8和13，14和19，20和1相连，构成4个节距相等的线圈。当电动机中有旋转磁场时，槽内导体将切割磁力线而感应电动势，U相绕组的总电动势将是导体1、2、7、8、13、14、19、20的电动势之和（相量和）。4个线圈按“尾-尾”“头-头”相连的原则构成U相绕组，其展开图如图7-4所示。采用这种连接方式的绕组称为链式绕组。

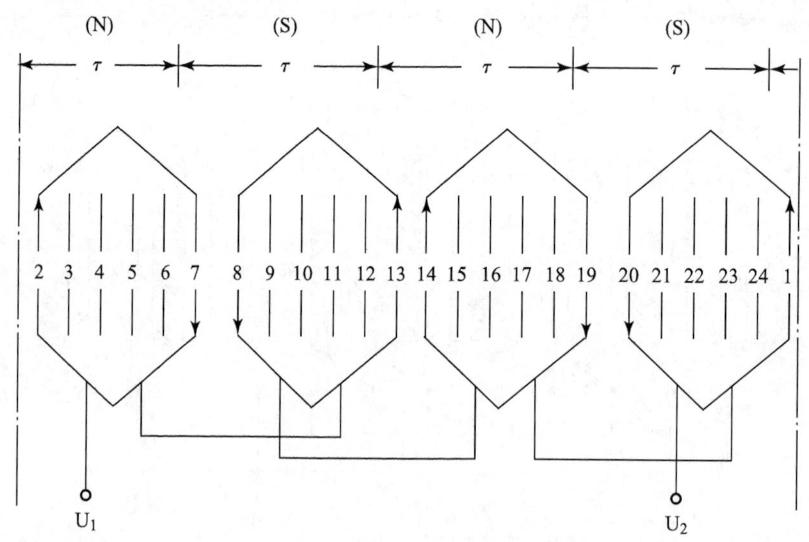


**图7-4 单层链式U相绕组展开图**

用同样的方法，可以得到另外两相绕组的连接规律。V、W两相绕组的首端依次与U相首端相差120°和240°空间电角度。图7-5所示为三相单层链式绕组的展开图。链式绕组主要用于 $q=2$ 的4极、6极、8极小型三相异步电动机中，具有工艺简单、制造方便、线圈端部连线少、省铜等优点。

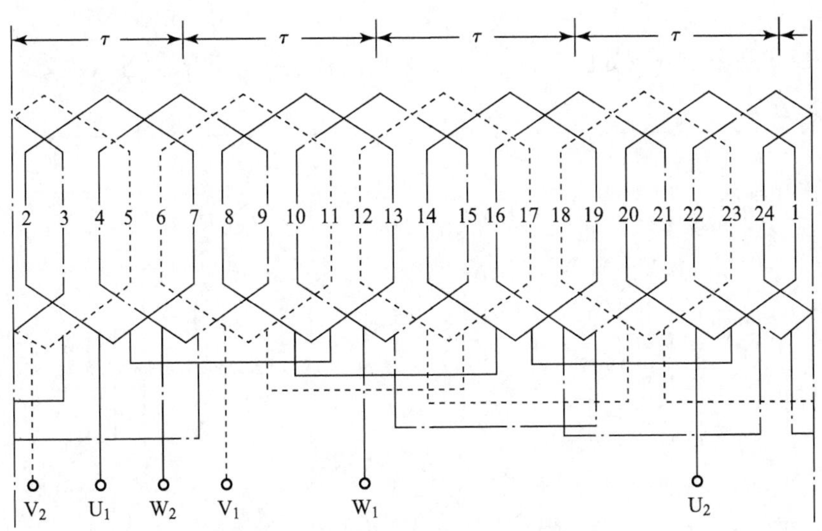


图 7－5　三相单层链式绕组的展开图

**2. 单层交叉式绕组**

交叉式绕组是由线圈个数和节距都不相等的两种线圈组构成的，同一线圈组中各线圈的形状、几何尺寸和节距均相等，各线圈组的端部都互相交叉。

**例 7－2**　设一台交流电动机，极数 $2p=4$，定子槽数 $Z_1=36$，说明三相单层交叉式绕组的构成原理并绘出展开图。

**解：**（1）计算极距 $\tau$、每极每相的槽数 $q$ 和槽距角 $\alpha$：

$$\tau=\frac{Z_1}{2p}=\frac{36}{4}=9$$

$$q=\frac{Z_1}{2m_1p}=\frac{36}{2\times3\times2}=3$$

$$\alpha=\frac{p\times360^\circ}{Z_1}=\frac{2\times360^\circ}{36}=20^\circ$$

（2）分相。将槽依次编号，绕组采用 60°相带，则每极每相包含 3 个槽，相带与槽号的对应关系列于表 7－2 中。

表 7－2　相带与槽号的对应关系（三相单层交叉式绕组）

| 槽号 \ 相带 | $U_1$ | $W_1$ | $V_1$ | $U_2$ | $W_2$ | $V_2$ |
|---|---|---|---|---|---|---|
| 第一对极 | 1，2，3 | 4，5，6 | 7，8，9 | 10，11，12 | 13，14，15 | 16，17，18 |
| 第二对极 | 19，20，21 | 22，23，24 | 25，26，27 | 28，29，30 | 31，32，33 | 34，35，36 |

（3）构成一相绕组，绘出展开图。根据 U 相绕组所占槽数不同，把 U 相所属的每个相带内的槽导体分成两部分：2－10、3－11 构成两个节距都为 $y_1=8$ 的大线圈；1－30 构成一个 $y_1=7$ 的小线圈。同理，20－28、21－29 构成两个大线圈，19－12 构成一个小线圈，即

在两对极下依次布置两大一小线圈。根据电动势相加的原则，线圈之间的连接规律：两个相邻的大线圈之间应“头－尾”相连，大、小线圈之间应按“尾－尾”“头－头”规律相连。单层交叉式U相绕组展开图如图7－6所示。采用这种连接方式的绕组称为交叉式绕组。

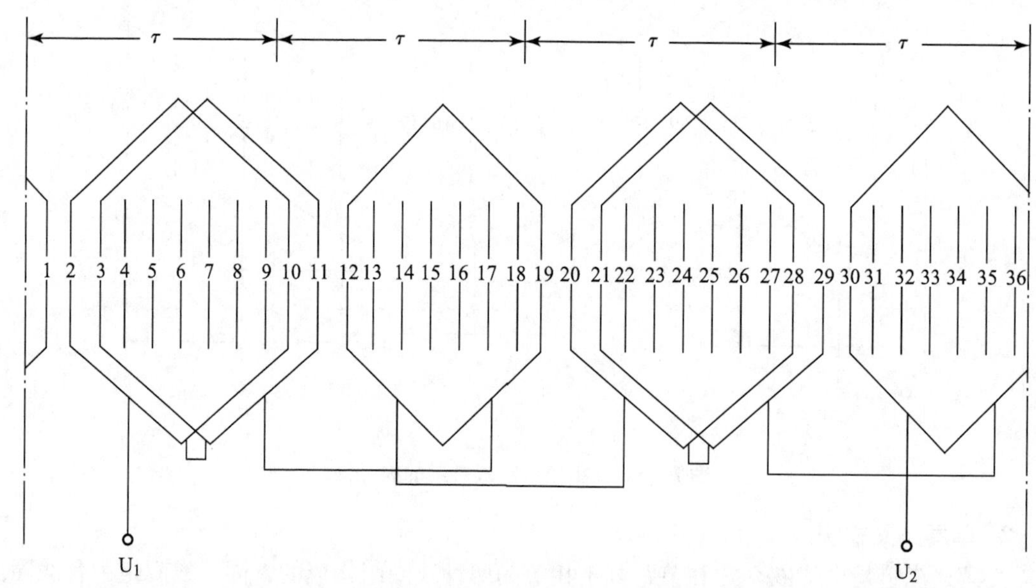


图7－6　单层交叉式U相绕组展开图

三相绕组也可按同样的方法连接，图7－7所示为三相单层交叉式绕组展开图。

交叉式绕组不是等元件绕组，线圈节距小于极距，因此端部连接线较短，有利于节约材料。当 $q=3$ 时，一般均采用交叉式绕组。

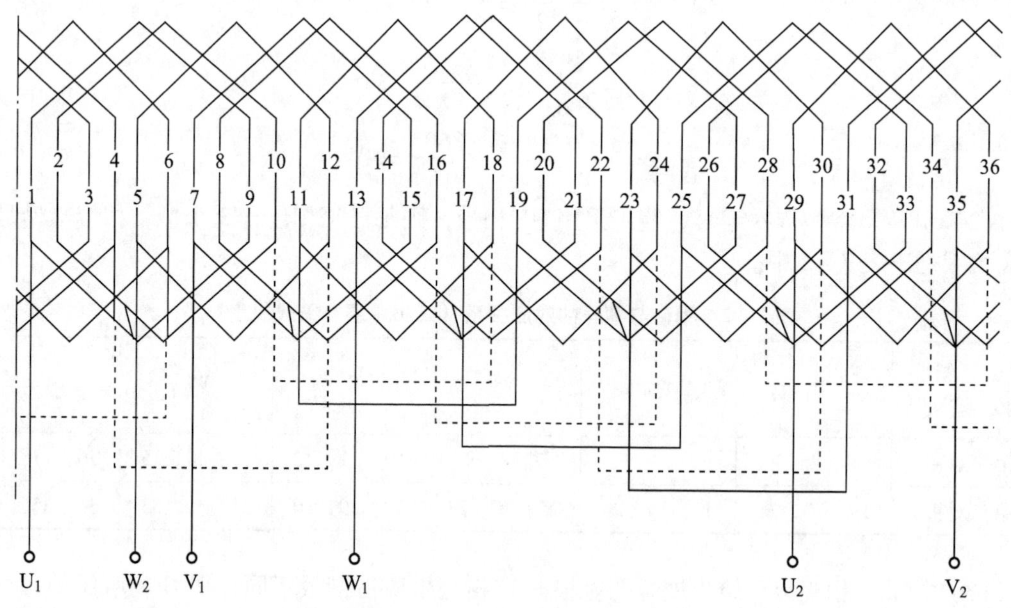


图7－7　三相单层交叉式绕组展开图

**3. 单层同心式绕组**

同心式绕组由几个几何尺寸和节距不等的线圈连成同心形状的线圈组所构成。

**例 7－3**　设一台交流电动机，极数 $2p=2$，定子槽数 $Z_1=24$，说明三相单层同心式绕组的构成原理并绘出展开图。

**解：**（1）计算极距 $\tau$、每极每相的槽数 $q$ 和槽距角 $\alpha$：

$$\tau=\frac{Z_1}{2p}=\frac{24}{2}=12$$

$$q=\frac{Z_1}{2m_1p}=\frac{24}{2\times3\times1}=4$$

$$\alpha=\frac{p\times360^\circ}{Z_1}=\frac{1\times360^\circ}{24}=15^\circ$$

（2）分相。由 $q=4$ 和 60°相带的划分顺序，可得出如表 7－3 所列的相带与槽号的对应关系。

**表 7－3　相带与槽号的对应关系（同心式绕组）**

| 相带 | $U_1$ | $W_2$ | $V_1$ | $U_2$ | $W_2$ | $V_2$ |
|---|---|---|---|---|---|---|
| 槽号 | 1，2，3，4 | 5，6，7，8 | 9，10，11，12 | 13，14，15，16 | 17，18，19，20 | 21，22，23，24 |

（3）构成一相绕组，绘出展开图。把 U 相的每一相带内的槽分成两半，3 和 14 槽内的导体构成一个节距为 11 的大线圈，4 和 13 槽内的导体构成一个节距为 9 的小线圈。把两个线圈串联组成一个同心式的线圈组，再把 15 和 2、16 和 1 槽内的导体构成另一个同心式线圈组。两个线圈组之间按“头－头”“尾－尾”的反串联规律相连，得到同心式 U 相绕组展开图，如图 7－8 所示。

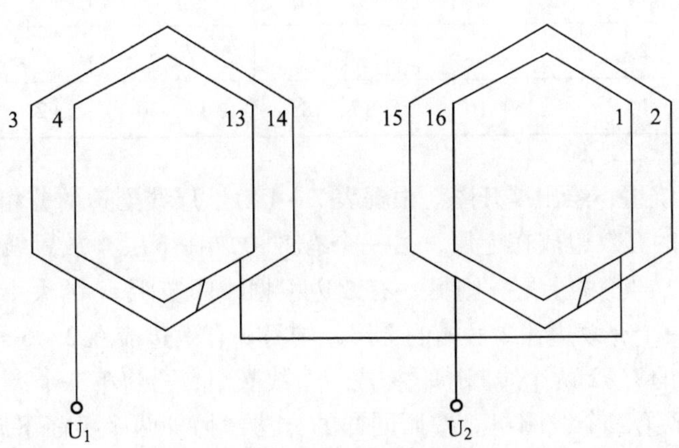


**图 7－8　同心式 U 相绕组的展开图**

同心式绕组端部连接线长，适用于 $q=4$、6、8 等偶数的两极小型三相异步电动机。

综上所述，单层绕组的线圈节距在不同形式的绕组中是不同的，但从电动势计算角度来看，每相绕组中的线圈电动势均是属于两个相差 180°空间电角度的相带内线圈边电动势的相量和，因此它仍是整距绕组。单层绕组不宜用于大、中型电动机。

### 7.1.3 双层叠绕组

双层绕组每个槽内导体分作上、下两层，线圈的一个边在一个槽的上层，另一个边则在另一个槽的下层，因此总的线圈数等于槽数。

双层绕组按线圈形状和端部连接的方式不同分为双层叠绕组和双层波绕组，这里仅介绍双层叠绕组。

双层绕组相带的划分与单层绕组相同，现用一个具体例子说明双层叠绕组的构成。

**例 7-4** 设一台交流电动机，极数 $2p=4$，定子槽数 $Z_1=24$，试绘出三相双层叠绕组展开图。

**解**：(1) 计算极距 $\tau$、每极每相的槽数 $q$ 和槽距角 $\alpha$：

$$\tau=\frac{Z_1}{2p}=\frac{24}{4}=6$$

$$q=\frac{Z_1}{2m_1p}=\frac{24}{2\times3\times2}=2$$

$$\alpha=\frac{p\times360°}{Z_1}=\frac{2\times360°}{24}=30°$$

(2) 分相。由 $q=2$ 和 60°相带的划分顺序，可得出如表 7-4 所列的相带与槽号的对应关系。

**表 7-4 相带与槽号的对应关系（三相叠绕组）**

| 槽号 \ 相带 | $U_1$ | $W_2$ | $V_1$ | $U_2$ | $W_2$ | $V_2$ |
|---|---|---|---|---|---|---|
| 第一对极 | 1，2 | 3，4 | 5，6 | 7，8 | 9，10 | 11，12 |
| 第二对极 | 13，14 | 15，16 | 17，18 | 19，20 | 21，22 | 23，24 |

(3) 构成一相绕组，绘出展开图。根据表 7-4 对上层线圈边的分相以及双层绕组的下线特点（一个线圈的有效边放在上层，另一个有效边放在下层）放置线圈。如果 1 号线圈的一个有效边放在 1 号槽的上层，则另一有效边根据线圈节距 $y_1$ 的大小放置在 7 号槽的下层边；2 号线圈的一个有效边在 2 号槽的上层，则另一有效边应在 $2+6=8$ 号槽的下层。一个极面下属于 U 相的 1、2 两个线圈串联构成一个线圈组，再将第二个极面下属于 U 相的 7、8 两个线圈串联构成第二个线圈组。按照同样的方法，另外两个极面下属于 U 相的 13、14 和 19、20 线圈分别构成第三、第四个线圈组。如此直至每极面下都有一个属于 U 相的线圈组，因此双层绕组的线圈组数和磁极对数相等。最后，根据电动势相加的原则把 4 个线圈组串联起来，组成 U 相绕组，如图 7-9 所示。

其他两相绕组也可按同样方法构成。图 7-10 所示为一个三相双层短距叠绕组的展开图。

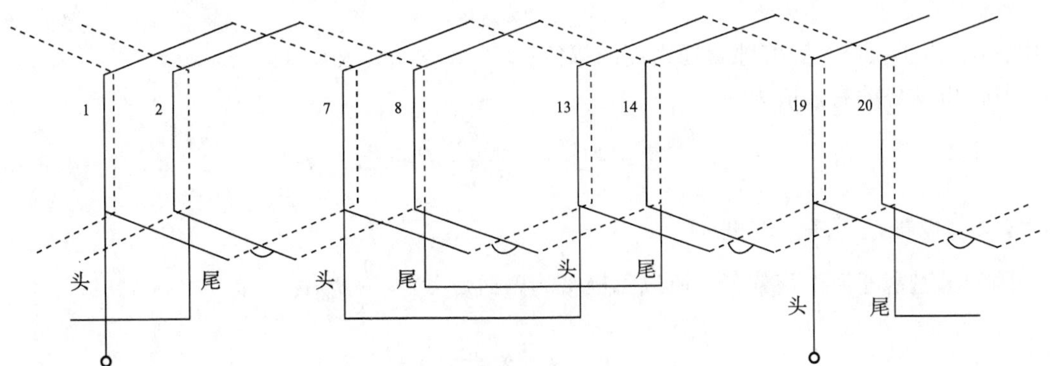


图 7－9　三相叠绕组 U 相绕组展开图

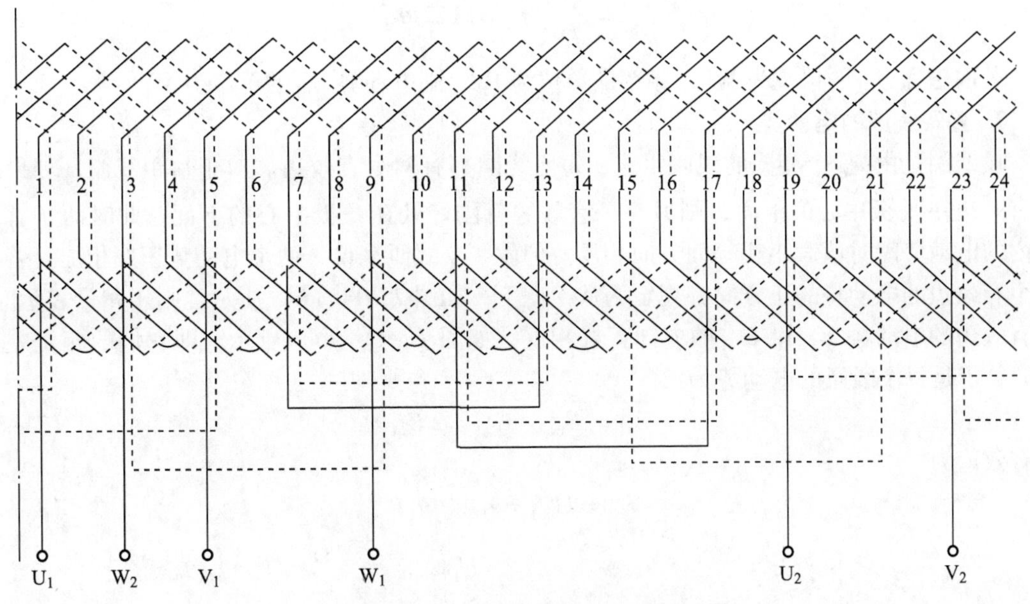


图 7－10　三相双层短距叠绕组展开图

## 7.2　交流绕组的电动势

电动机工作时，在定子、转子之间有一旋转的气隙磁场，此磁场以同步转速 $n_1$ 旋转，同时切割定子、转子绕组，从而在定子绕组中感应电动势。本节首先讨论定子绕组一个线圈的感应电动势，进而讨论一个线圈和一相绕组的感应电动势。讨论中假设磁场在空间中为正弦分布，幅值不变。

### 7.2.1　线圈的感应电动势

**1. 一根导体电动势**

当磁场在空间中为正弦分布并以恒定的转速 $n_1$ 旋转时，根据电磁感应定律确定，其最大值为

$$E_{c1m}=B_{m1}lv \tag{7-4}$$

式中，$B_{m1}$为正弦分布的气隙磁通密度的幅值；$l$为导体的有效长度。

导体电动势的有效值为

$$E_{c1}=\frac{E_{c1m}}{\sqrt{2}}=\frac{B_{m1}lv}{\sqrt{2}}=\frac{B_{m1}l}{\sqrt{2}}\frac{2p\tau}{60}n_1=\sqrt{2}fB_{m1}l\tau \tag{7-5}$$

式中，$\tau$为极距；$f$为电动势的频率。

因为磁通密度为正弦分布，所以每极平均磁通量 $\Phi_1=\frac{2}{\pi}B_{m1}l\tau$，即

$$B_{m1}=\frac{\pi}{2}\Phi_1\frac{1}{l\tau} \tag{7-6}$$

将式（7-6）代入式（7-5）中，可得

$$E_{c1}=\frac{\pi}{\sqrt{2}}f\Phi_1=2.22f\Phi_1 \tag{7-7}$$

若取磁通 $\Phi_1$ 的单位为 Wb，频率的单位为 Hz，则电动势 $E_{c1}$的单位为 V。

**2. 整距线圈的电动势**

设线圈是由 $N_c$ 个相同的线匝组成，每匝线圈都有两个有效边。对于整距线圈，如果一个有效边在 N 极中心的下面，则另一个有效边就刚好处在 S 极中心的下面，此时两条有效边内的电动势瞬时值大小相等而方向相反。但就一个线匝来说，两个电动势正好相加。若把每个有效边的电动势的正方向都规定为从上向下，如图 7-11（a）所示，则用相量表示时，两有效边的电动势 $\dot{E}_{c1}$和 $\dot{E}'_{c1}$的方向正好相反，如图 7-11（b）所示，即它们的相位差为 180°，于是每个线匝的电动势为

$$\dot{E}_{t1}=\dot{E}_{c1}-\dot{E}'_{c1}=2\dot{E}_{c1} \tag{7-8}$$

其有效值为

$$E_{t1}=2E_{c1}=4.44f\Phi_1 \tag{7-9}$$

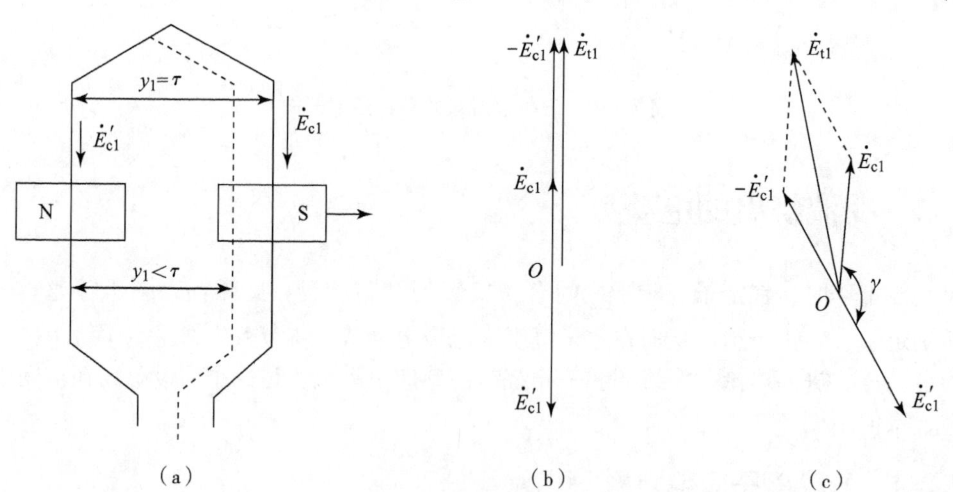


**图 7-11　匝电动势计算**

（a）展开图；（b）整距线圈相量图；（c）短距线圈相量图

在一个线圈内，每一匝电动势在大小和相位上都是相同的，因此整距线圈的电动势为

$$\dot{E}_{y1} = N_c \dot{E}_{t1} \tag{7-10}$$

其有效值为

$$E_{y1} = 4.44fN_c\Phi_1 \tag{7-11}$$

**3. 短距线圈的电动势**

对于短距线圈，其节距 $y_1 < \tau$，如图 7-11（a）中虚线所示，则电动势 $\dot{E}_{c1}$ 和 $\dot{E}'_{c1}$ 相位差不是 180°而是相差 $\gamma$ 角度，$\gamma$ 是线圈节距 $y_1$ 所对应的电角度，且

$$\gamma = \frac{y_1}{\tau} \times 180° \tag{7-12}$$

图 7-11（c）所示为短距线圈的电动势相量图，$\dot{E}_{c1}$ 领先 $\dot{E}'_{c1}$，因此匝电动势为

$$\dot{E}_{t1(\gamma<\tau)} = \dot{E}_{c1} - \dot{E}'_{c1} = \dot{E}_{c1} + (-\dot{E}'_{c1}) \tag{7-13}$$

其有效值为

$$E_{t1(\gamma<\tau)} = 2E_{c1}\sin\frac{\gamma}{2} = 2E_{c1}K_{y1} \tag{7-14}$$

式中，$K_{y1}$ 为短距因数，$K_{y1} = \sin\frac{\gamma}{2}$。

设每个线圈匝数为 $N_c$，这样便可以得出短距线圈的电动势

$$E_{y1(\gamma<\tau)} = 4.44fN_c\Phi_1K_{y1} \tag{7-15}$$

由此可见

$$K_{y1} = \frac{E_{y1(\gamma<\tau)}}{4.44fN_c\Phi_1} = \frac{E_{y1(\gamma<\tau)}}{E_{y1(\gamma=\tau)}} \tag{7-16}$$

显然，由式（7-16）可知，$K_{y1} < 1$，即采用短距线圈后分布绕组的电动势将小于整距集中绕组的电动势。虽然基波电动势减小了，但分布短距绕组电动势的波形却更接近于正弦波。

### 7.2.2 线圈组电动势

无论是双层绕组还是单层绕组，每相绕组总是由若干个线圈组组成的，而每个线圈组又是由 $q$ 个线圈串联而成的，每一个线圈的电动势大小相等，但相位依次相差一个槽距角 $\alpha$。这里必须说明一点，对于单层绕组，构成线圈组的各个线圈的电动势大小可能不等，相位差也不等于槽距角 $\alpha$，但在电气性能上，一个单层绕组都相当于一个等元件的整距绕组。因此，线圈组的电动势 $\dot{E}_{q1}$ 应为 $q$ 个线圈电动势的相量和，即

$$E_{q1} = E_{y1}\angle 0° + E_{y1}\angle\alpha + E_{y1}\angle 2\alpha + \cdots + E_{y1}\angle(q-1)\alpha \tag{7-17}$$

由于这 $q$ 个相量大小相等，又依次位移 $\alpha$ 角，因而将它们依次相加便构成了一个正多边形的一部分，如图 7-12 所示（图中以 $q=3$ 为例）。图中 $O$ 为正多边形外接圆的圆心，$\overline{OA} = \overline{OB} = R$ 为外接圆的半径，于是便可求得线圈组的电动势为

$$E_{q1} = \overline{AB} = 2R\sin\frac{q\alpha}{2} \tag{7-18}$$

而

$$R = \overline{OA} = \frac{E_{y1}}{2\sin\frac{\alpha}{2}} \tag{7-19}$$

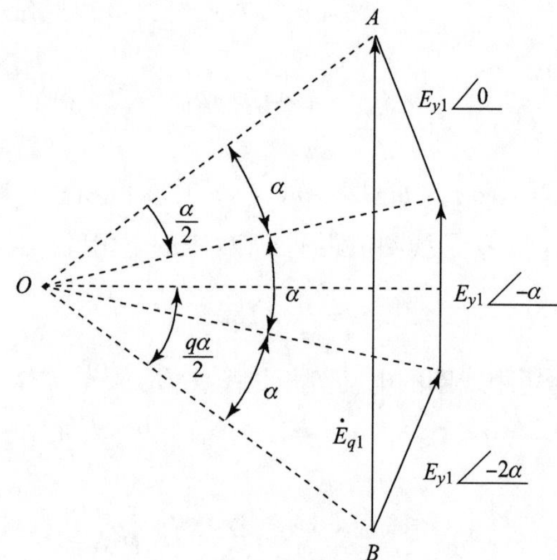


**图 7-12 线圈组电动势计算**

所以

$$E_{q1}=E_{y1}\frac{\sin\frac{q\alpha}{2}}{\sin\frac{\alpha}{2}}=qE_{y1}\frac{\sin\frac{q\alpha}{2}}{q\sin\frac{\alpha}{2}}=qE_{y1}K_{q1} \tag{7-20}$$

式中，$K_{q1}$为分布因数，其表达式为

$$K_{q1}=\frac{\sin\frac{q\alpha}{2}}{q\sin\frac{\alpha}{2}} \tag{7-21}$$

由以上分析可知，$K_{q1}<1$，因此分布绕组线圈组的电动势小于集中绕组线圈组的电动势，并由$K_{q1}$计量分布绕组对基波电动势大小的影响程度。通过选择$q$值可以在基波电动势变化不大的情况下削弱某些谐波电动势。

综上所述，若考虑线圈短距和分布影响时，线圈组的基波电动势计算公式为

$$E_{q1}=4.44fN_{c}qK_{y1}K_{q1}\Phi_1=4.44fN_{c}qK_{w1}\Phi_1 \tag{7-22}$$

式中，$K_{w1}$为绕组因数，$K_{w1}=K_{y1}K_{q1}$。

### 7.2.3 相电动势

每相绕组的电动势等于每一条并联支路的电动势。一般情况下，每条支路中所串联的几个线圈组的电动势都是大小相等、相位相同的，因此可以直接相加。若绕组的并联支路数为$a$，则对于双层绕组，每条支路由$\frac{2p}{a}$个线圈组串联而成；对于单层绕组，每条支路由$\frac{p}{a}$个线圈组串联而成。因此，每相绕组电动势如下：

双层绕组电动势为

$$E_{\Phi1}=4.44fN_{c}q\frac{2p}{a}\Phi_1K_{w1} \tag{7-23}$$

单层绕组电动势为

$$E_{\Phi 1} = 4.44 f N_c q \frac{p}{a} \Phi_1 K_{w1} \tag{7-24}$$

式中，$qN_c(2p/a)$ 和 $qN_c(p/a)$ 分别表示双层绕组和单层绕组每条支路的串联匝数 $N$，这样就可写出绕组相电动势的一般公式，即

$$E_{\Phi 1} = 4.44 f N \Phi_1 K_{w1} \tag{7-25}$$

式中，$N$ 为每相绕组的串联匝数。

### 7.2.4　短距绕组与分布绕组对电动势波形的影响

上述关于相电动势的分析是在假设气隙磁场按正弦分布的基础上进行的。实际上气隙磁场不可能完全按照正弦规律分布，也就是说气隙磁场除了基波外，还存在着一系列高次谐波磁场，这样在绕组中除了感应有基波电动势外，同时也感应有高次谐波电动势。高次谐波电动势对相电动势的影响一般不是很大，而主要是影响电动势的波形。采用短距绕组和分布绕组可以消除一部分高次谐波电动势，有效地改善电动势的波形。

**1. 短距绕组对波形的改善**

图 7－13 所示为采用短距绕组消除 5 次谐波电动势的原理，图中实线表示整距的情况，这时 5 次谐波磁场在线圈两个有效边中感应的电动势大小相等、方向相反，沿线圈回路，两个电动势正好相加。如果把节距缩短 $\tau/5$，如图 7－13 中虚线所示，则两个有效边中的 5 次谐波电动势大小相等、方向相同，沿线圈回路正好抵消，5 次谐波的合成电动势为零。一般来说，节距缩短 $\tau/v$，就能消除 $v$ 次谐波电动势，这从短距系数的计算公式也可证明。因为

$$K_y = \sin\frac{\gamma}{2},\ \gamma = \frac{y_1}{\tau} \times 180° \tag{7-26}$$

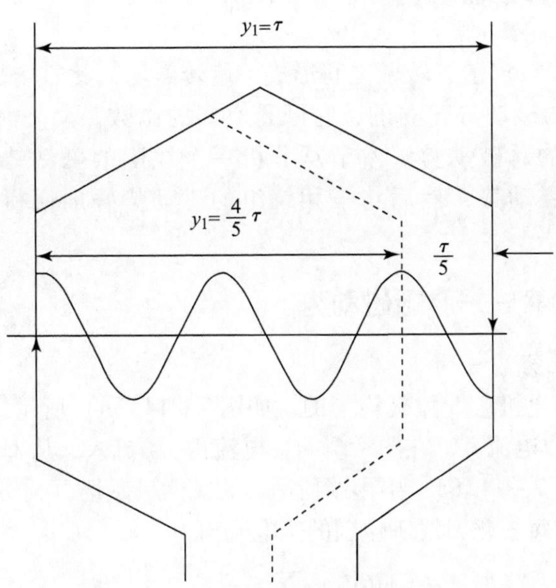


**图 7－13　采用短距绕组消除 5 次谐波电动势的原理**

对 $v$ 次谐波磁场，同一机械角度所对应的电角度为基波磁场的 $v$ 倍，所以

$$\gamma = \frac{y_1}{\tau} v \times 180^\circ \tag{7-27}$$

当节距缩短 $\tau/v$ 时，$y_1 = \tau - (\tau/v)$，于是

$$K_{yv} = \sin\frac{\gamma}{2} = \sin\frac{v-1}{2} \times 180^\circ \tag{7-28}$$

一般谐波磁场都是奇次谐波，即 $(v-1)/2$ = 整数，因此 $K_{yv}=0$，即完全消除了 $v$ 次谐波电动势。

对三相绕组，不论采用Y连接还是△连接，线电压中都不存在3次或3的倍数次谐波。因此，在选择线圈节距时，主要考虑削弱5次和7次谐波电动势，通常取 $y_1 = \frac{5\tau}{6}$ 左右，这时5次和7次谐波电动势大约只有整距时的1/4。至于更高次的谐波电动势，由于幅值很小，影响已不大，可不必考虑。

因为单层绕组都是整距绕组，所以从电动势波形的角度来看，单层绕组的性能要比双层短距绕组差一些。

**2. 分布绕组对波形的影响**

采用分布绕组，同样可以起到削弱高次谐波的作用。当 $q=2$ 时，基波的分布因数 $K_{q1}$ = 0.966，而5次谐波的分布因数 $K_{q5}=0.259$。当 $q=5$ 时，$K_{q1}=0.957$，而 $K_{q5}=0.20$，这说明当 $q$ 增加时，基波的分布因数减小不多，而高次谐波的分布因数却显著减小。

随着 $q$ 的增大，电动机的槽数也增多，使电动机的成本提高。事实上，当 $q>6$ 时，高次谐波分布因数的下降已不太显著，如 $q=6$ 时，$K_{q5}=0.197$，而当 $q=8$ 时，$K_{q5}=0.194$。因此，一般交流电动机的每极每相槽数 $q$ 为2~6，小型异步电动机的 $q$ 一般为2~4。

## 7.3 交流绕组的磁动势

交流电机工作时，在定子、转子之间形成一旋转磁场，此磁场是由定子绕组中通入对称三相交流电所形成的磁动势建立的，它既是空间的函数，又是时间的函数。线圈的磁动势是三相绕组形成的总磁动势。本节从分析一个线圈的磁动势开始，进而分析一个线圈组及一相绕组的磁动势，然后将三相绕组的磁动势叠加便得到三相绕组的合成磁动势。

### 单相绕组的磁动势——脉振磁动势

**1. 整距线圈的磁动势**

设有一台两极交流电机，气隙是均匀的，如图7-14（a）所示。定子上有一个整距线圈 $U_1$、$U_2$，线圈中通以电流 $i_c$，在图示瞬间，电流由 $U_2$ 流入，从 $U_1$ 流出，电流所建立的磁场的磁力线分布如图7-14（a）中虚线所示，为一两极磁场。

根据全电流定律，每根磁力线所包围的全电流均为

$$\oint H\mathrm{d}l = \sum i = N_c i_c \tag{7-29}$$

式中，$N_c$ 为线圈匝数，也就是线圈每一有效边的导体数。

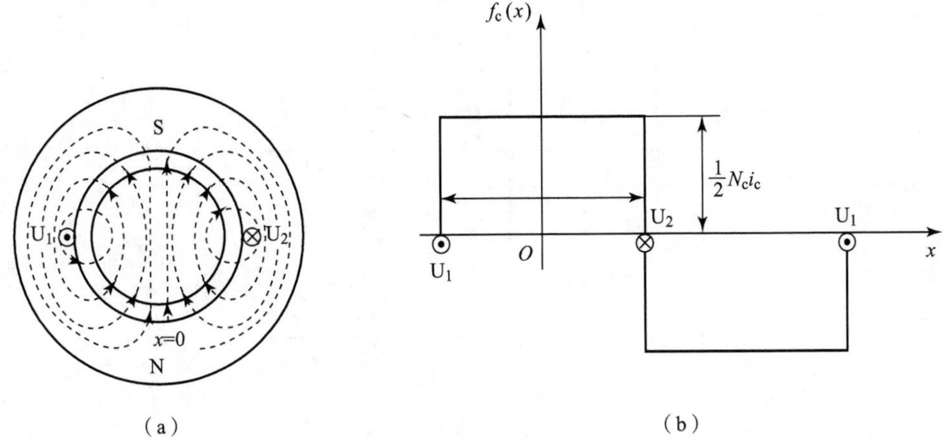


（a）　　　　（b）

**图 7－14　整距线圈的磁动势**

（a）整距线圈的磁场分布；（b）整距线圈的磁动势分布曲线

为了分析绕组磁动势，将图 7－14（a）展开为图 7－14（b），取 $U_1$、$U_2$ 线圈的轴线位置作为坐标原点。若略去铁芯磁阻，则线圈磁动势完全消耗在两个气隙中。通常用一个气隙所消耗的磁动势描述线圈（或绕组）磁动势，显然整距线圈所产生的磁动势在空间的分布曲线为一个矩形波，如图 7－14（b）所示，其幅值为$\dfrac{N_c i_c}{2}$，周期为 $2\tau$。

若线圈中的电流为交流电流，$i_c=\sqrt{2}I_c\cos\omega t$，则磁动势矩形波幅度的一般表达式为

$$f(x,\ t)=\frac{\sqrt{2}}{2}N_c I_c\cos\omega t \tag{7-30}$$

磁动势矩形波随时间的变化而作正弦变化。当电流为最大值时，矩形波的高度也为最大值 $F_{ym}=\dfrac{\sqrt{2}}{2}N_c I_c$。当电流改变方向时，磁动势也随之改变方向，如图 7－15 所示。

由图 7－15 可知，整距线圈所产生的磁动势在任何瞬间，空间的分布总是一个矩形波，而矩形波的高度（幅度）则随着电流的变化而变化。这种位置在空间固定而幅值随着时间的变化在正、负最大值之间变化的磁动势称为脉振磁动势，幅值为 $F_{ym}=\dfrac{\sqrt{2}}{2}N_c I_c$，脉振的频率也就是线圈电流的频率。

将一个空间按矩形规律分布的磁动势用傅里叶级数进行分解，可得到如图 7－16 所示的一系列谐波。因为磁动势的分布既横轴对称又纵轴对称，所以谐波中无偶次项，也无正弦项，这样按傅里叶级数展开的磁动势为

$$F_{(y,x)}=F_{y1}\cos\frac{\pi}{\tau}x-F_{y3}\cos\frac{3\pi}{\tau}x+\cdots+F_{y\nu}\cos\frac{\nu\pi}{\tau}x\sin\frac{\nu\pi}{2} \tag{7-31}$$

式中，$\nu=1,\ 3,\ 5,\ \cdots$表示谐波次数；$\sin\dfrac{\nu\pi}{2}$表示该项前的符号。

基波磁动势的幅值为矩形波幅值的 $4/\pi$，即

$$F_{y1}=\frac{4}{\pi}F_{ym} \tag{7-32}$$

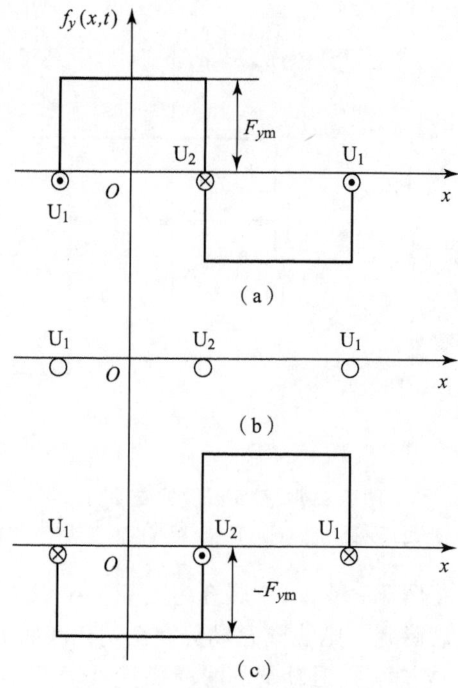


**图 7-15　不同瞬间的脉振磁动势**

(a) $\omega t=0°$，$i=I_m$；(b) $\omega t=90°$，$i=I_m$；(c) $\omega t=180°$，$i=I_m$

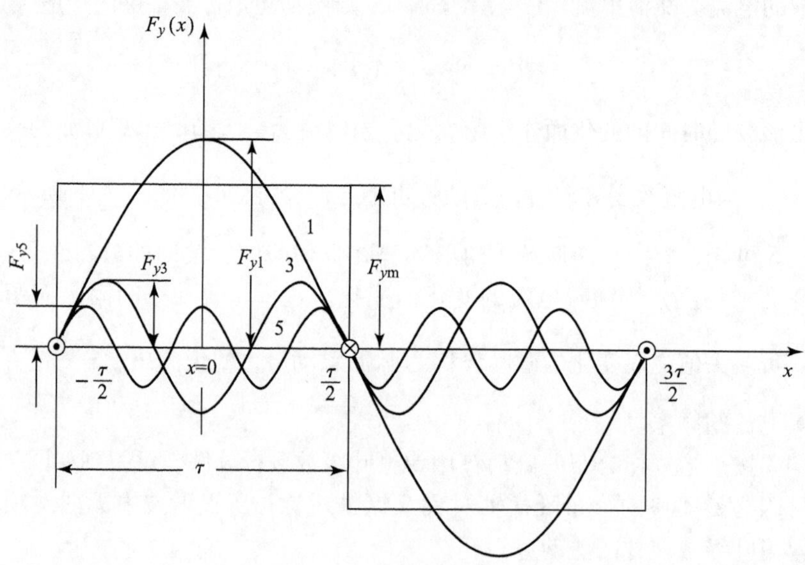


**图 7-16　矩形波磁动势的分解**

而 $v$ 次谐波的幅值则为基波的 $1/v$。因此，整距线圈所产生的脉振磁动势的方程式为

$$
\begin{aligned}
f_y(x,\ t) &= \frac{4}{\pi}\frac{\sqrt{2}}{2}N_c I_c\left(\cos\frac{\pi}{\tau}x-\frac{1}{3}\cos 3\frac{\pi}{\tau}x+\cdots+\frac{1}{v}\cos v\frac{\pi}{\tau}x\sin v\frac{\pi}{2}\right)\cos\omega t \\
&= 0.9N_c I_c\left(\cos\frac{\pi}{\tau}x-\frac{1}{3}\cos 3\frac{\pi}{\tau}x+\cdots+\frac{1}{v}\cos v\frac{\pi}{\tau}x\sin v\frac{\pi}{2}\right)\cos\omega t
\end{aligned}
\tag{7-33}
$$

**2. 整距线圈组的磁动势**

无论是双层绕组还是单层绕组，每个线圈组都可以看成是由 $q$ 个相同的线圈串联所组成的，线圈之间依次相距一个槽距角 $\alpha$。因此，每个线圈所产生的基波磁动势幅值相同，而幅值在空间位置相差 $\alpha$ 电角度。又由于基波磁动势在空间按余弦规律分布，故它可用空间矢量表示，绕组的基波磁动势为 $q$ 个线圈基波磁动势空间矢量和。

不难看出，整距分布绕组基波磁动势如同电动势计算一样，因此引入同一基波分布系数 $K_{q1}$，用来计算绕组分布对基波磁动势的影响，于是得到整距分布线圈组基波磁动势的最大幅值为

$$F_{qm1}=qF_{cm1}K_{q1}=0.9(qN_cI_c)K_{q1} \tag{7-34}$$

**3. 相绕组的磁动势**

因为每对极下的磁动势和磁阻构成一条分支磁路，若电机有 $p$ 对极，就有 $p$ 条并联的对称分支磁路，故一相绕组基波磁动势幅值，便是该相绕组在一对极下线圈所产生的基波磁动势幅值，而并不是组成一相绕组所有线圈组的合成磁动势。由此可见相绕组基波磁动势幅值表达式为

$$F_{pm1}=0.9\frac{NK_{w1}}{p}I_p \tag{7-35}$$

式中，$I_p=\alpha I_c$；$N$ 为每相串联匝数。

单相绕组的基波磁动势仍为空间按余弦规律分布、幅值大小随时间按正弦规律变化的脉动磁动势，其表达式为

$$f_{p1}(x,\ t)=F_{pm1}\sin\omega t\cos\frac{\pi}{\tau}x \tag{7-36}$$

### 7.3.2　三相绕组基波合成磁动势——旋转磁动势

三相绕组由单相绕组 U、V、W 所构成，3 个单相绕组结构完全相同，只是在空间互差 120°电角度而已。当三相绕组的每相定子绕组中流过正弦交流电流时，每相定子绕组都产生脉动磁场。把 3 个单相绕组所产生的磁动势逐点相加，便得到三相绕组的合成磁动势。

图 7－17 所示为三相绕组基波磁动势的图解，图中交流电机的定子上安放着对称的三相绕组 $U_1U_2$、$V_1V_2$、$W_1W_2$。三相对称交流电流的波形如图 7－18 所示。假设从绕组首端流入的电流为正，末端流入的电流为负。电流的流入端用符号“⊗”表示，流出端用符号“⊙”表示。

在图 7－17 中，当 $\omega t=0°$时，U 相电流达到最大正值，电流从首端 $U_1$ 流入，用“⊗”表示；从末端 $U_2$ 流出，用“⊙”表示。V 相和 W 相电流均为负，因此电流均从绕组的末端流入，从首端流出，故末端 $V_2$ 和 $W_2$ 应填上“⊗”，首端 $V_1$ 和 $W_1$ 应填上“⊙”，如图 7－17（a）所示。从图可见，合成磁场的轴线正好位于 U 相绕组的轴线上。

当 $\omega t=120°$时，V 相电流为最大正值，因此 V 相电流从首端 $V_1$ 流入，用“⊗”表示，从末端 V2 流出，用“⊙”表示。U 相和 W 相电流均为负，则 $U_1$ 和 W1 端流出电流，用“⊙”表示，而 $U_2$ 和 $W_2$ 端流入电流，用“⊗”表示，如图 7－17（b）所示。由图可见，

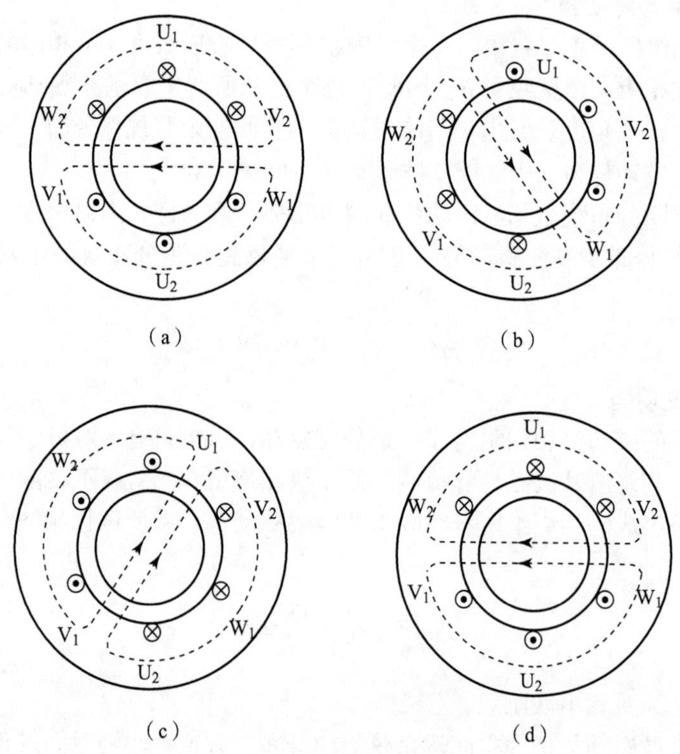


**图 7－17　三相绕组基波磁动势的图解**

(a) $\omega t=0°$；(b) $\omega t=120°$；(c) $\omega t=240°$；(d) $\omega t=360°$

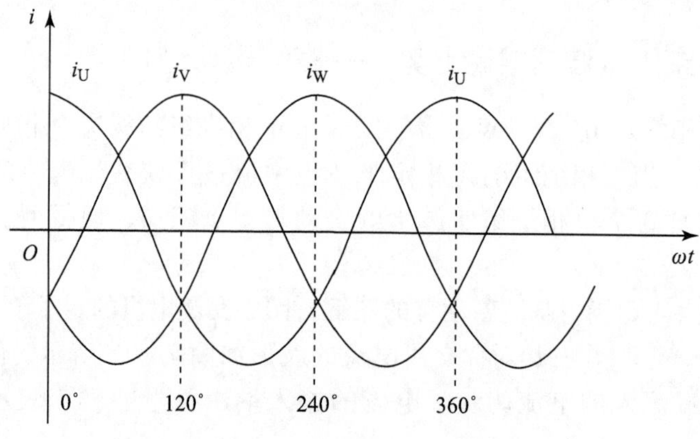


**图 7－18　三相对称交流电流的波形**

此时合成磁场的轴线正好位于 V 相绕组的轴线上，磁场方向已从 $\omega t=0°$时的位置沿逆时针方向旋转了 120°。

当 $\omega t=240°$和 $\omega t=360°$时，合成磁场的位置如图 7－17（c）和（d）所示。当 $\omega t=360°$时，合成磁场的轴线正好位于 U 相绕组的轴线上，磁场方向从起始位置逆时针方向旋转 360°，即电流变化一个周期，合成磁场旋转一周。

根据所选定 4 个瞬间各相电流的方向，观察 4 个瞬间的图形可得出三相基波合成磁动势的特性：

（1）当对称三相正弦交流电流通入对称三相绕组时，其基波合成磁通势为一幅值恒定不变的圆形旋转磁动势。幅值 $F_1$ 为单相脉动磁动势最大幅值的 3/2 倍，即

$$F_1 = \frac{3}{2}F_{\Phi 1} = \frac{3}{2} \times 0.9\frac{NK_{w1}}{p}I = 1.35\frac{NK_{w1}}{p}I \tag{7-37}$$

（2）该圆形旋转磁动势的转速为电流频率所对应的同步转速，即 $n_1 = \frac{60f}{p}$（r/min），旋转的方向取决于电流的相序。当三相绕组通入正序电流时，电流出现正的最大值的顺序为 U→V→W，则旋转磁场的方向也为 U→V→W，即旋转磁场的方向由电流超前相转向电流滞后相。

（3）三相电流中任一相电流的瞬时值达到最大值时，三相基波合成磁动势的幅值恰好转到该相绕组的轴线上。

## 思考题与习题

7－1　一个整距线圈的两个边，在空间上相距的电角度是多少？如果电机有 $p$ 对极，那么它们在空间上相距的机械角度是多少？

7－2　试述双层绕组的优点，为什么现代交流电机大多采用双层绕组（小型电机除外）？

7－3　定子表面在空间相距 $\alpha$ 电角度的两根导体，它们的感应电动势大小与相位有何关系？

7－4　绕组分布与短距为什么能改善电动势波形？若希望完全消除电动势中的第 $\upsilon$ 次谐波，在采用短距方法时，$y$ 应取多少？

7－5　整距线圈流过正弦电流产生的磁动势有什么特点？请分别从空间分布和时间上的变化特点予以说明。

7－6　一个脉振的基波磁动势可以分解为两个磁动势行波，试说明这两个行波在幅值、转速、和相互位置关系上的特点。

7－7　单相整距绕组中流过的正弦电流频率发生变化，而幅值不变，这对气隙空间上的脉振磁动势波有无影响？

7－8　一台三相电机，本来设计的额定频率为 50 Hz，现通以三相对称而频率为 100 Hz 的交流电流，试问这台电机的合成基波磁动势的极对数和转速有什么变化？

7－9　一个线圈输入直流电流时产生矩形波脉振磁动势，而输入正弦交流电流时产生正弦波脉振磁动势，这种说法是否正确？

7－10　有一台三相同步发电机，$2p=2$，转速为 3 000 r/min，电枢槽数 $Q=60$，绕组为双层绕组，每相串联匝数 $N_1=20$，气隙基波每级磁通量 $\Phi_1=1.505$ Wb，试求：

（1）基波电动势的频率、整距时基波的绕组因数和相电动势；

（2）整距时 5 次谐波的绕组因数；

（3）如要消除 5 次谐波，绕组节距应选多少？此时基波电动势变为多少？

7－11　一台三相 4 极同步电机，定子绕组是双层短距分布绕组，每极每相槽数 $q=3$，

线圈节距 $y_1 = \frac{7}{9}\tau$，每相串联匝数 $N_1 = 96$，并联支路数 $a = 2$。通入频率 $f_1 = 50$ Hz 的三相对称电流，电流有效值为 15 A，试求：

（1）三相合成基波磁动势的幅值和转速；

（2）三相合成 5 次与 7 次谐波磁动势的幅值和转速。

# 第 8 章　异步电动机原理

异步电机有异步发电机和异步电动机之分。因为异步发电机的性能较差，所以异步电机一般都作为电动机使用。

异步电动机又分为单相异步电动机和三相异步电动机两类。单相异步电动机常用于家用电器和医疗器械等中，而三相异步电动机在工农业、交通运输、国防工业等电力拖动装置中应用非常广泛。这是因为三相异步电动机具有结构简单、使用方便、运行可靠、效率较高、成本低廉等优点，能满足各行各业大多数生产机械的传动要求。

近年来，随着电力电子技术、微处理器以及坐标变换的矢量控制理论在异步电机中的应用和发展，使得异步电动机的调速性能越来越接近甚至超过直流电动机，越来越多的由直流电动机组成的直流调速系统被由异步电动机等组成的交流调速系统所取代。因此，异步电动机是电力拖动系统中的一种相当重要的机电能量转换装置和执行机构。

## 8.1　异步电动机的结构与工作原理

### 8.1.1　异步电动机的结构

三相异步电动机的种类很多，从不同的角度有不同的分类方法。若按转子绕组结构分类，有笼式异步电动机和绕线转子异步电动机；若按机壳的防护形式分类，有防护式、封闭式和开启式。还可按定子相数、电动机容量的大小、冷却方式等分类。

虽然三相异步电动机的种类很多，但其基本结构是相同的。它们都是由定子和转子两大部分组成的，在定子和转子之间具有一定的气隙。图 8 - 1 所示为异步电动机的主要部件结构图。下面介绍三相异步电动机各主要部件的结构及作用。

**1. 定子**

三相异步电动机的定子主要由机座、定子铁芯和定子绕组三部分组成。

1）机座

机座是电动机机械结构的组成部分，主要作用是固定和支撑定子铁芯。在中小型电动机中，端盖兼有轴承座的作用，因此机座还要支撑电动机的转子部分，故机座要有足够的机械强度和刚度。中小型异步电动机一般采用铸铁机座。对于大型电机，一般采用钢板焊接的机座。

2）定子铁芯

定子铁芯是电动机主磁路的一部分，并要放置定子绕组。为了增强导磁能力和减小交变磁场在铁芯中的铁芯损耗，定子铁芯采用两面涂有绝缘漆的 0.5mm 厚的硅钢冲片叠压而成。

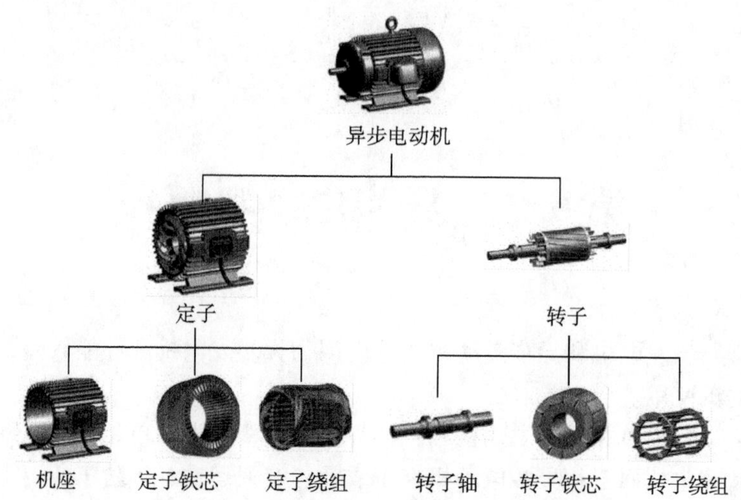


**图 8－1　异步电动机的主要部件结构图**

为了放置定子绕组，在定子铁芯内圆开有槽，槽的形状有半闭口槽、半开口槽和开口槽，它们分别对应放置小型、中型、大中型三相异步电动机的定子绕组。

3）定子绕组

定子绕组是电动机的定子电路部分，它将通过三相电流建立旋转磁场，并感应电动势以实现机电能量转换。三相定子绕组的每一相由许多线圈按一定规律嵌放在定子铁芯槽内，绕组线圈通常采用高强度漆包铜线或铝线绕制而成。小容量异步电机常采用单层绕组，容量较大的异步电机常采用双层绕组。绕组的线圈边与铁芯槽之间必须要有槽绝缘，若是双层绕组，层间还需用层间绝缘。槽口的绕组线圈边还需用槽楔固定。不同相的绕组线圈边之间还需用相间绝缘。

**2. 转子**

三相异步电动机的转子主要由转子轴、转子铁芯和转子绕组三部分组成。

1）转子轴

转子轴一般用中碳钢制成，它用来固定和支撑转子铁芯，并起着传递机械功率的作用。

2）转子铁芯

转子铁芯也是电动机主磁路的一部分，并要放置转子绕组。它也采用 0.5mm 厚的冲有转子槽型的硅钢冲片叠压而成。中小型异步电动机的转子铁芯一般都直接固定在转轴上，而大型异步电动机的转子铁芯则套在转子支架上，然后把支架固定在转轴上。

3）转子绕组

转子绕组是转子的电路部分，它的作用是切割旋转磁场产生感应电动势和感应电流，从而产生电磁转矩。转子绕组按结构形式的不同可分为笼型转子绕组和绕线型转子绕组两种。

（1）笼型转子绕组。笼型转子绕组由嵌放在转子铁芯每一槽中的铜条和两端的铜环（称为端环）焊接而成，称为铜条转子绕组，如图 8－2（a）所示；也可以采用铸铝的方法，把转子导条、端环及风扇叶片用铝液一次浇铸而成，称为铸铝转子绕组，如图 8－2（b）所示。铸铝转子绕组工艺简单，生产效率高，中小型异步电动机一般都采用，但由于铸铝质量不容易保证，因此对于容量大于 100 kW 的异步电动机一般采用铜条转子绕组。

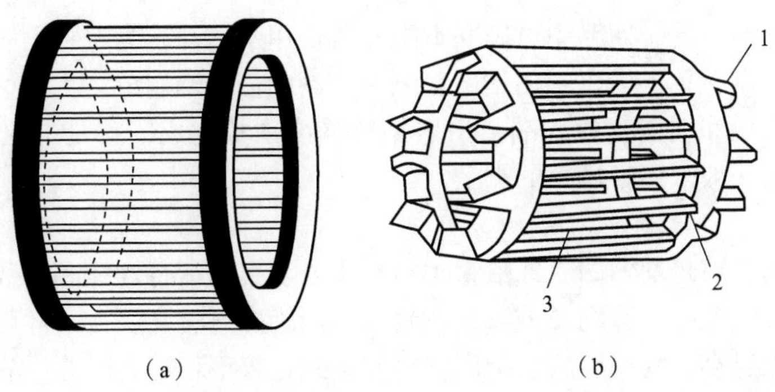


**图 8 –2　笼型转子绕组结构示意图**

（a）铜条转子绕组；（b）铸铝转子绕组

1—风扇叶片；2—端环；3—导条

（2）绕线型转子绕组。绕线型转子绕组与定子绕组相似，它是在绕线转子铁芯的槽内嵌有绝缘导线组成的三相绕组，一般接成星形。它的 3 个端头分别接在与转轴绝缘的 3 个滑环上，再经一套电刷引出来与外电路相连，如图 8 –3 所示。

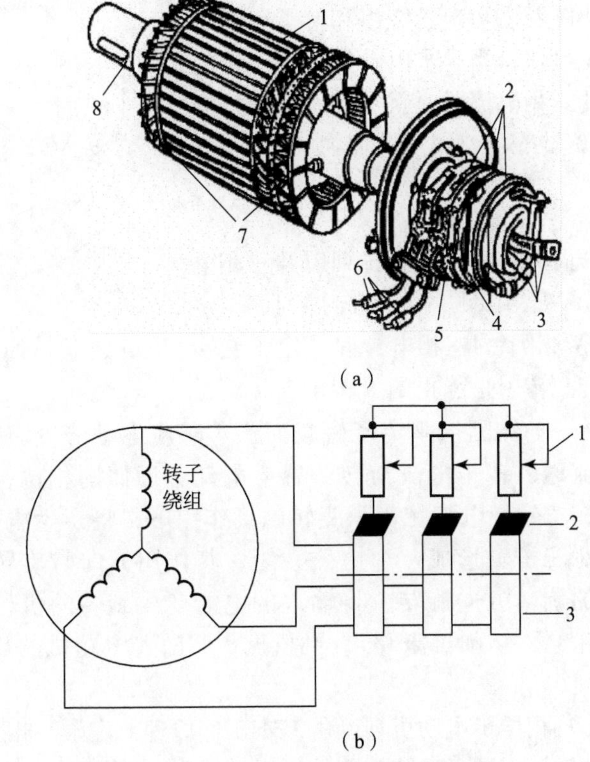


**图 8 –3　绕线转子结构与接线图**

（a）绕线转子结构图；

1—转子铁芯；2—滑环；3—转子绕组出线头；4—电风扇；

5—刷架；6—电刷引线；7—转子绕组；8—转子轴

（b）绕线转子回路接线示意图

1—可变电阻；2—电刷；3—滑环

绕线转子电动机在转子回路中可串联电阻，若仅用于启动，为减少电刷的摩擦损耗，绕线转子中还装有提刷装置。转子轴用强度和刚度较高的低碳钢制成。

整个转子靠轴承和端盖支撑，端盖一般用铸铁或钢板制成，它是电机外壳机座的一部分。中、小型电机一般采用带轴承的端盖。

**3. 气隙**

异步电动机的气隙是均匀的。气隙大小对异步电动机的运行性能和参数影响较大。励磁电流由电网供给，气隙越大，励磁电流也就越大，而励磁电流又属无功性质，它要影响电网的功率因数。气隙过小，则将引起装配困难，并导致运行不稳定。因此，异步电动机的气隙大小往往为机械条件所能允许达到的最小数值，中、小型电机一般为0.1～1 mm。

## 8.1.2 异步电动机的工作原理

**1. 基本工作原理**

在异步电动机的定子铁芯里嵌放着对称的三相绕组$U_1-U_2$、$V_1-V_2$、$W_1-W_2$。转子是一个闭合的多相绕组笼型电机。图8－4所示为异步电动机的工作原理图，图中定子、转子上的小圆圈表示定子绕组和转子导体。

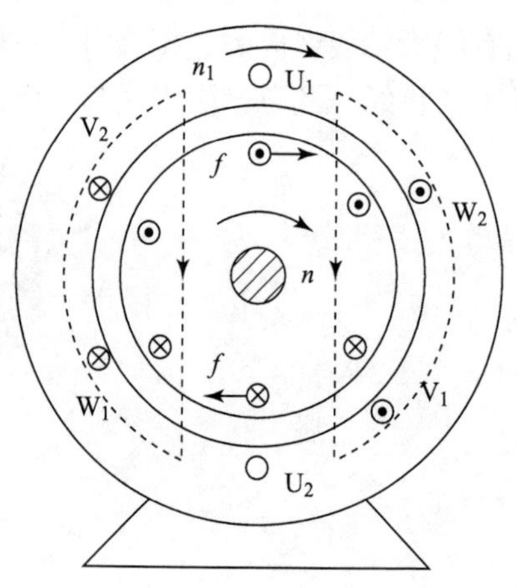


图8－4 异步电动机工作原理图

由第7章所学知识可知，当异步电动机定子对称的三相绕组中通入对称的三相电流时，就会产生一个以同步转速$n_1$旋转的圆形旋转磁场，同步转速为

$$n_1=\frac{60f}{p} \tag{8-1}$$

圆形旋转磁场的转向与三相绕组的排列以及三相电流的相序有关，U、V、W相以顺时针方向排列，当定子绕组中通入U、V、W相序的三相电流时，定子旋转磁场按顺时针方向旋转。转子是静止的，转子与旋转磁场之间有相对运动，转子导体因切割定子磁场而产生感应电动势。因转子绕组自身闭合，故转子绕组内有电流流通，转子电流与转子感应电动势近似同相位，其方向可由右手定则确定。转子绕组的有功分量电流在定子旋转磁场作用下，将产生电磁力$f$，其方向由左手定则确定。电磁力对转子轴形成一个电磁转矩，其作用方向与旋转磁场方向一致，拖着转子顺着旋转磁场的旋转方向旋转，将输入的电能变成旋转的机械能。如果电动机轴上带有机械负载（如水泵、切削机床等），则机械负载随着电动机的旋转而旋转，电动机对机械负载做功。

由以上分析可知，三相异步电动机转动的基本工作原理：定子三相对称绕组中通入三相对称电流产生圆形旋转磁场；转子导体切割旋转磁场感应电动势和电流；转子载流导体在磁场中受到电磁力的作用，从而形成电磁转矩，驱使电动机转子转动。

异步电动机的旋转方向始终与旋转磁场的旋转方向一致，而旋转磁场的方向又取决于异步电动机的三相电流相序，因此三相异步电动机的转向与电流的相序一致。要改变转向，只需改变电流的相序即可，即任意对调电动机的两根电源线，便可使电动机反转。

异步电动机的转速恒小于旋转磁场转速$n_1$，因为只有这样，转子绕组才能产生电磁转矩，使电动机旋转。如果 $n=n_1$，转子绕组与定子磁场之间便无相对运动，则转子绕组中无感应电动势和感应电流产生，可见 $n<n_1$ 是异步电动机工作的必要条件。因为异步电动机转子电流是通过电磁感应作用产生的，所以称为异步电动机。又由于电动机转速 $n$ 与旋转磁场 $n_1$ 不同步，故又称为异步电动机。

**2. 转差率**

同步转速 $n_1$ 与转子转速 $n$ 之差（$n_1-n$）再与同步转速 $n_1$ 的比值称为转差率，用字母 $s$ 表示，即

$$s=\frac{n_1-n}{n_1} \tag{8-2}$$

转差率 $s$ 是异步电机的一个基本物理量，它反映异步电机的各种运行情况。对异步电动机而言，当转子尚未转动（如启动瞬间）时，$n=0$，此时转差率 $s=1$；当转子转速接近同步转速（空载运行）时，$n=n_1$，此时转差率 $s=0$。由此可知，异步电动机的转速 $n$ 在 $0\sim n_1$ 范围内变化，其转差率 $s$ 在 $0\sim1$ 范围内变化。

异步电动机负载越大，转速就越慢，其转差率就越大；反之，负载越小，转速就越快，其转差率就越小。因此，转差率直接反映了转子转速的快慢或电动机负载的大小。异步电动机的转速可由式（8-2）推算，即

$$n=(1-s)n_1 \tag{8-3}$$

在正常运行范围内，转差率 $s$ 的数值很小，一般为 0.01~0.06，即异步电动机的转速很接近同步转速。

**3. 异步电机的 3 种运行状态**

根据转差率的大小和正负，异步电机有 3 种运行状态：电动机运行状态、发电机运行状态和电磁制动状态。

1）电动机运行状态

当定子绕组接至电源时，转子就会在电磁转矩的驱动下旋转，电磁转矩即为驱动转矩，其转向与旋转磁场方向相同，如图 8-5（b）所示，此时电机从电网获得的电功率转变成机械功率，由转子轴传输给负载。电动机的转速范围为 $n_1>n>0$，其转差率范围为 $0<s\leqslant1$。

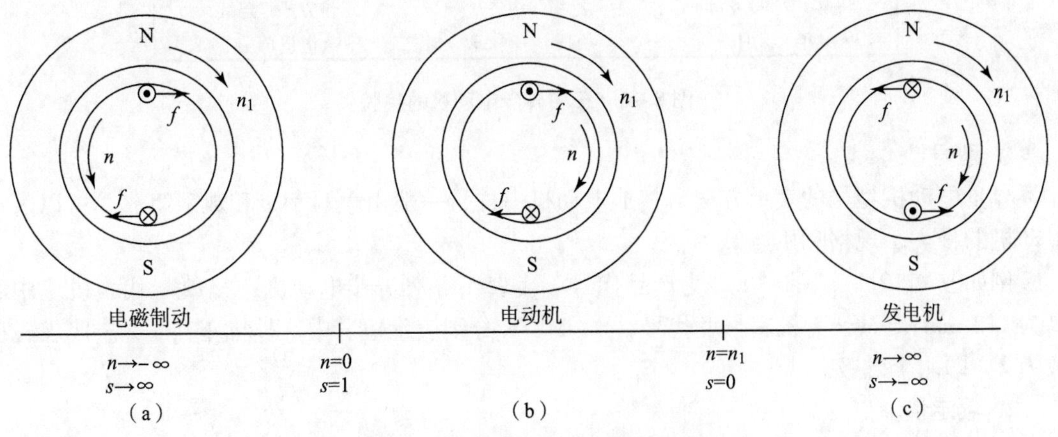


**图 8-5　异步电机的 3 种运行状态**

（a）电磁制动状态；（b）电动机运行状态；（c）发电机运行状态

2）发电机运行状态

异步电机定子绕组仍接至电源，该电机的转子轴不再接机械负载，而用一台原动机拖动异步电机的转子以大于同步转速（$n>n_1$）的速度顺着旋转磁场方向旋转。显然，此时电磁转矩方向与转子转向相反，如图8-5（c）所示起制动作用，为制动转矩。为克服电磁转矩的制动作用而使转子继续旋转，并保持$n>n_1$，电机必须不断从原动机输入机械功率，把机械功率转变为输出的电功率，即电机处于发电机运行状态。此时，$n>n_1$，转差率$s<0$。

3）电磁制动状态

异步电机定子绕组仍接至电源，如果用外力拖着电机逆着旋转磁场的旋转方向转动，如图8-5（a）所示，则此时电磁转矩与电机旋转方向相反，起制动作用。电机定子仍从电网吸收电功率，同时转子从外力吸收机械功率，这两部分功率都在电机内部以损耗的方式转化成热能消耗掉。这种运行状态称为电磁制动运行状态，$n$为负值（$n<0$），且转差率$s>1$。

由此可知，区分这3种运行状态的依据是转差率$s$的大小：

（1）当$0<s<1$时，为电动机运行状态；

（2）当$-\infty<s<0$时，为发电机运行状态；

（3）当$1<s<+\infty$时，为电磁制动运行状态。

综上所述，异步电机可以作为电动机运行，也可以作为发电机运行或进行电磁制动。一般情况下，异步电机多作为电动机运行，异步发电机很少使用，而电磁制动则是异步电机在完成某一生产过程中出现的短时运行状态。例如，起重机下放重物时，为了安全、平稳，需限制下放速度，此时应使异步电动机短时处于电磁制动状态

### 8.1.3 异步电动机的铭牌数据

每一台三相异步电动机，在其机座上都有一块铭牌，铭牌上标注有型号、额定值、接线和防护等级等，如图8-6所示。

| 三相异步电动机 | | |
|---|---|---|
| 型号　Y112M-2 | 功率　4 kW | 频率　50 Hz |
| 电压　380 V | 电流　8.2A | 接法　△ |
| 转速　2 890 r/min | 绝缘等级　B | 工作方式　连续 |
| ××年××月 | 编号×××× | ××电机厂 |

**图8-6　三相异步电动机的铭牌**

**1. 型号**

异步电动机型号的表示方法与其他电动机一样，一般由大写字母和数字组成，可以表示电动机的种类、规格和用途等。

例如，Y112M-2的“Y”为产品代号，代表Y系列异步电动机；“112”代表机座中心高为112 mm；“M”为机座长度代号（S、M、L分别表示短、中、长机座）；“2”代表磁极数为2，即两个磁极。

**2. 额定值**

额定值规定了电动机正常运行的状态和条件，它是选用、安装和维修电动机的依据。异步电动机铭牌上标注的额定值如下：

（1）额定功率 $P_N$。指电动机额定运行时轴上输出的机械功率，单位为 W 或 kW。

（2）额定电压 $U_N$。指电动机额定运行时加在定子绕组出线端的线电压，单位为 V。

（3）额定电流 $I_N$。指电动机在额定电压下使用，轴上输出额定功率时，定子绕组中的线电流，单位为 A。

对三相异步电动机，额定功率与其他额定数据之间有如下关系：

$$P_N = \sqrt{3} U_N I_N \cos\varphi_N \eta_N \tag{8-4}$$

式中，$\cos\varphi_N$ 为额定功率因数；$\eta_N$ 为额定效率。

（4）额定频率 $f_N$。指电动机所接的交流电源的频率，我国电网的频率（工频）规定为 50 Hz。

（5）额定转速 $n_N$。指电动机在额定电压、额定频率及额定功率下转子的转速，单位为 r/min。

**3. 接线**

在额定电压下运行时，电动机定子三相绕组有（Y）连接和（△）连接两种连接方式。具体采用哪种连接方式取决于相绕组能承受的电压设计值。例如，一台相绕组能承受 220V 电压的三相异步电动机，铭牌上额定电压标有 220/380 V、D/Y 连接，这时需采用什么连接方式视电源电压而定。若电源电压为 220 V，则用△连接，380 V 则用Y连接。这两种情况下，每相绕组实际上都只承受 220 V 电压。

国产 Y 系列电动机接线端的首端用 $U_1$、$V_1$、$W_1$ 表示，末端用 $U_2$、$V_2$、$W_2$ 表示，其Y、△连接如图 8－7 所示。

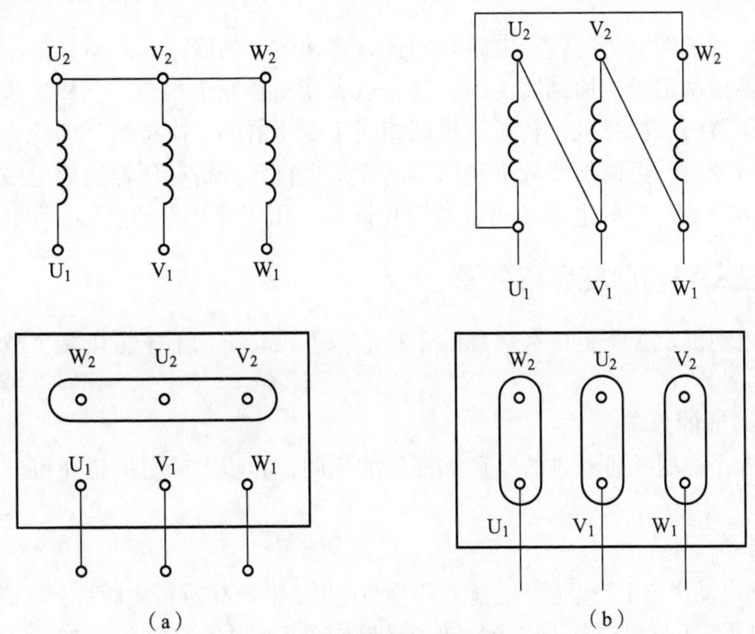


**图 8－7　三相异步电动机的接线**

（a）Y连接；（b）△连接

**4. 电机的防护等级**

电动机外壳防护等级是用字母“IP”和其后面的两位数字表示的。IP 为国际防护的缩写。IP 后面第一位数字代表第一种防护形式（防尘）的等级，分 0～6 共 7 个等级；第二个数字代表第二种防护形式（防水）的等级，分 0～8 共 9 个等级。数字越大，表示防护的能力越强。例如，IP44 标志电动机能防护大于 1 mm 固体物入内，同时能防止水溅入。

**例 8－1** 一台三相异步电动机，额定功率 $P_N=55$ kW，电网频率为 50 Hz，额定电压 $U_N=380$ V，额定效率 $\eta_N=0.79$，额定功率因数 $\cos\varphi_N=0.89$，额定转速 $n_N=570$r/ min，试求其同步转速 $n_1$、极对数 $p$、额定电流 $I_N$ 和额定负载时的转差率 $s_N$。

**解：** 因为电动机额定运行时转速接近同步转速，所以同步转速为 600 r/min。

电动机极对数为

$$p=\frac{60f_1}{n_1}=\frac{60\times 50}{600}=5$$

即该电动机为 10 极电机。

额定电流为

$$I_N=\frac{P_N\times 10^3}{\sqrt{3}U_N\cos\varphi_N\eta_N}=\frac{55\times 10^3}{\sqrt{3}\times 380\times 0.89\times 0.79}=119\ (\mathrm{A})$$

转差率为

$$s_N=\frac{n_1-n_N}{n_1}=\frac{600-570}{600}=0.05$$

## 8.2 三相异步电动机的空载运行

三相异步电动机的定子和转子电路之间没有直接的电的联系，只有磁的耦合，它是靠电磁感应作用将能量从定子传递到转子的，这一点和变压器完全相似。三相异步电动机的定子绕组相当于变压器的一次绕组，转子绕组则相当于变压器的二次绕组。因此，对三相异步电动机的运行进行分析，可以仿照分析变压器的方式进行，分析变压器内部电磁关系的 3 种基本方法（电压方程式、等效电路和相量图）也同样适用于异步电动机。

### 8.2.1 空载运行时的电磁关系

三相异步电动机定子绕组接在对称的三相电源上，转子轴上不带机械负载时的运行称为空载运行。

**1. 主、漏磁通的分布**

为便于分析，根据磁通经过的路径和性质的不同，异步电动机的磁通可分为主磁通和漏磁通两大类。

1）主磁通 $\Phi_0$

当三相异步电动机定子绕组通入三相对称交流电时，将产生旋转磁通势，该磁通势产生的磁通绝大部分穿过气隙并同时交链于定子和转子绕组，这部分磁通称为主磁通，用 $\Phi_0$ 表示，其路径为：定子铁芯→气隙→转子铁芯→气隙→定子铁芯，构成闭合磁路，如图 8－8（a）所示。

主磁通的磁路由定子铁芯、转子铁芯和气隙组成，为一个非线性磁路。主磁通同时交链定子、转子绕组而在其中分别产生感应电动势。异步电动机的转子绕组为三相或多相绕组，在转子电动势的作用下，转子绕组中有电流通过。转子电流与定子磁场相互作用产生电磁转

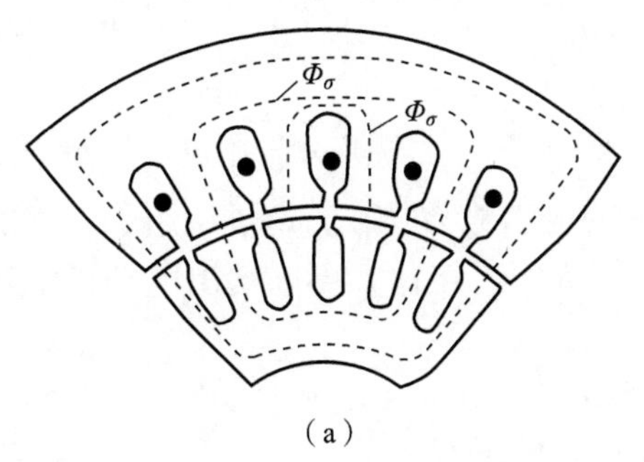


(a)

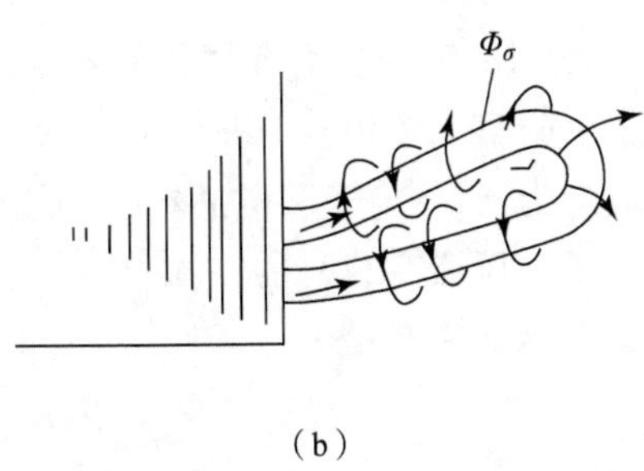


(b)

**图 8-8　主磁通与漏磁通**

(a) 主磁通和槽漏磁通；(b) 端部漏磁通

矩，实现异步电动机的机电能量转换，主磁通参与能量转换，在电动机中产生有用的电磁转矩。因此，主磁通起了转换能量的媒介作用。

2）漏磁通 $\Phi_\sigma$

除主磁通外的磁通称为漏磁通，它包括定子绕组的槽部漏磁通和端部漏磁通以及由高次谐波磁通势所产生的高次谐波磁通，如图 8-8 所示。前两项漏磁通只交链于定子绕组，而不交链于转子绕组；高次谐波磁通实际上穿过气隙，同时交链定子、转子绕组。由于高次谐波磁通对转子不产生有效转矩，另外它在定子绕组中感应的电动势又很小，且其频率和定子前两项漏磁通在定子绕组中感应的电动势频率又相同，因而它也具有漏磁通的性质，所以把它当作漏磁通来处理，又称为谐波漏磁通。

由于漏磁通沿磁阻很大的空气形成闭合回路，因而它比主磁通小很多。漏磁通仅在定子绕组上产生漏电动势，因此漏磁通不参与能量转换，不能起能量转换的作用，只起电抗压降的作用。

**2. 空载电流和空载磁势**

异步电动机空载运行时的定子电流称为空载电流，用 $\dot{I}_0$表示。当异步电动机空载运行时，定子三相绕组有空载电流 $\dot{I}_0$通过，三相空载电流将产生一个旋转磁通势，称为空载磁通势，用 $\dot{F}_0$表示，其基波幅值为

$$F_0 = \frac{m_1}{2} \times 0.9 \times \frac{N_1 K_{w1}}{p} I_0 \tag{8-5}$$

异步电动机空载运行时，由于轴上不带机械负载，因而其转速很高，接近同步转速，即 $n \approx n_1$，转差率 $s$ 很小。此时，定子旋转磁场与转子之间的相对速度几乎为零，于是转子感应电动势 $E_2 \approx 0$，转子电流 $I_2 \approx 0$，转子磁通势 $F_2 \approx 0$。

与变压器的分析类似，空载电流 $\dot{I}_0$由两部分组成，一部分是专门用来产生主磁通 $\Phi_0$ 的无功分量 $\dot{I}_{0r}$，另一部分是用于补偿铁芯损耗的有功分量 $\dot{I}_{0a}$，即

$$\dot{I}_0 = \dot{I}_{0r} + \dot{I}_{0a} \tag{8-6}$$

### 8.2.2　空载运行时的电压平衡方程

**1. 主、漏磁通感应的电动势**

主磁通在定子绕组中感应的电势为

$$\dot{E}_1 = 4.44 f_1 N_1 K_{w1} \dot{\Phi}_0 \tag{8-7}$$

漏磁通在定子绕组中感应的电动势可用漏抗压降的形式表示，即

$$\dot{E}_{1\sigma} = -\mathrm{j}X_1 \dot{I}_0 \tag{8-8}$$

**2. 空载时的电压平衡方程及等效电路**

设定子绕组上每相所加的端电压为 $\dot{U}_1$，相电流为 $\dot{I}_0$，主磁通 $\dot{\Phi}_0$ 在定子绕组中感应的每相电动势为 $\dot{E}_1$，定子漏磁通在每相绕组中感应的电动势为 $\dot{E}_{1\sigma}$，定子绕组的每相电阻为 $R_1$，类似于变压器空载时的一次绕组，根据基尔霍夫第二定律，可以列出电动机空载时每相的定子电压平衡方程式

$$\begin{aligned}\dot{U}_1 &= -\dot{E}_1 - \dot{E}_{1\sigma} + R_1 \dot{I}_0 = -\dot{E}_1 + \mathrm{j}X_1 \dot{I}_0 + R_1 \dot{I}_0 \\ &= -\dot{E}_1 + (R_1 + \mathrm{j}X_1) \dot{I}_0 = -\dot{E}_1 + Z_1 \dot{I}_0\end{aligned} \tag{8-9}$$

式中，$Z_1$ 为定子漏阻抗，$Z_1 = R_1 + \mathrm{j}X_1$。

与变压器的分析方法相似，可写出

$$\dot{E}_1 = -(R_\mathrm{m} + \mathrm{j}X_\mathrm{m}) \dot{I}_0 = -Z_\mathrm{m} \dot{I}_0 \tag{8-10}$$

式中，$Z_\mathrm{m}$ 为励磁阻抗，$Z_\mathrm{m} = R_\mathrm{m} + \mathrm{j}X_\mathrm{m}$；$R_\mathrm{m}$ 为励磁电阻，是反映铁损耗的等效电阻；$X_\mathrm{m}$ 为励磁电抗，与主磁通 $\dot{\Phi}_0$ 相对应。

电压方程式（8－9）可改写为

$$\begin{aligned}\dot{U}_1 &= -\dot{E}_1 + (R_1 + \mathrm{j}X_1) \dot{I}_0 \\ &= (R_\mathrm{m} + \mathrm{j}X_\mathrm{m}) \dot{I}_0 + (R_1 + \mathrm{j}X_1) \dot{I}_0 = Z_\mathrm{m} \dot{I}_0 + Z_1 \dot{I}_0\end{aligned} \tag{8-11}$$

由式（8－11）可画出异步电动机空载时的等效电路，如图 8－9 所示。

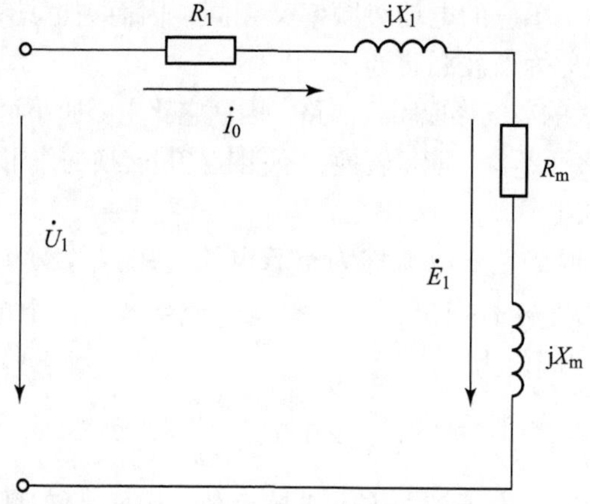


**图 8－9　异步电动机空载时的等效电路**

## 8.3　三相异步电动机的负载运行

### 8.3.1　负载运行时的物理情况

负载运行时，电动机将以低于同步转速 $n_1$ 的速度 $n$ 旋转，其转向仍与气隙旋转磁场的转向相同。因此，气隙磁场与转子的相对转速为 $\Delta n = n_1 - n = sn_1$，$\Delta n$ 也就是气隙旋转磁场切割转子绕组的速度。于是在转子绕组中就感应出电动势，产生电流，其频率为

$$f_2 = \frac{p(n_1 - n)}{60} = \frac{n_1 - n}{n_1} \cdot \frac{pn_1}{60} = sf_1 \tag{8-12}$$

对异步电动机，一般 $s=0.02\sim0.06$，当 $f=50$ Hz 时，$f_2$ 仅为 $1\sim3$ Hz。

负载运行时，除了定子电流 $I_1$ 产生一个定子磁动势 $F_1$ 外，转子电流 $I_2$ 还产生一个转子磁动势 $F_2$，而总的气隙磁动势则是 $F_1$ 与 $F_2$ 的合成。

关于定子磁动势 $F_1$，在第 7 章中已进行了分析，为了进一步了解电动机负载运行时的情况，还必须对转子磁动势 $F_2$ 加以说明。

**1. 转子磁动势分析**

不论是绕线异步电动机还是笼型异步电动机，其转子绕组都是一个对称的多相系统。笼型转子的每一根导条即可认为是一相，由气隙磁场感应所产生的导条电动势和导条电流构成了相应的对称多相系统。

对于绕线异步电动机，转子绕组的极对数可以通过转子绕组的连接做到与定子一样。而对于笼型电动机，转子导体中的感应电动势和电流由气隙磁场感应产生，因此，转子导条中电流的分布所形成的磁极数必然等于气隙磁场的极数，由于气隙磁场的极数决定于定子绕组的极数，因而笼型电动机转子的极数恒与定子绕组的极数相等，而与转子导条的数目无关。

既然转子绕组是个对称的多相绕组，转子绕组中的电流也是一个对称的多相电流，那么由此而产生的转子合成磁动势 $\dot{F}_2$ 也必然是一个旋转磁动势。若不计谐波磁动势，则转子磁动势的幅值为

$$\dot{F}_2=0.9\cdot\frac{m_2}{2}\cdot\frac{N_2K_{w2}}{p}I_2 \tag{8-13}$$

式中，$m_2$ 为转子绕组的相数；$N_2$ 为转子绕组的每相串联匝数；$K_{w2}$ 为转子绕组的基波绕组因数。

因为转子电流的频率为 $sf_1$，转子绕组的极对数 $p_2=p_1$，按照分析定子磁动势的方法可以得知，转子合成磁动势相对转子的旋转速度为 $n_2$。若定子旋转磁场的转向为顺时针方向，因为 $n<n_1$，所以感应而形成的转子电动势或电流的相序也必然按顺时针方向排列。由于合成磁动势的转向决定于绕组中电流的相序，因而转子合成磁动势 $\dot{F}_2$ 的转向与定子磁动势 $\dot{F}_1$ 的转向相同，也为顺时针方向。于是转子磁动势 $\dot{F}_2$ 在空间（相对于定子）的旋转速度为

$$n_2+n=sn+n=n_1 \tag{8-14}$$

即等于定子磁动势 $\dot{F}_1$ 在空间的旋转速度。

式（8-14）是在任意转速下得出的，这就说明，无论异步电动机的转速 $n$ 如何变化，定子磁动势 $\dot{F}_1$ 与转子磁动势 $\dot{F}_2$ 总是相对静止的。定子、转子磁动势相对静止也是一切旋转电机能够正常运行的必要条件，因为只有这样，才能产生恒定的平均电磁转矩，从而实现机电能量的转换。

**2. 电动势平衡方程式**

负载运行时，定子电流为 $I_1$，列出负载时定子的电动势平衡方程式：

$$\begin{aligned}\dot{U}_1&=-\dot{E}_1+\mathrm{j}X_1\dot{I}_1+R_1\dot{I}_1\\&=-\dot{E}_1+(R_1+\mathrm{j}X_1)\dot{I}_1=-\dot{E}_1+Z_1\dot{I}_1\end{aligned} \tag{8-15}$$

$$E_1=4.44f_1N_1\Phi_0K_{w1} \tag{8-16}$$

注意：负载时主磁通 $\Phi_0$ 是由定转子磁动势共同作用所产生的。

负载运行时转子电动势 $E_2$ 的频率为 $f_2=sf_1$，其大小为

$$E_{2s}=4.44f_2N_2\Phi_0K_{w2} \tag{8-17}$$

若转子不转，其感应电动势频率 $f_1=f_2$，即

$$E_2=4.44f_1N_2\Phi_0K_{w2} \tag{8-18}$$

则

$$E_{2s}=sE_2 \tag{8-19}$$

因为异步电动机的转子电路自成闭路，端电压 $U_2=0$，所以转子的电动势平衡方程式为

$$0=\dot{E}_{2s}-R_2\dot{I}_2-\mathrm{j}X_{2s}\dot{I}_2 \tag{8-20}$$

式中，$\dot{I}_2$为转子每相电流；$R_2$ 为转子每相电阻，对绕线转子还应包括外加电阻；$X_{2s}$为转子旋转时的每相漏电抗，其表达式为

$$X_{2s}=2\pi f_2L_2=2\pi sf_1L_2=sX_2 \tag{8-21}$$

因此由式（8-20），可得

$$\dot{I}_2=\frac{s\dot{E}_2}{R_2+\mathrm{j}sX_2} \tag{8-22}$$

设 $X_2$ 为转子不旋转时的每相漏电抗，$X_2=2\pi f_2L_2$，其中 $L_2$ 为转子每相漏电感；$Z_2=R_2+\mathrm{j}X_2$ 为转子每相漏阻抗。显然，转子电流的有效值为

$$I_2=\frac{sE_2}{\sqrt{R_2{}^2+(sX_2)^2}} \tag{8-23}$$

**3. 磁动势平衡方程式**

由于定子磁动势 $\dot{F}_1$和转子磁动势 $\dot{F}_2$在空间相对静止，因而可以合并为一个合成磁动势 $\dot{F}_0$，即

$$\dot{F}_1+\dot{F}_2=\dot{F}_0 \tag{8-24}$$

式中，$\dot{F}_0$为励磁磁动势，它可产生气隙中的旋转磁场。

式（8-24）称为异步电动机的磁动势平衡方程式，其也可以写为

$$\dot{F}_1=-\dot{F}_2+\dot{F}_0 \tag{8-25}$$

式（8-25）所代表的物理意义可分析如下：

在定子电动势平衡方程式中，定子绕组中的感应电动势 $E_1$ 与电源电压 $U_1$ 之间相差一个漏阻抗压降。当异步电动机从空载到额定负载范围内运行时，定子漏阻抗压降所占的比重很小。在 $U_1$ 不变的情况下，电动势 $E_1$ 的变化很小，可以认为是一个近似不变的数值。对于一定的电动机，当频率一定时，电动势 $E_1$ 与主磁通 $\Phi_0$ 成正比。当 $E_1$ 值近似不变时，$\Phi_0$ 也近似不变，因此励磁磁动势也应不变。由此可见，在转子绕组中通过电流产生磁动势 $\dot{F}_2$ 的同时，定子绕组中就必然要增加一个电流分量，使这一电流分量产生磁动势 $-\dot{F}_2$以抵消转子电流产生的磁动势 $\dot{F}_2$，从而保持总磁动势 $\dot{F}_0$近似不变。显然，$\dot{F}_0$等于空载时的定子磁动势。

## 8.3.2 负载运行时的电磁关系

根据以上的分析，可以得出负载运行时异步电动机的电磁关系，如图 8-10 所示。

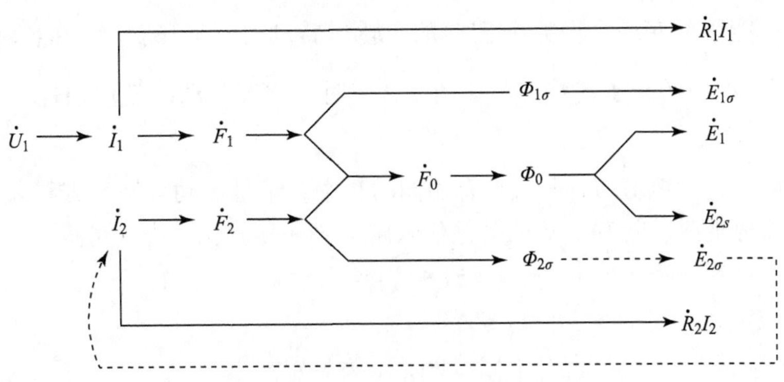


图 8－10　负载运行时异步电动机的电磁关系

## 8.4　三相异步电动机的等效电路和相量图

在分析异步电动机运行及计算时，也采用与变压器相似的等效电路的方法，即把定子、转子之间的电磁关系用等效电路的形式来表示，以便于分析和计算。在进行转子绕组折算时，必须保证转子对定子绕组的电磁作用和异步电动机的电磁性能不变。

### 8.4.1　折算

**1. 用静止的转子代替实际转动的转子——频率折算**

因为异步电动机定子和转子的电动势、电流频率不相等，所以它们之间不能直接进行运算。但是通过前面对转子磁动势 $\dot{F}_2$ 的分析可以看出，转子电流的频率只影响转子磁动势 $\dot{F}_2$ 相对于转子的旋转速度，不论转子电流的频率等于多少，$\dot{F}_2$ 总是在空间以同步转速旋转。而转子对定子的作用也仅仅是通过磁动势 $\dot{F}_2$ 产生的，这就有可能用一个静止不动的转子来代替实际转动的转子，只要它们所产生的磁动势 $\dot{F}_2$ 对定子的作用相同即可。折算的原则是：保持转子电路对定子电路的影响不变；等效转子电路的功率和损耗与原转子旋转时一样。

由式（8－22）可知，转子旋转时的转子电流为

$$\dot{I}_2 = \frac{s\dot{E}_2}{R_2 + \mathrm{j}sX_2} \text{（频率为 } f_2\text{）} \tag{8-26}$$

将式（8－26）的分子、分母同时除以 $s$，可得

$$\dot{I}_2 = \frac{\dot{E}_2}{\frac{R_2}{s} + \mathrm{j}X_2} \text{（频率为 } f_1\text{）} \tag{8-27}$$

式（8－27）说明，进行频率折算后，只要用$\frac{R_2}{s}$代替 $R_2$，就可保持转子电流的大小不变。这说明频率折算后转子电流没有发生变化，这样转子磁动势 $\dot{F}_2$ 的幅值和空间位置也就保持不变。频率折算后，转子电流的频率为 $f_1$，因此 $\dot{F}_2$ 在空间的转速仍为同步转速，这就保证了在频率折算前后转子对定子的影响不变。

因为$\frac{R_2}{s} - R_2 = \frac{1-s}{s}R_2$，说明频率折算时，转子电路应串联一个附加电阻$\frac{1-s}{s}R_2$，而这正

是满足折算前后能量不变这一原则所需要的。转子转动时，转子具有动能（转化为输出的机械功率），当用静止的转子代替实际转动的转子时，这部分动能就用消耗在电阻$\frac{1-s}{s}R_2$上的电能表示了。

频率折算后，转子电流 $\dot{I}_2$与 $\dot{I}_1$具有相同的频率，于是磁动势平衡方程式也可用电流的形式表示，只需要把磁动势和电流的关系代入磁动势平衡方程式中，可得

$$\dot{F}_1+\dot{F}_2=\dot{F}_0 \tag{8-28}$$

因为

$$\begin{cases}\dot{F}_1=\frac{m_1}{2}0.9\,\frac{N_1K_{w1}}{p}\dot{I}_1\\ \dot{F}_2=\frac{m_2}{2}0.9\,\frac{N_2K_{w2}}{p}\dot{I}_2\\ \dot{F}_0=\frac{m_1}{2}0.9\,\frac{N_1K_{w1}}{p}\dot{I}_0\end{cases} \tag{8-29}$$

所以

$$\frac{m_1}{2}0.9\,\frac{N_1K_{w1}}{p}\dot{I}_1+\frac{m_2}{2}0.9\,\frac{N_2K_{w2}}{p}\dot{I}_2=\frac{m_1}{2}0.9\,\frac{N_1K_{w1}}{p}\dot{I}_0 \tag{8-30}$$

化简后得

$$\dot{I}_1+\frac{\dot{I}_2}{k_i}=\dot{I}_0 \tag{8-31}$$

式中，$k_i$ 为异步电动机的电流变比，$k_i=\frac{m_1N_1K_{w1}}{m_2N_2K_{w2}}$。

进一步化简为

$$\dot{I}_1+\dot{I}'_2=\dot{I}_0 \tag{8-32}$$

式中，$I'_2$为转子电流的折算值，$I'_2=\frac{I_2}{k_i}$。

空载时，$I_2\approx0$，因此 $I_1\approx I_0$；而负载时，随着 $I_2$ 的增大，定子电流也随之增大。

**2. 绕组折算**

通过频率折算，异步电动机的定子、转子绕组就相当于双绕组变压器的一、二次绕组。为了得到异步电动机的等效电路，可以仿照分析变压器的方法，对转子绕组进行折算，即把实际上相数为 $m_2$、每相匝数为 $N_2$、绕组因数为 $K_{w2}$ 的转子绕组折算成与定子绕组完全相同的一个等效绕组。折算后转子各量称为折算量，都加上符号“′”表示。

1）电流的折算

若折算后的转子电流为 $I'_2$，根据折算前后转子磁动势不变的原则，有

$$\frac{m_1}{2}0.9\,\frac{N_1K_{w1}}{p}I'_2=\frac{m_2}{2}0.9\,\frac{N_2K_{w2}}{p}I_2$$

$$I'_2=\frac{m_2N_2K_{w2}}{m_1N_1K_{w1}}I_2=\frac{I_2}{k_i} \tag{8-33}$$

式中，$k_i$ 为电流变比。

2）电势的折算

若折算后的转子电动势为 $E_2'$，因折算前后功率不变，则

$$m_1E_2'I_2' = m_2E_2I_2 \tag{8-34}$$

又因为电动势与有效匝数成正比，则

$$E_2' = \frac{N_1K_{w1}}{N_2K_{w2}}E_2 = k_eE_2 \tag{8-35}$$

式中，$k_e$ 为电势变比，$k_e = \dfrac{N_1K_{w1}}{N_2K_{w2}}$。

3）阻抗的折算

若折算后转子的每相电阻为 $R_2'$，根据折算前后铜损耗不变的原则，有

$$m_1I_2'2R_2' = m_2I_2{}^2R_2 \tag{8-36}$$

折算后的转子电阻为

$$R_2' = \frac{m_2}{m_1}R_2\left(\frac{I_2}{I_2'}\right)^2 = \frac{m_1}{m_2}\left(\frac{N_1K_{w1}}{N_2K_{w2}}\right)^2R_2 = k_ek_iR_2 \tag{8-37}$$

若折算后转子的每相电抗为 $X_2'$，因折算前后转子电路的功率因数角不变，则

$$X_2' = k_ek_iX_2 \tag{8-38}$$

式中，$k_ek_i$ 为阻抗变比。

## 8.4.2　异步电动机的等效电路与相量图

### 1. 折算后的基本方程式

经过上述频率折算和绕组折算后，异步电动机的基本方程式为

$$\begin{cases} \dot{U}_1 = -\dot{E}_1 + (R_1 + \mathrm{j}X_1)\dot{I}_1 \\ 0 = \dot{E}_2' - \left(\dfrac{R_2'}{s} + \mathrm{j}X_2'\right)\dot{I}_2' \\ \dot{I}_1 + \dot{I}_2' = \dot{I}_0 \\ \dot{E}_1 = -(R_m + \mathrm{j}X_m)\dot{I}_0 \\ E_2' = E_1 = 4.44f_1N_1\Phi_0K_{w1} \end{cases}$$

### 2. 等效电路

根据基本方程式，再仿照变压器的分析方法，可以画出异步电动机的 T 形等效电路，如图 8－11 所示。

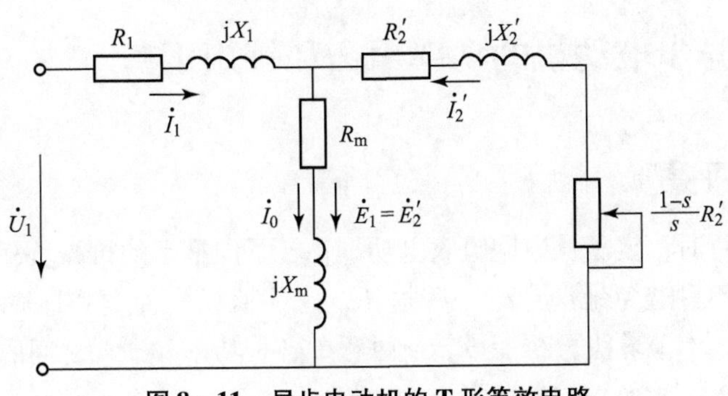


图 8－11　异步电动机的 T 形等效电路

与变压器一样，可把T形等效电路中的励磁支路移到电源端，以简化计算，得到简化等效电路，如图8－12所示。

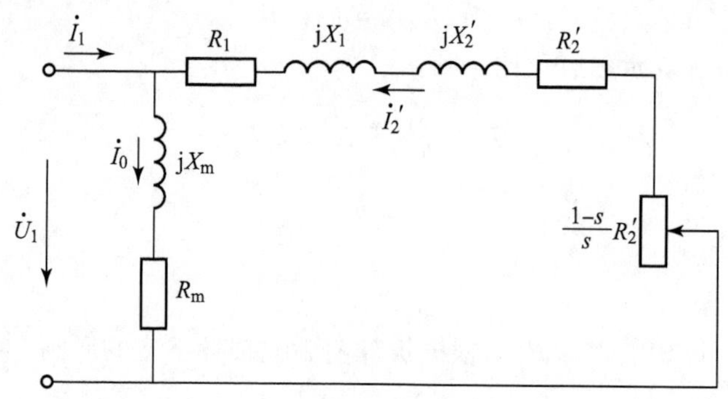


图8－12　异步电动机的简化等效电路

**3. 异步电动机的相量图**

转子绕组折算后的相量图如图8－13所示，它反映了异步电动机各物理量之间的关系。

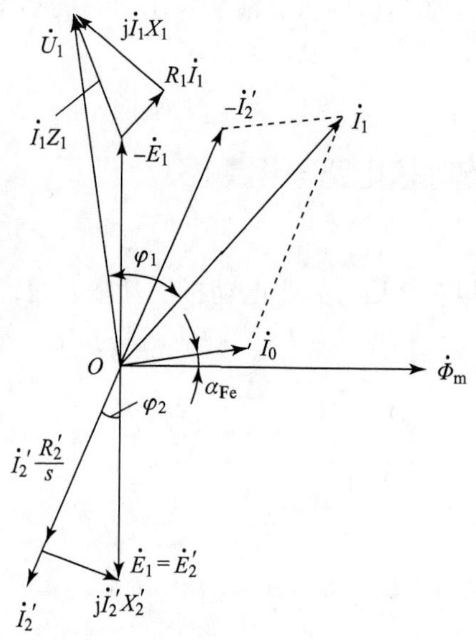


图8－13　异步电动机的相量图

# 8.5　三相异步电动机的功率平衡和转矩平衡

## 8.5.1　功率平衡

异步电动机运行时，定子从电网吸收电功率，转子向拖动的机械负载输出机械功率。在能量变换过程中，不可避免地会产生一些损耗，这些损耗的种类和性质都与直流电动机相似，不再进行分析，本节着重分析能量转换过程中各种功率和损耗之间的关系。

设电网向电动机定子输入的电功率为

$$P_1 = m_1 U_1 I_1 \cos\varphi_1 \tag{8-39}$$

其中有一部分消耗在定子绕组的铜损耗，即

$$p_{\mathrm{Cu_1}} = m_1 I_1^2 R_1 \tag{8-40}$$

由于异步电动机正常运行时，转子额定频率很低，$f_2$ 仅为 1 ~ 3 Hz，转子铁损耗很小，因而定子铁损耗实际上也就是整个电动机的铁损耗 $p_{\mathrm{Fe1}} = p_{\mathrm{Fe}}$，且

$$p_{\mathrm{Fe}} = m_1 I_0^2 R_{\mathrm{m}} \tag{8-41}$$

输入的电功率扣除了这部分损耗后，余下的功率便由气隙旋转磁场通过电磁感应传递到转子，这部分功率称为电磁功率，即

$$P_{\mathrm{em}} = P_1 - p_{\mathrm{Cu_1}} - p_{\mathrm{Fe}} = m_1 E_2' I_2' \cos\varphi_2 = m_1 I_2'^2 \frac{R_2'}{s} \tag{8-42}$$

转子绕组有电流流过，转子电阻上产生的铜损耗为

$$p_{\mathrm{Cu_2}} = m_1 I_2'^2 R_2' = sP_{\mathrm{em}} \tag{8-43}$$

电磁功率减去转子绕组的铜损耗 $p_{\mathrm{Cu_2}}$ 之后，可得出使转子旋转的总机械功率，即

$$P_{\mathrm{mec}} = P_{\mathrm{em}} - p_{\mathrm{Cu_2}} = m_1 I_2'^2 \frac{1-s}{s} R_2' = (1-s) P_{\mathrm{em}} \tag{8-44}$$

总机械功率减去机械损耗 $p_{\mathrm{mec}}$ 和附加损耗 $p_{\mathrm{ad}}$ 后，才是转子轴端输出的机械功率，即

$$P_2 = P_{\mathrm{mec}} - p_{\mathrm{mec}} - p_{\mathrm{ad}} \tag{8-45}$$

可见异步电动机运行时，从电源输入电功率 $P_1$ 到转轴上输出功率 $P_2$ 的全过程为

$$P_2 = P_1 - \sum p = P_1 - (p_{\mathrm{Cu_1}} + p_{\mathrm{Fe}} + p_{\mathrm{Cu_2}} + p_{\mathrm{mec}} + p_{\mathrm{ad}}) \tag{8-46}$$

功率变换过程也如图 8 – 14 所示。

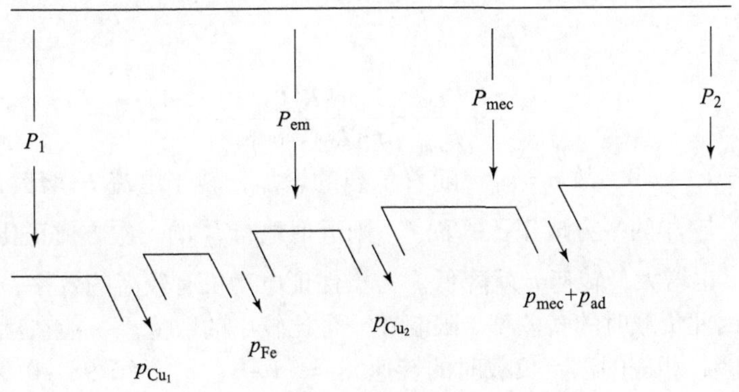


**图 8 – 14　功率变换过程**

### 8.5.2　转矩平衡

当电动机稳定运行时，作用在电动机转子上的转矩有 3 个：

（1）使电动机旋转的电磁转矩 $T_{\mathrm{em}}$；

（2）由电动机的机械损耗和附加损耗所引起的空载制动转矩 $T_0$；

（3）由电动机所拖动的负载的反作用转矩 $T_2$。

稳态运行时，有

$$P_2 = P_{mec} - p_{mec} - p_{ad} \tag{8-47}$$

在式（8－47）两边均除以转子的机械角速度 $\Omega\left(\Omega=\dfrac{2\pi n}{60}\right)$，即

$$\frac{P_2}{\Omega}=\frac{P_{mec}}{\Omega}-\frac{(p_{mec}+p_{ad})}{\Omega} \tag{8-48}$$

得

$$T_2 = T_{em} - T_0 \tag{8-49}$$

式中，$T_{em}$为电磁转矩（驱动）；$T_2$ 为负载转矩（制动）；$T_0$ 为空载转矩（制动）。

电磁转矩为

$$T_{em}=\frac{P_{mec}}{\Omega}=\frac{(1-s)P_{em}}{\dfrac{2\pi n}{60}}=\frac{P_{em}}{\dfrac{2\pi n_1}{60}}=\frac{P_{em}}{\Omega} \tag{8-50}$$

这是一个很重要的关系式，它说明异步电动机的电磁转矩等于电磁功率除以同步角速度，也等于总机械功率除以转子的机械角速度，这一点和直流电动机有所区别。

## 8.6　三相异步电动机的工作特性

三相异步电动机的工作特性是指在额定电压、额定频率下，电动机的转速 $n$、定子电流 $I_1$、功率因数 $\cos\varphi_1$、电磁转矩 $T_{em}$、效率 $\eta$ 与输出功率 $P_2$ 之间的关系曲线。工作特性可以通过电动机直接加负载试验得到，也可以利用等效电路计算得出。

**1. 转速特性**

转速特性是指转速与输出功率之间的关系 $n=f(P_2)$（或 $s=f(P_2)$）。因为 $sP_{em}=p_{Cu_2}$，所以

$$s=\frac{P_{Cu_2}}{P_{em}}=\frac{m_1R_2'I_2'^2}{m_1E_2'I_2'\cos\varphi_2} \tag{8-51}$$

空载时，$I_2=0$，$s=0$，故 $n=n_1$。随着负载的增加，转子电流 $I_2$ 增大，$p_{Cu_2}$和 $P_{em}$也随之增大。因为$p_{Cu_2}$与 $I_2$ 的平方成正比，而 $P_{em}$则近似地与 $I_2$ 的一次方成正比，所以随着负载的增大，转差率 $s$ 也增大，转速 $n$ 就降低。为了保证电动机有较高的效率，负载时的转子铜损耗不能太大，因此负载时的转差率 $s$ 限制在一个比较小的数值。一般在额定负载时的转差率 $s_N=0.02\sim0.06$，相应的额定负载时的转速 $n_N=(1-s_N)n_1=(0.98\sim0.94)n_1$，与同步速度十分接近。由此可见，异步电动机的转速特性 $n=f(P_2)$ 是一根对横轴稍微下降的曲线，与并励直流电动机的转速调整特性相似。

**2. 定子电流特性**

定子电流特性是指定子电流与输出功率之间的关系式 $I_1=f(P_2)$。由磁动势平衡方程式 $\dot{I}_1=\dot{I}_0-\dot{I}_2'$可知，理想空载时，$\dot{I}_2\approx0$，$\dot{I}_1\approx\dot{I}_0$。随着负载的增加，$P_2$ 增加，转子电流增大，$I_2'$也增加，于是定子电流的负载分量也跟着增大，因此 $I_1$ 随 $P_2$ 的增大而增大。

**3. 定子功率因数特性**

定子功率因数特性是指功率因数与输出功率之间的关系 $\cos\varphi_1=f(P_2)$。异步电动机是从

电网吸取滞后的无功电流进行励磁的。空载时，定子电流基本上是励磁电流，功率因数 $\cos\varphi_1$ 很低，仅为 0.1～0.2。随着负载的增加，定子电流的有功分量增加，功率因数 $\cos\varphi_1$ 逐渐上升，在额定负载附近，功率因数达最大值。超过额定负载后，由于转速降低，转差率增大，转子功率因数下降较多，使定子电流中与之平衡的无功分量也增大，功率因数反而有所下降。对小型异步电动机，额定功率因数为 0.76～0.90。

**4. 输出转矩特性**

异步电动机的输出转矩为

$$T_2 = \frac{P_2}{\Omega} = \frac{P_2}{\frac{2\pi n}{60}} \tag{8-52}$$

因负载转矩 $T_2 = \frac{P_2}{\Omega}$，考虑到异步电动机从空载到满载转速 $n$ 变化不大，可以认为 $T_2$ 与 $P_2$ 成正比，所以 $T_2 = f(P_2)$ 是一条过原点 $O$ 稍向上翘的曲线。$T_{em} = T_0 + T_2$，$T_{em} = f(P_2)$ 也是一条上翘的曲线（不过原点 $O$）。

**5. 效率特性**

效率特性是指效率与输出功率之间的关系 $\eta = f(P_2)$，有

$$\eta = \frac{P_2}{P_1} = 1 - \frac{\sum p}{P_2 + \sum p} \tag{8-53}$$

空载时，$P_2 = 0$，$\eta = 0$。负载时，随着功率 $P_2$ 的增加，效率 $\eta$ 也增加；当负载增大到可变损耗与不变损耗相等时，$\eta$ 最大。负载继续增大，铜损增加很快，$\eta$ 反而下降。由于额定负载附近的功率因数及效率均较高，因此电动机应运行在额定负载附近。若电动机长期欠载运行，则效率及功率因数均低，很不经济。因此，在选用电动机时，应注意其容量与负载相匹配。

异步电动机的各种特性如图 8－15 所示。

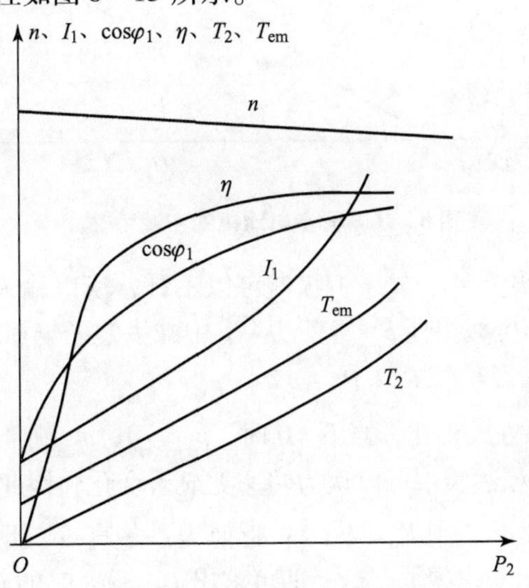


**图 8－15　异步电动机工作特性**

## 8.7 三相异步电动机的参数测定

利用等效电路计算异步电动机的运行特性时，必须知道电动机的参数 $R_1$、$R_2'$、$X_1$、$X_2'$、$R_m$ 和 $X_m$，这些参数可以通过空载试验和堵转（短路）试验求得。

### 8.7.1 空载试验

**1. 试验目的**

空载试验的目的是测定励磁支路的参数 $R_m$、$X_m$ 以及铁损耗 $p_{Fe}$ 和机械损耗 $p_{mec}$。

**2. 试验条件**

试验时，电动机空载，定子接到额定频率的三相对称电源，当电源电压达到额定值时，让电动机运行一段时间，使其机械损耗达到稳定值。用调压器改变外加电压大小，使其从 $(1.1\sim1.3)U_N$ 开始，逐渐降低电压，直到电动机转速发生明显变化为止。记录电动机的端电压 $U_1$、空载电流 $I_0$、空载功率 $P_0$ 和转速 $n$，并绘出 $I_0=f(U_1)$ 和 $P_0=f(U_1)$ 两条曲线，如图 8-16 所示。

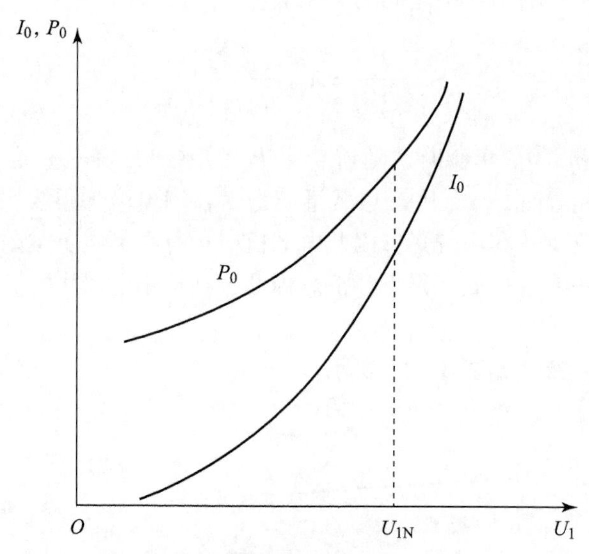


**图 8-16 异步电动机的空载特性图**

空载时，因为转子电流很小，转子铜损耗可以不计，所以输入功率 $P_0$ 完全消耗在定子铜损耗 $p_{cu1}$、铁损耗 $p_{Fe}$ 和机械损耗 $p_{mec}$ 上。从 $P_0$ 中减去定子铜损耗，可得

$$P_0' = P_0 - p_{Cu_1} = p_{Fe} + p_{mec} \tag{8-54}$$

式中，$p_{Fe}$ 近似与电压的平方成正比，当 $U=0$ 时，$p_{Fe}=0$；$p_{mec}$ 则与电压 $U_1$ 无关，仅仅取决于电动机转速，在整个空载试验中可以认为转速无显著变化，因此可以认为 $p_{mec}$ 等于常数。

因此，若以 $U_1^2$ 为横坐标，则 $P_0=f(U_1^2)$ 近似为一条直线，此直线与纵坐标的交点即为 $p_{mec}$ 的值，如图 8-17 所示。求得 $p_{mec}$ 后，即可求出 $U_1=U_N$ 时的 $p_{Fe}$ 值。

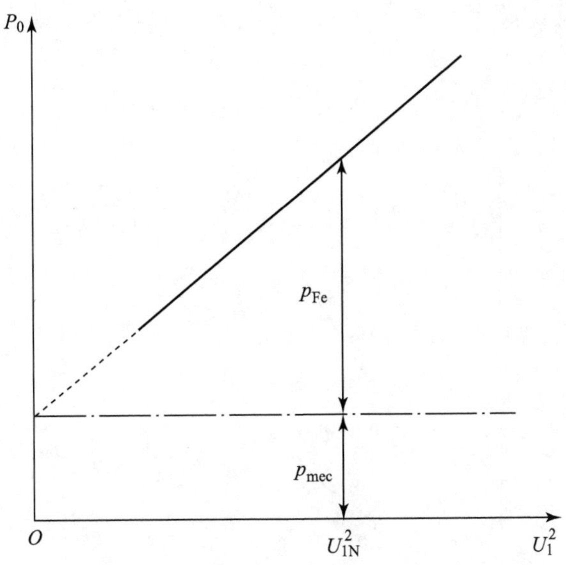


图 8－17　机械损耗的求法

**3. 参数计算**

根据空载试验，求出额定电压时的 $I_0$、$P_0$、$p_{Fe}$ 值后，可得

$$\begin{cases} Z_0 = \dfrac{U_1}{I_0} \\ R_0 = \dfrac{P_0 - p_{mec}}{3I_0^2} \\ X_0 = \sqrt{Z_0^2 - R_0^2} \end{cases} \tag{8-55}$$

式中，$U_1$ 为相电压；$I_0$ 为相电流。

空载时，$I_2 = 0$，从 T 形等效电路来看，相当于转子开路，因此

$$X_0 = X_m + X_1 \tag{8-56}$$

式中，$X_1$ 可由下面短路试验测得，于是励磁电抗为

$$X_m = X_0 - X_1$$

励磁电阻为

$$R_m = \frac{p_{Fe}}{3I_0^2} \tag{8-57}$$

## 8.7.2　堵转试验

**1. 试验目的**

堵转试验的目的是测定异步电动机的短路参数 $Z_k = R_k + jX_k$（$R_1$、$R_2'$、$X_1$、$X_2'$）。

**2. 试验条件**

试验时，将转子堵住不动，这时 $s = 1$，则在等效电路中的附加电阻等于零，相当于转子电路本身短接，因此堵转试验也称为短路试验，求得的参数也就称为短路参数。

试验时，定子仍加额定频率的三相对称电压，为了使短路试验不出现过电流，应降低电

压。一般电压从 $U_1=0.4U_N$ 开始逐渐降低，求得不同电压下的定子相电流 $I_k$ 和输入功率 $P_k$，即可画出短路特性 $I_k=f(U_1)$ 和 $P_k=f(U_1)$，如图 8-18 所示。

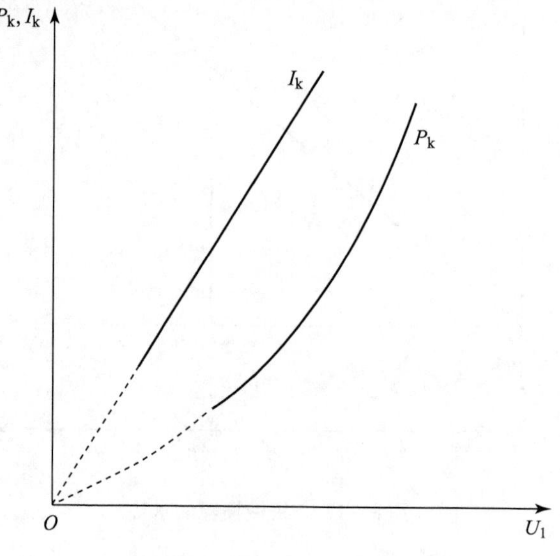


**图 8-18　异步电动机的短路特性**

从等效电路可知，因为 $Z_m \gg Z_k$，短路试验时，可以认为励磁支路开路，$I_0=0$，铁损忽略不计，所以输入功率全部消耗在定子、转子的铜损耗上，即

$$P_k=3I_1^2R_1+3I'^2_2R'_2\approx 3I_1^2(R_1+R'_2)=3I_1^2R_k \tag{8-58}$$

**3. 参数计算**

计算各参数的公式为

$$\begin{cases} Z_k=\dfrac{U_1}{I_k} \\ R_k=\dfrac{P_k}{3I_k^2} \\ X_k=\sqrt{Z_k^2-R_k^2}=X_1+X'_2 \end{cases} \tag{8-59}$$

其中，定子电阻 $R_1$ 可直接测得，于是

$$R'_2=R_k-R_1 \tag{8-60}$$

对大、中型电动机，可以认为

$$X_1=X'_2=\frac{1}{2}X_k \tag{8-61}$$

## 思考题与习题

8-1　异步电动机有哪些主要部件？它们各起什么作用？

8-2　异步电动机的转子有哪两种类型？各有何特点？

8-3　什么叫转差率？转差率是怎样计算的？如何根据转差率的数值来判断异步电动机的 3 种运行状态？3 种状态时电功率和机械功率的流向如何？

8-4　三相异步电动机主磁通和漏磁通是如何定义的？主磁通在定、转子绕组中感应电动势的频率一样吗？两个频率之间数量关系如何？

8-5　异步电动机的转子磁动势是怎样产生的？这个磁动势相对转子的转向、转速与转子自身的转向及转速有何关系？相对定子的转向、转速呢？由此说明进行转子频率折算是否可行？是否适用于异步电动机的任何状态？

8-6　试比较异步电动机与变压器在折算的目的、折算的条件、折算的内容和折算的结果上的异同。

8-7　三相异步电动机运行时，内部有哪些损耗？当电动机从空载到额定负载运行时，这些损耗中哪些基本不变？哪些是随负载变化的？

8-8　三相异步电动机产生转矩的原因是什么？从转子边来看，电磁转矩与电机内部的哪些量有关？当外加电压 $U$ 及转差率 $s$ 不变时，电机的电磁转矩 $T$ 是否也不会改变？是不是电动机轴上的机械负载越大，转差率 $s$ 就越大？

8-9　已知一台三相异步电动机的额定功率 $P_N=4$ kW，额定电压 $U_N=380$ V，额定功率因数 $\cos\varphi_N=0.77$，额定效率 $\eta_N=0.84$，额定转速 $n_N=960$ r/min，试求该电动机的额定电流 $I_N$。

8-10　一台三相异步电动机，额定运行时的输入功率为 $P_1=3\ 600$ W，转子铜损耗 $p_{Cu_2}=100$ W，额定转差率 $s_N=0.03$，机械损耗和附加损耗 $p_m+p_a=100$ W，试求：

（1）电磁功率 $P_M$；

（2）定子总损耗；

（3）输出机械功率 $P_2$。

8-11　一台三相6极异步电机，额定电压为380 V，星形连接，频率为50 Hz，额定功率为28 kW，额定转速为950 r/min，额定负载时的功率因数 $\cos\varphi_{1N}=0.88$，定子铜损耗及铁损耗共为2.2 kW，机械损耗为1.1 kW，在额定负载并忽略附加损耗时，试求：

（1）转差率；

（2）转子铜损耗；

（3）效率；

（4）定子电流；

（5）转子电流的频率。

8-12　已知一台三相4极绕线型异步电动机，定、转子绕组均为星形连接，额定功率 $P_N=14$ kW，额定转差率 $s_N=0.05$，转子电阻 $R_2=0.01\ \Omega$，额定运行时机械损耗 $p_m=0.7$ kW。现在转子每相中串联附加电阻 $R=\dfrac{1-s_N}{s_N}R_2=0.19\ \Omega$，并把转子卡住不转，忽略附加损耗。试求：

（1）气隙磁通 $\Phi_m$、转子磁动势 $\dot{F}_2$ 和定子磁动势 $\dot{F}_1$ 的大小及相对位置与额定运行时相比有没有变化？

（2）此时的电磁功率 $P_M$、转子铜耗 $p_{Cu_2}$、输出功率 $P_2$ 和电磁转矩 $T$ 各为多少？

# 第 9 章　三相异步电动机的电力拖动

与直流电动机相比，异步电动机具有结构简单、运行可靠、价格低廉、维护方便等一系列优点，因此异步电动机被广泛应用在电力拖动系统中。尤其是随着电力电子技术的发展和交流调速技术的日益成熟，使异步电动机在调速性能方面完全可与直流电动机相媲美。目前，异步电动机的电力拖动已被广泛应用在各个工业自动化领域。

本章首先讨论三相异步电动机的电磁转矩表达式和机械特性，然后研究三相异步电动机的启动、制动和调速问题。

## 9.1　三相异步电动机的电磁转矩表达式

与直流电动机相同，三相异步电动机的机械特性也是指在一定条件下电动机的转速 $n$ 与转矩 $T_{em}$之间的关系 $n=f(T_{em})$。因为异步电动机的转速与转差率 $s$ 存在一定的关系，所以异步电动机的机械特性也往往用 $T_{em}=f(s)$ 的形式表示，通常称为 $T-s$ 曲线。

三相异步电动机的电磁转矩有 3 种表达式，分别是物理表达式、参数表达式和实用表达式，下面分别介绍。

### 9.1.1　物理表达式

若把 $P_{em}=m_1E_2'I_2'\cos\varphi_2$，$E_2'=4.44f_1N_1\Phi_0K_{w1}$ 和 $\Omega_1=2\pi n_1/60=2\pi f_1/p$ 代入异步电动机电磁转矩的基本公式 $T_{em}=P_{em}/\Omega_1$ 中，可得

$$T_{em}=\frac{P_{em}}{\Omega_1}=\frac{m_1E_2'I_2'\cos\varphi_2}{\Omega_1}=\frac{m_1 4.44f_1N_1\Phi_0K_{w1}I_2'\cos\varphi_2}{2\pi f_1/p}$$

$$=\frac{m_1pN_1K_{w1}}{\sqrt{2}}\Phi_0I_2'\cos\varphi_2=C_T\Phi_0I_2'\cos\varphi_2 \qquad (9-1)$$

式中，$C_T$ 为转矩常数，$C_T=\dfrac{m_1pN_1K_{w1}}{\sqrt{2}}$。

式（9-1）表明异步电动机的电磁转矩与主磁通 $\Phi_0$ 成正比，与转子电流的有功分量 $I_2'\cos\varphi_2$成正比，其物理意义非常明确，所以该式称为电磁转矩的物理表达式。该表达式与直流电动机的电磁转矩公式 $T_{em}=C_T\Phi I_a$ 极为相似，常用它定性分析三相异步电动机的运行问题。

### 9.1.2　电磁转矩的参数表达式

由于电磁转矩的物理表达式不能直接反映转矩与转速的关系，而电力拖动系统却常常需

要用转速或转差率与转矩的关系进行系统的运行分析，故推导参数表达式如下：

因为

$$P_{em} = m_1 I_2'^2 \left(\frac{R_2'}{s}\right)$$

根据三相异步电动机的近似等效电路，可知

$$I_2' = \frac{U_1}{\sqrt{\left(R_1 + \frac{R_2'}{s}\right)^2 + (X_1 + X_2')^2}}$$

把以上两式和 $\Omega_1 = 2\pi f_1/p$ 代入公式 $T_{em} = \frac{P_{em}}{\Omega_1}$中，可得

$$T_{em} = \frac{P_{em}}{\Omega_1} = \frac{m_1 I_2'^2 \left(\frac{R_2'}{s}\right)}{2\pi f_1/p}$$

$$= \frac{m_1 p U_1^2 \left(\frac{R_2'}{s}\right)}{2\pi f_1 \left[\left(R_1 + \frac{R_2'}{s}\right)^2 + (X_1 + X_2')^2\right]} \tag{9-2}$$

式（9-2）反映了三相异步电动机的电磁转矩 $T_{em}$ 与电动机相电压 $U_1$、电源频率 $f_1$、电动机的参数（$R_1$、$R_2'$、$X_1$、$X_2'$、$p$ 及 $m_1$）以及转差率 $s$ 之间的关系，因此称为电磁转矩的参数表达式。显然，当 $U_1$、$f_1$ 及电动机的各参数不变时，电磁转矩 $T_{em}$ 仅与转差率 $s$ 有关，根据式（9-2）可绘出异步电动机的 $T_{em}-s$ 曲线，如图9-1所示。

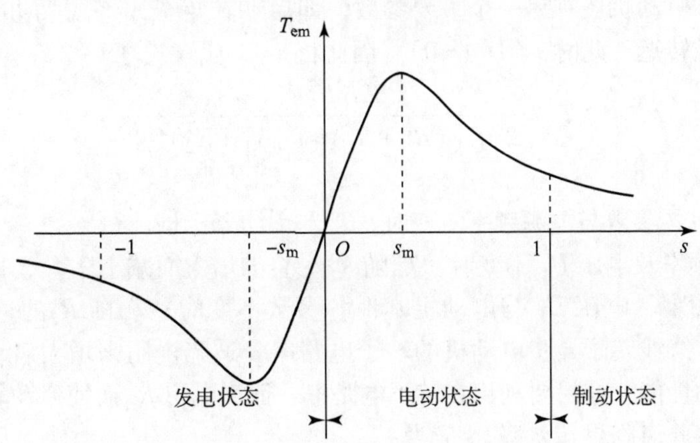


**图9-1　三相异步电动机的 $T_{em}-s$ 曲线**

由图9-1可知，在 $s$ 值很小的区间，$T_{em} \propto s$，该段称为线性区；在 $s$ 值较大的区间，$T_{em} \propto \frac{1}{s}$，该段称为非线性区。因此 $T_{em}-s$ 曲线为一条二次曲线，在某个转差率 $s_m$ 时，转矩有一个最大值 $T_{max}$，称为异步电动机的最大转矩。

令 $dT_{em}/ds = 0$ 时，可求出产生最大转矩 $T_{max}$ 时的临界转差率，即

$$s_m = \frac{R_2'}{\sqrt{R_1^2 + (X_1 + X_2')^2}} \approx \frac{R_2'}{X_1 + X_2'} \tag{9-3}$$

把式（9-3）代入式（9-2），可求得最大转矩为

$$T_{max} = \frac{m_1 p U_1^2}{4\pi f_1 \left[ R_1 + \sqrt{R_1^2 + (X_1 + X_2')^2} \right]} \approx \frac{m_1 p U_1^2}{4\pi f_1 (X_1 + X_2')} \tag{9-4}$$

式（9-3）和式（9-4）中，在电源频率 $f_1$ 较低时，因 $R_1 \ll (X_1 + X_2')$ 而忽略 $R_1$ 得近似表达式。

由式（9-3）及式（9-4）可知：

（1）当电动机各参数与电源频率不变时，$T_{max}$ 与 $U_1^2$ 成正比，$s_m$ 则保持不变，与 $U_1$ 无关。

（2）当电源频率及电压 $U_1$ 不变时，$s_m$ 和 $T_{max}$ 近似地与 $X_1 + X_2'$ 成反比。

（3）当电源频率、电压 $U_1$ 与电动机其他各参数不变时，$s_m$ 与 $R_2'$ 成正比，$T_{max}$ 则与 $R_2'$ 无关。由于此特点，对绕线转子异步电动机，当转子电路串联电阻时，可使 $s_m$ 增大，但 $T_{max}$ 不变。

$T_{max}$ 是异步电动机可能产生的最大转矩。如果负载转矩 $T_L > T_{max}$，电动机将因过载而停转。为保证电动机不会因短时过载而停转，要求其额定运行时的电磁转矩 $T_N < T_{max}$。我们把最大转矩与额定转矩的比值称为过载倍数或过载能力，用 $\lambda_m$ 表示，即

$$\lambda_m = \frac{T_{max}}{T_N} \tag{9-5}$$

过载倍数 $\lambda_m$ 是异步电动机的一个重要性能指标，它反映了电动机短时过载的极限。一般异步电动机的过载倍数 $\lambda_m = 1.8 \sim 3.0$，对于起重冶金用的异步电动机，其 $\lambda_m$ 可达 3.5。除了 $T_{max}$ 外，异步电动机还有另一个重要参数，即启动转矩 $T_{st}$，它是异步电动机接至电源开始启动时的电磁转矩，此时 $s = 1 (n = 0)$，因此将 $s = 1$ 代入式（9-2），可得

$$T_{st} = \frac{m_1 p U_1^2 R_2'}{2\pi f_1 \left[ (R_1 + R_2')^2 + (X_1 + X_2')^2 \right]} \tag{9-6}$$

由式（9-6）可知：

（1）当电动机各参数与电源频率不变时，$T_{st}$ 与 $U_1^2$ 成正比。

（2）当电源频率及电压 $U_1$ 不变时，$T_{st}$ 随 $X_1 + X_2'$ 的增大而减小。

（3）当电源频率、电压 $U_1$ 与电动机其他各参数不变时，$T_{st}$ 随 $R_2'$ 的适当增大而增大。利用此特点，可在绕线转子异步电动机的转子电路串一适当电阻来增大启动转矩 $T_{st}$，从而改善电动机的启动性能。如果要利用在转子电路串一适当电阻 $R_{st}$ 而使启动转矩 $T_{st}$ 增大到最大转矩 $T_{max}$，那么此时临界转差率 $s_m$ 应为 1。

对笼型异步电动机，其启动转矩不能用转子电路串联电阻的方法来改变，我们把它的启动转矩与额定转矩的比值称为启动转矩倍数，用 $k_{st}$ 表示，即

$$k_{st} = \frac{T_{st}}{T_N} \tag{9-7}$$

$k_{st}$ 是笼型异步电动机的另一个重要性能指标，它反映了电动机的启动能力，一般 Y 系列三相异步电动机的 $k_{st} = 1.8 \sim 2.0$。显然，当 $T_{st} > T_L$ 时，电动机才能启动。在额定负载下，只有 $k_{st} > 1$ 的笼型异步电动机才能启动。

### 9.1.3　电磁转矩的实用表达式

上述参数表达式，对于分析电磁转矩与电动机参数间的关系，进行某些理论分析，是非常有用的。但是，由于在电动机的产品目录中，定子及转子的内部参数是查不到的，往往只给出额定功率 $P_N$、额定转速 $n_N$ 及过载倍数 $\lambda_m$ 等，所以用参数表达式进行定量计算很不方便，为此，导出了一个较为实用的表达式，即

$$T_{em}=\frac{2T_{max}}{\frac{s_m}{s}+\frac{s}{s_m}} \tag{9-8}$$

式中，$T_{max}$及 $s_m$ 可用下述公式求出：

$$T_{max}=\lambda_m T_N=\frac{9.55\lambda_m P_N}{n_N}$$

忽略 $T_0$，将 $T_{em}\approx T_N$、$s=s_N$ 代入式（9－8）中，可得

$$s_m=s_N(\lambda_m+\sqrt{\lambda_m^2-1}) \tag{9-9}$$

当电动机运行在 $T_{em}-s$ 曲线的线性段时，因为 $s\ll s_m$，所以$\frac{s}{s_m}\ll\frac{s_m}{s}$，从而忽略$\frac{s}{s_m}$，式（9－8）可简化为

$$T_{em}=\frac{2T_{max}}{s_m}s \tag{9-10}$$

式（9－10）即为电磁转矩的简化实用表达式，又称直线表达式，用起来更为简单。但需注意，为了减小误差，式中 $s_m$ 的计算应采用下式：

$$s_m=2\lambda_m s_N \tag{9-11}$$

以上异步电动机的3种电磁转矩表达式，应用场合有所不同。一般物理表达式适用于定性分析 $T_{em}$与 $\Phi_0$ 及 $I_2'\cos\varphi_2$ 之间的关系；参数表达式适用于定性分析电动机参数变化对其运行性能的影响，实用表达式适用于工程计算。

## 9.2　三相异步电动机的机械特性

### 9.2.1　固有机械特性

三相异步电动机的固有机械特性是指异步电动机工作在额定电压和额定频率下，按规定的接线方式接线，定子、转子外接电阻为零时，$n$ 与 $T_{em}$的关系。当电机处于电动机运行状态时，其固有机械特性如图9－2所示。整个机械特性可由以下两部分组成：

**1. *HP* 部分（转矩由0至 $T_{max}$，转差率由0至 $s_m$）**

在这一部分，随着转矩 $T_{em}$的增加，转速降低，根据电力拖动系统稳定运行的条件，称这部分为可靠稳定运行部分或称为工作部分。异步电动机机械特性的工作部分接近于一条直线，只是在转矩接近于最大值时弯曲较大。故一般在额定转矩以内，异步电动机的机械特性曲线可看作直线。

**2. *PA* 部分（转矩由 $T_{max}$至 $T_{st}$，转差率由 $s_m$ 至1）**

在这一部分，随着转矩的减小，转速也减小，特性曲线为一曲线，称为机械特性的曲线

部分。只有当电动机带动通风机负载时，才能在这一部分稳定运行；而对恒转矩负载或恒功率负载，在这一部分不能稳定运行，因此有时候这一部分也称为非工作部分。为了进一步描述机械特性的特点，下面着重研究几个反映电动机工作情况的特殊点。

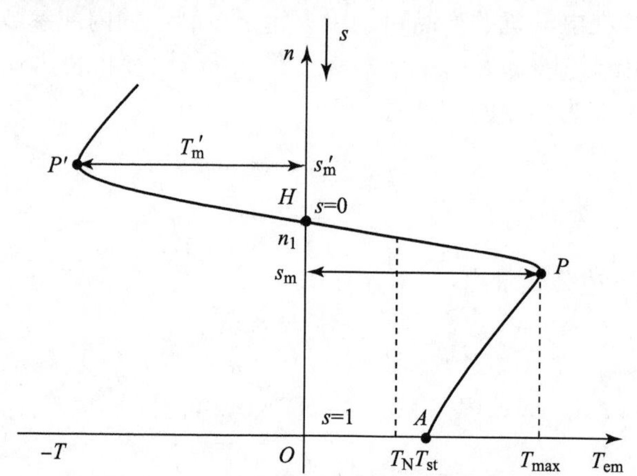


**图 9-2 异步电动机的固有机械特性**

（1）理想空载点 $H$。在理想空载点 $H$，$n=n_1$，$s=0$，电磁转矩 $T_{em}=0$，转子电流 $I_2=0$，定子电流 $I_1=I_0$。

（2）最大转矩点 $P$。最大转矩点 $P$ 是机械特性曲线中线性段与非线性段的分界点，此时 $s=s_m$，$T_{em}=T_{max}$。通常情况下，电动机在线性段上工作是稳定的，而在非线性段上工作是不稳定的，所以 $P$ 点也是电动机稳定运行的临界点，临界转差率 $s_m$ 也是由此得名。

（3）启动转矩点 $A$。在启动转矩点 $A$，$n=0$，$s=1$，电磁转矩 $T_{em}=T_{st}$。$T_{st}$称为启动转矩（因此时 $n=0$，转子不动，故也称为堵转转矩），它是异步电动机接到电源开始启动瞬间的电磁转矩。

### 9.2.2 人为机械特性

人为机械特性是人为改变电机参数或电源参数而得到的机械特性。三相异步电动机的人为机械特性种类很多，本节着重讨论两种。

**1. 降低定子电压时的人为机械特性**

当定子电压 $U_1$ 降低时，由式（9-2）可知，电动机的电磁转矩（包括最大转矩 $T_{max}$和启动转矩 $T_{st}$）将与 $U_2$ 成正比降低，但产生最大转矩的临界转差率 $s_m$ 因与电压无关，故保持不变。由于电动机的同步转速 $n_1$ 也与电压无关，因而同步点也不变。因此，降低定子电压的人为机械特性为一组通过同步点的曲线族。图 9-3 所示为 $U_1=U_N$ 的固有特性和 $U_1=0.8U_N$ 及 $U_1=0.5U_N$ 时的人为机械特性。

由图 9-3 可知，当电动机在某一负载下运行时，若降低电压，则电动机转速降低，转差率增大，转子电流将因此而增大，从而引起定子电流的增大。若电动机电流超过额定值，则电动机最终温升将超过容许值，导致电动机寿命缩短，甚至使电动机烧坏。如果电压降低过多，致使最大转矩 $T_{max}$小于总的负载转矩，则会发生电动机停转事故。

**2. 转子串联对称电阻时的人为机械特性**

在绕线转子异步电动机转子电路内，三相分别串联大小相等的电阻 $R_s$。由前面的分析

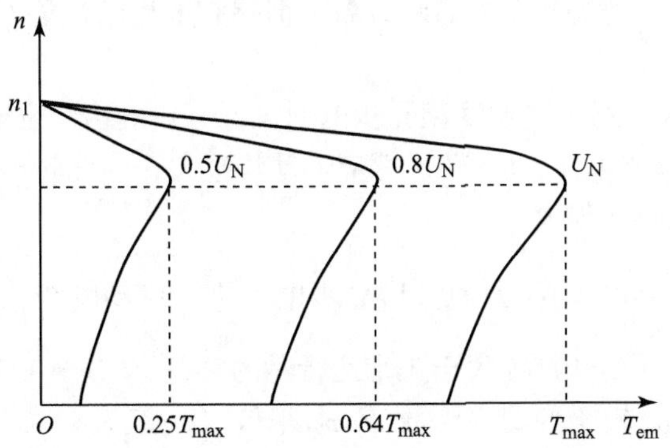


**图 9－3　异步电动机定子降压时的人为机械特性**

可知，此时电动机的同步转速 $n_1$ 不变，最大转矩 $T_{max}$ 不变，而临界转差率 $s_m$ 则随 $R_s$ 的增大而增大，人为特性为一组通过同步点的曲线族，如图 9－4 所示。

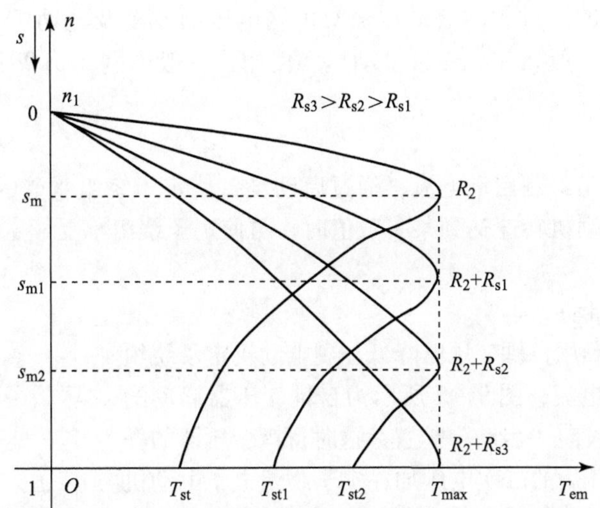


**图 9－4　异步电动机转子串联电阻时的人为机械特性**

显然，在一定范围内增加转子电阻可以增大电动机的启动转矩 $T_{st}$。如果串联某一数值的电阻后使 $T_{st}=T_{max}$，这时若再增大转子电阻，启动转矩将开始减小。

三相异步电动机的人为机械特性有很多种，除了上述两种外，还可以改变定子极对数、电源频率得到相应的人为机械特性等。

## 9.3　三相异步电动机的启动

### 9.3.1　三相笼型异步电动机的启动

三相笼型转子异步电动机有直接启动与降压启动两种方法。

**1. 直接启动**

直接启动也称全压启动。启动时，电动机定子绕组直接接入额定电压的电网上。这是一种最简单的启动方法，不需要复杂的启动设备，但是它的启动性能不能满足实际要求，其主要原因如下：

（1）启动电流 $I_{st}$ 大，对于普通笼型异步电动机，一般可达额定电流的 4 ~7 倍。启动电流大的原因是启动时，$n=0$，$s=1$，转子感应电动势很大，因此转子电流很大，根据磁通势平衡关系，定子电流也必然很大。

（2）启动转矩 $T_{st}$ 不大，对于普通笼形异步电动机，启动转矩倍数 $k_{st}=\frac{T_{st}}{T_N}=0.9\sim1.3$。首先，启动时的转差率（$s=1$）远大于正常运行时的转差率（$s=0.01\sim0.06$），启动时转子电路的功率因数角很大，转子的功率因数 $\cos\varphi_2$ 很低（一般只有 0.3 左右），因此启动时虽然 $I_2$ 大，但其有功分量 $I_2'\cos\varphi_2$ 并不大，所以启动转矩不大。其次，由于启动电流大，定子绕组漏抗压降大，使定子绕组感应电动势 $E_1$ 减小，导致对应的气隙磁通量 $\Phi$ 减小（启动瞬间约为额定值的 1/2），这是造成启动转矩不大的另一个原因。

通过以上分析可知，笼型异步电动机直接启动时，启动电流大，而启动转矩不大，这样的启动性能是不理想的。过大的启动电流对电网电压的波动及电动机本身均会带来不利影响。因此，直接启动一般只在小容量电动机中使用，一般电网 7.5kW 以下的电动机可采用直接启动。

**2. 降压启动**

降压启动的目的是限制启动电流，通过启动设备使定子绕组承受的电压小于额定电压，减小启动电流，待电动机转速达到某一数值时，再使定子绕组承受额定电压，使电动机在额定电压下稳定工作。

1）自耦变压器启动

这种启动方法是利用自耦变压器降低加到电动机定子绕组上的电压以减小启动电流，图 9 -5 所示为自耦变压器启动的原理图。启动时开关投向“启动”位置，这时自耦变压器的一次绕组加全电压，降压后的二次电压加在定子绕组上，电动机降压启动。当电动机转速接近稳定值时，把开关投向“运行”位置，自耦变压器被切除，电动机全压运行，启动过程结束。

设自耦变压器的电压比为 $k$，其表达式为

$$k=\frac{U_N}{U_1'}=\frac{I_{1st}'}{I_{st}'}=\frac{N_1}{N_2} \tag{9-12}$$

启动时，电动机所承受的电压为

$$U_1'=\frac{U_N}{k}$$

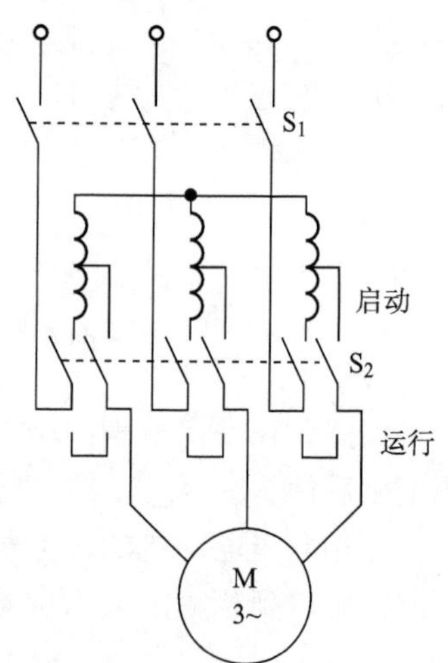

图 9 -5　自耦变压器启动原理图

全压启动时的启动电流为 $I_{st}$，全压启动时的启动转矩为 $T_{st}$。通过自耦变压器把电压降低到 $U_1'$ 后再加到电动机定子绕组上，以达到减小启动电流的目的。此时，电动机定子绕组上流过的电流为 $I_{1st}'$。

直接启动时的启动电流为

$$I_{st}=\frac{U_N}{Z_s} \tag{9-13}$$

通过自耦变压器降压后电动机定子绕组上流过的电流为

$$I'_{1st}=\frac{U'_1}{Z_s}=\frac{U_N/k}{Z_s}=\frac{U_N}{Z_s}\cdot\frac{1}{k}=\frac{1}{k}I_{st} \tag{9-14}$$

经自耦变压器降压后，启动电流 $I'_{st}$（自耦变压器一次绕组电流）为

$$I'_{st}=\frac{1}{k}I'_{1st}=\frac{1}{k}\cdot\frac{1}{k}I_{st}=\frac{1}{k^2}I_{st} \tag{9-15}$$

直接启动转矩 $T_{st}$ 与自耦变压器降压后的启动转矩 $T'_{st}$ 的关系为

$$\frac{T'_{st}}{T_{st}}=\left(\frac{U'_1}{U_N}\right)^2=\frac{1}{k^2}$$

即

$$T'_{st}=\frac{1}{k^2}T_{st} \tag{9-16}$$

由式（9－15）、式（9－16）可知，电网提供的启动电流和启动转矩均减少为原来的$\frac{1}{k^2}$。

自耦变压器降压启动适用于较大容量的电动机。启动用变压器有 $QJ_2$ 和 $QJ_3$ 两个系列。$QJ_2$ 系列的抽头电压比为 55%、64%、73%，$QJ_3$ 系列的抽头电压比为 40%、60%、80%。

2）Y－△降压启动

Y－△降压启动，即星形－三角形降压启动，只适用于正常运行时定子绕组为△连接的电动机，其降压启动原理图如图 9－6 所示。启动时先将开关投向“启动”侧，将定子绕组接成Y，然后闭合开关 $S_1$ 进行启动。此时，定子每相绕组电压为额定电压的$\frac{1}{\sqrt{3}}$，从而实现了降压启动。待转速上升至一定数值时，将开关投向“运行”侧，恢复定子绕组为△连接，使电动机在全压下运行。

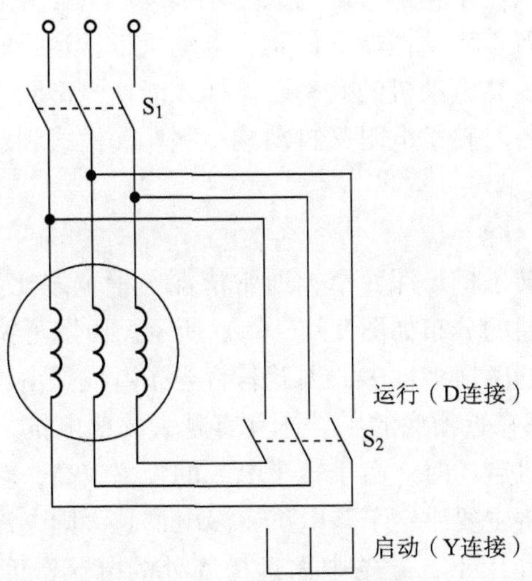


**图 9－6　Y－△降压启动原理图**

设电动机额定电压为 $U_N$，每相漏阻抗为 $Z_k$，由简化等效电路可得Y连接时的启动电流为

$$I_{st\curlyvee}=\frac{U_N/\sqrt{3}}{Z_k} \tag{9-17}$$

△连接时的启动电流（线电流）即直接启动电流为

$$I_{st\triangle}=\sqrt{3}I_{相}=\sqrt{3}\frac{U_N}{Z_k} \tag{9-18}$$

于是得到启动电流减小的倍数为

$$\frac{I_{st\curlyvee}}{I_{st\triangle}}=\frac{1}{3} \tag{9-19}$$

根据 $T'_{st}\propto U_1^2$，可得启动转矩的倍数为

$$\frac{T_{st\curlyvee}}{T_{st\triangle}}=\left(\frac{U_N/\sqrt{3}}{U_N}\right)^2=\frac{1}{3} \tag{9-20}$$

即

$$T_{st\curlyvee}=\frac{1}{3}T_{st\triangle}$$

可见，Y－△降压启动时，启动电流和启动转矩都降为直接启动时的1/3。

Y－△降压启动操作方便，启动设备简单，应用较为广泛。但它仅适用于正常运行时定子绕组采用△连接的电动机。因此，一般用途的小型异步电动机，当容量大于4 kW时，定子绕组都采用△连接。由于启动转矩为直接启动时的1/3，因而这种启动方法多用于空载或轻载启动。

### 9.3.2 深槽式及双笼型异步电动机

从以上对笼型异步电动机的启动分析可知，直接启动时，启动电流太大；降压启动时，虽然减小了启动电流，但启动转矩也随之减小。根据异步电动机转子串联电阻的人为机械特性可知，在一定范围内增大转子电阻可以增大启动转矩，转子电阻增大还将减小启动电流，因此较大的转子电阻可以改善启动性能。但是，电动机正常运行时希望转子电阻小一些，这样可以减小转子铜损耗，提高电动机的效率。怎样才能使笼型异步电动机在启动时具有较大的转子电阻，而在正常运行时转子电阻又自动减小呢？深槽式和双笼型异步电动机就可实现这一目的。

**1. 深槽式异步电动机**

深槽式异步电动机的转子槽形深而窄，通常槽深与槽宽之比为10～12或以上。当转子导条中流过电流时，漏磁通的分布如图9－7（a）所示。由图可见，与导条底部相交链的漏磁通比槽口部分相交链的漏磁通多得多，因此若将导条看成是由若干个沿槽高划分的小导体（小薄片）并联而成，则越靠近槽底的小导体具有越大的漏电抗，而越接近槽口部分的小导体的漏电抗越小。当电动机启动时，由于转子电流的频率较高，转子导条的漏电抗较大，因而各小导体中电流的分配将主要决定于漏电抗，漏电抗越大则电流越小。这样在由气隙主磁通所感应的相同电动势的作用下，导条中靠近槽底处的电流密度将很小，越靠近槽口则越大，因此沿槽高的电流密度分布如图9－7（b）所示，这种现象称为电流的集肤效应。由于电流好像被挤到槽口处，因而又称为挤流效应。集肤效应的效果相当于减小了导条的高度和截面（图9－7（c）），增大了转子电阻，从而满足了启动的要求。

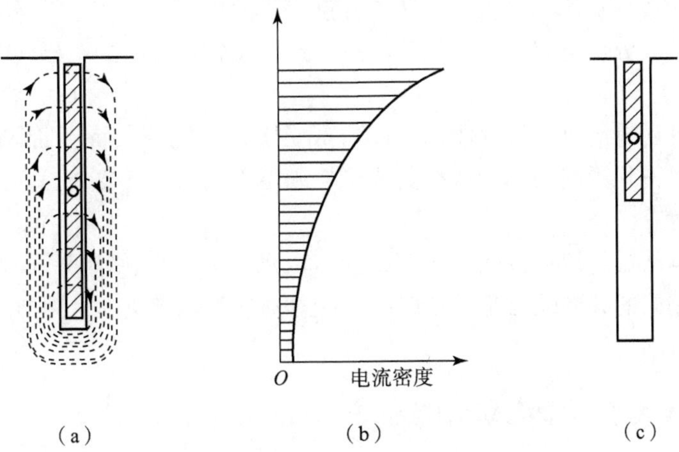


**图 9－7　深槽式转子导体中电流的集肤效应**

当启动完毕，电动机正常运行时，由于转子电流频率很低，一般为 1～3 Hz，转子导条的漏电抗比转子电阻小得多，因而前述各小导体中电流的分配将主要决定于电阻。由于各小导体电阻相等，导条中的电流将均匀分布，集肤效应基本消失，因而转子导条电阻恢复（减小）为自身的直流电阻。可见，正常运行时，深槽式异步电动机的转子电阻能自动变小，从而满足了减小转子铜损、提高电动机效率的要求。

**2. 双笼型异步电动机**

双笼型异步电动机的转子上有两套笼，即上笼和下笼，如图 9－8（a）所示。上笼导条截面积较小，并用黄铜或铝青铜等电阻率较大的材料制成，电阻较大；下笼导条的截面积较大，并用电阻率较小的紫铜制成，电阻较小。双笼型电动机也常用铸铝转子，如图 9－8（b）所示。显然下笼交链的漏磁通要比上笼多得多，因此下笼的漏电抗也比上笼大得多。

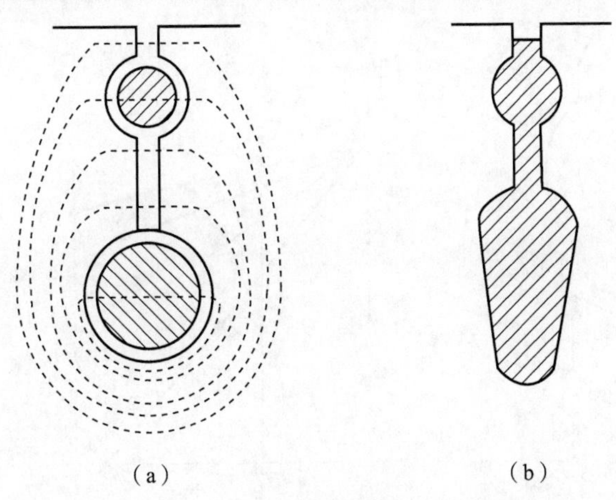


**图 9－8　双笼型转子异步电动机转子槽形**

启动时，转子电流频率较高，转子漏电抗大于电阻，上、下笼的电流分配主要决定于漏电抗。由于下笼的漏电抗比上笼的大得多，电流主要从上笼流过，因而启动时上笼起主要作用。由于上笼的电阻较大，可以产生较大的启动转矩，限制启动电流，因而常把上笼称为启动笼。

正常运行时，转子电流频率很低，转子漏电抗远比电阻小，上、下笼的电流分配决定于电阻，于是电流大部分从电阻较小的下笼流过，产生正常运行时的电磁转矩，因此把下笼称为运行笼。

双笼型异步电动机的机械特性曲线可以看成是上、下笼两条特性曲线的合成，改变上、下笼的参数就可以得到不同的机械特性曲线，以满足不同的负载要求，这是双笼型异步电动机的一个突出优点。

双笼型异步电动机的启动性能比深槽式异步电动机好，但深槽式异步电动机结构简单，制造成本较低。它们的共同缺点是转子漏电抗较普通笼型电动机大，因此功率因数和过载能力都比普通笼型电动机低。

### 9.3.3 绕线转子异步电动机的启动

三相笼型异步电动机直接启动时，启动电流大，启动转矩不大；降压启动时，虽然减小了启动电流，但启动转矩也随电压的平方关系减小。因此，笼型异步电动机只能用于空载或轻载启动。对于绕线转子异步电动机，若转子回路串入适当的电阻，则既能限制启动电流，又能增大启动转矩，同时克服了笼型异步电动机启动电流大、启动转矩不大的缺点。因此，这种启动方法适用于大、中容量异步电动机重载启动。绕线转子异步电动机的启动分为转子串联电阻启动及转子串联频敏变阻器启动。

**1. 转子串电阻启动**

为了在整个启动过程中得到较大的加速转矩，并使启动过程比较平滑，应在转子回路中串联多极对称电阻。启动时，随着转速的升高，逐段切除启动电阻，称为串联电阻分极启动。图 9-9 所示为三相绕线转子异步电动机转子串联对称电阻分极启动的接线图和对应的三极启动时的机械特性。

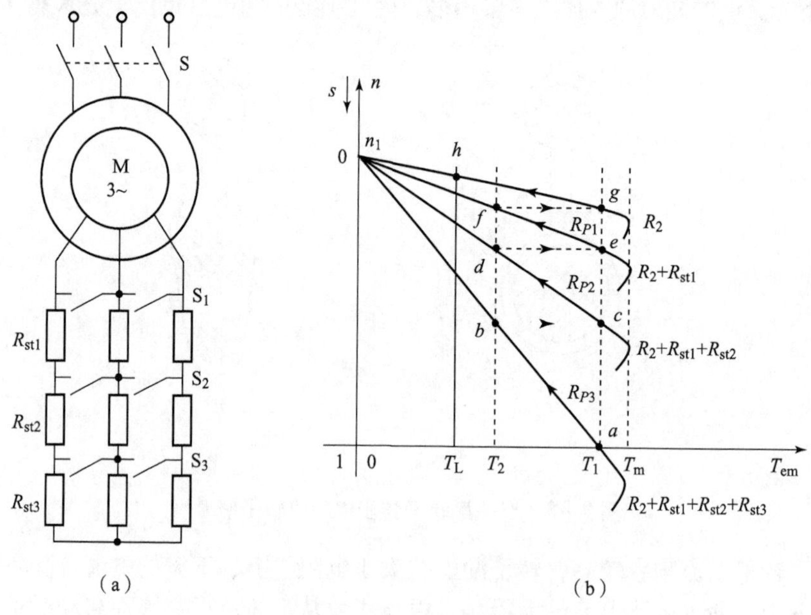


**图 9-9 转子串联电阻启动**

(a) 接线图；(b) 机械特性

下面介绍转子串联对称电阻的启动过程和启动电阻的计算方法。

1）启动过程

如图9-9（a）所示，启动开始时，接触器触点闭合，$S_1$、$S_2$、$S_3$断开，启动电阻全部串联在转子回路中，转子每相电阻为$R_{P3}=R_2+R_{st1}+R_{st2}+R_{st3}$，对应的机械特性如图9-9（b）中曲线$R_{P3}$所示。启动瞬间，转速$n=0$，电磁转矩$T_{em}=T_1$（$T_1$为最大加速转矩），因$T_1$大于负载转矩$T_L$，于是电动机从$a$点沿曲线$R_{P3}$开始加速。随着$n$上升，$T_{em}$逐渐减小，当减小到$T_2$时（对应于$b$点），触点$S_3$闭合，切除$R_{st3}$，切换电阻时的转矩值$T_2$称为切换转矩。切除$R_{st3}$后，转子每相电阻变为$R_{P2}=R_2+R_{st1}+R_{st2}$，对应的机械特性变为曲线$R_{P2}$。切换瞬间，转速$n$不突变，电动机的运行点由$b$点跃变到$c$点，$T_{em}$由$T_2$跃升为$T_1$。此后，$n$、$T_{em}$沿曲线$R_{P2}$变化，待$T_{em}$又减小到$T_2$时（对应$d$点），触点$S_2$闭合，切除$R_{st2}$。此后，转子每相电阻变为$R_{P1}=R_2+R_{st1}$，电动机运行点由$d$点跃变到$e$点，工作点（$n$，$T_{em}$）沿曲线$R_{P1}$变化。最后在$f$点触点$S_1$闭合，切除$R_{st1}$，转子绕组直接短路，电动机运行点由$f$点变到$g$点后沿固有特性加速到负载点$h$稳定运行，启动结束。

在启动过程中，一般取最大加速转矩$T_1=(0.8\sim0.85)T_m$，切换转矩$T_2=(1.1\sim1.2)T_N$。

2）启动电阻的计算

启动电阻的计算可以采用图解法和解析法，这里只介绍解析法。由图9-9（b）可知，分极启动时，电动机的运行点在每条机械特性的线性段（$0<s<s_m$）上变化，因此可以采用机械特性的线性表达式

$$T_{em}=\frac{2T_m}{s_m}s \tag{9-21}$$

计算启动电阻。转子串联电阻时，电动机的最大转矩$T_m$保持不变，而临界转差率$s_m$与转子电阻成正比变化。在同一机械特性曲线上，$T_{em}\propto s$；而对于不同机械特性（如$R_{P2}$、$R_{P3}$）上的$s=c$点（转速相同点，如$n_b=n_c$点），有$T_{em}\propto 1/s_m$，由于$s_m\propto R_2$，则$T_{em}\propto 1/R_2$。在图9-9（b）中：

在$b$、$c$点，$n_b=n_c$，即

$$\frac{T_1}{T_2}=\frac{R_{P3}}{R_{P2}} \tag{9-22}$$

同理，在$d$、$e$点，有

$$\frac{T_1}{T_2}=\frac{R_{P2}}{R_{P1}} \tag{9-23}$$

在$f$、$g$点，有

$$\frac{T_1}{T_2}=\frac{R_{P1}}{R_2} \tag{9-24}$$

因此

$$\frac{R_{P3}}{R_{P2}}=\frac{R_{P2}}{R_{P1}}=\frac{R_{P1}}{R_2}=\frac{T_1}{T_2}=\beta \tag{9-25}$$

即

$$\begin{cases} R_{P1}=\beta R_2 \\ R_{P2}=\beta R_{P1}=\beta^2 R_2 \\ R_{P3}=\beta R_{P2}=\beta^3 R_2 \end{cases}$$

若已知 $m$，则由 $R_{Pm}=\beta^m R_2$，转子所串联的各段电阻分别为

$$\begin{cases} R_{st1}=R_{P1}-R_2=(\beta-1)R_2 \\ R_{st2}=R_{P2}-R_{P1}=\beta(\beta-1)R_2 \\ R_{st3}=R_{P3}-R_{P2}=\beta^2(\beta-1)R_2 \\ \qquad\vdots \\ R_{stm}=R_{Pm}-R_{P(m-1)}=\beta^{m-1}(\beta-1)R_2 \end{cases}$$

启动极数一般不超过 5 极，通常选 3 ~ 4 极。

若已知 $m$，则由 $R_{Pm}=\beta^m R_2$ 可得

$$\beta=\sqrt[m]{\frac{R_{Pm}}{R_2}} \tag{9-26}$$

转子电阻为

$$R_2=\frac{s_N E_{2N}}{\sqrt{3}I_{2N}} \tag{9-27}$$

式中，$E_{2N}$为转子额定电势；$I_{2N}$为转子额定电流。

由于 $R_{Pm}$为转子启动时的最大电阻，此时，$s=1$，$I_2=I_{2st}$，$R_{Pm}=\frac{E_{2N}}{\sqrt{3}I_{2st}}$，故

$$\beta=\sqrt[m]{\frac{R_{Pm}}{R_2}}=\sqrt[m]{\frac{I_{2N}}{s_N I_{2st}}}=\sqrt[m]{\frac{T_N}{s_N T_1}} \tag{9-28}$$

若 $m$ 未知，则

$$m=\frac{\lg\left(\frac{T_N}{s_N T_1}\right)}{\lg\beta} \tag{9-29}$$

启动电阻计算步骤如下：

（1）当 $m$ 已知时，预选 $T_1$，计算 $\beta$；由 $T_2=T_1/\beta$ 验算 $T_2$ 是否满足 $T_2=(1.1\sim1.2)T_L$；计算 $R_2$，用 $R_2$ 和 $\beta$ 计算各段电阻。

（2）当 $m$ 未知时，预选 $T_1$、$T_2$，求 $\beta$；求 $m$ 取整，修正 $\beta$；计算 $R_2$，用 $R_2$ 和 $\beta$ 计算各段电阻。

**2. 转子串联频敏变阻器启动**

绕线转子异步电动机采用转子串联电阻启动时，若想在启动过程中保持有较大的启动转矩且启动平稳，则必须采用较多的启动极数，这必然导致启动设备复杂化。为了解决这个问题，可以采用转子串联频敏变阻器启动。频敏变阻器是一个铁损耗很大的三相电抗器。从结构上看，它好像一个没有二次绕组的三相心式变压器，它的铁芯是用较厚的钢板叠成的，3 个绕组分别绕在 3 个铁芯柱上并作Y连接，然后接到转子滑环上，如图 9 - 10（a）所示。图 9 - 10（b）所示为频敏变阻器每相的等效电路，其中 $R_1$ 为频敏电阻器绕组的电阻，$X_m$ 为带铁芯绕组的电抗，$R_m$ 为反映铁损耗的等效电阻。因为频敏变阻器的铁芯用厚钢板制成，

所以铁损耗较大，对应的 $R_m$ 也较大。

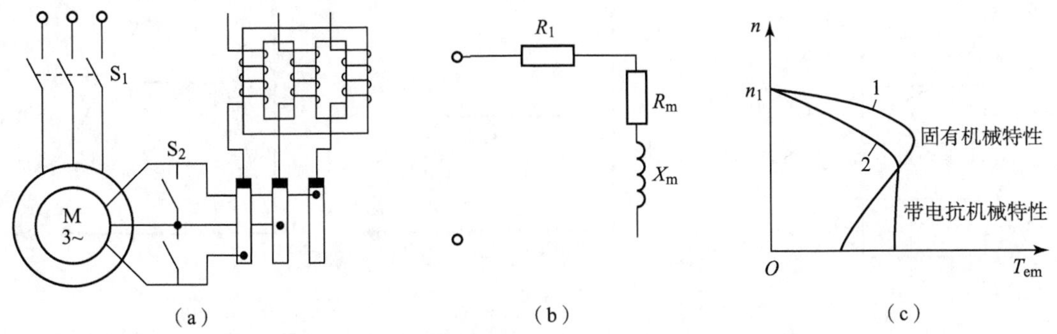


**图 9－10　绕线转子异步电动机转子串联频敏变阻器的启动**

（a）接线图；（b）等效电路；（c）机械特性

用频敏变阻器启动的过程如下：启动时触点 $S_2$ 断开，转子串联频敏变阻器。当触点 $S_1$ 闭合时，电动机接通电源开始启动。启动瞬间，$n_2=0$，$s=1$，转子电流频率 $f_2=sf_1=f_1$ 最大，频敏变阻器的铁芯中与频率平方成正比的涡流损耗最大，即铁损耗大，反映铁损大小的等效电阻 $R_m$ 大，此时相当于转子回路中串联了一个较大的电阻。启动过程中，随着 $n$ 上升，$s$ 减小，$f_2=sf_1$ 逐渐减小，频敏变阻器的铁损耗逐渐减小，$R_m$ 也随之减小，这相当于在启动过程中逐渐切除了转子回路串联的电阻。启动结束后，触点 $S_2$ 闭合，切除频敏变阻器，转子电路直接短路。

因为频敏变阻器的等效电阻 $R_m$ 是随频率 $f$ 的变化而自动变化的，因此称为“频敏”变阻器，它相当于一种无触点的变阻器。在启动过程中，频敏变阻器能自动、无极地减小电阻。如果参数选择适当，可以在启动过程中保持转矩近似不变，使启动过程平稳、快速。转子串联频敏变阻器启动时电动机的机械特性如图 9－10（c）中的曲线 2 所示，曲线 1 是电动机的固有机械特性。

频敏变阻器的结构简单，运行可靠，使用维护方便，因此被广泛应用在生产实际中。

### 9.3.4　三相异步电动机的软启动

近年来，工业生产中开始采用三相异步电动机软启动技术，以代替Y－△启动等传统降压启动方式。典型的软启动器采用如图 9－11（a）所示的主电路，即把 3 对反向并联的晶闸管串联在异步电动机定子三相电路中，通过改变晶闸管的导通角调节定子电压，使其按照设定的规律变化，来实现各种软启动方式。

软启动器大多以启动电流为控制对象，常用的软启动方式主要有以下两种。

（1）恒流软启动。在启动中使电动机启动电流保持恒定（限定启动电流）。通常要求限流值 $I_{sm}\geqslant(1.0\sim4.0)\ I_N$ 的范围内连续可调。该方式的启动电流特性如图 9－11（b）所示。它一般适用于负载转动惯量较大的场合。

（2）斜坡恒流软启动。控制启动电流以一定的速率平稳增加到限流值 $I_{sm}$ 后，保持启动电流恒定，直至启动结束。该方式的启动电流特性如图 9－11（c）所示。它一般适用于空载或轻载启动以及转矩随转速升高而增大的负载设备（如风机、水泵等）。

软启动器是一种采用数字控制的无触点降压启动控制装置，可以根据负载情况和生产要

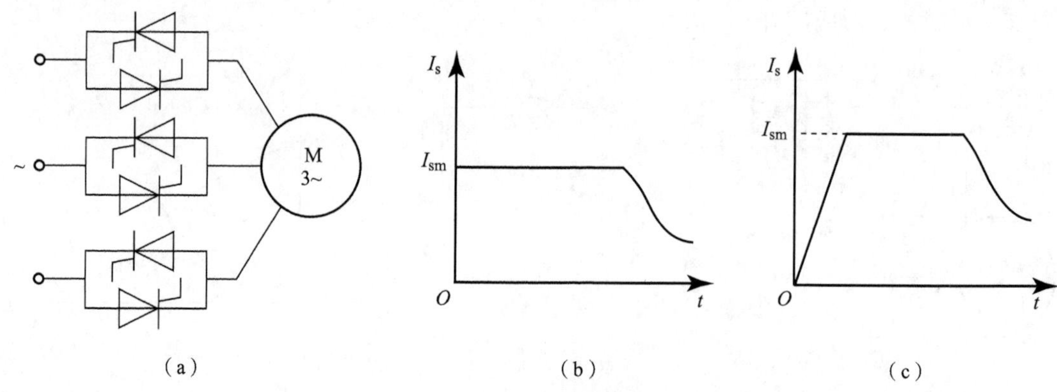


**图 9-11　三相异步电动机的软启动**

(a) 软启动器的主电路原理图；(b) 恒流软启动的电流特性；(c) 斜坡恒流软启动的电流特性

求灵活地设定电动机的软启动方式及其启动电流变化曲线，从而有效地控制启动电流和启动转矩，使电动机启动平稳，且对电网冲击小，启动功率损耗小。它比传统降压启动设备具有更好的启动控制性能，因此在无调速要求的电力传动系统中应用逐渐增多。软启动器还能实现电动机的软停车、软制动以及断相、过载、欠压等多种保护功能，可实现电动机轻载节能运行。其缺点是在工作中会产生谐波，对电网和电动机有不利的影响。

## 9.4　三相异步电动机的制动

三相异步电动机除了运行于电动状态外，还时常运行于制动状态。运行于电动状态时，$T_{em}$与 $n$ 同方向，$T_{em}$是驱动转矩，电动机从电网吸收电能并转换成机械能从轴上输出，其机械特性位于第一或第三象限。运行于制动状态时，$T_{em}$与 $n$ 反方向，$T_{em}$是制动转矩，电动机从轴上吸收机械能并转换成电能，该电能或消耗在电机内部或反馈回电网，其机械特性位于第二或第四象限。

异步电动机制动的目的是使电力拖动系统快速停车或者使拖动系统尽快减速，对于位能性负载，制动运行可获得稳定的下降速度。异步电动机制动的方法有能耗制动、反接制动和回馈制动 3 种。

### 9.4.1　能耗制动

异步电动机的能耗制动如图 9-12 所示。制动时接触器触点 $S_1$ 断开，电动机脱离电网，同时触点 $S_2$ 闭合，在定子绕组中通入直流电流（称为直流励磁电流），于是定子绕组便产生一个恒定的磁场。转子因惯性而继续旋转并切割该恒定磁场，转子导体中便产生感应电动势及感应电流。由图 9-12（b）可以判定，转子感应电流与恒定磁场作用产生的电磁转矩为制动转矩，因此转速迅速下降。当转速下降至零时，转子感应电动势和感应电流均为零，制动过程结束。制动期间，转子的动能转变为电能消耗在转子回路的电阻上，故称为能耗制动。

异步电动机能耗制动机械特性表达式的推导比较复杂，其曲线形式与接到交流电网上正常运行时的机械特性是相似的，只是它要通过坐标原点，如图 9-13 所示。图中曲线 1 和曲线 2 具有相同的转子电阻，但曲线 2 比曲线 1 具有较大的直流励磁电流；曲线 1 和曲线 3 具有相同的直流励磁电流，但曲线 3 比曲线 1 具有较大的转子电阻。

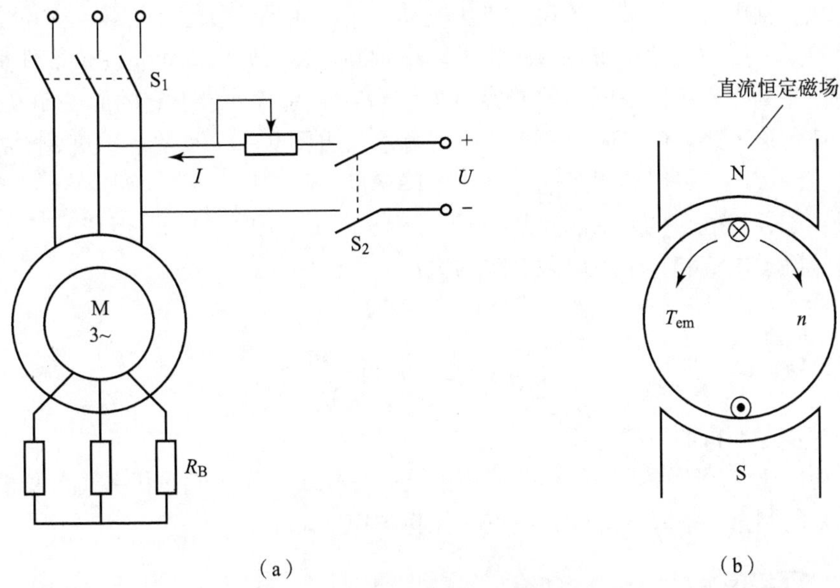


**图 9-12　三相异步电动机能耗制动**

(a) 接线图；(b) 能耗制动原理图

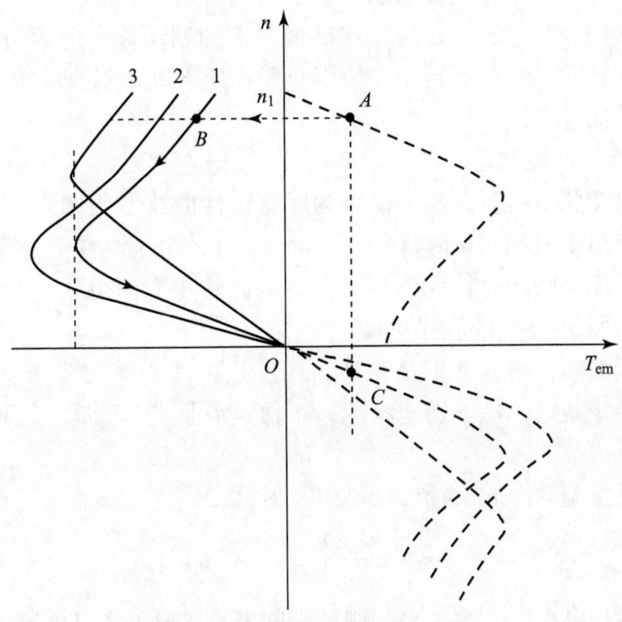


**图 9-13　能耗制动的机械特性**

由图 9-13 可见，转子电阻较小时（曲线 1），初始制动转矩比较小，对于笼型异步电动机，为了增大初始制动转矩，就必须增大直流励磁电流（曲线 2）。对于绕线转子异步电动机，可以采用转子串联电阻的方法来增大初始制动转矩（曲线 3）。

能耗制动过程可分析如下：设电动机原来工作在固有机械特性曲线上的 $A$ 点，制动瞬间，因转速不突变，工作点便由 $A$ 点平移至能耗制动特性（曲线 1）上的 $B$ 点，在制动转矩的作用下，电动机开始减速，工作点沿曲线 1 变化，直到原点，$n=0$，$T_{em}=0$。如果拖动的是反抗性负载，则电动机停转，实现了快速制动停车；如果是位能性负载，当电机转速降为零时，若要停车，必须立即用机械抱闸将电动机轴刹住，否则电动机将在位能性负载转矩的倒拉下反转，直到进入第四象限中的 $C$ 点（$T_{em}=T_L$），系统处于稳定的能耗制动运行状态，这时重物保持匀速下降。$C$ 点称为能耗制动运行点。由图 9－13 可见，改变制动电阻 $R_B$ 或直流励磁电流的大小，可以获得不同的稳定下降速度。

当绕线转子异步电动机采用能耗制动时，最大制动转矩取（1.25～2.2）$T_N$。可用下面公式计算直流励磁电流和转子应串联电阻的大小：

$$I=(2\sim3)I_0$$

$$R_B=(0.2\sim0.4)\frac{E_{2N}}{\sqrt{3}I_{2N}}$$

式中，$I_0$ 为异步电动机的空载电流。

能耗制动广泛应用于要求平稳准确停车的场合，也可应用于起重机一类带位能性负载的机械上，用来限制重物下降的速度，使重物保持匀速下降。

### 9.4.2 反接制动

当异步电动机转子的旋转方向与定子旋转磁场的方向相反时，电动机便处于反接制动状态。反接制动分为两种情况：一是在电动状态下突然将电源两相反接，使定子旋转磁场的方向由原来的顺转子转向改为逆转子转向，这种情况下的制动称为电源两相反接的反接制动；二是保持定子磁场的转向不变，而转子在位能负载作用下进入倒拉反转，这种情况下的制动称为倒拉反转的反接制动。

**1. 电源两相反接的反接制动**

设电动机处于电动状态运行，其工作点为固有特性曲线上的 $A$ 点，如图 9－14（b）所示。当把定子两相绕组出线端对调时（图 9－14（a）），由于改变了定子电压的相序，因而定子旋转磁场方向由原来的逆时针变为顺时针，电磁转矩方向也随之改变，变为制动性质，其机械特性曲线变为图 9－14（b）中的曲线 2。

在定子两相反接瞬间，转速来不及变化，工作点由 $A$ 点平移到 $B$ 点，这时系统在制动的电磁转矩和负载转矩共同作用下迅速减速，工作点沿曲线 2 移动，当到达 $C$ 点时，转速为零，制动结束。

由于定子两相反接制动时 $n_1$ 为负，$n$ 为正，所以

$$s=\frac{-n_1-n}{-n_1}=\frac{n_1+n}{n_1}>1 \tag{9-30}$$

对于绕线转子异步电动机，为了限制制动瞬间电流以及增大电磁制动转矩，通常在定子两相反接的同时，在转子回路中串联制动电阻 $R_B$，这时对应的机械特性如图 9－14（b）中的曲线 3 所示。定子两相反接的反接制动是指从反接开始至转速为零这一段制动过程，即图 9－14（b）中曲线 2 的 $BC$ 段或曲线 3 的 $B'C'$段。

如果制动的目的只是快速停车，则在转速接近零时，应立即切断电源，否则工作点将进入第三象限，此时如果电动机拖动反抗性负载，且在 $C(C')$ 点的电磁转矩大于负载转矩，则系统将反向启动并加速到 $D(D')$ 点，处于反向电动状态稳定运行。如果拖动位能性负

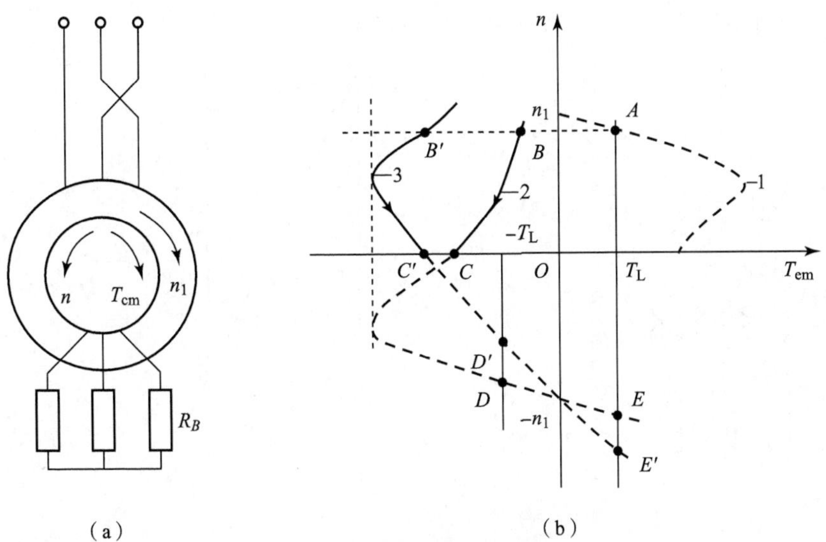


**图9-14　电源两相反接的反接制动**

(a) 反接制动原理；(b) 反接制动机械特性

载，则电动机在位能负载拖动下，将一直反向加速到第四象限中的 $E(E')$ 点处于稳定运行。这时，电动机的转速高于同步转速，电磁转矩与转向相反，这是后面要介绍的回馈制动状态。

**2. 倒拉反转的反接制动**

这种反接制动适用于绕线转子异步电动机拖动位能性负载的情况，它能够使重物获得稳定的下放速度。现以起重机为例来说明。

图9-15所示为绕线转子异步电动机倒拉反转反接制动时的原理图及其机械特性。设电动机原来工作在固有特性曲线上的 $A$ 点提升重物，当在转子回路串联电阻 $R_B$ 时，其机械特性变为曲线2。串入 $R_B$ 瞬间，转速来不及变化，工作点由 $A$ 点平移到 $B$ 点，此时电动机的提升转矩 $T_B$ 小于位能负载转矩 $T_L$，因此提升速度减小，工作点沿曲线2由 $B$ 点向 $C$ 点移动。在减速过程中，电机仍运行在电动状态。当工作台到达 $C$ 点时，转速降至零，对应的电磁转矩 $T_C$ 仍小于负载转矩 $T_L$，重物将倒拉电动机的转子反向旋转，并加速到 $D$ 点，这时 $T_D = T_L$，拖动系统将以转速稳定下放重物。在 $D$ 点，$T_{em} = T_D > 0$，$n = -n_D < 0$，负载转矩成为拖动转矩，拉着电动机反转，而电磁转矩起制动作用，如图9-15（a）所示，故把这种制动称为倒拉反转的反接制动。由图9-15（b）可见，要实现倒拉反转反接制动，转子回路必须串联足够大的电阻，使工作点位于第四象限。这种制动方式的主要目的是限制重物下放的速度。

倒拉反转反接制动时 $n_1$ 为正，$n$ 为负，故

$$s = \frac{n_1 - (-n)}{n_1} = \frac{n_1 + n}{n_1} > 1 \tag{9-31}$$

以上介绍的电源两相反接的反接制动和倒拉反转的反接制动具有一个相同特点，就是定子磁场的转向与转子的转向相反，即转差率 $s > 1$。因此，异步电动机等效电路中表示机械负载的等效电阻 $\frac{1-s}{s}R_2'$ 是个负值，其机械功率为

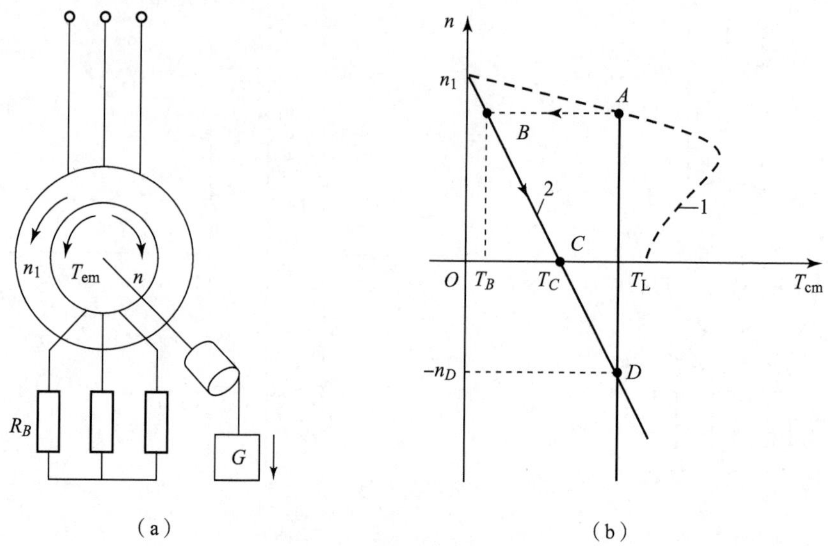


**图 9－15 倒拉反转的反接制动**

(a) 倒拉反转制动原理；(b) 倒拉反转制动的机械特性

$$P_{mec} = m_1 I_2'^2 \frac{1-s}{s} R_2' < 0 \tag{9-32}$$

定子传递到转子的电磁功率为

$$P_{em} = m_1 I_2'^2 \frac{R_2'}{s} > 0 \tag{9-33}$$

式中，$P_{mec}$为负值，表明电动机从轴上输入机械功率；$P_{em}$为正值，表明定子从电源输入电功率，并由定子向转子传递功率。

将$P_{mec}$与$P_{em}$相加，可得

$$P_{mec} + P_{em} = m_1 I_2'^2 R_2' \tag{9-34}$$

式（9－34）表明，轴上输入的机械功率转变成电功率后，连同定子传递给转子的电磁功率一起全部消耗在转子回路电阻上，因此反接制动时的能量损耗较大。

## 9.4.3 回馈制动

若异步电动机在电动状态运行，由于某种原因使电动机的转速超过了同步转速（转向不变），这时电动机便处于回馈制动状态。

要使电动机转子的转速超过同步转速（$n > n_1$），那么转子必须在外力矩的作用下，即转轴上必须输入机械能。说明气隙主磁通是由转子到定子传递能量的，即功率传递由轴上输入，经转子、定子到电网，好似一台发电机，因此回馈制动也称为再生发电制动。

回馈制动时，$n > n_1$，$T_{em}$与$n$反方向，因此其机械特性是第一象限正向电动状态机械特性曲线在第二象限的延伸（图 9－16 中的曲线 1），或是第三象限反向电动状态机械特性曲线在第四象限的延伸（图 9－16 中的曲线 2 和曲线 3）。在生产实践中，异步电动机的回馈制动有两种情况：一种出现在位能负载下放时；另一种出现在电动机变极调速或变频调速过程中。

**1. 下放重物时的回馈制动**

在图 9－16 中，设 $A$ 点是电动状态提升重物工作点，$D$ 点是回馈制动状态下放重物工作点。电动机从提升重物工作点 $A$ 过渡到下放重物工作点 $D$ 的过程如下：首先，将电动机定子两相反接，这时定子旋转磁场的同步转速为 $-n_1$，机械特性如图 9－16 中的曲线 2 所示。反接瞬间，转速不能突变，工作点由 $A$ 点平移到 $B$ 点，然后电机经过反接制动过程（工作点沿曲线 2 由 $B$ 点变到 $C$ 点）、反向电动加速过程（工作点由 $C$ 点向同步点 $-n_1$ 变化），最后在位能负载作用下反向加速并超过同步转速，直到 $D$ 点保持稳定运行，即匀速下放重物。如果在转子电路中串联制动电阻，对应的机械特性如图 9－15 中曲线 3 所示，这时的回馈制动工作点为 $D'$，其转速增加，重物下放的速度增大。为了限制电机的转速，回馈制动时在转子电路中串联的电阻值不应太大。

**2. 变极或变频调速过程中的回馈制动**

变极调速时的回馈制动过程如图 9－17 所示。设电动机原来在机械特性曲线 1 上的 $A$ 点稳定运行，当电动机采用变极（如增加极数）或变频（如降低频率）进行调速时，其机械特性变为曲线 2，同步转速变为 $n_1'$。在调速瞬间，转速不能突变，工作点由 $A$ 变到 $B$。在 $B$ 点，转速 $n_B>0$，电磁转矩 $T_B<0$，为制动转矩，且因为 $n_B>n_1'$，故电机处于回馈制动状态。工作点沿曲线 2 的 $B$ 点到 $n_1'$ 点这一段变化过程为回馈制动过程，在此过程中，电机吸收系统释放的动能，并转换成电能回馈到电网。电机沿曲线 2 的 $n_1'$ 点到 $C$ 点的变化过程为电动状态的减速过程，$C$ 点为调速后的稳态工作点。

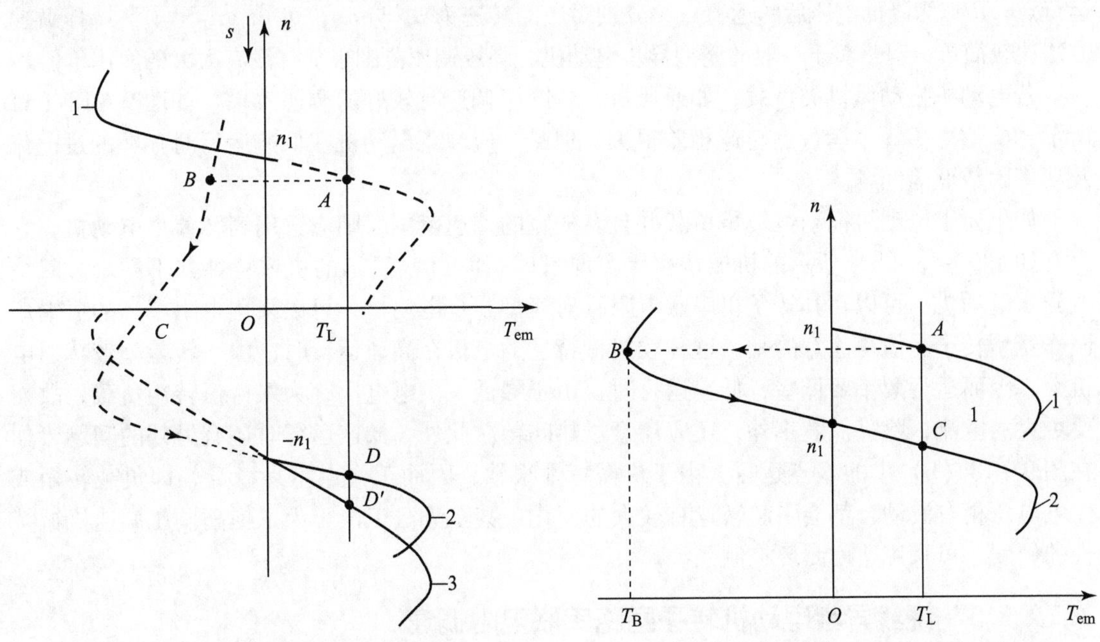


**图 9－16　回馈制动时的机械特性**　　**图 9－17　变极调速时的回馈制动过程**

## 9.5　三相异步电动机的调速

近几十年来，随着电力电子技术、微电子技术、计算机技术以及自动控制技术的飞速发展，交流调速日趋完善，大有取代直流调速的趋势。

交流调速在工业中的应用大体上有三大领域：能用直流调速的场合都能改用交流调速；直流调速不适用的场合，如大容量、高转速、高电压以及环境十分恶劣的场所，都能使用交流调速；原来不能调速的风机、泵类拖动，采用交流调速后，可以大幅度节能。

我们知道，异步电动机的转速为

$$n = n_1(1-s) = \frac{60f_1}{p}(1-s) \tag{9-35}$$

因此，三相异步电动机的调速方法很多，大致可以分成以下几种类型。

（1）改变转差率 $s$ 调速，包括降低电源电压以及绕线异步电动机转子回路串联电阻等方法。

（2）改变同步转速调速，包括改变定子绕组极对数、改变供电电源频率等方法。

（3）双馈调速，包括串极调速，属改变理想空载转速的一种调速方法。

（4）利用转差离合器调速。

下面分别介绍交流电机的各种调速方法。

## 9.5.1　降电压调速

三相异步电动机降低电源电压，其同步转速 $n_1$ 不变，电磁转矩 $T_{em} \propto U_1{}^2$。若电动机拖动恒转矩负载，则降低电源电压可以降低转速。如图 9－18（a）所示，$A$ 点为固有机械特性上的运行点，$B$ 点为降低电压后的运行点，分别对应的转速为 $n_A$ 与 $n_B$，可知，$n_B < n_A$。降压调速方法比较简单，但是对于一般的笼型异步电动机，降压调速范围很窄，没有太大的实用价值。

若电动机拖动风机类负载，如通风机，则降压调速有较好的调速效果，如图 9－18（a）所示，$C$、$D$、$E$ 3 个运行点转速相差很大。但是，应注意电动机在低速运行时存在的过电流及功率因数低等问题。

如果要求电动机拖动恒转矩负载并且有较宽的调速范围，则应选用高转差率电动机，它具有如图 9－18（b）所示的机械特性。实现图 9－18（b）所示的机械特性并不困难。对绕线异步电动机，可以在其转子里串联电阻；对笼型异步电动机，可以采用电阻率高的黄铜条制作笼型转子。值得注意的是，这种软机械特性的电机在高速运行时，由于转差率较普通电机大，因而运行效率要低些；低速运行时，由于降低了供电电压，为保持恒转矩负载，故需要更大的电流，除降低效率外，还应注意过热问题。此外，低速运行时还有另外的问题，如在图 9－18（b）中的 $C$ 点运行，由于机械特性很软，因而工作点不易稳定，即负载转矩或供电电压稍有波动，都会引起转速有较大的变化，甚至无法工作。为了提高调压调速机械特性的硬度，可采用速度闭环控制系统。

## 9.5.2　绕线异步电动机转子回路串联电阻调速

我们知道，改变转子回路串联的电阻值大小，如转子绕组本身电阻为 $R_2$，分别串联电阻 $R_{s1}$、$R_{s2}$、$R_{s3}$ 时，其机械特性如图 9－19 所示。当拖动恒转矩负载且为额定负载转矩（即 $T_L = T_N$）时，电动机的转差率由 $s_N$ 分别变为 $s_1$、$s_2$、$s_3$，如图 9－19 所示。显然，所串联电阻越大，转速越低。若电机拖动恒转矩负载，则电机稳定运行时 $T_{em} = T_L = c$。转子串联电阻前的电磁转矩为

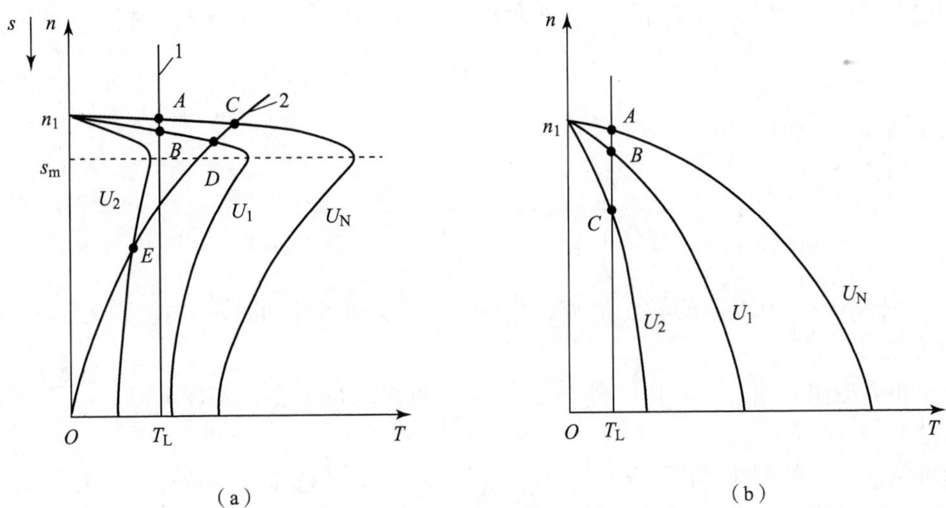


**图 9－18　异步电动机降压调速**

(a) 改变定子电压时的机械特性；(b) 高转差率电动机改变定子电压时的机械特性

$$T_{em}=\frac{m_1pU_1^2\,\dfrac{R_2'}{s}}{2\pi f_1\left[\left(R_1+\dfrac{R_2'}{s}\right)^2+(X_1+X_2')^2\right]} \tag{9-36}$$

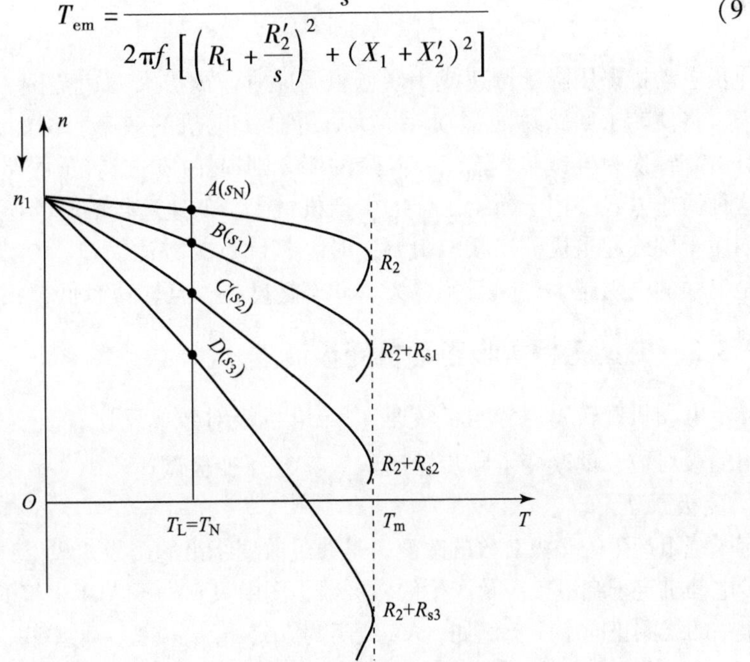


**图 9－19　绕线异步电动机转子串联电阻调速**

转子串联电阻后的电磁转矩为

$$T_{em}'=\frac{m_1pU_1^2\,\dfrac{R_2'+R_s'}{s'}}{2\pi f_1\left[\left(R_1+\dfrac{R_2'+R_s'}{s'}\right)^2+X_1+X_2')^2\right]} \tag{9-37}$$

当电源电压一定时，由于拖动恒转矩负载，因而 $T_{em}=T'_{em}=T_L=c$，则有

$$\frac{R'_2}{s}=\frac{R'_2+R'_s}{s'} \tag{9-38}$$

转子电流为

$$I'_2=\frac{E'_2}{\sqrt{\left(\frac{R'_2}{s}\right)^2+X'^2_2}}=\frac{E'_2}{\sqrt{\left(\frac{R'_2+R'_s}{s'}\right)^2+X'^2_2}}=I'_{2s} \tag{9-39}$$

式中，$I'_2$为转子串联电阻前的转子电流；$I'_{2s}$为转子串联电阻后的转子电流；$R_s$ 为转子回路所串联的电阻。

转子串联电阻调速时，$I_2=c$，即转子电流 $I_2$ 可以维持不变。同理可得，转子回路串联电阻调速时 $\cos\varphi_2=c$。

这种调速方法的调速范围不大，一般为（2～3）∶1。负载小时，调速范围就更小了。由于转子回路电流很大，使电阻的体积笨重，抽头不易，因而调速的平滑性不好，属于有极调速。

从三相异步电动机的功率关系知道，电磁功率 $P_{em}$、转子回路总铜损耗 $P_{Cu_2}$和机械功率 $P_{mec}$三者之间的关系为

$$P_{em}:P_{Cu_2}:P_{mec}=1:s:(1-s) \tag{9-40}$$

异步电动机采用降压调速或串联电阻调速时，欲扩大调速范围，必须增大转差率 $s$。这样一来，将使转子回路总的铜损耗增大，降低了电机的效率。例如，$s=0.5$ 时，电磁功率中只有1/2 转换为机械功率输出，其余的1/2 则损耗在电机转子回路中。转速越低，损耗越大。这种调速方式多用于断续工作的生产机械上，低速运行的时间不长，且要求调速性能不高，如用于桥式起重机。串联电阻调速时，其优点为方法简单，初期投资小，调速范围广；缺点是串联的电阻越大，则斜率越大，动态精度差，且转速越低，损耗越大。

### 9.5.3 笼型三相异步电动机变极调速

异步电动机旋转磁通势同步转速 $n_1$ 与电机极对数成反比，改变笼型三相异步电动机定子绕组的极对数，就改变了同步转速 $n_1$，实现了变极调速。

**1. 变极原理**

定子绕组产生的磁极对数的改变，是通过改变绕组的接线方式得到的。图 9－20 所示为三相异步电动机定子绕组接线及产生的磁极数，图中只画出了 A 相绕组的情况。每相绕组为两个等效集中的线圈正向串联，例如，AX 绕组为 $a_1x_1$ 与 $a_2x_2$ 头－尾串联，如图 9－20（a）所示。因此，由 AX 绕组产生的磁极数便是4，从图 9－20（b）可以更直观地看出三相绕组的磁极数为4，即该电动机为 4 极异步电动机。

如果把图 9－20 所示的接线方式改变一下，每相绕组不再是两个线圈头－尾串联，而变成为两个线圈尾－尾串联，即 A 相绕组 AX 为 $a_1x_1$ 与 $a_2x_2$ 反向串联，如图 9－21（a）所示；或者每相绕组两个线圈变为头－尾串联后再并联，即 AX 为 $a_1x_1$ 与 $a_2x_2$ 反向并联，如图 9－21（b）所示。改变后的两种接线方式，其 A 相绕组产生的磁极数都是2，如图 9－21（c）所示，即该电动机为 2 极异步电动机。

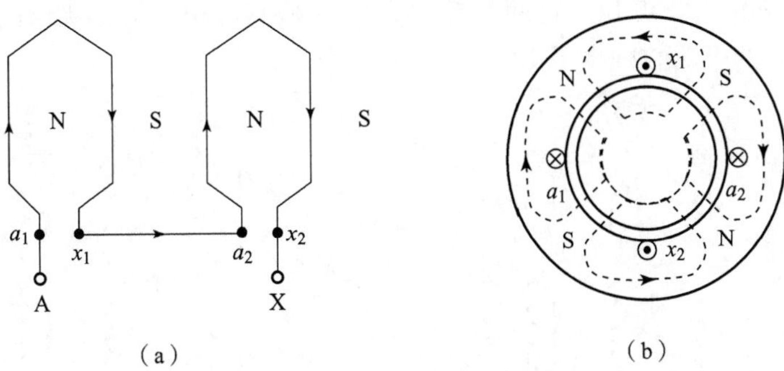


**图 9－20　三相异步电动机定子 A 相绕组接线**

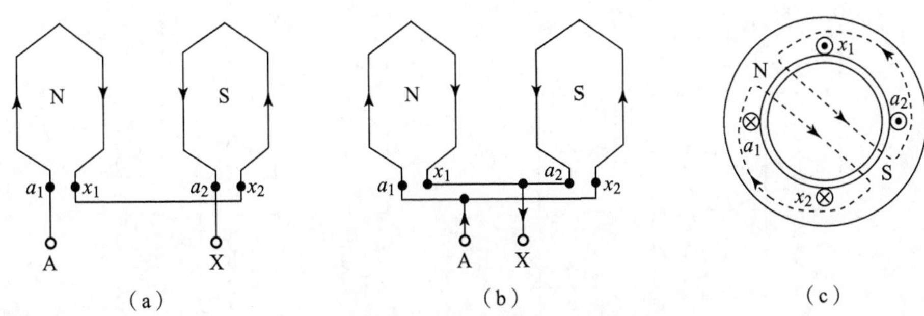


**图 9－21　2 极异步电动机定子 A 相绕组接线**

从以上分析可以看出，对于三相笼型异步电动机的定子绕组，若把每相绕组中 1/2 线圈的电流改变方向，即半相绕组反向，则电动机的极对数便成倍变化，同步转速 $n_1$ 也成倍变化，对拖动恒转矩负载运行的电动机来讲，运行的转速也接近成倍改变。

绕线异步电动机转子极对数不能自动随定子极对数变化，而同时改变定子和转子绕组的极对数又比较麻烦，因此绕线式异步电动机不采用变极调速。

需要说明的是，为了保证变极调速时电动机的转向不变，变极调速的同时，需要改变绕组的相序或者说是电源的相序，否则电机将反转。理由很简单，要使电动机转向不变，就要求磁通势旋转方向不变，也就是 A、B、C 三相绕组空间电角度依次相差 120°不变。表 9－1 列出了空间机械角度与空间电角度之间的关系。显然，改变极对数前的 A、B、C 三相绕组，在变极后相序变成了 A、C、B。

**表 9－1　空间机械角度与空间电角度之间的关系**

| 绕组 | A | B | C |
|---|---|---|---|
| 空间机械角度/(°) | 0 | 120 | 240 |
| 2 极时的空间电角度/(°) | 0 | 120 | 240 |
| 4 极时的空间电角度/(°) | 0 | 240 | 480→120 |

**2. 两种常用的变极接线方式**

图 9－22 所示为两种常用的变极接线方式，其中图 9－22（a）表示由单星形（Y）连接改成并联的双星形（YY）连接；图 9－22（b）表示由三角形（△）连接改接成双星形

(YY) 连接。由图 9-22 可知，这两种接线方式都是使每相的 1/2 绕组内的电流改变了方向，因此定子磁场的极对数减少了 1/2。

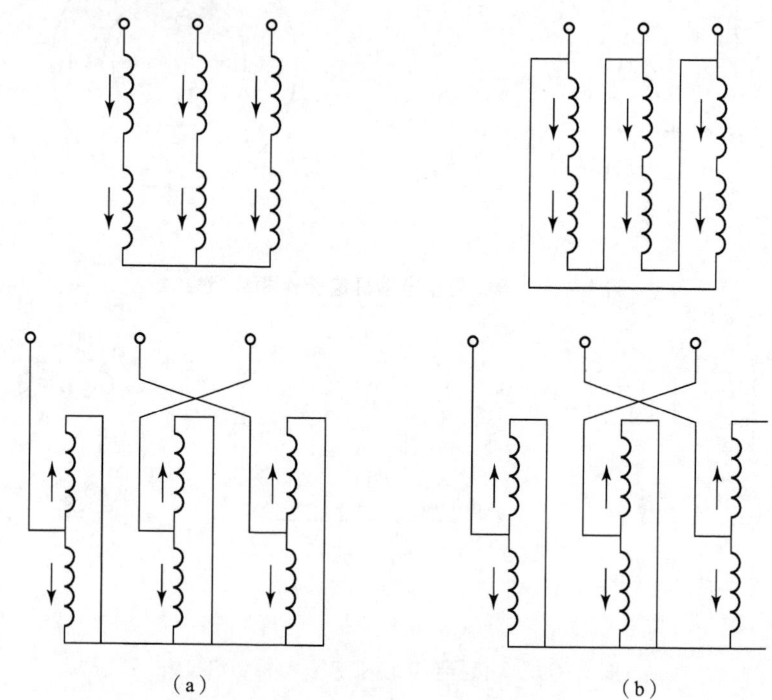

（a）　　（b）

**图 9-22　双速电动机变极接线方式**

(a) Y-YY(2p-p)；(b) △-YY(2p-p)

**3. 变极调速时的允许输出**

调速时电动机的允许输出是指在保持电流为额定值的条件下，调速前、后电动机轴上输出的功率和转矩。下面对两种接线方式变极调速时的允许输出进行分析。

1）Y-YY连接方式

设外施电压为 $U_N$，绕组每相额定电流为 $I_N$，当Y连接时，线电流等于相电流，输出功率和转矩为

$$P_Y = \sqrt{3} U_N I_N \eta_N \cos\varphi_N$$

$$T_Y = 9.55 \frac{P_Y}{n_Y}$$

改成YY连接后，极数减少 1/2，转速增大 1 倍，即 $n_{YY} = 2n_Y$。若保持绕组电流 $I_N$ 不变，则每相电流为 $2I_N$。假设改接前、后效率和功率因数近似不变，则输出功率和转矩为

$$P_{YY} = \sqrt{3} U_N (2I_N) \eta_N \cos\varphi_N = 2P_Y$$

$$T_{YY} = 9.55 \frac{P_{YY}}{n_{YY}} = 9.55 \frac{P_Y}{n_Y} = T_Y$$

可见，Y-YY连接方式时，电动机的转速增大 1 倍，允许输出功率增大 1 倍，而允许输

出转矩保持不变，因此这种连接方式的变极调速属于恒转矩调速，它适用于拖动恒转矩负载。

2）△－YY连接方式

当每相绕组的额定电流为 $I_N$ 时，三角形（△）连接时的线电流为$\sqrt{3}I_N$，输出功率和转矩分别为

$$P_{\triangle}=\sqrt{3}U_N\ (\sqrt{3}I_N)\ \eta_N\cos\varphi_N$$

$$T_{\triangle}=9.55\frac{P_D}{n_d}$$

改成YY连接后，极数减少1/2，转速增大1倍，即 $n_{YY}=2n_{\triangle}$，线电流为 $2I_N$，输出功率和转矩为

$$P_{YY}=\sqrt{3}U_N(2I_N)\eta_N\cos\varphi_N=\frac{2}{\sqrt{3}}P_{\triangle}=1.15P_{\triangle}\approx P_{\triangle}$$

$$T_{YY}=9.55\frac{P_{YY}}{n_{YY}}=9.55\frac{1.15P_{\triangle}}{n_{\triangle}}=0.58T_{\triangle}\approx 0.5T_{\triangle}$$

可见，△－YY连接方式时，电动机的转速提高1倍，允许输出功率近似不变，允许输出转矩近似减小1/2。这种连接方式的变极调速可认为是恒功率调速，它适用于拖动恒功率负载。变极调速时的机械特性如图9－23所示。

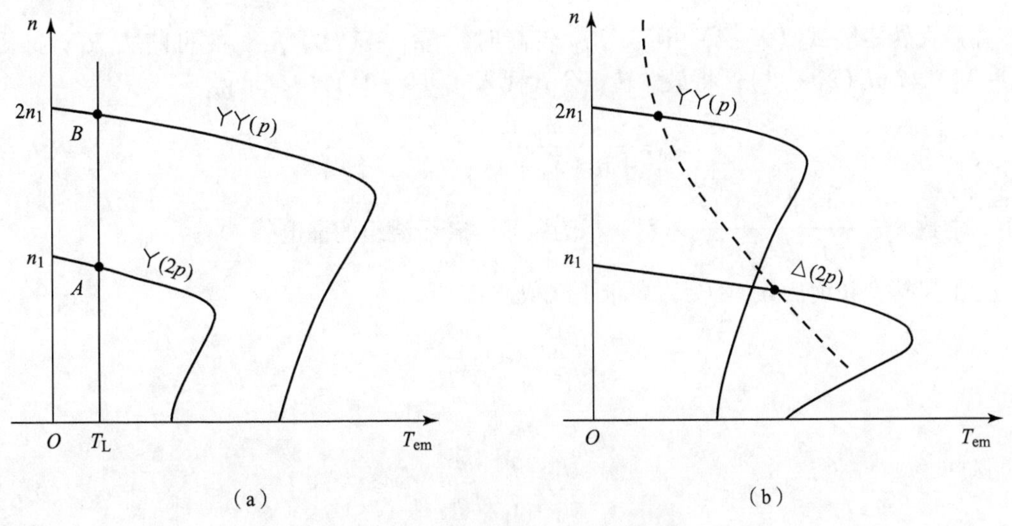


**图9－23　变极调速时的机械特性**

(a) Y－YY变换；(b) △－YY变换

变极调速电动机有倍极比（如2/4极、4/8极等）双速电动机、非倍极比（如4/6极、6/8极等）双速电动机，还有单绕组三速电动机（这种电动机的绕组结构较复杂）。

变极调速时，转速几乎是成倍变化的，因此调速的平滑性差。但它在每个转速等极运转时和通常的异步电动机一样，具有较硬的机械特性，稳定性较好。变极调速既可用于恒转矩负载，又可用于恒功率负载，因此不需要无极调速的生产机械（如金属切削机床、通风机、升降机等）都采用多速电动机拖动。

### 9.5.4 变频调速

**1. 电压随频率调节的规律**

根据转速公式 $n=n_1(1-s)=\dfrac{60f_1}{p}(1-s)$ 可知，当转差率 $s$ 变化不大时，异步电动机的转速 $n$ 基本上与电源频率成正比。连续调节电源频率，就可以平滑地改变电动机的转速。但是，单一地调节电源频率，将导致电动机运行性能的恶化。

电动机正常运行时，定子漏阻抗压降很小，可以认为

$$U_1 \approx E_1 = 4.44 f_1 N_1 k_{w1} \Phi_0$$

若端电压 $U_1$ 不变，则当频率 $f_1$ 减小时，主磁通 $\Phi_0$ 将增加，这将导致磁路过分饱和，励磁电流增大，功率因数降低，铁芯损耗增大；而当 $f$ 增大时，$\Phi_0$ 将减少，电磁转矩及最大转矩下降，过载能力降低，电动机的容量也得不到充分利用。

因此，为了使电动机能保持较好的运行性能，要求在调节 $f_1$ 的同时，改变定子电压 $U_1$，以维持 $\Phi_0$ 不变，或者保持电动机的过载能力不变。$U_1$ 随 $f_1$ 按什么规律变化最为合适呢？一般认为，在任何类型负载下变频调速时，若能保持电动机的过载能力不变，则电动机的运行性能较为理想。电动机的过载能力为

$$\lambda_m = \frac{T_m}{T_N} \tag{9-41}$$

在最大转矩公式（9－4）中，当 $f_1$ 较高时，$(X_1+X_2') \gg R_1$，故可略去 $R_1$；又因为 $(X_1+X_2')=2\pi f_1(L_1+L_2')$，将最大转矩公式代入式（9－41）中，可得

$$\lambda_m = \frac{m_1 p U_1^2}{4\pi f_1 (X_1+X_2')\ T_N} = c\frac{U_1^2}{f_1^2 T_N} \tag{9-42}$$

式中，常数 $c=\dfrac{m_1 p}{8\pi^2 f_1\ (L_1+L_2')}$；$L_1$、$L_2'$为定子、转子绕组的漏电感。

为了保持变频前后 $\lambda_m$ 不变，要求下式成立：

$$\frac{U_1^2}{f_1^{\,2} T_N} = \frac{U_1'^{\,2}}{f_1'^{\,2} T'}$$

即

$$\frac{U_1'}{U_1} = \frac{f_1'}{f_1}\sqrt{\frac{T_N'}{T_N}} \tag{9-43}$$

式中，加“′”的量表示变频后的量。

式（9－43）表示变频调速时 $U_1$ 随频率的变化规律，此时电动机的过载能力 $\lambda_m$ 将保持不变。

变频调速时，$U_1$ 与 $f_1$ 的调节规律是和负载性质有关的，通常分为恒转矩变频调速和恒功率变频调速两种情况。

**2. 恒转矩变频调速**

对于恒转矩负载，$T_N=T_N'$，于是式（9－43）变为

$$\frac{U_1}{f_1} = \frac{U_1'}{f_1'} = c\ （常数） \tag{9-44}$$

式（9－44）说明，在恒转矩负载下，若能保持电压与频率成正比调节，则电动机在调速过程中，既保证了过载能力 $\lambda_m$ 不变，同时又满足主磁通 $\Phi_0$ 不变的要求，这也说明变频调速特别适用于恒转矩负载。

**3. 恒功率变频调速**

对于恒功率负载，要求在变频调速时电动机的输出功率保持不变，即

$$P_N=\frac{T_N n_N}{9.55}=\frac{T'_N n'_N}{9.55}=c\ （常数）\tag{9－45}$$

因此

$$\frac{T'_N}{T_N}=\frac{n_N}{n'_N}=\frac{f_1}{f'_2}\tag{9－46}$$

将式（9－46）代入式（9－43），可得

$$\frac{U_1}{\sqrt{f_1}}=\frac{U'_1}{\sqrt{f'_1}}=c\ （常数）$$

即在恒功率负载下，如能保持 $U_1/\sqrt{f_1}$ 为常数，则电动机的过载能力 $\lambda_m$ 不变，但主磁通 $\Phi_0$ 将发生变化。

**4. 变频调速时电动机的机械特性**

变频调速时电动机的机械特性可用以下公式（式中忽略了 $R_1$、$R'_2$）进行分析。

最大转矩为

$$T_m\approx\frac{m_1 p}{8\pi^2(L_1+L'_2)}\left(\frac{U_1}{f_1}\right)^2\tag{9－47}$$

启动转矩为

$$T_{st}\approx\frac{m_1 p r'_2}{8\pi^2(L_1+L'_2)}\left(\frac{U_1}{f_1}\right)^2\frac{1}{f_1}\tag{9－48}$$

临界点转速降为

$$\Delta n_m=s_m n_1\approx\frac{r'_2}{2\pi f_1(L_1+L'_2)}\cdot\frac{60f_1}{p}=\frac{30r'_2}{\pi p(L_1+L'_2)}\tag{9－49}$$

电动机的额定频率 $f_N$ 为基准频率，简称基频。在生产实践中，变频调速时电压随频率的调节规律是以基频为分界线的，分为以下两种情况。

（1）在基频以下调速时，保持 $U_1/f_1$＝常数，即恒转矩调速。由式（9－47）、式（9－48）和式（9－49）可知，当 $f_1$ 减小时，最大转矩 $T_m$ 不变，启动转矩 $T_{st}$ 增大，临界点转速降 $\Delta n_m$ 不变。因此，机械特性随频率的降低而向下平移，如图 9－23 中虚线所示。实际上，由于定子电阻 $R_1$ 的存在，随着 $f_1$ 的降低（$U_1/f_1$ = 常数），$T_m$ 将减小，当 $f_1$ 很低时，$T_m$ 减小很多，如图 9－24 中实线所示。为保证电动机在低速时有足够大的 $T_m$ 值，$U_1$ 应比 $f_1$ 降低的比例小一些，使 $U_1/f_1$ 的值随 $f_1$ 的降低而增加，这样才能获得图 9－24 中虚线所示的机械特性。

（2）在基频以上调速时，频率从 $f_{1N}$ 往上增高，但电压 $U_1$ 却不能增加得比额定电压 $U_{1N}$ 还大，最多只能保持 $U_1=U_{1N}$，这将迫使磁通与频率成反比下降，又由式（9－47）~式（9－49）可知，$T_m$ 和 $T_{st}$ 均随频率 $f_1$ 的增高而减小，而 $\Delta n_m$ 保持不变，其机械特性如图 9－25 所示，这近似为恒功率调速，相当于直流电动机弱磁调速的情况。

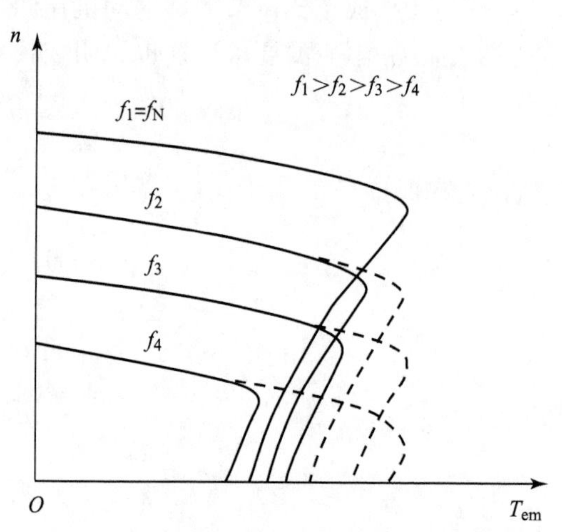


图 9－24　基频向下变频调速时的机械特性图

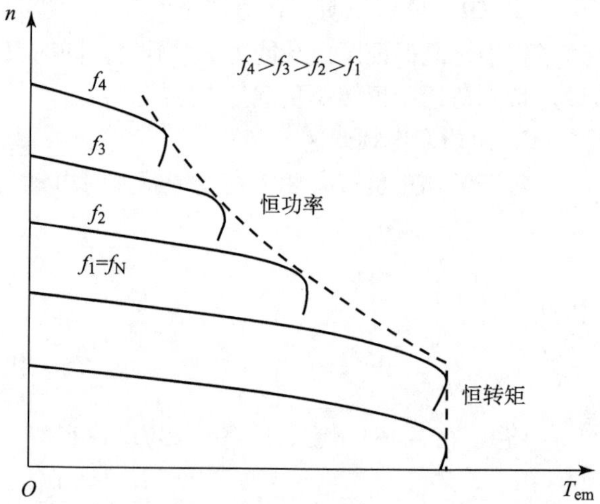


图 9－25　恒功率与恒转矩变频调速时的机械特性

## 9.5.5　绕线转子电动机的串极调速

在负载转矩不变的条件下，异步电动机的电磁功率 $P_{em}=T_{em}\Omega=$ 常数，转子铜损耗 $p_{Cu_2}=sP_{em}$，与转差率成正比，因此转子铜损耗又称为转差功率。转子串联电阻调速时，转速调得越低，转差功率越大，输出功率越小，效率就越低，因此转子串接电阻调速很不经济。

如果在转子回路中不串联电阻，而串联一个与转子电动势 $E_{2s}$ 同频率的附加电动势 $E_{ad}$（图 9－26），通过改变 $E_{ad}$ 的幅值大小和相位，同样也可实现调速。这样，电动机在低速运行时，转子中的转差功率只有小部分被转子绕组本身电阻所消耗，而其余大部分被附加电动势 $E_{ad}$ 所吸收，利用产生 $E_{ad}$ 的装置可以把这部分转差功率回馈到电网中，使电动机在低速运行时仍具有较高的效率。这种在绕线转子异步电动机转子回路串联附加电动势的调速方法称为串极调速。

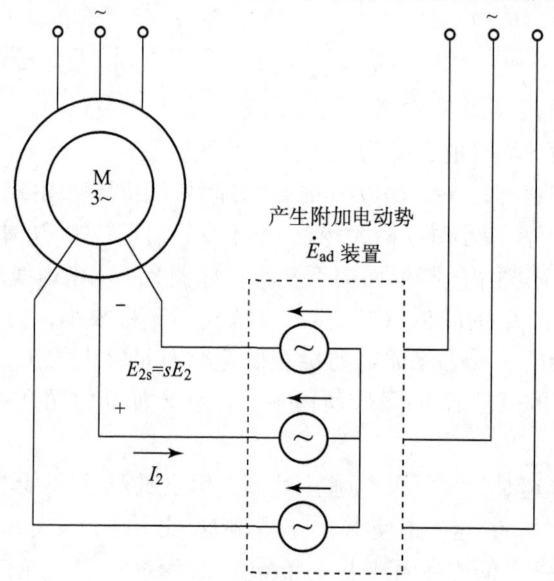


图 9－26　串极调速原理

串极调速完全克服了转子串联电阻调速的缺点，它具有高效率、无极平滑调速、较硬的低速机械特性等优点。串极调速系统的组成如图9－27所示，整流器将转差频率的电动势整为直流，再经逆变器将直流电变为工频交流电，将电能送回电网，获得较高的效率。

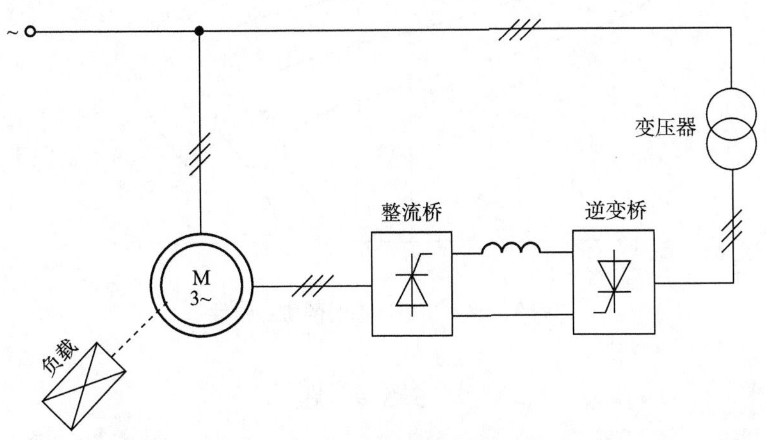


**图9－27　串极调速系统的组成**

逆变器的电压即为加在转子电路中的反电势，控制逆变器的逆变角，可改变逆变器的电压，从而达到调速的目的。

串极调速的基本原理分析如下。

未串联 $E_{ad}$ 时，转子电流为

$$I_2=\frac{sE_2}{\sqrt{R_2'^2+s^2X_{2\sigma}'^2}} \tag{9-50}$$

当转子串联的电势 $E_{ad}$ 与 $E_{2s}$ 反相位时，电动机的转速将下降。因为反相位的 $E_{ad}$ 串联后，立即引起转子电流 $I_2$ 的减小，即

$$I_2=\frac{sE_2-E_{ad}}{\sqrt{R_2'^2+s^2X_{2\sigma}'^2}}\Rightarrow I_2\downarrow \tag{9-51}$$

而电动机产生的电磁转矩 $T_{em}=C_T\Phi I_2\cos\varphi_2$ 也随 $I_2$ 减小而减小，于是电动机开始减速。串联的电动势 $E_{ad}$ 值越大，电动机稳定运行的转速越低。

当转子串联的电动势 $E_{ad}$ 与 $E_{2s}$ 同相位时，电动机的转速将上升。因为同相位的 $E_{ad}$ 串联后，转子电流 $I_2$ 增大，即

$$I_2=\frac{sE_2+E_{ad}}{\sqrt{R_2'^2+s^2X_{2\sigma}'^2}}\Rightarrow I_2\uparrow \tag{9-52}$$

串极调速时的机械特性如图9－28所示。串极调速时理想空载 $n_0$ 不再等于同步转速 $n_1$。串极调速时，若串联的附加电动势 $E_{ad}$ 不是直流电动势，而是频率、幅值、相位和相序均可调的三相交流电源，且当转子串联的电动势 $E_{ad}$ 与 $E_{2s}$ 同相位时，相当于附加电动势 $E_{ad}$ 通过转子向电机供电，定子和转子均从各自的电源吸收电功率，转变为机械功率，因此这种调速也称为“双馈调速”。

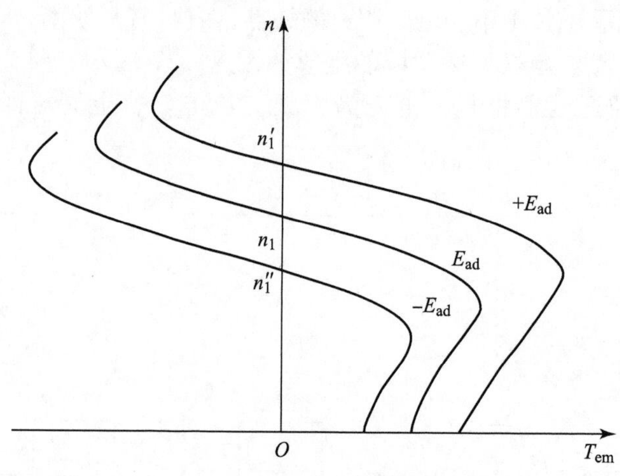


**图 9-28　串极调速时的机械特性**

## 思考题与习题

9-1　三相异步电动机的电磁转矩表达式有哪几种？各自与哪些参数有关？分别有什么特点？

9-2　什么是三相异步电动机的机械特性？它的固有机械特性是什么？它的人为机械特性是什么？人为机械特性有哪几种？

9-3　三相异步电动机拖动额定负载运行时，若电源电压下降过多，会产生什么后果？

9-4　三相异步电动机有哪几种制动方式？各种制动方式的条件是什么？转差率与能量关系怎样？

9-5　三相笼型异步电动机在什么条件下可以直接启动？不能直接启动时，应采用什么方法启动？

9-6　当三相异步电动机拖动位能性负载时，为了限制负载下降时的速度，可采用哪几种制动方法？

9-7　三相异步电动机的定子电压、转子电阻及定、转子漏电抗对最大转矩、临界转差率及启动转矩有何影响？

9-8　为什么通常把三相异步电动机机械特性的线性段认为是稳定运行段，而把机械特性的非线性段认为是不稳定运行段？非线性段是否有稳定运行点？

9-9　已知某绕线式异步电动机的额定数据：$P_N=11$ kW，$E_{2N}=163$ V，$I_{2N}=47.2$ A，$n_N=715$ r/min，启动最大转矩与额定转矩之比$\frac{T_1}{T_N}=1.8$，负载转矩 $T_L=98$ N·m。试求：启动极数和启动的各极分段电阻。

9-10　一台三相笼型异步电动机的技术数据：$P_N=320$ kW，$U_N=6\ 000$ V，$I_N=40$ A，$n_N=740$ r/min，$\cos\varphi_N=0.83$，$K_1=5.04$，$K_{st}=1.93$，$K_M=2.2$，定子Y连接。试求：

（1）直接启动时的启动电流与启动转矩；

（2）若把启动电流限制在 160 A，启动转矩是多大？

9-11　三相异步电动机，额定功率 $P_N=10$ kW，额定转速 $n_N=1\ 450$ r/min，启动能力

$\frac{T_{st}}{T_N}=1.2$，过载系数 $k_M=1.8$。试求：

（1）额定转矩 $T_N$；

（2）启动转矩 $T_{st}$；

（3）最大转矩 $T_{max}$。

9－12　某台绕线转子异步电动机的数据：$P_N=30$ kW，$n_N=725$ r/min，$E_{2N}=257$ V，$I_{2N}=74.3$ A。该电动机的转子电路串联对称电阻启动，启动极数为6极。试计算各项的分段电阻值$\left(计算时可取\frac{T_1}{T_N}=1.8\right)$。

9－13　某三相异步电动机的额定功率为22 kW，额定转速为1 470 r/min，频率为50 Hz，最大电磁转矩为314.6 N·m。试求电动机的过载系数 $\lambda$。

9－14　一台三相绕线转子异步电动机的数据：$P_N=75$ kW，$n_N=720$ r/min，$I_{1N}=148$ A，$\eta_N=90.5\%$，$\cos\varphi_N=0.85$，$\lambda_m=2.4$，$E_{2N}=213$ V，$I_{2N}=220$ A。试求：

（1）额定转速；

（2）最大转速；

（3）最大转矩对应的转差率；

（4）计算 $r_2$。

9－15　一台三相绕线转子异步电动机，转子绕组为Y连接，转子每相电阻 $R_2=0.16\ \Omega$，已知额定运行时转子电流为50 A，转速为1 440 r/min。现将转速降为1 300 r/min，试求转子每相应串联多大的电阻（假设电磁转矩不变）？降速运行时电动机的电磁功率是多少？

# 第10章　同步电机

同步电机的转速 $n$ 与定子电流频率 $f$ 和极对数 $p$ 保持严格不变的关系 $n=\frac{60f}{p}$，即同步电机的负载改变时，只要电源频率不变，转速就不变，所以同步电机是相对异步电机而言的。

## 10.1　同步电机的用途和分类

**1. 同步电机的用途**

同步电机主要作为发电机运行。现代社会中使用的交流电能，几乎全由同步发电机产生，包括火力发电厂和核电厂的汽轮发电机、水电站的水轮发电机等。电力系统中将多个发电厂的多台发电机并联运行，以提高电能品质、经济性和可靠性。目前，无论汽轮发电机还是水轮发电机，单机容量均已超过100万kW。

在一些特殊的供电系统中，也广泛使用同步发电机，如柴油机拖动的中小型同步发电机、燃气轮机为原动机的高速同步发电机、风力机为原动机的低速发电机等。

同步电机作为电动机运行，主要驱动一些不要求调速的大功率生产机械，它的突出优点是可以通过调节励磁来改善电网的功率因数。

随着电力电子技术和微型计算机的迅速发展，正弦波三相永磁同步电动机、步进电动机、磁阻电动机和直线永磁同步电动机等已成为高精度位置伺服系统等自动控制系统中的主要驱动设备之一。

**2. 同步电机的分类**

同步电机的分类方法很多，可以按照不同的规则进行分类。

按用途分类：发电机、电动机和补偿机。

按原动机类型分类：汽轮发电机、水轮发电机、风力发电机、柴油发电机和其他动力的发电机。

按转子结构特点分类：凸极及隐极电机。

按电机安装特点分类：立式及卧式电机。

按励磁方式分类：电励磁式及永磁式电机。

按冷却方式分类：空气冷却、氢气冷却、水冷却、蒸发冷却、混合冷却电机（如定子用水内冷，转子也用水冷，铁芯用空气冷却，称为水－水－空冷；也有水－水－氢或水－氢－氢冷却）。

按通风方式分类：开启式、防护式及封闭式电机。

按电机的负载分类：均匀负载、交变负载及冲击负载电机。

# 10.2　同步电机的基本结构及工作原理

## 10.2.1　同步电机的结构

同步电机按结构可分为旋转磁极式和旋转电枢式两种。

**1. 旋转磁极式**

旋转磁极式的励磁绕组安装在转子上，转子转动带动磁极旋转，其电枢绕组安装在定子上。

同步电机的定子也是由硅钢片叠压而成，在内圆上开有均匀分布的槽，嵌放三相对称交流绕组，转子铁芯上绕有励磁绕组，用来通入直流电流产生磁场，旋转磁场是由转子转动形成的，这样就要将励磁绕组的两端分别接在两个滑环上，滑环固定装在转轴的一端，因此两个滑环之间、滑环与转轴之间应互相绝缘。

旋转磁极式又有凸极式和隐极式两种结构，如图 10－1 所示。

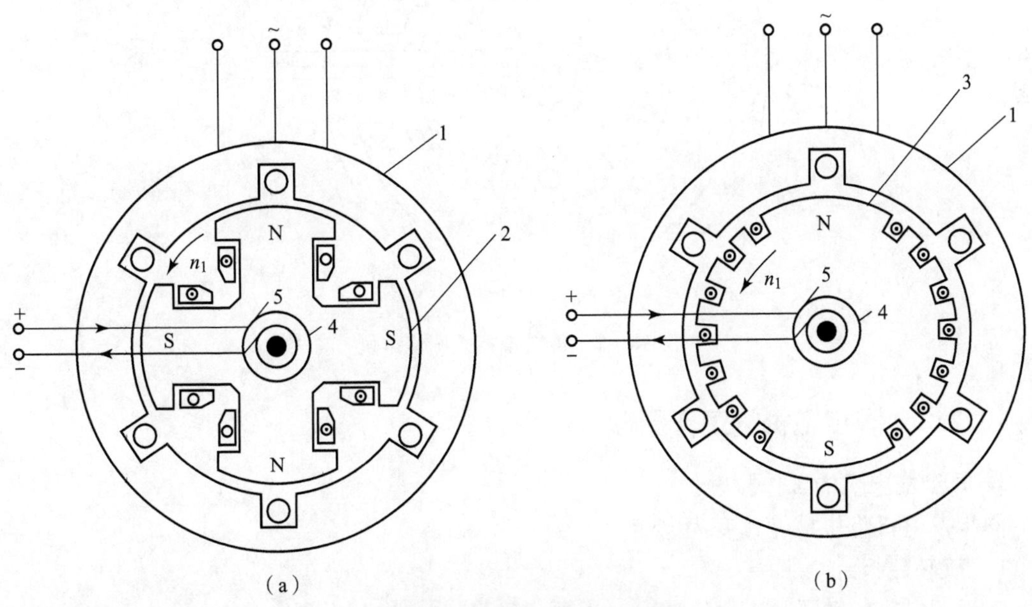


**图 10－1　旋转磁极式同步电机**

(a) 凸极式；(b) 隐极式

1—定子；2—凸极转子；3—隐极转子；4—滑环；5—电刷

(1) 凸极式。转子具有凸出的磁极，磁极的形状和直流电机的磁极相似，铁芯常用普通薄钢板冲压后叠成，装有成形的集中励磁绕组。其转子结构简单，制造方便，容易制造多极电机，但机械强度较低，适用于低速、多极同步电机，如水轮发电机、柴油发电机等就是采用凸极式同步电机。

(2) 隐极式。转子呈圆柱形，无明显磁极，常用整块钢板制成，圆周的 2/3 部分开有槽，用以安装分布式集中绕组，没有开槽的部分为磁极的中心位置。隐极式具有过载能力强、稳定性较高、机械强度好等特点，虽然其制造工艺复杂，但还广泛使用在高速、极数多的大、中型容量的同步电机中（如汽轮发电机等）。

旋转磁极式的主要特点如下：

（1）励磁电流比电枢电流小很多，同时励磁电压也低很多，减轻了电刷和滑环的负担，工作更加可靠。

（2）同步电机的容量一般都很大，电枢装在定子上，能很方便地进行嵌线、加强绝缘水平和通风；通过固定的连接进行大电流的交换，保证了电能使用的安全。

**2. 旋转电枢式**

励磁绕组安装在定子上，电枢绕组安装在转子上，如图 10－2 所示。从旋转部分输入或输出电能，就必须经过滑动装置即滑环，这样对大容量的电机就很困难。因此，这种形式一般只适用于几个千瓦的小功率电机。

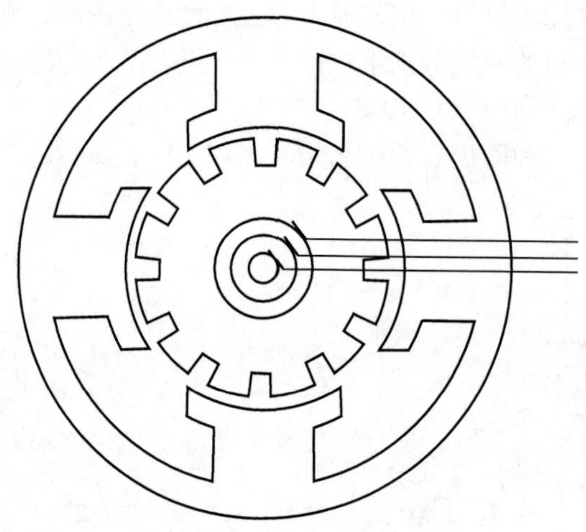

**图 10－2　旋转电枢式同步电机**

### 10.2.2　同步电机的工作原理

**1. 同步发电机的工作原理**

同步发电机将机械能转变为电能。

1）旋转磁极式

同步发电机的转子励磁绕组通电产生恒定磁场，在原动机的拖动下，转子以同步转速旋转，如图 10－1 所示。在气隙中产生旋转磁场，该磁场切割定子三相绕组，在绕组中产生交变的感应电动势，气隙磁场在空间都是按正弦规律分布的，所以在定子绕组中产生的交变电动势也是按正弦规律分布。由于三相绕组在空间也是按 120°电角度分布，每相电动势的相位互差 120°电角度。同时每相电动势的大小和频率是相等的，所以产生的三相电动势为对称电动势，即

$$e_U = E_m \sin\omega t$$
$$e_V = E_m \sin(\omega t - 120°)$$
$$e_W = E_m \sin(\omega t + 120°)$$

同步发电机的频率为

$$f=\frac{pn}{60}\ (\text{Hz})$$

一般同步发电机都是向电网输送电能的，其频率应与电网的频率相等，即为50 Hz。

2）旋转电枢式

同步发电机的定子励磁绕组通电产生恒定磁场，转子在原动机的拖动下，以同步转速旋转，转子（电枢）对称绕组切割磁场产生交变的感应电动势，由于气隙磁场在空间也是按正弦规律分布的，所以在转子绕组中产生的交变电动势也是按正弦规律分布。由于三相转子绕组在空间同样按120°电角度分布，每相电动势的相位互差120°电角度，所以产生的三相电动势同样为对称电动势，一般同步发电机通过滑环向外界输送电能。

**2. 同步电动机的工作原理**

同步电动机将电能转换为机械能。在同步电动机的三相对称绕组中通入三相交流电流后，会产生一个以同步转速 $n_1=\frac{60f_1}{p}$ 旋转的磁场，旋转方向由电源的相序决定。当转子绕组中通入直流电流后，会形成一个恒定磁场，极数与定子绕组相同。当转子的磁极N与定子磁极S对齐时，产生吸引力，使得转子跟着定子磁极旋转，旋转的速度与定子磁场转速（同步速）相同，故称同步电动机，也只有同步后才有稳定拉力，形成固定的转矩来拖动负载。

### 10.2.3 三相同步电机的铭牌数据

**1. 额定电压**

额定电压 $U_N$ 指电机在正常条件运行时，定子绕组的线电压，单位为伏（V）或千伏（kV）。

**2. 额定电流**

额定电流 $I_N$ 指在正常运行条件下，定子绕组的线电流，单位为安（A）或千安（kA）。

**3. 额定容量（或额定功率 $P_N$）**

额定容量 $S_N$ 是指电机在额定条件下运行时，输出或接收的电能的容量。发电机额定容量是指输出的视在功率，单位为千伏安（kV·A）或兆伏安（MV·A）；额定功率是指在额定条件下输出的功率，对于发电机是指输出的有功功率，对于电动机是指转轴上输出的机械功率，单位为千瓦（kW）或兆瓦（MW），对于调相机则是指出线端的无功功率，单位为千乏（kvar）或兆乏（Mvar）。

有功功率与额定电流、电压的关系如下：

（1）三相同步发电机额定功率为

$$P_N=S_N=\sqrt{3}U_NI_N\cos\varphi_N$$

（2）三相同步电动机额定功率为

$$P_N=\sqrt{3}U_NI_N\cos\varphi_N\eta_N$$

**4. 额定功率因数**

额定功率因数 $\cos\varphi_N$ 指电机在额定运行条件下的功率因数。

**5. 额定效率**

额定效率 $\eta_N$ 指电机在额定运行条件下的效率。

**6. 额定频率**

额定频率$f_N$指国家规定的交流电标准频率50 Hz。

此外还有电机的极数、温升、绝缘等级、励磁电压和励磁容量等，在运行时也要注意。

# 10.3 同步发电机

## 10.3.1 同步发电机的励磁方式

同步发电机运行时，必须通入直流电流来建立磁场，即必须进行励磁。提供励磁电流的系统称为励磁系统，主要分为两大类：一类是直流发电机励磁系统；另一类是交流整流励磁系统。

**1. 直流发电机励磁系统**

将一台小容量的直流并励发电机与同步发电机同轴连接，如图10-3所示。并励直流发电机发出直流电，供给同步发电机的励磁绕组。当改变并励直流发电机的励磁电流时，直流发电机端电压改变，使同步发电机的励磁电流、输出的端电压和输出功率也发生改变。

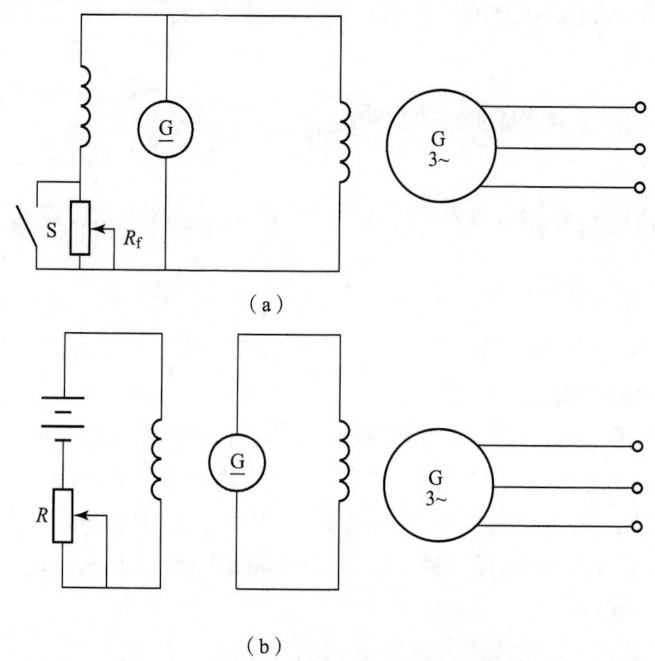


**图10-3 同轴直流发电机励磁原理线路**

(a) 并励直流电机；(b) 他励直流电机

对容量稍大的同步发电机，采用他励直流发电机作励磁机，他励直流发电机的励磁电流由另一台直流发电机供给。这种方法励磁电压升高很快，在低压时调节方便，电压也比较稳定。但由于增加了一台直流发电机，使设备复杂，运行可靠性降低。

直流发电机励磁系统原理简单，但由于直流励磁机制造工艺复杂、成本高、维护困难等，现在发电机组的容量越来越大，所需要的励磁电流也就越来越大，所以大容量的发电机组不能采用同轴发电机励磁，而是采用非同轴的直流发电机励磁方式。

**2. 晶闸管整流励磁系统**

晶闸管整流励磁系统也称为静止的交流励磁系统，晶闸管整流励磁系统分为自励和他励两种。

1）自励式晶闸管励磁系统

这种励磁方法是利用晶闸管的整流特性，对同步发电机发出的交流电进行整流后又供给同步发电机作为励磁电流。晶闸管的输出电压可以很方便地进行调节，也就可以很方便地调节同步发电机的输出电压。自励式晶闸管励磁系统原理如图 10－4 所示。

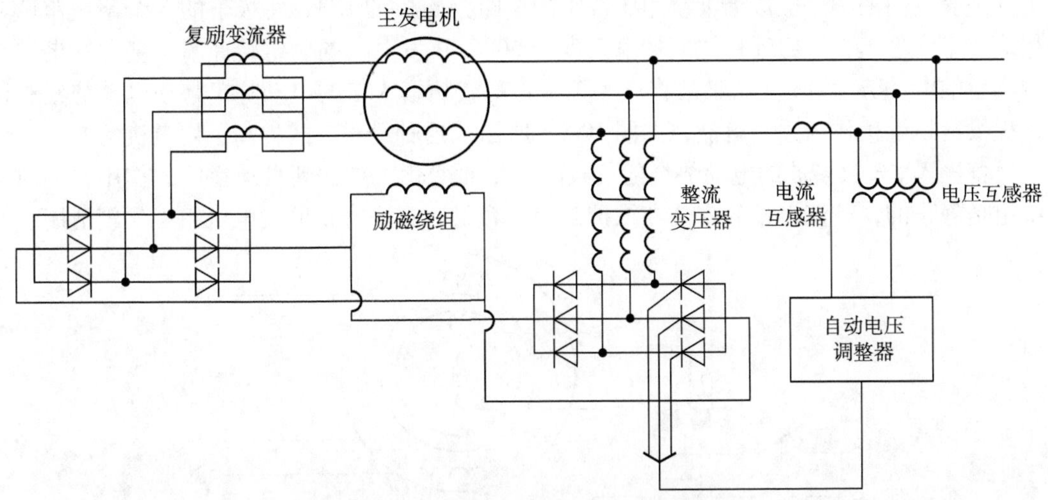


**图 10－4　自励式晶闸管励磁系统原理图**

2）他励式晶闸管励磁系统

他励式晶闸管励磁系统原理图如图 10－5 所示。它由一台交流主励磁机、一台交流副励磁机、3 套整流装置及自动电压调整器等构成。交流主励磁机为中频（国内多采用 1 000 Hz）的三相交流发电机，副励磁机是频率为 400 Hz 的中频率交流发电机。同步发电机的励磁电流，由与它同轴的交流主励磁机经晶闸管整流后提供，交流主励磁机的励磁电流则由副励磁机经晶闸管整流后提供。副励磁机的电流，开始由直流电源提供，建立起电压后，再改为由自励恒压装置提供，并保持恒压。通过调节电压互感器、电流互感器和自动调整器改变晶闸管的控制角，实现对主励磁机进行励磁电流的自动调节。

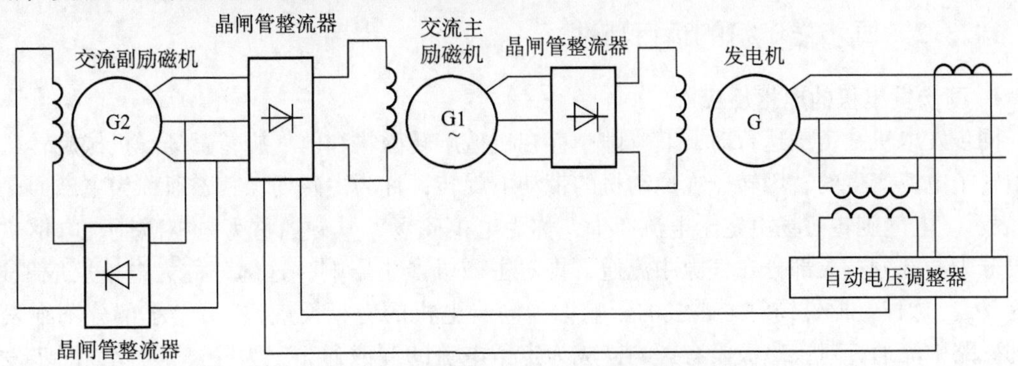


**图 10－5　他励式晶闸管励磁系统原理图**

虽然整个装置较为复杂，启动时还需要直流电源，但由于这种励磁方式具有运行维护方便、技术性能较好等优点，在大容量的发电机组中得到了广泛应用。目前，我国 100 MV · A、200 MV · A、300 MV · A 等的汽轮发电机都是采用这种励磁方式。

3）3 次谐波励磁系统

凸极式同步发电机的主磁极绕组多为集中绕组，在空载时主磁极的磁场在空间的分布为矩形，同时由于极靴下的气隙不均匀，主磁极的波形为一个平顶波，即矩形波，可以将该平顶波分解为一个正弦基波和各次谐波，其中 3 次谐波的含量最大。为此，在发电机的定子铁芯上开一套专门的槽来嵌放谐波绕组，绕组的节距为磁极的 1/3，每极下的 3 个绕组串联起来构成一个元件组，绕组元件之间的电角度为 60°。在发电机的额定转速下，基波在谐波绕组中产生的电动势为零，3 次谐波将产生频率为基波频率 3 倍的电动势，将该电动势经整流后，提供给发电机作为励磁电流，如图 10 - 6 所示。这种励磁方式提高了发电机的效率，节约了设备投入。3 次谐波的电动势会随负载的变化而变化，能起到自动稳压的作用，同时谐波绕组是静止的，整流设备的安装和维护都比较容易，在小容量的发电机组中比较适用。

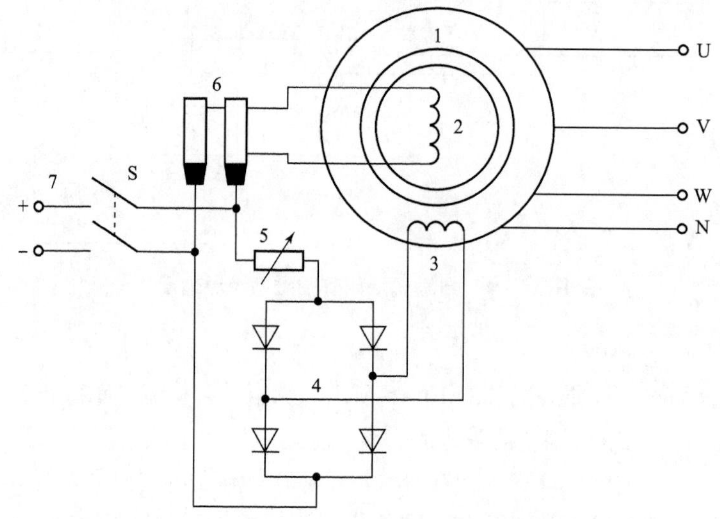


**图 10 - 6　3 次谐波的单相桥式整流电路图**

1—同步发电机；2—励磁绕组；3—谐波绕组；4—晶闸管桥式整流；
5—调节电阻；6—集电环；7—直流电源

## 10.3.2　同步发电机的运行特性

### 1. 同步发电机的电枢反应

同步发电机在负载运行时，其气隙中存在机械旋转磁场和电气旋转磁场。机械旋转磁场是由转子电流产生的，因转子在原动机的带动下旋转，称为主磁场，其磁通称为主磁通，用 $\Phi_0$ 表示。电气旋转磁场由定子电流产生，称为电枢磁场，其磁通称为电枢磁通。电枢磁通又可分为两部分：大部分在气隙中流通，将对主磁极产生影响，这部分称为电枢反应磁通，记为 $\Phi_a$（这种电枢磁场对主磁极的影响称为同步电机的电枢反应）；另一小部分不在发电机的磁路中流通，对主磁极没有影响，成为定子电流的漏磁通，记为 $\Phi_\sigma$。因此，同步发电机气隙中的磁通为主磁通和电枢反应磁通的合成，即

$$\dot{\Phi} = \dot{\Phi}_0 + \dot{\Phi}_a$$

由于合成电动势 $\dot{E}$ 由 $\dot{\Phi}$ 产生，空载电势 $\dot{E}_0$ 由 $\dot{\Phi}_0$ 产生，电枢反应电势 $\dot{E}_a$ 由 $\dot{\Phi}_a$ 产生，因此电枢反应既要影响磁路中的磁通，还要影响电路中的电动势。

（1）$\psi = 0°$时的电枢反应。$\psi$ 为同步发电机空载电动势与电枢电流间的相位角，$\cos\psi$ 称为同步发电机的内角功率因数。当 $\psi = 0°$，$\cos\psi = 1$ 时，电枢电流 $\dot{I}$ 与 $\dot{E}_0$ 同相，这时电枢反应磁通 $\dot{\Phi}_a$ 的方向与转子主磁通 $\dot{\Phi}_0$ 方向垂直，称为交轴（或横轴）电枢反应，如图 10－7 所示。结果使转子一边的磁通减少；另一边的磁通增加。电机磁路工作在近饱和状态，因此，磁通增加很少而减少很多，使得气隙中的合成磁场沿轴线偏转一个角度 $\theta$，且总的合成磁通减少，即电枢反应具有去磁作用，

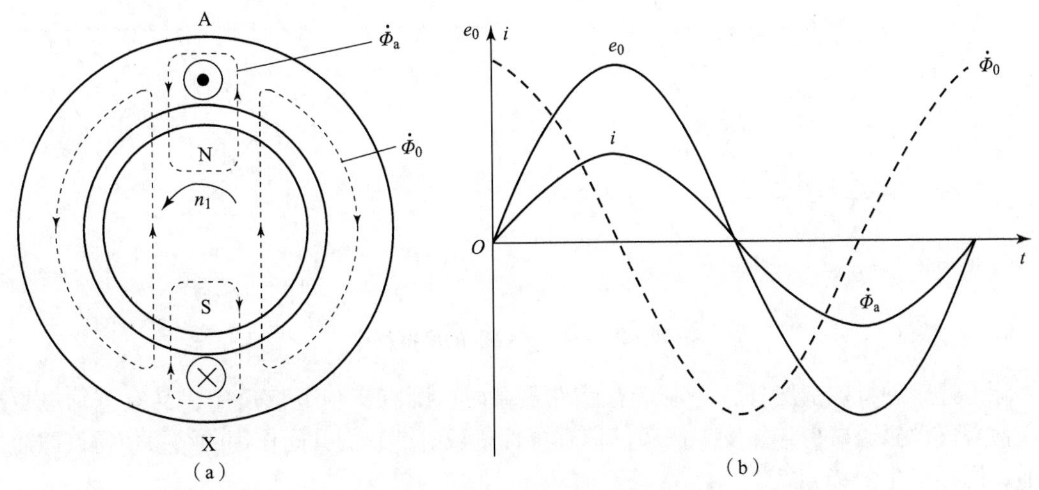


**图 10－7　$\psi = 0°$时的电枢反应**

（2）$\psi = +90°$时的电枢反应。$\psi = +90°$时，$\cos\psi = 0$，相当于发电机只带有感性负载，也就是只向电网输送无功功率。这时电枢反应磁通 $\dot{\Phi}_a$ 与转子主磁通 $\dot{\Phi}_0$ 方向相反，使得气隙磁通减少，发生去磁反应，称为直轴（或称纵轴）去磁电枢反应，如图 10－8 所示。

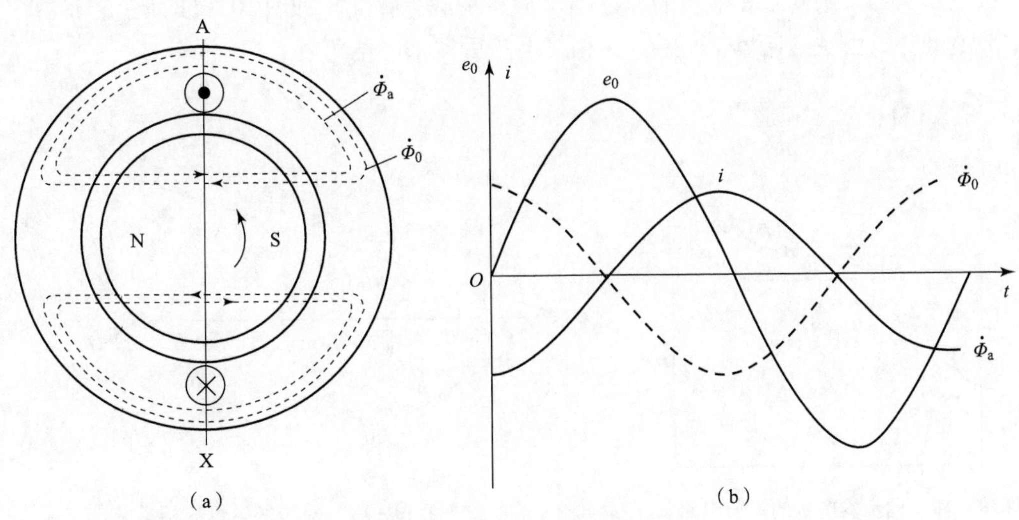


**图 10－8　$\psi = +90°$时的电枢反应**

（3）$\psi=-90°$时的电枢反应。$\psi=-90°$时，$\cos\psi=0$，相当于发电机只带有容性负载，也是只向电网输送无功功率。这时电枢反应磁通 $\dot{\Phi}_{a}$ 与转子主磁通 $\dot{\Phi}_{0}$ 方向相同，使气隙磁通增加，起增磁作用，称为直轴增磁电枢反应，如图 10－9 所示。

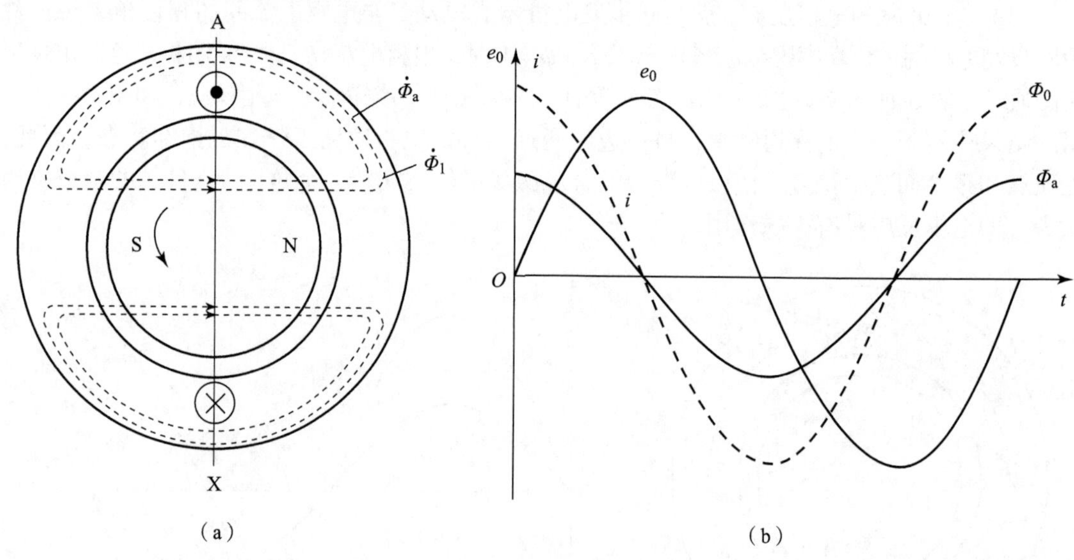


**图 10－9　$\psi=-90°$时的电枢反应**

除上述 3 种特殊情况外，一般带有感性负载时，既有交轴电枢反应，又有直轴电枢反应，使得气隙磁通减少，并发生偏移；带有容性负载时，它们共同作用的结果使得气隙磁通增加，同样发生偏移。

**2. 同步发电机的运行特性**

以隐极式发电机为例进行分析。同步发电机的等值电路如图 10－10 所示。电压平衡方程为

$$\dot{E}_{0}=\dot{U}+\dot{I}R_{a}+j\dot{I}(X_{a}+X_{\sigma})$$

以电压为参考的同步发电机的相量图（假设负载为感性）如图 10－11 所示。其中，$\dot{E}_{0}$ 为空载电动势，由主磁通 $\dot{\Phi}_{0}$ 产生，在相位上滞后 $\dot{\Phi}_{0}$90°电角度。

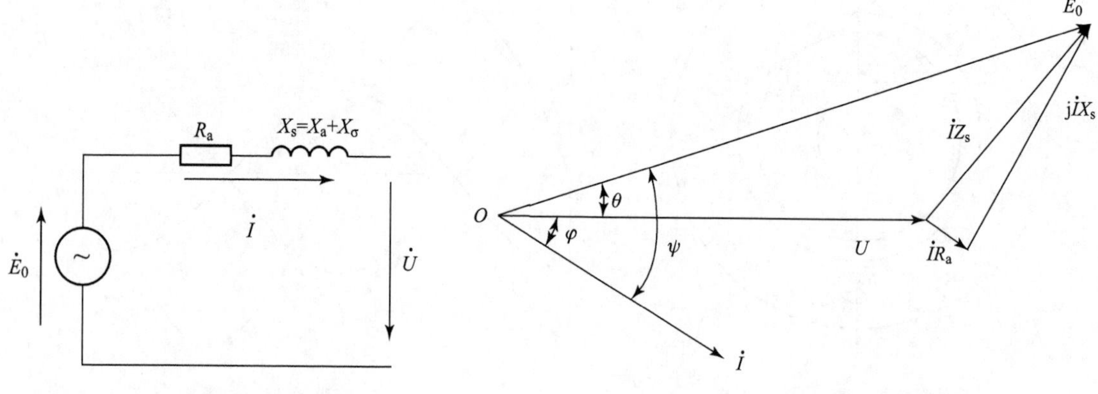


**图 10－10　同步发电机的等值电路**　　**图 10－11　同步发电机的相量图**

$\dot{I}R_a$ 为电枢绕组上的电压降落。由于目前同步发电机容量都很大，电阻很小，因此电枢绕组压降可忽略不计。

$j\dot{I}X_a$ 为电枢反应电抗电压降，由电枢反应产生的电枢反应电势 $\dot{E}_a$引起，而 $\dot{E}_a$由电枢反应磁通 $\dot{\Phi}_a$产生。$X_a$ 称为电枢反应电抗。$\dot{E}_a$在相位上滞后 $\dot{I}$ 90°电角度，$j\dot{I}X_a$ 则超前 $\dot{I}$ 90°电角度，即

$$\dot{E}_a = -j\dot{I}X_a$$

$j\dot{I}X_\sigma$ 为漏磁电抗电压降，由电枢漏磁电势 $\dot{E}_\sigma$引起，而 $\dot{E}_\sigma$由电枢漏磁通 $\dot{\Phi}_\sigma$产生。$X_\sigma$ 为定子漏电抗。$\dot{E}_\sigma$滞后 $\dot{I}$ 90°电角度，$j\dot{I}X_\sigma$ 则超前 $\dot{I}$ 90°电角度，即

$$\dot{E}_\sigma = -j\dot{I}X_\sigma$$

从相量图 10－11 可以得到，当发电机的负载为感性时，电枢反应有去磁作用，发电机的端电压变低，感性负载越大，去磁作用越大，端电压下降就越多。当发电机的负载为容性时，电枢反应有增磁作用，使得端电压升高。

同步发电机从空载到额定负载，其端电压的变化用电压变化率表示，即

$$\Delta U\% = \frac{E_0 - U_N}{U_N} \times 100\%$$

式中，$U_N$ 为发电机的额定电压。

电压变化率是同步发电机运行的一个重要参数。同步发电机多带感性负载，一旦突然失去负荷，就会造成电压升高很快而击穿电机绝缘，同时电力用户也要求有一个稳定的工作电压，因此发电机的电压变化不宜太大。当它超过允许的范围时，应通过调节励磁电流来保持发电机的端电压。

### 10.3.3　同步发电机的并联运行

**1. 并联运行的意义**

同步发电机的并联运行是指将两台或更多台同步发电机分别接在电力系统的对应母线上或通过主变压器、输电线接在电力系统的公共母线上，共同向用户供电。同步发电机并联运行的意义在于以下几点。

（1）可以根据负载的变化，来合理地调整发电机运行的台数，提高机组的运行效率。

（2）便于轮流安排检修，提高供电的可靠性，同时可以减少系统的备用容量。

（3）实现各地能源的合理、充分利用。火电与水电并联运行后，在丰水期就可以多发水电，节约大量的燃煤，而在枯水期就可以多生产火电，保证生产和人民生活对电能的需求。

（4）能更好地调节电能，提高电能质量。多个发电厂并联在一起后，负载波动所引起的电压、频率的变化由一个大电网承担，可以将影响大大减小，从而保证了供电的质量。

**2. 同步发电机并联运行的条件**

同步发电机并联运行应满足一定的条件。

（1）同步发电机的端电压应等于电网的电压。如果这两个电压不相等，就会出现一个电压差，如图 10－12 所示。当开关闭合后，在发电机和电网构成的环形回路中就会出现环流 $I_P$，即

$$I_P = \frac{\Delta U}{X}$$

式中，$\Delta U$ 为发电机与电网之间的电压差；$X$ 为发电机的电抗。

很显然，两者之间的电压差越大，环流就越大，对发电机的运行非常不利。

（2）同步发电机电压的相位（或极性）应与电网电压的相位（或极性）相同。如果它们的大小相等，而只是相位（或极性）不同，同样存在电压差，如图 10－13 所示，同样会引起环流，影响发电机的正常运行。

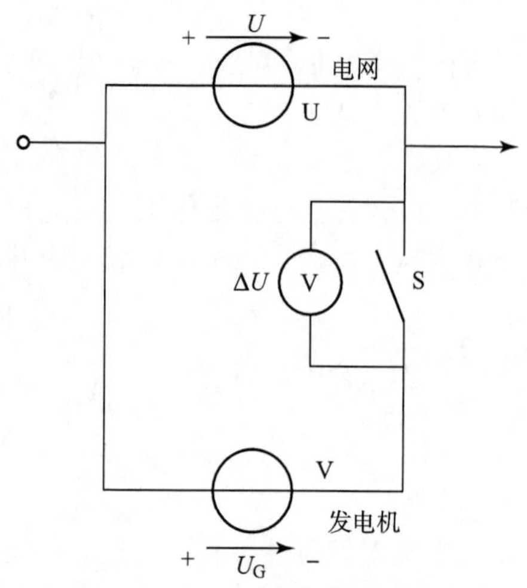


**图 10－12　并网时的等效电路**

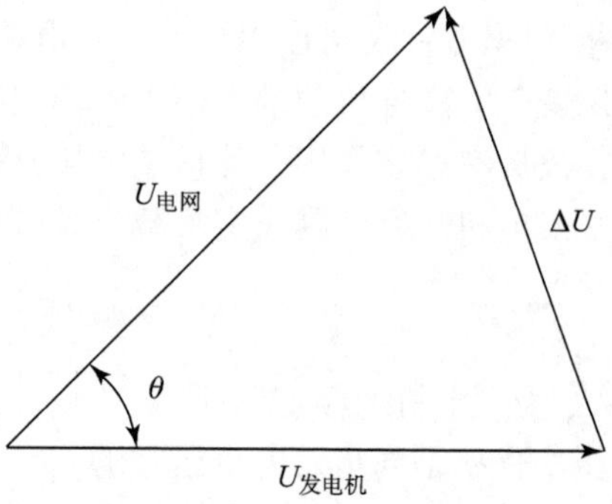

**图 10－13　电网与发电机电压相同相位不同的电压差**

（3）发电机的频率应与电网的频率相同。当电网和发电机的频率分别为 $f_1$、$f_2$，且它们不相等时，假设电压值和相位是相同的，则它们的电压差为

$$
\begin{aligned}
\Delta U &= U_2 - U_1 \\
&= \sqrt{2}U_1(\sin 2\pi f_2 t - \sin 2\pi f_1 t) \\
&= 2\sqrt{2}U_1 \sin 2\pi\left[\frac{1}{2}(f_2 - f_1)t\right]\cos 2\pi\left[\frac{1}{2}(f_2 + f_1)t\right] \\
&= 2\sqrt{2}U_1 \sin\left[\frac{1}{2}(\omega_2 - \omega_1)t\right]\cos\left[\frac{1}{2}(\omega_2 + \omega_1)t\right]
\end{aligned}
$$

式中，$\omega_1 = 2\pi f_1$；$\omega_2 = 2\pi f_2$。

由此可知，发电机与电网的电压差 $\Delta U$ 的瞬时值以频率 $\frac{1}{2}(f_2 - f_1)$ 在 $0 \sim 2\sqrt{2}U_1$ 之间变化，其本身是一个频率为 $\frac{1}{2}(f_2 + f_1)$ 的交流电动势。所以虽然电压值相等，但有相位差，也就存在电压差 $\Delta U$，环形回路中一样会有环流。

（4）发电机的电压波形应与电网的电压波形相同，即均应为正弦波。

（5）发电机的相序应与电网的相序相同。实际将发电机投入并联运行时，要绝对满足上述条件是很困难的，如果在以下允许的范围内还是可以并联运行的，即要求发电机与电网的频率差为 0.2%～0.5%、电压有效值相差为 5%～10%、相序相同而相位差不超过 10°的范围内。

把发电机调整到符合上述 5 条并联条件后并入电网，这种方法称为准同期法。准同期法的优点是投入瞬间，发电机与电网间无电流冲击；缺点是手续复杂，需要较长时间进行调整，尤其是电网处于异常状态时，电压和频率都在不断地变化，此时要用准同期法并联就相当困难。为迅速将机组投入电网，可采用自同期法。所谓自同期法是指同步发电机在不加励磁的情况下投入电网，投入电网后，再立即加上直流励磁。这种方法的缺点是合闸及投入励磁时有电流冲击。

## 10.4 同步电动机

### 10.4.1 同步电动机的基本方程式和相量图

**1. 同步电动机的电枢反应**

同步电动机电枢反应的分析应考虑同步电动机本身的工作特性（电阻性、电感性、电容性）。

设主磁极的位置和旋转方向不变，同步电动机的电枢电流方向应与发电机的电枢电流方向相反，以便电枢反应的结果也相反。因此，可以得到同步电动机电枢反应的结果如下：

（1）当同步电动机为感性时，电枢反应有磁化作用；

（2）当同步电动机为容性时，电枢反应有去磁作用；

（3）当同步电动机为阻性时，电枢反应略有去磁作用，使磁场发生偏转。

**2. 隐极式同步电动机的方程式和相量图**

同步电动机正常工作时，转子中直流电流产生的主磁极磁场和定子电流产生的旋转磁场都以同步转速 $n_1$ 旋转，它们形成一个合成磁场，合成磁场的磁通量为

$$\dot{\Phi} = \dot{\Phi}_0 + \dot{\Phi}_a$$

上述 3 个旋转的磁通切割定子绕组，绕组中分别产生 3 个对应电动势，即合成磁通 $\dot{\Phi}$ 产生一个合成电动势 $\dot{E}$，主磁通 $\dot{\Phi}_0$ 产生空载电动势 $\dot{E}_0$，电枢磁通 $\dot{\Phi}_\sigma$ 产生电枢反应电动势 $\dot{E}_a$，且

$$\dot{E} = \dot{E}_0 + \dot{E}_a$$

同步电动机中其中一相绕组的电动势平衡方程式为

$$\dot{U}_1 = -\dot{E}_1 + \dot{I}_1 R_1 + \mathrm{j}\dot{I}_1 X_\sigma$$

式中，$X_\sigma$ 为定子漏抗；$R_1$ 为定子绕组电阻。

通常，同步电动机容量都比较大，$R_1$ 的值很小，分析时常忽略，因此可得

$$\dot{U}_1 = -\dot{E}_0 - \dot{E}_a + \mathrm{j}\dot{I}_1 X_\sigma$$

由以前分析可知，电枢电动势 $\dot{E}_a = -\mathrm{j}\dot{I}_1 X_a$，$X_a$ 为电枢电抗（也称电枢反应电抗），上式变为

$$\begin{aligned}\dot{U}_1 &= -\dot{E}_0 + j\dot{I}_1 X_a + \mathrm{j}\dot{I}_1 X_\sigma \\ &= -\dot{E}_0 + j\dot{I}_1 X_s\end{aligned}$$

式中，$X_s = X_a + X_\sigma$ 为隐极式同步电动机的同步电抗，其中 $X_a$ 要比 $X_\sigma$ 大很多，常为 5 ~ 8 倍。

由上述分析可绘出隐极式同步电动机的等值电路图和相量图，如图 10 - 14 所示。图中电流超前电压，是同步电动机经常工作的状态，目的是在拖动负载时，可以提高电网的功率因数。

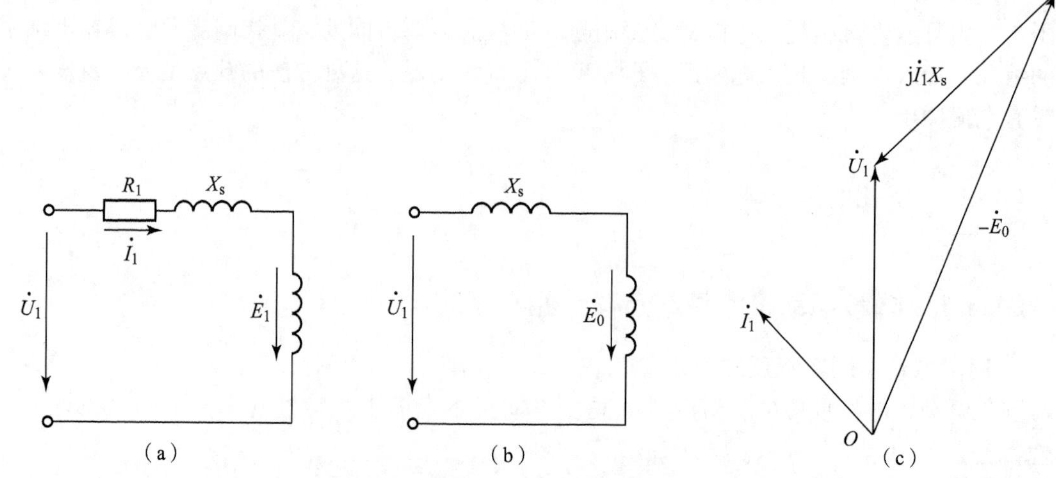


**图 10－14　隐极同步电动机等值电路图和相量图**

(a) 等值电路图；(b) 等值电路图；(c) 相量图

隐极式同步电动机气隙均匀，无明显磁极，电枢电动势在任何位置，所受到的磁阻都是一样的，电抗也不变。在不考虑因磁路饱和所引起的非线性时，电枢电抗和同步电抗都应是常数。

**3. 凸极式同步电动机的方程式和相量图**

凸极式同步电动机的气隙是不均匀的，存在明显的磁极，因此电枢电动势在磁极的不同位置受到的磁阻是不相同的，电抗 $X_a$ 和 $X_\sigma$ 不再为常数。

首先考虑两个特殊位置。一是当电枢磁场的轴线与主磁极的轴线重合，这时气隙最小，磁阻最小，磁导最大，电抗也最大，将这时的电抗称为电枢反应直轴电抗，记为 $X_{ad}$；二是电枢磁场的轴线处于主磁极的几何中线，这时气隙最大，磁阻最大，磁导最小，电抗也最小，将这时的电抗称为电枢反应交轴电抗，记为 $X_{aq}$。当电枢磁场处在上述两个特殊位置之间时，磁阻、磁导、电抗也处在上述值之间，并随着位置变化而发生变化。因此，在分析凸极式电动机电动势方程时，应将电枢磁通分解为直轴和交轴两个分量。

在不考虑因磁路饱和引起的非线性和高次谐波的影响，只考虑磁通中的基波分量时，可以把电枢磁通分解为直轴和交轴两个分量，分别用 $\Phi_{ad}$ 和 $\Phi_{aq}$ 表示，它们在气隙也以同步转速旋转，因此总的电枢磁通为

$$\dot{\Phi}_a = \dot{\Phi}_{ad} + \dot{\Phi}_{aq}$$

式中，$\dot{\Phi}_{ad}$ 和 $\dot{\Phi}_{aq}$ 分别为在定子绕组中产生的感应电动势 $\dot{E}_{ad}$ 和 $\dot{E}_{aq}$，也就是电枢磁动势在定子绕组产生的电动势 $\dot{E}_a$ 的两个分量，即

$$\dot{E}_a = \dot{E}_{ad} + \dot{E}_{aq}$$

由于 $\dot{\Phi}_{ad}$ 作用在主磁极的轴线上，对应直轴反应电抗为 $X_{ad}$，电流的直轴分量用 $\dot{I}_d$ 表示，这样 $\dot{E}_{ad} = -j\dot{I}_dX_{ad}$；同理，$\dot{\Phi}_{aq}$ 作用在主磁极的几何中线上，对应交轴反应电抗为 $X_{aq}$，电流的直轴分量用 $\dot{I}_q$ 表示，这样 $\dot{E}_{aq} = -j\dot{I}_qX_{aq}$，$X_{ad}$ 和 $X_{aq}$ 在不考虑磁路饱和的影响下为常数。因此，凸极同步电动机的电动势平衡方程式为

$$\dot{U}_1 = -\dot{E}_0 - \dot{E}_a + j\dot{I}_1X_\sigma$$

$$\dot{U}_1 = -\dot{E}_0 - \dot{E}_{ad} - \dot{E}_{aq} + j\dot{I}_1 X_\sigma$$
$$\dot{U}_1 = -\dot{E}_0 + j\dot{I}_d X_{ad} + j\dot{I}_q X_{aq} + j\dot{I}_1 X_\sigma$$

同样，电阻 $R_1$ 因很小可忽略。将 $j\dot{I}_1 X_\sigma$ 也分解为直轴和交轴两个分量并由上式作出凸极同步电动机电动势相量图，如图 10－15 所示。图中的 $\psi$ 角是功率因数角，$\varphi$ 角是内功率因数角，$\theta$ 角为功率角，它们的关系为 $\varphi = \psi + \theta$。

由图 10－15 可知

$$\dot{U}_1 = -\dot{E}_0 + j\dot{I}_d X_{ad} + j\dot{I}_q X_{aq} + j\dot{I}_d X_\sigma + j\dot{I}_q X_\sigma$$
$$\dot{U}_1 = -\dot{E}_0 + j\dot{I}_d X_d + j\dot{I}_q X_q$$

式中，$X_\sigma$ 为直轴同步电抗；$X_d = X_{ad} + X_\sigma$；$X_q$ 为交轴同步电抗，$X_q = X_{aq} + X_\sigma$。

对于隐极式，$X_d = X_q = X_\sigma$，将其代入上式就得到隐极式的电动势平衡方程，因此隐极式实际是凸极式的一个特例。

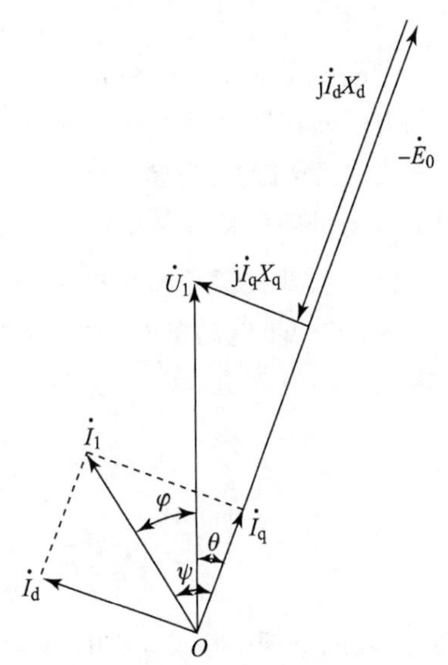


**图 10－15　凸极同步电动机电动势相量图**

## 10.4.2　同步电动机的功角特性和机械特性

### 1. 同步电动机的功率及转矩平衡方程式

电网向同步电动机输送的电功率为 $P_1$，除少部分在定子绕组引起铜耗外，大部分转变为电磁功率，传递给转子。同步电动机的功率流程图如图 10－16 所示。

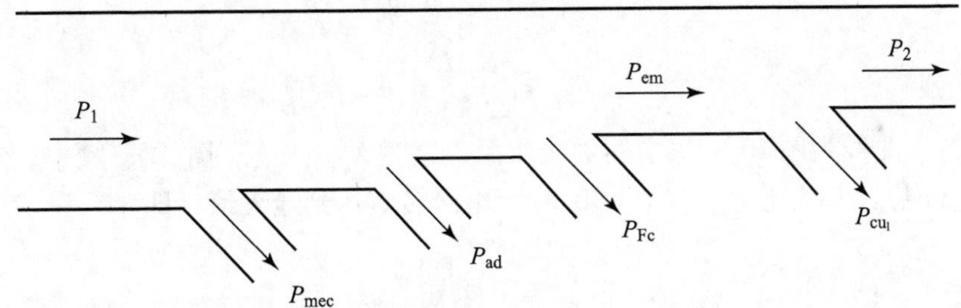


**图 10－16　同步电动机的功率流程图**

从图 10－16 中，可得

$$P_1 = P_{em} + P_{Cu_1}$$
$$P_{em} = P_2 + (p_{mec} + p_{Fe} + p_{ad})$$
$$= P_2 + P_0$$

式中，$P_1$ 为定子输入的电功率；$P_{em}$为电磁功率；$P_2$ 为轴上输出的机械功率；$p_{Cu_1}$为定子铜耗；$p_{Fe}$为铁耗；$p_{mec}$为机械损耗；$p_{ad}$为附加损耗；$p_0 = p_{Fe} + p_{mec} + p_{ad}$。

相应的转矩平衡方程式为

$$T_{em} = T_2 + T_0$$

式中，$T_{em}$为电磁转矩，$T_{em} = \dfrac{P_{em}}{\Omega_0}$；$T_2$ 为机械负载转矩，$T_2 = \dfrac{P_2}{\Omega_0}$；$T_0$ 为空载转矩，$T_0 = \dfrac{P_0}{\Omega_0}$；

$\Omega_0$ 为同步角速度。

同步电动机随着负载的变化，必然引起电磁转矩的变化，但转速是不会变化的，研究电磁功率和电磁转矩随负载变化的规律就不能用它与转速的关系来描述，而要采用功角特性。

**2. 同步电动机的功角特性**

同步电动机功角特性是指电磁功率（电磁转矩）随功率角 $\theta$ 变化的关系，即 $P_{em}=f(\theta)$ 或 $T_{em}=f(\theta)$ 对应的关系特性曲线，称为功角特性曲线。

1）凸极式同步电动机的功角特性

凸极式同步电动机的电磁功率和电磁转矩分别为

$$P_{em}=\frac{3E_0U_1}{X_d}\sin\theta+\frac{3U_1^2}{2}\left(\frac{1}{X_q}-\frac{1}{X_d}\right)\sin2\theta$$

$$T_{em}=\frac{P_{em}}{\Omega_0}=\frac{3U_1E_0}{\Omega_0X_d}\sin\theta+\frac{3U_1^2}{2\Omega_0}\left(\frac{1}{X_q}-\frac{1}{X_d}\right)\sin2\theta$$

式中，$\theta$ 为外加电源电压 $\dot{U}_1$ 和电枢反应电动势 $\dot{E}_0$ 间的夹角。

上式中的第一项为主电磁功率（转矩）；第二项为附加电磁功率（转矩），这一项只在凸极式电动机中才存在。当电源电压为额定电压 $U_N$，励磁电流 $I_f$ = 常数时，$E_0$ 也为常数，电磁功率 $P_{em}$ 和电磁转矩 $T_{em}$ 仅为功率角 $\theta$ 的函数。凸极式同步电动机的功角特性曲线如图 10－17中的实线所示。

2）隐极式同步电动机的功角特性。

隐极式同步电动机的电磁功率和电磁转矩分别为

$$P_{em}=\frac{3E_0U_1}{X_d}\sin\theta$$

$$T_{em}=\frac{3E_0U_1}{\Omega_0X_d}\sin\theta$$

其功角特性曲线为图 10－17 中的虚线所示，这时 $X_d=X_q$。当电压、频率、空载电动势（电枢反应电动势）都为常数，且 $\theta=90°$时，电磁转矩达到最大值，即

$$T_{max}=\frac{3U_1E_0}{\Omega_0X_d}\theta$$

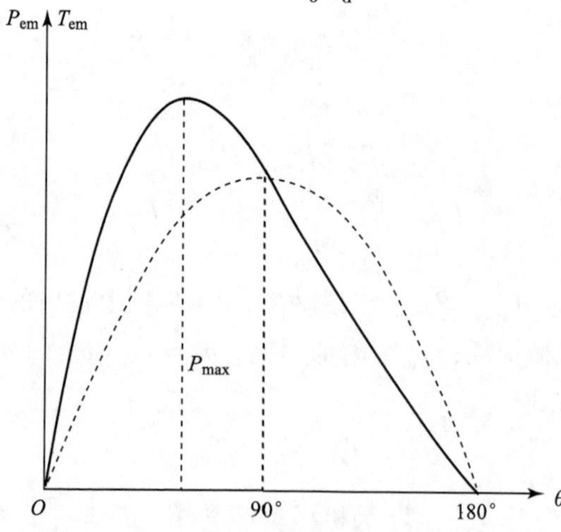


**图 10－17　同步电动机的功角特性**

3）稳定运行区分析

以隐极式同步电动机为例进行分析。

（1）同步电动机的工作点在 0°～90°。当负载较小时，转速会上升，功率角 $\theta$ 减小，电磁转矩 $T_{em}$ 减小，在 $T_{em}$ 下降到与 $T_L$ 相等时，电动机在新的平衡下稳定运行；当负载增加时，转速会下降，功率角 $\theta$ 增大，电磁转矩 $T_{em}$ 增大，在 $T_{em}$ 增大到与 $T_L$ 相等时，又在新的平衡下稳定运行。故 0°～90°为同步电动机的稳定运行区。

（2）同步电动机的工作点在 90°～180°。当负载增大时，转速会上升，功率角 $\theta$ 增大，电磁转矩 $T_{em}$ 减小，之后电磁转矩 $T_{em}$ 不断减小，直至电动机停止。因此，90°～180°为同步电动机的不稳定运行区。

为了使同步电动机有足够的过载能力，额定转矩应小于最大转矩，额定功率角常在 20°～30°，这时电动机的过载能力为

$$\lambda = \frac{T_{max}}{T_N} = \frac{\sin 90^\circ}{\sin(20^\circ \sim 30^\circ)} = 2 \sim 3.5$$

凸极式同步电动机，其功角特性曲线如图 10－17 中的实线所示。从图中可以看到，最大转矩通常出现在 45°～90°。由于附加转矩的存在，其过载能力增强，稳定性较高，因此同步电动机多制成凸极式。

4）稳定运行条件

用同步功率来表示同步电动机保持同步转速的能力，即运行的稳定度。同步功率是指电磁功率（或电磁转矩）的变化量 $\Delta P_{em}$（或 $\Delta T_{em}$）与功率角变化量 $\Delta\theta$ 之间的比值 $P_s$，即

$$P_s = \frac{\Delta P_{em}}{\Delta\theta}$$

对于隐极式电动机，有

$$P_s = \frac{3U_1E_0}{X_d}\cos\theta$$

在电源电压和励磁电流都不变的情况下，$X_d$ 不变，同步功率随 $\theta$ 按余弦规律变化。如图 10－18 所示。当 $\theta = 0°$时，同步功率 $P_s$ 最大，即同步电动机在空载运行时保持同步的能力最强，也就是最稳定；当负载运行时，$\theta$ 角增大，电磁功率 $P_{em}$ 增大，同步功率 $P_s$ 减小，只要是在 90°范围内，电动机都能稳定运行。因此，同步电动机稳定运行的条件为 $P_s > 0$。

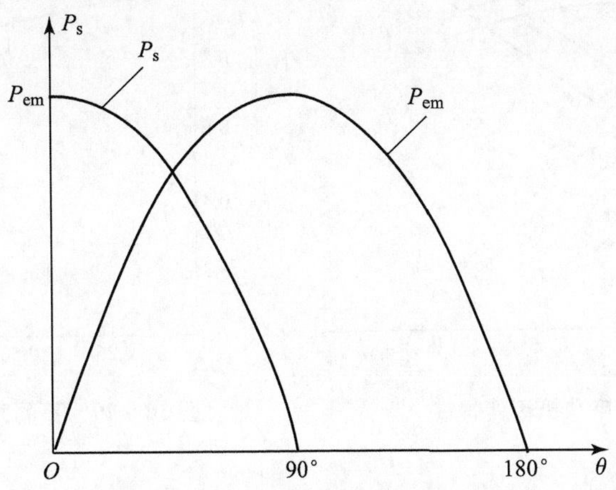


**图 10－18　同步电动机的同步功率**

当 $\theta = 90°$ 时，$P_s = 0$ 为同步电动机的临界点；当 $\theta = 90° \sim 180°$ 时，$P_s < 0$，同步功率为负值，同步电动机不能稳定运行。

因此，在稳定运行区内，同步电动机具有保持同步转速的能力；在不稳定区内，电动机的转速不能保持为同步转速，这种现象称为失步。很显然，同步电动机在稳定运行区内运行时，其转速为同步转速，不随负载的变化而变化。

### 10.4.3 同步电动机的工作特性和 V 形曲线

**1. 同步电动机的工作特性**

同步电动机的工作特性是指在外加电压 $U_1$、励磁电流 $I_f$ 均为常数时，电枢电流 $I$、电磁转矩 $T_{em}$、功率因数 $\cos\Phi$ 和效率 $\eta$ 与输出功率 $P_2$ 之间的关系。

由转矩平衡方程 $T_{em} = T_2 + T_0 = \dfrac{P_2}{\Omega_0} + T_0$ 可知，当 $P_2 = 0$ 时，$T_{em} = T_0$，定子绕组中仅有空载电流。随着负载的增大，$P_2$ 也会逐渐增加，电磁转矩 $T_{em}$ 为了克服增高了的负载转矩也会逐渐增大，因此 $T_{em} = f(P_2)$ 是一条直线。由于功率平衡的关系，$P_2$ 的增加会使输入的电功率 $P_1$ 增加，励磁电流也会上升，$I_f = f(P_2)$ 近似为一条直线。同步电动机的效率特性与其他电动机相同。同步电动机的工作特性曲线如图 10－19 所示。

图 10－20 所示为同步电动机在不同励磁下的功率因素特性。曲线 1 是在较小励磁电流下，只能在空载时才会使 $\cos\varphi = 1$；当负载增大，功率因数会降低且滞后；曲线 2 是在较大的励磁电流下，当负载小于半载时，功率因数为超前（过励状态），大于半载时为滞后（欠励状态）；曲线 3 为更大的励磁电流下，电动机满载时，功率因数为 1。因此，可以通过调节同步电动机的励磁电流来达到在任意负载下，使功率因数为 1 的目的，且可以在超前与滞后之间变化，这是同步电动机的优点之一。

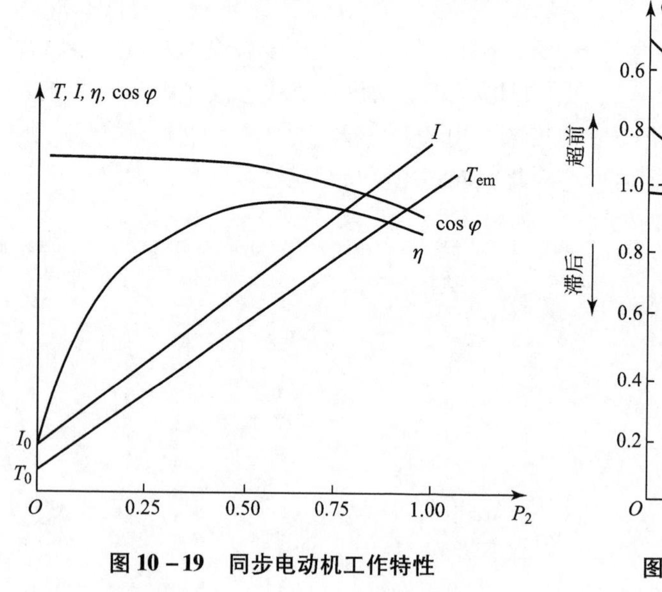


图 10－19 同步电动机工作特性

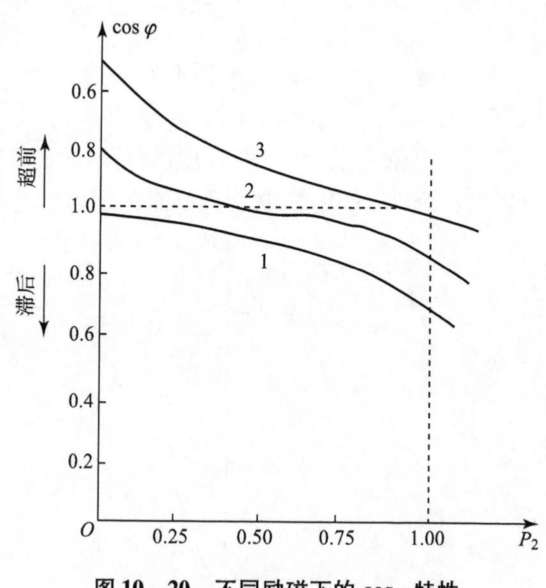


图 10－20 不同励磁下的 $\cos\varphi$ 特性

**2. V 形曲线**

同步电动机的 V 形曲线是指在电网电压、频率和电动机输出功率恒定的情况下，电枢

电流 $I$ 和励磁电流 $I_f$ 之间的关系曲线 $I=f(I_f)$。因其形状像 V 字，故称 V 形曲线。图 10－21 所示为不同输出功率的同步电动机 V 形曲线，输出功率越大，在相同的励磁电流下，电枢电流越大，曲线越往上移。

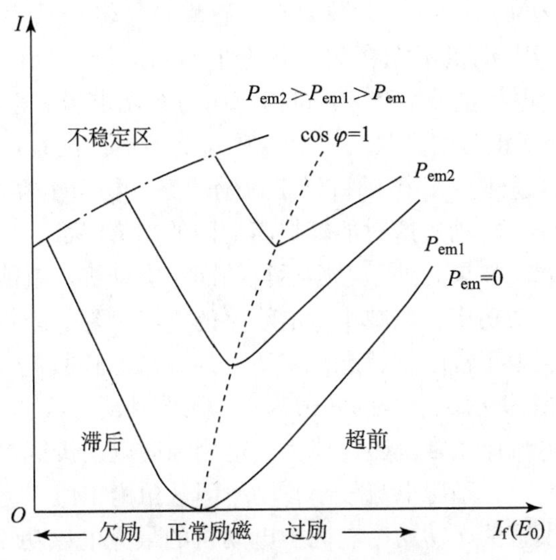


图 10－21　同步电动机 V 形曲线

忽略电动机的所有损耗，不计凸极效应，输入的电功率应与电磁功率相等，即当 $U_1=U_N$ 时，$I\cos\varphi=$ 常数，$E_0\sin\theta=$ 常数，所以

$$P_1=3U_1I_1\cos\varphi=P_{em}=3\frac{U_1E_1}{X_d}\sin\theta=\text{常数}$$

这时调节励磁电流、电枢电流和励磁电动势均会发生变化，将不同励磁电流的相量绘制在一起，如图 10－22 所示。

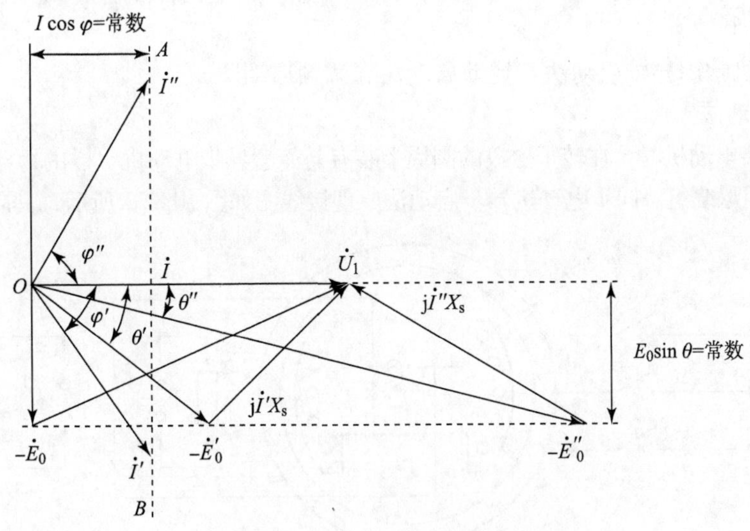


图 10－22　不同励磁电流的相量图

（1）调节励磁电流 $I_f$ 会使励磁磁场 $\Phi_0$ 和由其产生的电动势 $E_0$ 发生变化，而 $E_0\sin\theta=$

常数，这样 $E_0$ 变化会引起电枢电流 $I$ 的变化。

（2）调节励磁电流 $I_f$ 可能使电枢电流 $I$ 超前或滞后。当励磁电流 $I_f$ 减小至 $I_f'$时，主磁通 $\Phi_0'$也较小，$E_0'$较小，$E_0' < U_1$，电枢电流 $I'$滞后 $U_1$，电动机处于欠励状态，相当于感性负载，功率因数小于 1 且为滞后。由于电源向某一感性负载输送功率，降低了电网的功率因数，所以一般情况下同步电动机不能在欠励状态下运行。增大励磁电流至 $I_f$，随着主磁通 $\Phi_0$ 增大，$E_0$ 也增大，使电枢电流 $I$ 和 $U_1$ 同相，均为有功电流，电动机为阻性负载，功率因数 $\cos\varphi = 1$，电动机处于正常励磁状态，电网只向电动机提供有功功率。继续增大励磁电流至 $I_f''$，会使电枢电流 $I''$超前 $U_1$，电动机处于过励状态，相当于容性负载起到电容的作用，功率因数小于 1 且为超前，电动机这时能够提高电网的功率因数。这对电网十分有利，因为电网带有大量的感性负载，如果有处于过励运行的同步电动机，就能补偿感性负载中的无功部分，而无须电网提供无功功率，以减小输电线路的电流，降低线损。

每条曲线中的最低点为正常励磁状态，将所有的最低点连接起来就为功率因数 $\cos\varphi = 1$ 线，如图 10－22 中的虚线所示。虚线的右边为“过励”状态，励磁电流较大，功率因数角为负值，为超前，电枢电流比正常励磁电流大，电网除向电动机能提供有功功率外，还提供容性无功功率。虚线的左边，励磁电流较小，功率因数角为正值，为滞后，电网除向电动机提供有功功率外，还提供感性无功功率。同步电动机的最大电磁功率 $P_{max}$ 与 $E_0$ 成正比，在恒定负载下，减小励磁电流，会降低电动机的过载能力；当励磁电流减小到一定程度时，电动机会进入不稳定运行区而失去同步，图 10－22 中的虚线表示电动机不稳定区的极限位置。

### 10.4.4 同步电动机的启动方法

同步电动机的三相定子绕组通电后，旋转磁场就以同步转速旋转，由于转子惯性很大，不能立即以同步转速转动。在非变频启动时，转子转速与同步转速不等，功角 $\theta$ 在 0°～360°变化。当功角 $\theta$＝0°～180°时，电磁转矩为正值，是拖动力矩；而 $\theta$ 在 180°～360°时电磁转矩则为负值，是制动力矩。在一个周期内，转子产生的平均电磁转矩为 0，因此同步电动机也不能自行启动。

同步电动机常用异步启动法、辅助启动法和调频启动法。

**1. 异步启动法**

在制造同步电动机时，在转子磁极的圆周上装有与笼型异步电动机一样的短路绕组作为启动绕组，也称为阻尼绕组。同步电动机异步启动法原理接线图如图 10－23 所示，其启动步骤如下：

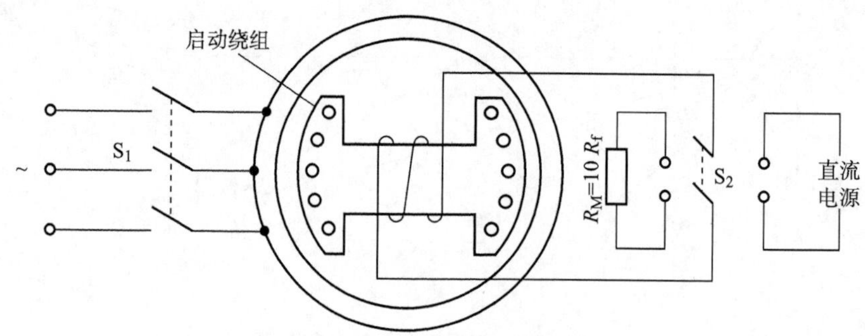


**图 10－23　同步电动机异步启动法原理接线图**

（1）将同步电动机的励磁绕组和限流电阻 $R_M$ 相连接。启动时，如果励磁绕组开路，则会产生很高的电动势，可能损坏电机绝缘及危及人身安全，但如果将励磁绕组直接短接，在励磁绕组中会出现很大的感应电流，这个电流与旋转磁场一起，在转子上会产生很大的附加转矩，造成转子启动困难。因此，启动前必须先将同步电动机的励磁绕组和限流电阻 $R_M$ 相连接，以限制启动电流和减小附加转矩。限流电阻 $R_M \approx 10R_f$（$R_f$ 为励磁绕组电阻）。

（2）同步电动机三相定子绕组接通三相电源。同步电动机三相定子绕组接通三相电源产生旋转磁场，该磁场作用在阻尼绕组上（此时，同步电动机相当于三相异步电动机）使转子转动，即异步启动。

（3）当转子转速升高到接近于同步转速（$95\% n_1$）时，将转子绕组接通直流电源，同时将限流电阻断开。转子绕组接上直流电源是进行直流励磁，利用旋转磁场与转子磁场间的相互吸引力，将转子拉入同步。

如果是大容量的同步电动机采用异步启动，与三相异步电动机一样，会出现很高的启动电流，为了限制过高的启动电流，同样可以采用三相异步电动机降低启动电流的方法来启动同步电动机。

需要注意的是，同步电动机停止运行时，应先断开定子电源，再断开励磁电源，不然转子突然失磁，将在定子中产生很大电流，并在转子中产生很高的电压，损坏电机绝缘，影响人身安全。

**2. 辅助启动法**

辅助启动法是指用辅助的动力机械将同步电动机加速到接近同步转速，在脱开动力机械的同时，立即给转子绕组加上电源，将同步电动机拉入同步。

辅助动力机械采用异步电动机时，其容量一般为同步电动机容量的 5% ~15%，磁极数与同步电机相同，即当转速接近同步转速时，给转子绕组加上励磁电流，将同步电动机拉入同步，并断开异步机电源；也可采用极数比主机少一对的异步电动机，将同步电动机转速升高超过同步转速，断开异步机电源，当同步机转速下降到同步转速时，立即加上励磁电流。

这种方法的主要缺点是不能带负载启动，否则将要求辅助电机的容量很大，造成启动设备和操作过程都很复杂。

## 思考题与习题

10 -1　何种电动机为同步电动机？

10 -2　简述同步发电机的基本结构和工作原理。

10 -3　简述同步电动机的基本结构和工作原理。

10 -4　对于同步发电机和电动机，额定功率分别指什么功率？

10 -5　同步发电机的励磁方式有哪几种？

10 -6　什么叫电枢反应？电枢反应的性质由什么决定？

10 -7　什么是无限大电网？它对并联于其上的同步发电机有什么约束？

10 -8　一台与电网并联运行的同步发电机，仅输出有功功率，无功功率为零，这时发电机电枢反应磁动势的性质是什么？

10 -9　已知一台同步电动机电动势 $E_0$、电流 $I$、参数 $X_d$ 和 $X_q$，画出 $\dot{I}$ 落后于 $\dot{E}_0$ 的

相位角为 $\psi$ 时的电动势相量图。

10－10　隐极式同步电动机电磁功率与功率角有什么关系？电磁转矩与功率角有什么关系？

10－11　一台凸极同步电动机空载运行时，如果突然失去励磁电流，电动机转速怎样？

10－12　同步电动机欠励运行时，从电网吸收什么性质的无功功率？过励时，从电网吸收什么性质的无功功率？

# 第四篇　控制电机与电机选择

# 第 11 章　控制电机

控制电机是用于自动控制系统的具有特殊性能的小功率电机，这一类电机主要是在控制系统中用于信号的检测、传递、执行、放大或转换等。衡量控制电机的主要性能指标是高的可靠性、高的控制精度、快的响应速度、小的质量与体积等，但控制电机的电磁过程和所遵循的基本电磁规律与常规旋转电机没有本质上的差别。

控制电机广泛应用于现代军事装备、航空航天技术、现代工业技术、现代交通运输、民用领域等。例如，导弹遥控遥测、雷达自动定位、卫星天线的展开和偏转、飞机自动驾驶、工业机器人控制、数控机床控制、自动化仪表、船舰方位控制、高级轿车、计算机外围设备、录音录像设备及手机等都少不了控制电机。

控制电机的种类繁多，根据在自动控制系统的功能，可将控制电机分为伺服电动机、步进电动机、测速发电机、自整角机和旋转变压器等。根据在自动控制系统的作用，可将控制电机分为执行元件和测量元件。执行元件包括交、直流伺服电动机和步进电动机，其任务是将电信号转换成轴上的角位移和角速度，并带动控制对象运动；测量元件包括交、直流测速发电机、自整角机和旋转变压器等，它们能够将转速、转角和转角差等机械信号转换成电信号。

## 11.1　伺服电动机

伺服电动机又称执行电动机，在自动控制系统中作为执行元件，可将控制电信号转换为转轴的角位移或角速度。通过改变控制电信号的大小和极性，可改变电动机的转速大小和转向。

交、直流伺服电动机作为执行元件，可用于中、高档数控机床的主轴驱动和速度进给伺服系统、工业用机器人的关节驱动伺服系统及火炮、机载雷达等伺服系统。

自动控制系统对伺服电动机的基本要求如下：

（1）无“自转”现象。即要求控制电机在有控制信号时迅速转动，而当控制信号消失时必须立即停止转动。控制信号消失后，电机仍然转动的现象称为自转，自动控制系统不允许有“自转”现象。

（2）空载始动电压低。电机空载时，转子从静止到连续转动的最小控制电压称为始动电压。始动电压越小，电机的灵敏度越高。

（3）机械特性和调节特性的线性度好。线性的机械特性和调节特性有利于提高系统的控制精度，能在宽广的范围内平滑稳定地调速。

（4）快速响应性好。即要求电机的机电时间常数要小，堵转转矩要大，转动惯量要小，转速能随控制电压的变化而迅速变化。

根据使用电源性质的不同，伺服电动机可分为直流伺服电动机和交流伺服电动机两大类。

### 11.1.1 直流伺服电动机

**1. 直流伺服电动机的工作原理与控制方式**

一般的直流伺服电动机的基本结构与普通直流电动机并无本质的区别。只要在其励磁绕组通入电流且产生磁通，当电枢绕组中通过电流时，电枢电流就与磁通相互作用产生电磁转矩，使电动机转动。这两个绕组其中一个断电时，电动机立即停转，无自转现象。

直流伺服电动机工作时有两种控制方式，即电枢控制方式和磁场控制方式。永磁式的直流伺服电动机只有电枢控制方式。电枢控制方式是励磁绕组接恒定的直流电源，产生额定磁通，电枢绕组接控制电压，当控制电压的大小和方向改变时，电动机的转速和转向随之改变；当控制电压消失时，电枢停止转动。磁场控制方式是将电枢绕组接到恒定的直流电源，励磁绕组接控制电压。在这种控制方式下，当控制电压消失时，电枢停止转动，但电枢中仍有很大的电流，相当于普通直流电动机的直接启动电流，因而损耗的功率很大，还容易烧坏换向器和电刷。此外，电动机的特性为非线性。因此，自动控制系统中一般采用电枢控制方式。

**2. 直流伺服电动机的静态特性（电枢控制方式）**

1）机械特性

采用电枢控制方式的直流伺服电动机，当控制电压 $U_c$ = 常数时，磁通 $\Phi$ = 常数（不考虑电枢反应），其转速 $n$ 与电磁转矩 $T$ 之间的关系曲线 $n=f(T)$ 称为机械特性。直流伺服电动机的机械特性表达式与他励直流电动机的机械特性表达式相同，为

$$n=\frac{U_c}{C_e\Phi}-\frac{R_a}{C_e C_T\Phi^2}T=n_0-\beta T \tag{11-1}$$

式中，$n_0$ 为电动机的理想空载转速，$n_0=\frac{U_c}{C_e\Phi}$，即 $n_0$ 与控制电压 $U_c$ 成正比。

式（11－1）表明，电动机的转速 $n$ 与电磁转矩 $T$ 为线性关系，在控制电压不同时，机械特性为一组平行的直线，如图 11－1 所示。

从图 11－1 中可以看出：控制电压 $U_c$ 一定时，电磁转矩越大，电动机的转速越低；控制电压升高，机械特性向右平移。

2）调节特性

在电动机的电磁转矩 $T$ = 常数时，伺服电动机的转速 $n$ 与控制电压 $U_c$ 之间的关系曲线 $n=f(U_c)$ 称为调节特性。由式（11－1）可知，在 $T$ = 常数时，磁通 $\Phi$ = 常数，转速 $n$ 与控制电压 $U_c$ 为线性关系；转矩 $T$ 不同时，调节特性是一组平行的直线，如图 11－2 所示。

从图 11－2 中可以看出：在 $T$ 一定时，控制电压 $U_c$ 升高，转速 $n$ 也升高；负载转矩增大，即 $T$ 增大，调节特性向右平移，始动电压 $U_{c0}$ 成正比地增大。例如，在 $T_L=T_1$ 时，只有当控制电压 $U_c>U_{c01}$ 时，电动机才能转起来，而当 $U_c=0\sim U_{c01}$ 时，电动机不转，我们称 $0\sim U_{c01}$ 区间为失灵区或死区，电压 $U_{c01}$ 称为始动电压。负载转矩 $T_L$ 不同，始动电压也不同，$T_L$ 越大，始动电压越大，且始动电压或失灵区的大小与负载转矩成正比。$T=0$ 时的特性为理想空载特性，这时只要有控制电压 $U_c$，电动机就转动。实际空载时，$T=T_0\neq 0$，始动电压不为零，$T_0$ 越大，需要的始动电压越大。

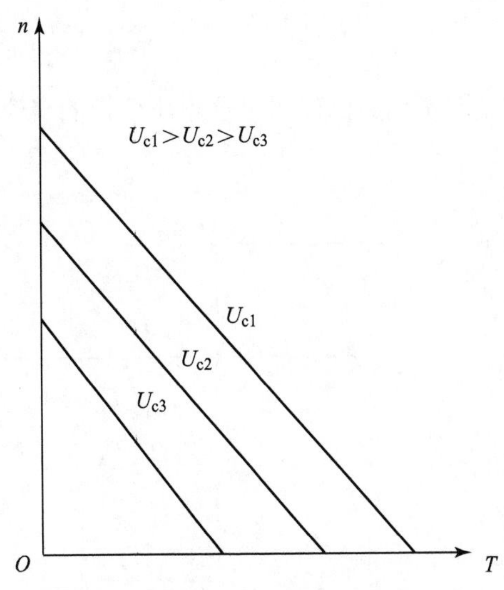


图 11-1　直流伺服电动机的机械特性

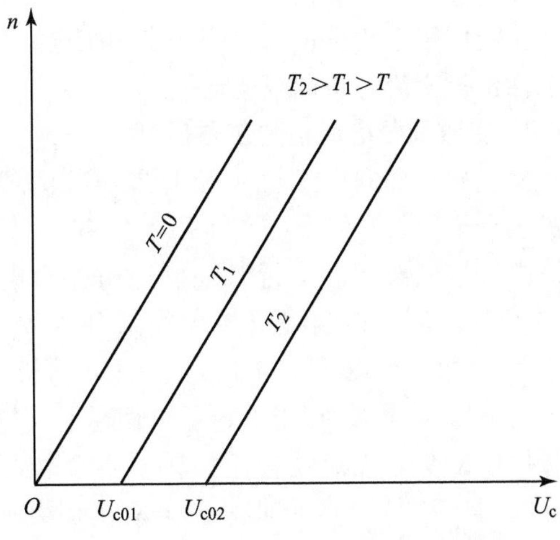


图 11-2　直流伺服电动机的调节特性

**3. 直流伺服电动机的应用**

电子电位差计是用伺服电动机作为执行元件的闭环自动测温系统，常用于工业企业的加热炉温度测量，它的基本电路原理如图 11-3 所示。其基本工作原理是：测温系统工作时，金属热电偶 1 处于炉膛中，并产生与温度对应的热电动势，经补偿和放大后得到与温度成正比的热电压 $U_t$，然后与工作电源 $U_g$ 经变阻器的分压 $U_R$ 进行比较，得到误差电压 $\Delta U$，$\Delta U=U_t-U_R$。若 $\Delta U$ 为正，则经放大后加在伺服电动机 3 上的控制电压 $U_c$ 为正，伺服电动机正转，经变速机构带动变阻器和温度指示器指针顺时针方向偏转：一方面指示温度值升高；另一方面变阻器的分压 $U_R$ 升高，使误差电压 $\Delta U$ 减小。当伺服电动机旋转至使 $U_R=U_t$ 时，误差电压 $\Delta U$ 变为零，伺服电动机的控制电压也为零，电动机停止转动，则温度指示器指针也就停止在某一对应位置上，指示出相应的炉温。若误差电压 $\Delta U$ 为负，则伺服电动机的控制电压也为负，电动机将反转，带动变阻器及温度指示器指针逆时针方向偏转，$U_R$ 减小，直至 $\Delta U=0$，电动机才停止转动，指示炉温较低。

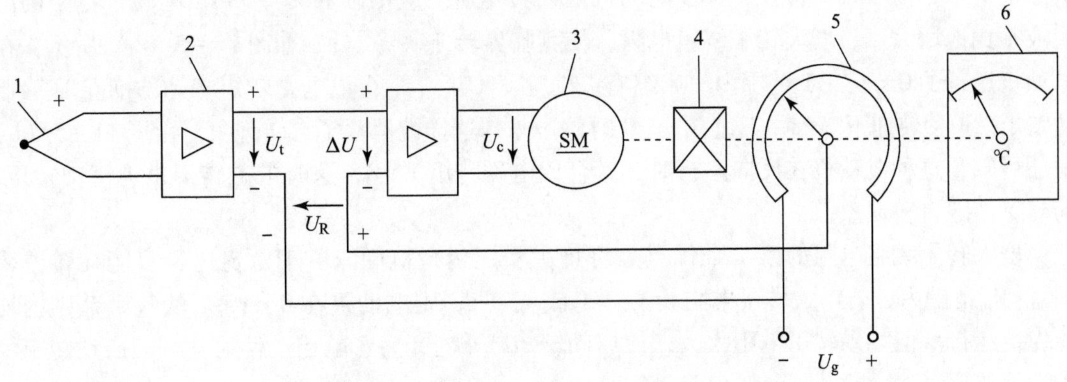


图 11-3　电子电位差计的基本电路原理

1—热电偶；2—放大器；3—伺服电动机；4—变速机构；5—变阻器；6—温度指示器

### 11.1.2 交流伺服电动机

交流伺服电动机包括交流异步伺服电动机和交流同步伺服电动机。这里所分析的交流伺服电动机指交流异步伺服电动机。

**1. 交流伺服电动机的工作原理**

交流异步伺服电动机实际上是一种两相异步电动机。定子上装有两个在空间上相差90°的绕组：励磁绕组和控制绕组。运行时励磁绕组接至电压恒为 $U_f$ 的交流电源，控制绕组输入控制电压 $U_c$，$U_c$ 与 $U_f$ 频率相同，如图 11－4 所示。当电动机启动时，若控制电压 $U_c=0$，相当于定子单相通电，气隙中只有脉振磁动势，无启动转矩，转子不会转起来；若 $U_c\neq0$，且 $U_c$ 与 $U_f$ 不同相，定子两相绕组则通以两相交流电，气隙中就产生旋转磁场，对转子产生电磁转矩，力图使电动机转起来。若启动转矩大于负载转矩，转子就会按控制信号要求旋转。当电动机旋转时，若控制信号 $U_c=0$，转子理应立即停下来，但是由于此时励磁绕组所加电压 $U_f$ 不变，则相当于单相异步电动机的运行情况。若电动机参数选择不合理，电动机将会继续旋转，使电动机失控，这种控制电压为零时，电动机自行旋转的失控现象称为"自转"。自动控制系统中，不允许伺服电动机出现自转现象。

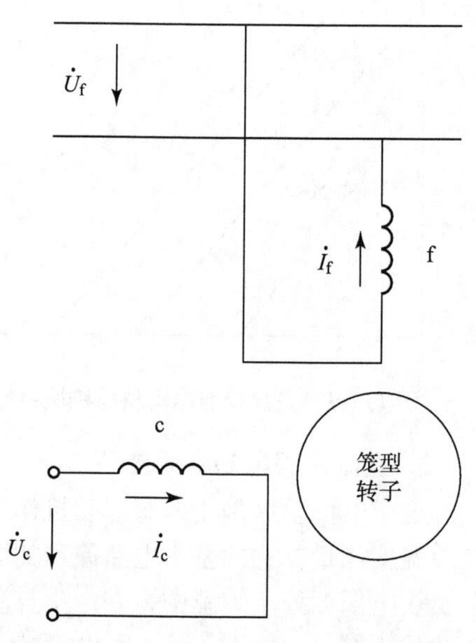


图 11－4 交流异步伺服电动机的原理图

消除自转现象的可行办法是增大转子绕组电阻。因为出现自转现象是由于伺服电动机处于单相异步电动机的工作条件下，而单相异步电动机的机械特性可由正、反旋转磁场产生的两条正、反转机械特性合成，如图 11－5（a）所示。伺服电动机处于正转状态时，$0<s_+<1$，在这整个范围内，$|T_+|>|T_-|$，合成转矩 $T>0$，所以当 $U_c=0$ 时，伺服电动机停不下来；由于机械特性中异步电动机最大转矩所对应的临界转差率 $s_m$ 随转子电阻的增大成正比地增大。若增大转子绕组电阻，使其临界转差率 $s_m=1$，如图 11－5（b）所示，在电动机运行的 $0<s_+<1$ 范围内，始终有 $|T_-|>|T_+|$，合成电磁转矩 $T<0$，使它成为制动转矩，迫使转速下降，并迅速在 $n=0$ 时停下来，这样就消除了自转现象。由图 11－5（b）中还可知，这种电动机在反向运行时，其合成电磁转矩 $T>0$，这时电磁转矩也为制动转矩，同样可消除自转现象。

增大转子绕组电阻的第二个优点是可增大稳定运行范围。由于稳定运行只能在转差率 $0<s<s_m$ 范围内，若增大转子电阻使 $s_m=1$ 或 $s_m>1$，则电动机在 $0<s<1$ 的整个范围内均能稳定运行。但如果转子电阻太大，使启动转矩减小时，将影响启动性能甚至因启动转矩太小而无法启动。

增大转子绕组电阻的第三个优点是使机械特性更接近线性。因为在稳定运行范围 $0<s<s_m$ 内，机械特性是线性的。

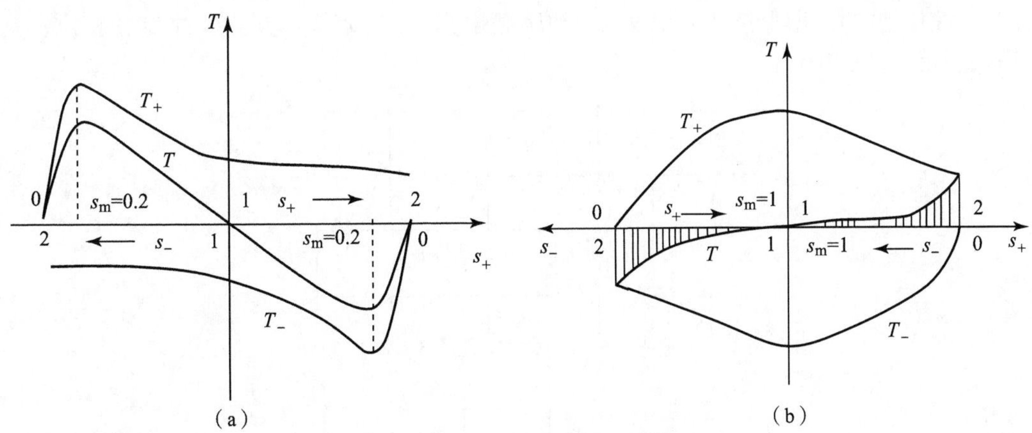


**图 11－5　转子绕组电阻对单相异步电动机机械特性的影响**

(a) 正常转子电阻；(b) 增大转子电阻

**2. 交流伺服电动机的控制方式**

交流伺服电动机不仅需要控制它的启动与停止，而且还需控制它的转速和转向。两相交流伺服电动机的控制是通过改变其气隙的旋转磁场来实现的。

对于两相交流伺服电动机，如在其定子对称的（正交且结构相同的）两相交流绕组中通以两相对称的（正交且幅值相等的）交流电，产生的气隙旋转磁动势是圆形的；若通以不对称交流电流，即两相电流幅值不同或相位差不是 90°的电角度，则气隙旋转磁动势是椭圆形的。因此，当改变控制电压 $U_c$ 时，气隙磁动势一般是椭圆形的，由这个椭圆形旋转磁动势产生相应的电磁转矩，使伺服电动机的转子按要求转动。改变控制电压的大小或改变它与励磁电压之间的相位角或同时改变这两个值，都能使气隙旋转磁动势的大小和椭圆度发生变化，从而引起电磁转矩的变化，达到改变电动机转速和转向的目的。因此，两相交流伺服电动机有以下 3 种控制方式。

(1) 幅值控制。即保持控制电压 $U_c$ 与励磁电压 $U_f$ 的相位差为 90°，仅改变 $U_c$ 的幅值，其接线原理图如图 11－6 所示。

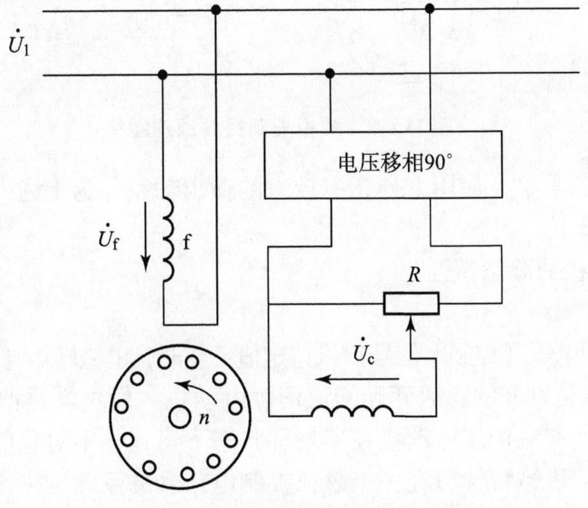


**图 11－6　幅值控制接线原理图**

（2）相位控制。即保持控制电压 $U_c$ 和励磁电压 $U_f$ 的幅值不变，仅改变其相位，其接线原理图如图 11－7 所示。

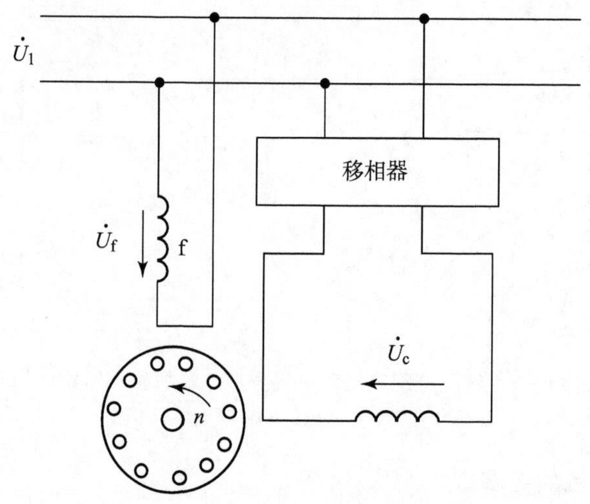


**图 11－7　相位控制接线原理图**

（3）幅相控制。同时改变控制电压 $U_c$ 的幅值和相位进行控制，其接线原理如图 11－8 所示。

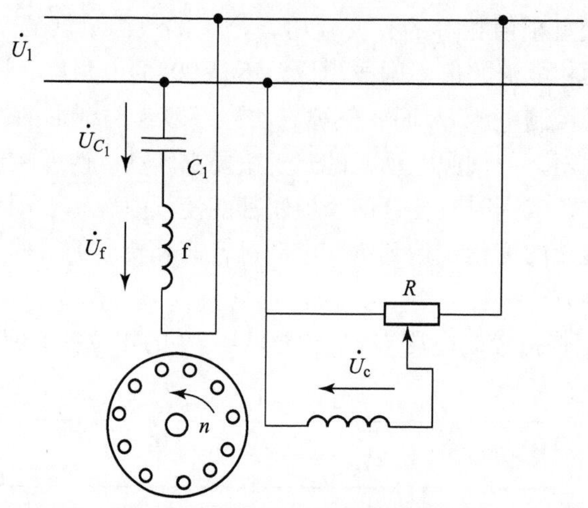


**图 11－8　幅相控制接线原理图**

幅相控制方法设备简单，使用方便，有较大的输出功率，为上述三种方式中最常用的一种控制方式。

**3. 交流伺服电动机的静态特性**

1）机械特性

机械特性是指控制电压（控制电信号）保持定值不变时，电磁转矩与转速之间的函数关系。

由于控制电压 $U_c$ 是可变的，故两相交流伺服电动机一般不满足两相对称绕组通以两相对称交流电的条件，使交流伺服电动机在不对称状态下运行，不对称的程度将影响电动机电磁转矩的大小。因此，机械特性应在一个表征控制电信号的系数为一定值的条件下求取。

幅值控制方式中，有效信号系数 $\alpha_e$ 等于控制电压 $U_c$ 与归算到控制绕组的励磁电压 $U_f'$之比，即 $\alpha_e = U_c/U'_f$。由于这种控制方式中，电源电压 $U_1$ 就是励磁电压 $U_f$，故 $\alpha_e = U_c/U'_f = U_c/U'_1$（$U'_1$为电源电压归算到控制绕组的值）。

相位控制方式中，有效信号系数 $\alpha_e$ 等于控制电压的有效分量 $U_c\sin\beta$ 与归算到控制绕组的励磁电压 $U'_f$之比，即 $\alpha_e = U_c\sin\beta/U'_f$。$U_c\sin\beta$ 在这里可看作控制电压的有效分量，原因是控制电压 $U_c$ 滞后于励磁电压 $U_f$ 相位角 $\beta$，而幅值控制时 $U_c$ 滞后于 $U_f$ 90°。由于相位控制时控制电压的幅值保持不变，$U_c = U'_f = U'_1$，因此 $\alpha_e = \sin\beta$。

幅相控制方式中，有效信号系数 $\alpha_e$ 等于控制电压 $U_c$ 与电源电压 $U_1$ 之比，即 $\alpha_e = U_c/U_1$。这是由于励磁回路串联电容进行幅相控制时，励磁绕组电压 $U_f$ 是变化的，且不等于电源电压 $U_1$。设电动机启动时，以使气隙磁动势为圆形旋转磁动势为条件选择串联电容值，满足这个条件的控制电压设为 $U_{c0}$，这时的信号系数 $\alpha_0 = U_{c0}/U_1$，从而使有效信号系数 $\alpha_e = U_c/U_1 = (U_c/U_{c0})\ \alpha_0$。

3 种控制方式的机械特性如图 11－9 所示。图中 $T^*$ 为输出转矩对 $\alpha_e = 1$ 时的启动转矩的相对值，$n^*$ 为实际转速对 $\alpha_e = 1$ 时的理想空载转速的相对值。从图 11－9 中可以看出，无论哪种控制方式，控制电信号越小，机械特性越下移，理想空载转速越小，同一个负载转矩下的转速就越低。

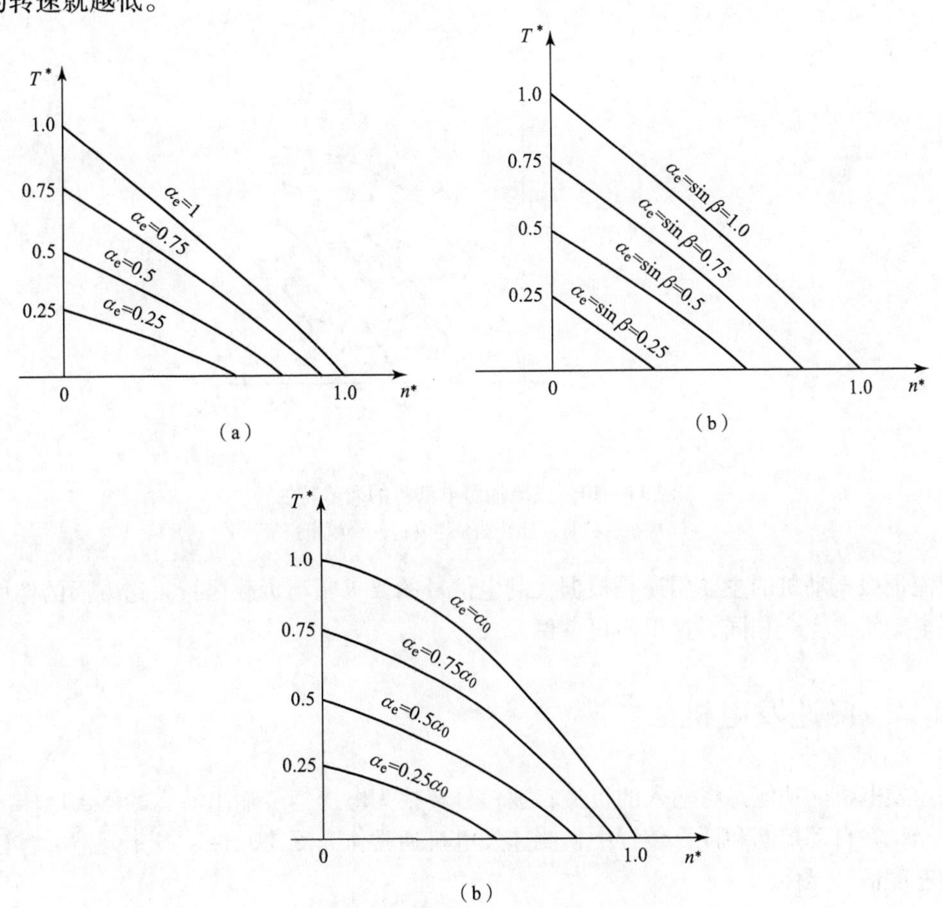


**图 11－9　交流伺服电动机的机械特性**

(a) 幅值控制；(b) 相位控制；(c) 幅相控制

2）调节特性

调节特性是指输出转矩保持定值不变时，转速与控制电信号之间的函数关系。通过已得到的机械特性，可用作图法求出 3 种控制方式对应的调节特性，如图 11－10 所示。通过调节特性可以直观地看出转速随控制电信号的变化规律。

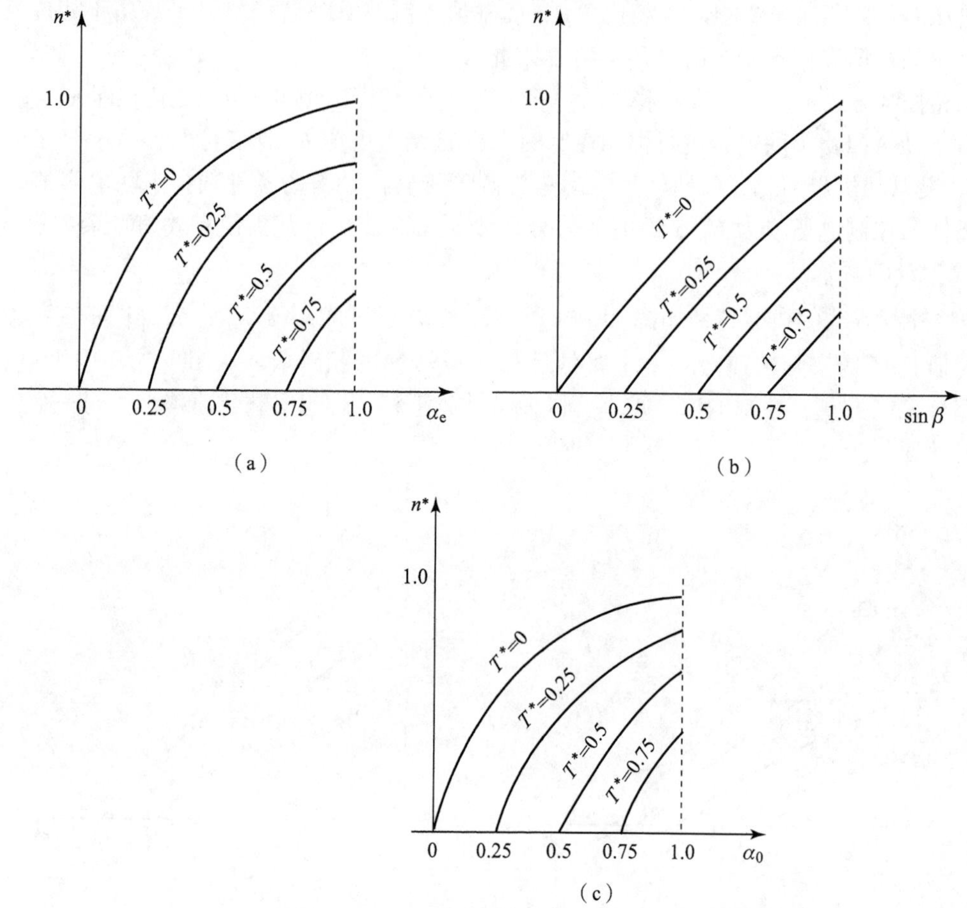


**图 11－10　交流伺服电动机的调节特性**

（a）幅值控制；（b）相位控制；（c）幅相控制

交流伺服电动机的主要用途是根据控制电信号的要求驱动负载运行，这方面的作用与直流伺服电动机的完全相同，这里不再举例。

## 11.2　测速发电机

测速发电机的功能是将输入的机械转速信号转换为电压信号输出。它的输出电压应与转速成正比，在自动控制和计算装置中，测速发电机通常作为测速元件、校正元件、解算元件和角加速度信号元件。

自动控制系统对测速发电机的主要要求如下：

（1）输出电压与转速保持良好的线性关系；

（2）输出特性的斜率大，即输出电压对转速的变化反应灵敏；

（3）温度变化对输出特性的影响小；

（4）剩余电压（转速为零时的输出电压）要小。

按照输出电信号性质的不同，测速发电机可分为直流测速发电机和交流测速发电机两大类。

### 11.2.1　直流测速发电机

直流测速发电机的结构与普通小型直流发电机相同，按励磁方式可分为永磁式和电磁式两种。其中，永磁式直流测速发电机的定子用永久磁钢制成，无须励磁绕组，具有结构简单、无须励磁电源、使用方便、温度对磁场的影响小等优点，因此应用最广泛。

直流测速发电机的工作原理与直流发电机相同。在恒定磁场中，当发电机电枢以转速 $n$ 切割磁通 $\Phi$ 时，电刷两端产生的感应电动势为

$$E_a = C_e \Phi n \tag{11-2}$$

式（11－2）表明感应电动势 $E_a$ 与转速 $n$ 成正比。

由于空载运行时，负载电流 $I_a=0$，直流测速发电机的输出电压就是感应电动势，$U_0=E_a$，所以输出电压 $U_0$ 与转速 $n$ 成正比。

直流测速发电机的输出特性是指在励磁磁通 $\Phi$ 和负载电阻 $R_L$ 为常数时，发电机的输出电压 $U$ 随转速 $n$ 的变化关系，即 $U=f(n)$。

实际负载运行时，因负载电流 $I_a=U/R_L$，若不计电枢反应的影响，直流测速发电机的输出电压应为

$$U = E_a - I_a R_a = E_a - \frac{R_a}{R_L}U \tag{11-3}$$

或

$$U = \frac{C_e \Phi}{1 + \frac{R_a}{R_L}} n = Cn \tag{11-4}$$

式中，$R_a$ 为电枢回路的总电阻，包括电枢绕组电阻和电刷与换向器之间的接触电阻。

式（11－4）表明，当 $\Phi$、$R_a$ 及负载电阻 $R_L$ 不变时，输出特性的斜率 $C$ 为常数，输出电压 $U$ 与转速 $n$ 成正比。当负载电阻 $R_L$ 不同时，输出特性的斜率也不同，随 $R_L$ 的减小而减小。

### 11.2.2　交流测速发电机

交流测速发电机有异步式和同步式两种，下面主要介绍在自动控制系统中应用较广的交流异步测速发电机的结构和工作原理。

交流异步测速发电机的结构与交流伺服电动机的相同，按结构可分为笼型转子和空心杯形转子两种。由于空心杯形转子测速发电机的精度高，转动惯量小，性能稳定，因此应用比较广泛。对于空心杯形转子的测速发电机，机座号较小时，空间相差 90°电角度的两相绕组全部嵌放在内定子铁芯槽内，其中一相为励磁绕组，另一相为输出绕组。机座号较大时，常把励磁绕组嵌放在外定子上，而把输出绕组嵌放在内定子上，以便调节内、外定子间的相对

位置，使剩余电压最小。

交流异步测速发电机的工作原理图如图 11 - 11 所示。励磁绕组 $N_1$ 接于恒定的单相交流电源 $U_1$，电源频率为 $f_1$。输出绕组 $N_2$ 则输出与转速大小成正比的电压信号 $U_2$。当频率为 $f_1$ 的励磁电压 $U_1$ 加在励磁绕组以后，励磁绕组中便有励磁电流流入，产生直轴（$d$ 轴）方向的脉振磁场。

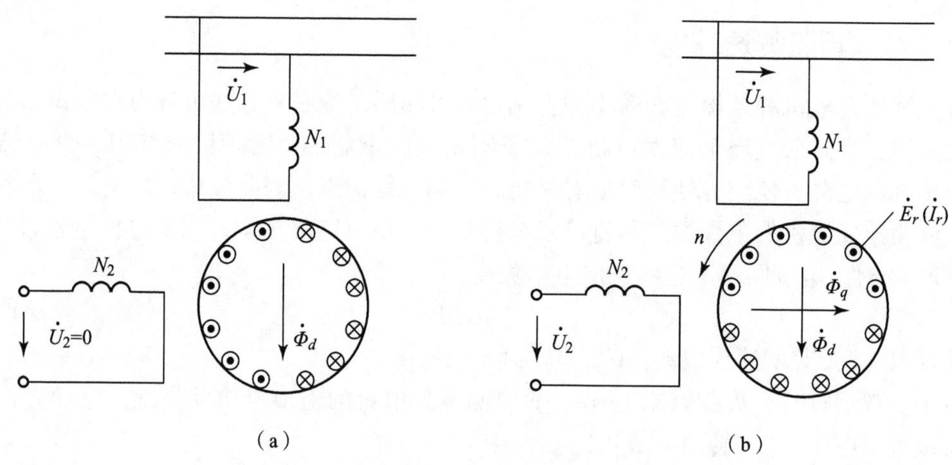


**图 11 - 11　交流异步测速发电机的工作原理图**

(a) 转子静止时；(b) 转子转动时

当 $n=0$，即转子静止时，励磁绕组与杯形转子之间的电磁关系和二次绕组短路时的变压器一样，励磁绕组相当于变压器的一次绕组，杯形转子（看作是无数根并联导条组成的笼型转子）则是短路的二次绕组。此时，测速发电机的气隙磁场为脉振磁场，脉振频率为 $f_1$，脉振磁场的轴线就是励磁绕组轴线，与输出绕组的轴线（$q$ 轴）互相垂直。直轴的脉振磁通只能在空心杯形转子中感应出变压器电动势，由于转子是闭合的，这一变压器电动势将产生转子电流，电流的方向可根据楞次定律判断，如图 11 - 11（a）所示。此电流所产生的磁通与励磁绕组产生的磁通方向相反，所以合成磁通仅为沿 $d$ 轴方向的磁通 $\Phi_d$，如图 11 - 11（a）所示。而输出绕组的轴线与励磁绕组的轴线在空间位置上相差 90°电角度，它与 $d$ 轴磁通没有耦合关系，故不产生感应电动势，输出电压为零，即 $n=0$，$U_2=0$。

当 $n\neq0$，即转子转动以后，杯形转子中除了感应有变压器电动势外，同时还因杯形转子切割磁通 $\Phi_d$，在转子中感应一个旋转电动势 $E_r$，其方向可根据给定的转子转向和磁通 $\Phi_d$ 方向，用右手定则判断，如图 11 - 11（b）所示。旋转电动势 $E_r$ 与磁通 $\Phi_d$ 同频率，频率也为 $f_1$，而其有效值为

$$E_r = C_2\Phi_d n \tag{11-5}$$

式中，$C_2$ 为比例常数。

上式表明，若磁通 $\Phi_d$ 的幅值恒定，则电动势 $E_r$ 与转子的转速成正比。

在旋转电动势 $E_r$ 的作用下，转子绕组中将产生频率为 $f_1$ 的交流电流 $I_r$。由于杯形转子的转子电阻很大，远大于转子电抗，则 $E_r$ 与 $I_r$ 基本上同相位，如图 11 - 11（b）所示。由 $I_r$ 所产生的脉振磁通 $\Phi_q$ 也是交变的，其脉振频率为 $f_1$。若在线性磁路下，$\Phi_q$ 的大小与 $I_r$ 以及 $E_r$ 的大小成正比，即

$$\Phi_q \propto I_r \propto E_r \tag{11-6}$$

无论转速如何变化，由于杯形转子的上半周导体电流方向与下半周导体电流方向总是相反的，因此电流 $I_r$ 产生的脉振磁通 $\Phi_q$ 在空间的方向总是与 $\Phi_d$ 垂直，结果 $\Phi_q$ 的轴线与输出绕组轴线（$q$ 轴）重合，由 $\Phi_q$ 在输出绕组中感应出变压器电动势 $E_2$，其频率仍为 $f_1$，而有效值与 $\Phi_q$ 成正比，即

$$E_2 \propto \Phi_q \tag{11-7}$$

综合以上分析可知，若磁通 $\Phi_d$ 的幅值恒定，且在线性磁路下，则输出绕组中的电动势 $E_2$ 的频率与励磁电源频率相同，其有效值与转速大小成正比，即

$$E_2 \propto \Phi_q \propto E_r \propto n \tag{11-8}$$

根据输出绕组的电动势平衡方程式，在理想状况下，异步测速发电机的输出电压 $U_2$ 也应与转速 $n$ 成正比，输出特性为直线；输出电压的频率与励磁电源频率相同，与转速 $n$ 的大小无关，使负载阻抗不随转速的变化而变化，这一优点使它被广泛应用于控制系统。

若转子反转，则转子中的旋转电动势 $E_r$、电流 $I_r$ 及其所产生的磁通 $\Phi_q$ 的相位均随之反相，使输出电压的相位也反相。

## 11.3　步进电动机

### 11.3.1　步进电动机概述

步进电动机又称为脉冲电动机，是数字控制系统中的一种执行元件。其功能是将脉冲电信号变换为相应的角位移或直线位移，即给一个脉冲电信号，电动机就转动一个角度或前进一步，如图 11-12 所示。

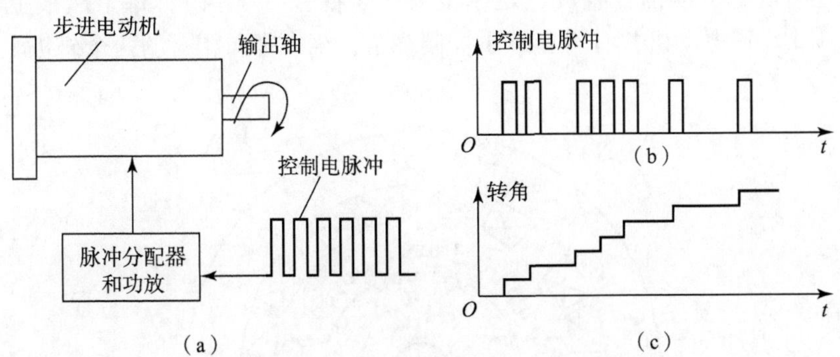


**图 11-12　步进电动机控制示意图**

步进电动机的角位移量 $\theta$ 或线位移量 $s$ 与脉冲数 $k$ 成正比，如图 11-13（a）所示；它的转速 $n$ 或线速度 $v$ 与脉冲频率 $f$ 成正比，如图 11-13（b）所示。在负载能力范围内这些关系不因电源电压、负载大小、环境条件的波动而变化，因而可用于控制系统中作执行元件，使控制系统大为简化。步进电动机可以在很宽的范围内通过改变脉冲频率来调速，能够快速启动、反转和制动。它不需要变换，能直接将数字脉冲信号转换为角位移，很适合采用微型计算机控制。

近十几年来，数字技术和电子计算机的迅速发展为步进电动机的应用开辟了广阔的前

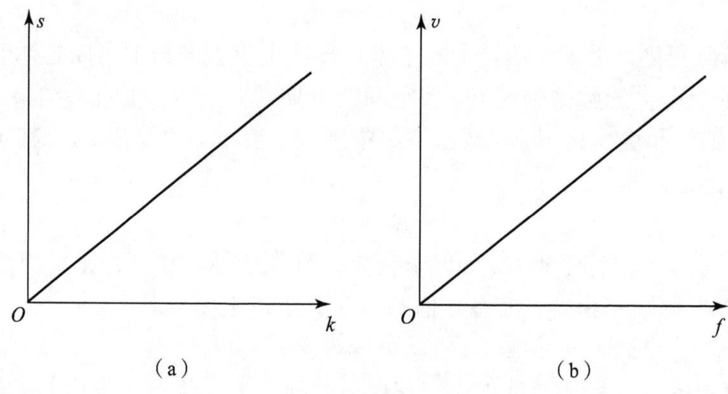


**图 11－13　步进电动机的控制特性**

景。目前，我国已较多地将步进电动机应用于机械加工的数控机床、平面绘图机、轧钢机和军事工业部门中。

## 11.3.2　反应式步进电动机

### 1. 反应式步进电动机的结构

步进电动机按励磁方式可分为反应式、永磁式和感应子式；按使用场合可分为功率步进电动机和控制步进电动机；按相数可分为三相、四相、五相等；按使用频率可分为高频步进电动机和低频步进电动机。不同类型的步进电动机，其工作原理、驱动装置也不完全一样。其中，反应式步进电动机用得比较普遍，结构也较简单。

反应式步进电动机又称为磁阻式步进电动机，其典型结构如图 11－14 所示。这是一台四相电机，定子铁芯由硅钢片叠成，定子上有 8 个磁极（大齿），每个磁极上又有许多小齿。四相反应式步进电动机共有 4 套定子控制绕组，绕在径向相对的两个磁极上的一套绕组

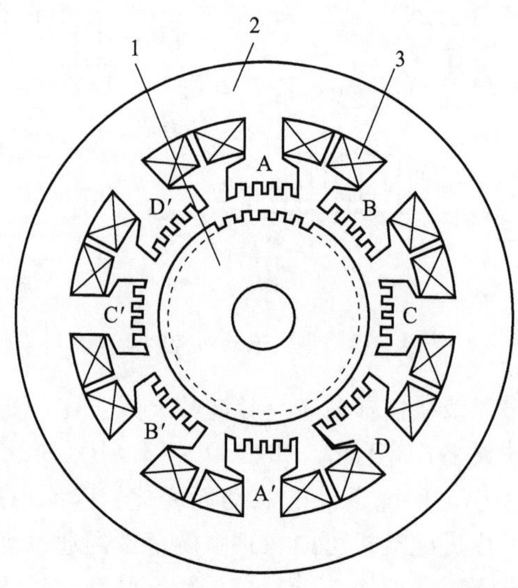


**图 11－14　四相反应式步进电动机的典型结构**

1—转子铁芯；2—定子铁芯；3—定子控制绕组

为一相。转子也是由叠片铁芯构成，沿圆周有很多小齿，转子上没有绕组。根据工作要求，定子磁极上小齿的齿距和转子上小齿的齿距必须相等，而且转子的小齿数有一定的限制。图 11－14 中转子小齿数为 50 个，定子每个磁极上小齿数为 5 个。

**2. 反应式步进电动机的工作原理**

反应式步进电动机的工作原理与反应式同步电动机一样，也是利用凸极转子横轴磁阻与直轴磁阻之差所引起的反应转矩而转动的。图 11－15 所示为一台三相反应式步进电动机三相单三拍运行图，定子有 6 个极，不带小齿，每两个相对的极上绕有一相控制绕组，转子只有 4 个齿，齿宽等于定子的极靴宽。

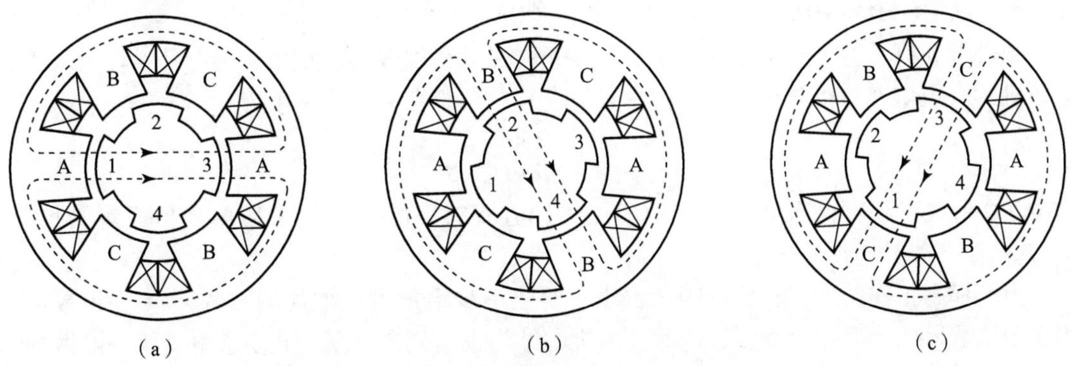


**图 11－15　反应式步进电动机三相单三拍运行图**

(a) A 相接通；(b) B 相接通；(c) C 相接通

当 A 相控制绕组通电，而 B 相和 C 相都不通电时，由于磁通具有力图走磁阻最小路径的特点，所以转子齿 1 和 3 的轴线与定子 A 极轴线对齐。同理，当断开 A 相接通 B 相时，转子便按逆时针方向转过 30°，使转子齿 2 和 4 的轴线与定子 B 极轴线对齐。断开 B 相，接通 C 相，则转子再转过 30°，使转子齿 1 和 3 的轴线与 C 极轴线对齐。

此按 A→B→C→A→……顺序不断接通和断开控制绕组，转子就会一步一步地按逆时针方向连续转动，如图 11－15 所示。

步进电动机的转速取决于各控制绕组通电和断电的频率（输入的脉冲频率），旋转方向取决于控制绕组轮流通电的顺序。如上述电机通电顺序改为 A→C→B→A→……则电机转向相反，变为按顺时针方向转动。

这种按 A→B→C→A→……通电方式运行的，称为三相单三拍运行方式。所谓“三相”是指此步进电动机具有三相定子绕组；“单”是指每次只有一相绕组通电；“三拍”是指 3 次换接为一个循环，第 4 次换接重复第一次的情况。除了这种运行方式外，三相步进电动机还可以三相双三拍和三相六拍运行。

如果通电顺序为 AB→BC→CA→AB→……则称为三相双三拍工作方式。此时，步进电动机的转子按顺时针方向旋转。若定子绕组的通电顺序为 AC→CB→BA→AC→……则步进电动机的转子就逆时针方向转动。

如果通电顺序为 A→AB→B→BC→C→CA→A→……则称为三相单（双）六拍或三相六拍工作方式。

对于三相双三拍和三相六拍工作方式，在状态切换时，始终有一相绕组通电，保证了状态切换过程中电动机运行的稳定和可靠。因此，实际中常采用这两种控制方式。推而广之，对于四相步进电动机的工作方式如下：

（1）双四拍：

AB→BC→CD→DA→AB→……

或 AB→DA→CD→BC→AB→……

（2）四相八拍：

A→AB→B→BC→C→CD→D→DA→A……

或 A→AD→D→DC→C→CB→B→BA→A……

或 AB→ABC→BC→BCD→CD→CDA→DA→DAB→AB……

或 AB→ABD→DA→DAC→DC→DCB→CB→CBA→AB……

步进电动机每输入一个脉冲电信号，转子转过的角度称为步距角，用符号 $\theta$ 表示。步进电动机的步距角 $\theta$ 与相数 $m$、转子齿数 $Z$、通电方式 $C$ 有关，其关系为

$$\theta=\frac{360^{\circ}}{ZmC} \tag{11-9}$$

式中，$C$ 为状态系数，当采用单三拍或双三拍方式时，$C=1$；当采用单六拍或双六拍时，$C=2$。

为了提高工作精度，希望步距角很小。要减小步距角可以增加拍数 $N=mC$。相数增加相当于拍数增加，但相数越多，电源及电机的结构也越复杂。反应式步进电动机一般做到六相，个别的也有八相或更多相数。对同一相数既可以采用单拍制，也可采用双拍制。由于采用双拍制时步距角减小 1/2，所以一台步进电动机可有两个步距角，如 1.5°/0.75°、1.2°/0.6°、3°/1.5°等。由于增加转子齿数 $Z$，步距角也会减小，所以反应式步进电动机的转子齿数一般是很多的，通常情况下反应式步进电动机的步距角为零点几度到几度。

反应式步进电动机可以按特定指令进行角度控制，也可以进行速度控制。例如，在采用速度控制时，每输入一个脉冲，转子转过的角度是整个圆周角的$\frac{1}{ZmC}$，也就是转过$\frac{1}{ZmC}$转，因此每分钟转子所转过的圆周数，即转速为

$$n=\frac{60f}{ZmC}=\frac{60f\times360^{\circ}}{ZmC\times360^{\circ}}=\frac{60f\times\theta}{360^{\circ}}=\frac{f\times\theta}{6^{\circ}}\ (\mathrm{r/min}) \tag{11-10}$$

反应式步进电动机转速取决于脉冲频率、转子齿数和拍数，而与电压、负载、温度等因素无关。当转子齿数一定时，转子旋转速度与输入脉冲频率成正比，或者说其转速和脉冲频率同步。改变脉冲频率可以改变转速，故可进行无级调速，调速范围很宽。另外，若改变通电顺序，即改变定子磁场旋转的方向，就可以控制电机正转或反转。所以步进电动机是用电脉冲进行控制的电机。改变电脉冲输入的情况，即可方便地控制它并使它快速启动、反转、制动或改变转速。

步进电动机具有自锁能力。当控制电脉冲停止输入，而让最后一个脉冲控制的绕组继续通直流电时，电机可以保持在固定的位置上，即停在最后一个脉冲控制的角位移的终点位置上。这样，步进电动机可以实现停车时转子定位。

## 11.4 自整角机

自整角机的功能是将转角变换成电压信号，在自动控制系统中实现角度的传输、变换和

指示，如液面高度、电梯和矿井提升机高度的位置显示，两扇闸门的开度控制，轧钢机轧辊之间的距离与轧辊转速的控制，变压器分接开关的位置指示等。自整角机通常是两台或多台组合使用，主令轴上装的是自整角发送机，从动轴上装的是自整角接收机。一台自整角发送机可以带一台或多台自整角接收机工作。发送机与接收机在机械上互不相连，只有电路的连接。

按用途不同，自整角机可以分为力矩式自整角机和控制式自整角机；按励磁绕组的相数不同，自整角机可以分为单相自整角机与三相自整角机。三相自整角机多用于功率较大的系统中，又称功率自整角机，其结构形式与三相绕线型异步电动机相同，一般不属于控制电机之列，因此本节只讨论单相自整角机。

### 11.4.1　力矩式自整角机的工作原理

单相力矩式自整角机的定子结构与一般三相异步电动机的类似，定子上有星形连接的三相对称绕组，称为整步绕组。转子上装有单相绕组，称为励磁绕组。

图 11-16 所示为单相力矩式自整角机的工作原理示意图，其中一台为发送机（用 T 表示)，与系统主令轴相连接，另一台为接收机（用 R 表示)，与系统输出轴相连接，两者结构参数完全一样。两台自整角机转子上的励磁绕组同时并接在同一交流电源上，它们的定子三相绕组按相序对应连接。设主令轴使发送机转子从基准电气零位逆时针转过 $\theta_1$ 角，而接收机的转子位置为 $\theta_2$。发送机的转子绕组通以单相交流电后，产生的脉振磁场在其定子绕组中感应的电动势有效值分别为

$$\begin{cases} E_{1a} = E_m \cos\theta_1 \\ E_{1b} = E_m \cos(\theta_1 - 120°) \\ E_{1c} = E_m \cos(\theta_1 + 120°) \end{cases} \tag{11-11}$$

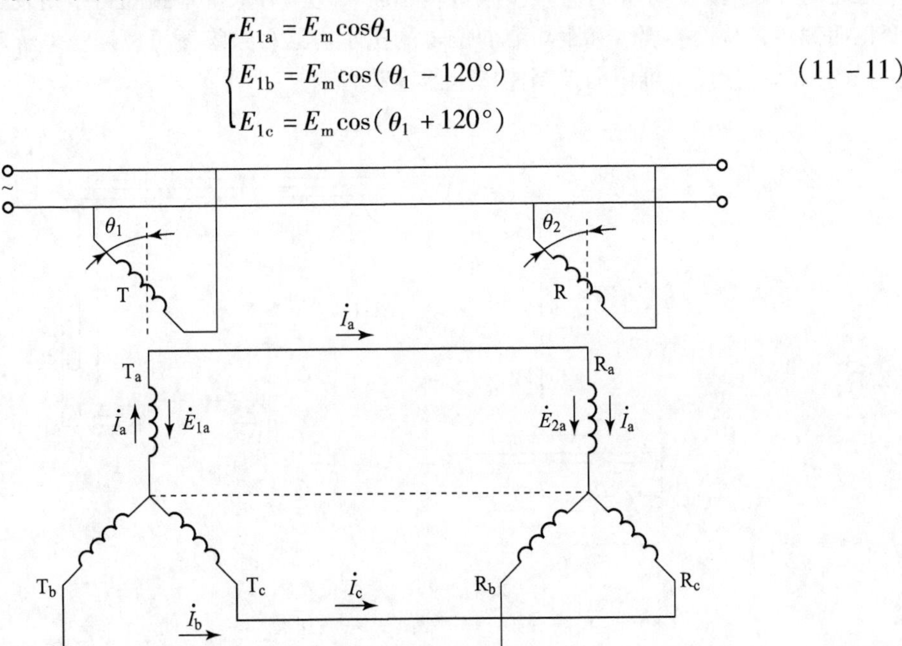


**图 11-16　力矩式自整角机的工作原理示意图**

接收机的转子绕组通以同一单相交流电后，产生的脉振磁场在其定子绕组中感应的电动势有效值分别为

$$\begin{cases} E_{2a}=E_m\cos\theta_2 \\ E_{2b}=E_m\cos(\theta_2-120°) \\ E_{2c}=E_m\cos(\theta_2+120°) \end{cases} \tag{11-12}$$

式中，$E_m$ 为发送机和接收机定子绕组感应电动势的最大值（发送机与接收机是同类型的，两者的最大感应电动势是相同的）。

当 $\theta_1=\theta_2$ 时，失调角 $\theta=\theta_1-\theta_2=0°$，系统中发送机和接收机的定子绕组中对应的电动势相互平衡，定子绕组中无电流通过，转子相对静止，系统处于协调位置。

当主令轴转过某一角度时，则 $\theta_1\neq\theta_2$，失调角 $\theta=\theta_1-\theta_2\neq0°$，使发送机、接收机定子绕组对应相的电动势不平衡，定子绕组（整步绕组）中产生电流。载流的定子整步绕组导体与励磁绕组的脉振磁场作用将产生整步转矩，由于定子是固定的，转子将同样受到整步转矩的作用而向失调角减小的方向转动。但发送机转子由主令轴带动，主令轴发出指令后是固定不动的，故只有接收机的整步转矩才能带动接收机转子及负载向失调角减小的方向转动，直至 $\theta=0°$，即 $\theta_1=\theta_2$ 时，转子停止转动，系统进入新的协调位置。

力矩式自整角机能直接达到转角随动的目的，即将机械角度变换为力矩输出，但无力矩放大作用，带负载能力较差。因此，力矩式自整角机只适用于负载很轻（如仪表的指针等）及精度要求不高的开环控制的随动系统中。

图 11－17 所示为液面位置指示器，浮子随着液面的上升或下降，通过绳索带动自整角发送机转子转动，将液面位置转换成发送机转子的转角。自整角发送机和接收机之间通过导线远距离连接起来，于是自整角接收机转子就带动指针准确地跟随自整角发送机转子的转角变化而偏转，从而实现了远距离液面位置的指示。这种系统还可以用于电梯和矿井提升机构位置的指示及核反应堆中的控制棒指示器等装置。

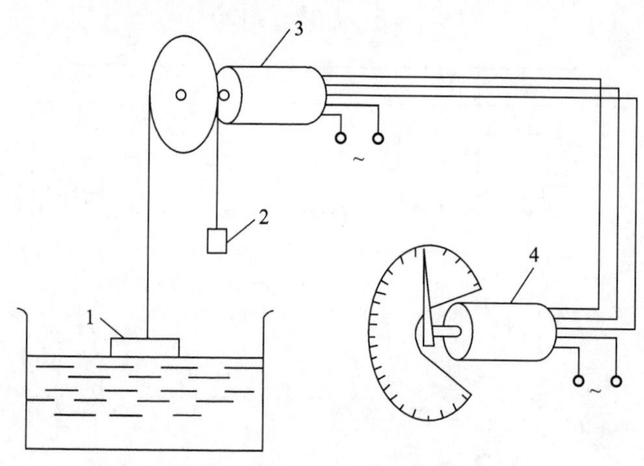


**图 11－17　液面位置指示器**

1—浮子；2—平衡锤；3—发送机；4—接收机

若需驱动较大负载，或提高传递角位移的精度，则要用控制式自整角机。

### 11.4.2　控制式自整角机的工作原理

控制式自整角机的作用是将其发送机轴上的转角信号按固定的变换系数转换成接收转子

绕组上的电压信号，其工作原理示意图如图 11－18 所示，接线图如图 11－19 所示。

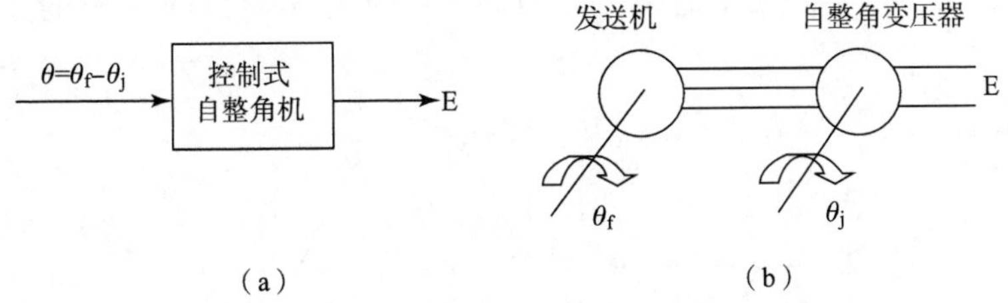


**图 11－18　控制式自整角机工作原理示意图**

(a) 原理框图；(b) 结构示意

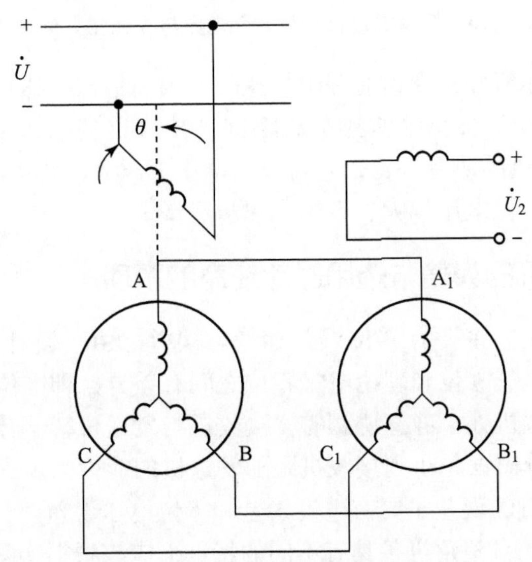


**图 11－19　控制式自整角机接线图**

图 11－19 中，接收机的转子绕组不作为励磁绕组而作为转角信号电压 $U_2$ 的输出绕组，因此不与交流电源相接。为保证失调角 $\theta=0°$时系统的输出电压 $U_2$ 也为零，取发送机和接收机转子绕组相互垂直的位置作为协调位置。由于控制式自整角机系统中的接收机实际上处于变压器运行状态，因而也称这种系统中的接收机为自整角变压器。

下面分析失调角 $\theta\neq0°$时，输出电压 $U_2$ 建立的过程及其与 $\theta$ 之间的函数关系。

在发送机转子通入单相交流电励磁的情况下，产生脉振磁通势，因此发送机整步绕组的合成磁通势也为脉振磁通势，其轴线与发送机转子轴线重合。又因发送机与自整角变压器（接收机）的整步绕组中通过的是同一电流，故自整角变压器整步绕组的磁通势也是脉振磁通势。当 $\theta=0°$时，由于自整角变压器转子绕组轴线与整步绕组轴线正交，因而两者无耦合作用，输出电压 $U_2=0$。当 $\theta=90°$时，自整角变压器转子轴线与整步绕组磁通势轴线重合，输出电压为最大值 $U_{2m}$。可以证明，空载时的输出电压为

$$U_2=U_{2m}\sin\theta \tag{11-13}$$

或

$$E_2=E_{2m}\sin\theta \tag{11-14}$$

上式给出了控制式自整角机系统的输出电压 $U_2$ 与失调角 $\theta$ 间的函数关系，函数变化的曲线如图 11 – 20 所示。由图可以看出，$U_2$ 反映了 $\theta$ 的大小，也可反映 $\theta$ 的方向。

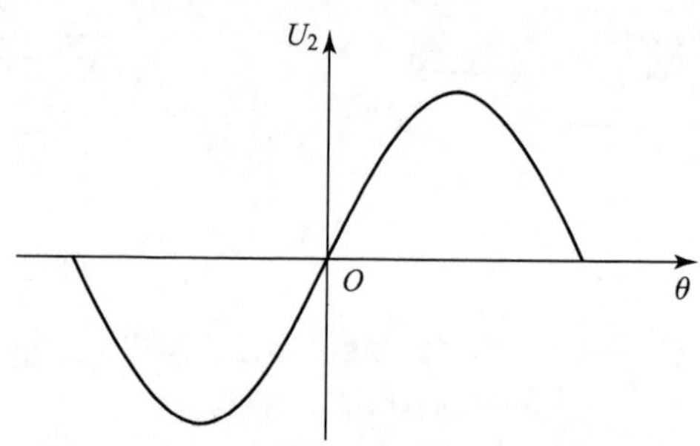


**图 11 – 20　控制式自整角机输入电压与失调角之间的关系**

负载时，由于自整角机励磁绕组有漏阻抗压降，因而输出电压比空载时下降，为了尽量使输出电压接近绕组电动势，绕组所接负载阻抗（放大器的输入阻抗）越大越好。因此，$\theta = 0°$的位置称为自整角机的协调位置，这时输出电压 $U_2 = 0$。当 $\theta = 1°$时，自整角变压器输出电压的值称为比电压。比电压越大，系统工作越灵敏。

### 11.4.3　自整角机的误差与选用时应注意的事项

力矩式自整角机的误差主要有零位误差和静态误差。由于设计及加工工艺等因素的影响，力矩式自整角实际电气零位和理论电气零位之间有差异，即零位误差。力矩式自整角机系统中，当发送机与接收机处于静态协调时，接收机与发送机转子转角之差称为力矩式自整角接收机的静态误差。静态误差小则接收机跟随发送机的能力强。

（1）控制式自整角机的误差主要有电气误差和零位电压误差。

（2）力矩式和控制式自整角机各具有不同的特点，应该根据实际需要合理选用。

（3）力矩式自整角机常应用于精度较低的指示系统，而控制式自整角机适用于精度较高、负载较大的伺服系统。

选用自整角机还应注意以下几个问题：

（1）自整角机的励磁电压和频率必须与使用的电源符合。若电源可任意选择，则应选用电压较高（一般为 400 V）的自整角机，其性能较好，体积较小。

（2）相互连接使用的自整角机，其对应绕组的额定电压和频率必须相同。

（3）选用自整角变压器时，应选输入阻抗较高的产品，以减轻发送机的负载。

## 11.5　旋转变压器

旋转变压器是一种控制电机。其转子上输出的电压与转子转角之间为正弦、余弦或其他函数关系，在自动控制系统中可作为解算元件，进行三角函数运算、坐标转换，也可以在随动系统中作为同步元件，传输与角度有关的电信号。旋转变压器也可以作为移相器。

旋转变压器的种类很多，输出电压与转子转角呈正弦和余弦关系的旋转变压器称为正弦、余弦旋转变压器。在一定工作转角范围内，输出电压与转子转角呈正比关系的旋转变压器称为线性旋转变压器。另外，还有输出电压与转子转角呈正割函数、倒数函数、对数函数、弹道修正函数等各种特殊函数旋转变压器，等等。就其原理与结构来说，基本上相同，本节仅介绍正弦、余弦旋转变压器。

旋转变压器的结构与绕线式异步电动机相似，一般都是一对极，如图 11－21（a）所示。定子上装有两套完全相同的绕组 D 和 Q，在空间成 90°角，每套绕组的有效匝数为 $N_1$，绕组 D 的轴线 $d$ 为电机的纵轴，绕组 Q 的轴线 $q$ 为电机的横轴。转子上也装有两套互相垂直且完全相同的绕组 A 和 B，分别经滑环和电刷引出，每套绕组的有效匝数为 $N_2$。转子的转角是这样规定的：以 $d$ 轴为基准，转子绕组 A 的轴线与 $d$ 轴的夹角 $\alpha$ 为转子的转角。

绕组 D 为励磁绕组，接交流电压 $\dot{U}_1$，转子上的绕组开路，就是空载运行。

绕组 D 中有励磁电流 $\dot{I}_{D0}$ 和励磁磁通势 $\dot{F}_D = \dot{I}_{D0}N_1$，$\dot{F}_D$ 是 $d$ 轴方向上空间正弦分布的脉振磁通势，在图 11－21（b）的空间磁通势图上给出 $\dot{F}_D$ 的位置。

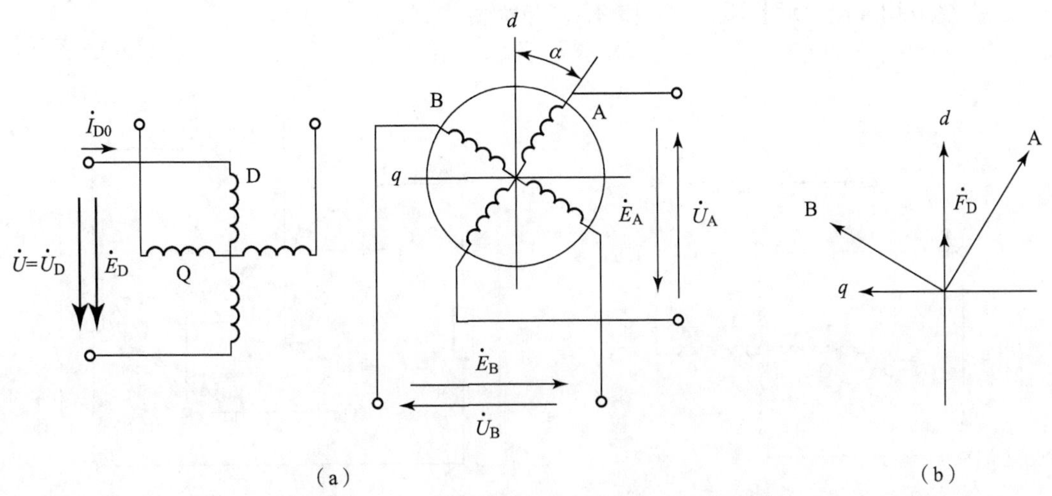


**图 11－21　空载时的正弦、余弦旋转变压器**

把 $\dot{F}_D$ 分成两个脉振磁通势 $\dot{F}_A$ 和 $\dot{F}_B$，$\dot{F}_A$ 在绕组 A 的轴线上，$\dot{F}_B$ 在绕组 B 的轴线上，则

$$\begin{cases} \dot{F}_D = \dot{F}_A + \dot{F}_B \\ F_A = F_D\cos\alpha \\ F_B = F_D\sin\alpha \end{cases}$$

$\dot{F}_A$ 在 +A 轴线方向产生正弦分布的脉振磁场，在绕组 A 中产生感应电动势 $\dot{E}_A$，磁路不饱和时，$\dot{E}_A$ 的大小正比于磁通密度，正比于磁通势 $\dot{F}_A$，也就是说，$\dot{E}_A$ 的大小与 $\cos\alpha$ 成正比。同理，绕组 B 中感应电动势 $\dot{E}_B$ 的大小正比于磁通势 $\dot{F}_B$，也就是与 $\sin\alpha$ 成正比，即

$$\begin{cases} E_A \propto F_A = F_D\cos\alpha \\ E_B \propto F_B = F_D\sin\alpha \end{cases}$$

忽略各绕组漏阻抗，则绕组 A 和 B 的端电压

$$\begin{cases} U_A = E_A \propto \cos\alpha \\ U_B = E_B \propto \sin\alpha \end{cases}$$

这就是正弦、余弦旋转变压器的原理。使用时，$\alpha$ 的大小可以根据需要调节，但不论 $\alpha$

为多大，只要是常数，输出绕组就送出与其正弦量或余弦量成正比的电压。

当输出绕组接上负载时，绕组中便有电流，会产生电枢反应磁通势。绕组 A 的电枢反应磁通势肯定在 +A 轴线上，绕组 B 的电枢反应磁通势肯定在 +B 轴线上。它们若同时存在，就会使 $q$ 轴方向上合成磁通势为零，这最为理想。因为只剩下 $d$ 轴方向的合成磁通势可以被定子励磁绕组磁通势平衡，仍保持 $d$ 轴磁通势 $F_D$ 不变，输出的电压可以保持与转角 $\alpha$ 的正弦和余弦关系。因此正弦、余弦旋转变压器实际使用时即便是一个输出绕组工作，另一个绕组也要通过阻抗短接，称为二次绕组补偿。还可以是定子上的绕组 Q 短接，在二次侧电枢反应产生 $q$ 轴方向磁通势时，绕组 Q 可以感应电动势，有电流，产生 $q$ 轴方向磁通势，补偿电枢反应 $q$ 轴磁通势，这称为一次绕组补偿。如果不采用二次绕组或一次绕组补偿，$q$ 轴方向有磁通势会引起输出电压的畸变，这是不行的。实际使用中，接线如图 11－22 所示，一、二次绕组均补偿，而且阻抗 $Z_A$ 和 $Z_B$ 尽量大些为好。

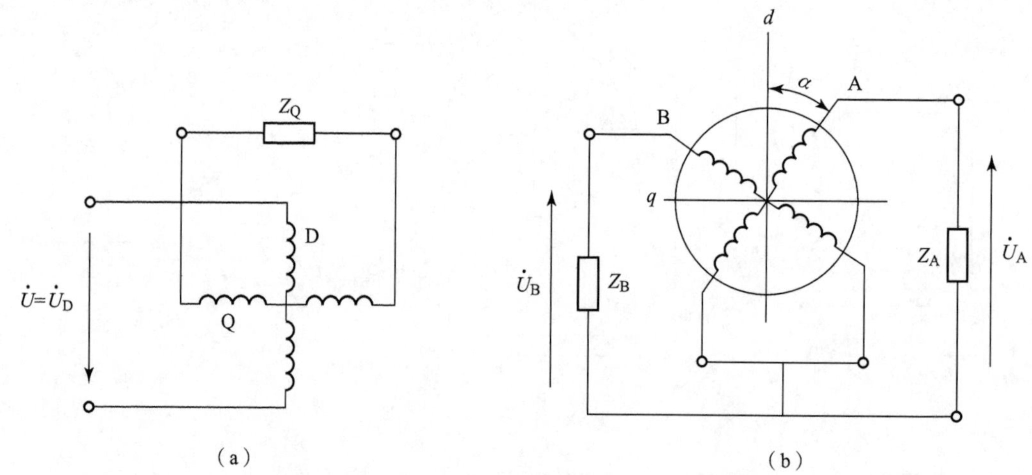


**图 11－22　一、二次绕组补偿的正弦、余弦旋转变压器**

## 思考题与习题

11－1　直流伺服电动机为什么有始动电压？其与负载的大小有什么关系？

11－2　交流伺服电动机控制信号降到零后，为什么转速为零而不继续旋转？

11－3　交流测速发电机的输出绕组移到与励磁绕组相同的位置上，输出电压与转速有什么关系？

11－4　步进电动机转速的高低与负载大小有关系吗？

11－5　反应式步进电动机的步距角与齿数有何关系？

11－6　五相十极反应式步进电动机为 A－B－C－D－E－A 通电方式时，电动机顺时针转，步距角为 1°，若通电方式为 A－AB－B－BC－C－CD－D－DE－E－EA－A，其转向及步距角怎样？

11－7　力矩式自整角机为什么大多采用凸极结构形式，而自整角变压器为什么采用隐极结构型式？整步转矩方向与失调角有什么关系？

# 第 12 章　电动机的选择

一个电力拖动系统能否既经济又可靠地运行，正确地选用电动机是至关重要的，而选择电动机又是一项很复杂的工作，其主要内容有电动机的种类、结构形式、额定电压、额定转速、额定功率的选择等。

选择电动机的原则：一是要满足生产机械负载的要求；二是从经济上看应该是最合理的。因此，电动机额定功率的选择是非常重要的。如果功率选得过大，电动机的容量得不到充分利用，电动机经常处于轻载运行，效率过低，运行费用就高；反之，如果功率选得过小，电动机将过载运行，长期过载运行，电动机的寿命将缩短。因此，应通过计算确定出合适的电动机功率，使设备需求的功率与被选电动机的功率相接近。

## 12.1　电动机的一般选择

### 12.1.1　电动机种类的选择

选择电动机种类的原则是在满足生产机械对过载能力、启动能力、调速性能指标及运行状态等各方面要求的前提下，优先选用结构简单、运行可靠、维修方便和价格便宜的电动机。从这个意义上看，交流电动机优于直流电动机，异步电动机优于同步电动机，笼型异步电动机优于绕线转子异步电动机。

当生产机械负载平稳，对启动、制动及调速性能要求不高时，应优先采用异步电动机。例如，普通机床、水泵、风机等可选用普通笼型异步电动机。像空压机、皮带运输机等要求电动机有较好的启动性能，则可选用深槽式或双笼型异步电动机；而像电梯、桥式起重机一类提升机械，启/制动频繁，对电动机的启动、制动、调速有一定要求时，应选用绕线转子异步电动机。

对于功率较大而又不需要调速的生产机械，如大功率水泵、空压机等，为了提高电网的功率因数，可选用同步电动机。

对于要求启动转矩较大、启动性能好、调速范围宽、调速平滑性较好、调速精度高且准确的生产机械，如高精度数控机床、龙门刨床、造纸机、印染机等，则应选用他励（复励）直流电动机拖动。

近年来，交流电动机变频调速技术发展很快，高性能的交流电动机变频调速系统的技术指标已接近直流电动机调速系统的水平。随着交流调速技术的不断发展，笼型异步电动机将大量用在要求无级调速的生产机械上。

### 12.1.2 电动机形式的选择

电动机按安装方式来选择，有卧式和立式两种。由于立式电动机造价高，仅在特殊场合下采用（如深井水泵、潜水泵和钻床等），一般情况下多选用卧式电动机。

电动机按防护型式来选择，有开启式、防护式、封闭式和防爆式4种。

**1. 开启式电动机**

开启式电动机在定子两侧和两端盖处均开有较大的通风孔，散热性能良好，造价低，但尘埃、水滴和铁屑等有害物质易侵入电机内部而影响其正常运行和使用寿命。因此，仅适于在干燥和清洁的环境中使用。

**2. 防护式电动机**

防护式电动机在机座下面有通风口，散热好，能防止水滴、铁屑等从上方落入电动机内，但不能防止灰尘和潮气侵入，一般在比较干燥、灰尘不多、较清洁的环境中使用。

**3. 封闭式电动机**

封闭式电动机外壳无通风孔，内外气体不交换，散热性能差。它分为自冷式、强迫通风式和密闭式3种类型。自冷式电动机和强迫通风式电动机能防止任何方向的水滴或杂物侵入电动机，潮湿空气和灰尘也不易侵入，因此适用于尘埃多、空气潮湿或有腐蚀气体的环境，如纺织厂、水泥厂和碾米厂等；密闭式电动机，能保持液体不进入电动机内部，适用于侵入液体中的生产机械，如潜水泵电动机等。

**4. 防爆式电动机**

防爆式电动机是在封闭式结构的基础上制成隔爆式的，适用于具有易燃、易爆性气体或有尘埃的环境中，如油库、煤矿、煤气站和加油站等。

### 12.1.3 电动机额定电压的选择

交流电动机额定电压主要按使用场所的供电电压等级选择。一般低压电网为380 V，因此中小型三相异步电动机的额定电压大多为380 V（Y或△接法）、220/380 V（△/Y接法）和380/660 V（△/Y接法）。大容量的交流电动机通常设计成高压供电，如3 kV、6 kV或10 kV电网供电，此时电动机应选用额定电压为3 kV、6 kV或10 kV的高压电动机。

直流电动机的额定电压也要与电源电压相配合。由直流发电机供电的直流电动机额定电压一般为110 V、220 V和440 V，大功率电动机可提高到600～1 000 V，当直流电动机由晶闸管整流电源供电时，则应根据不同的整流形式选取相应的电压等级。

### 12.1.4 电动机额定转速的选择

电动机额定转速都是依据生产机械的要求来选定的。在确定电动机额定转速时，必须考虑机械减速机构的传动比值，两者相互配合并经过技术与经济的全面比较才能确定。

就电动机本身而言，额定功率相同的电动机，额定转速越高，电动机的体积越小，重量和成本也就越低，因此选用高速电动机比较经济。但由于生产机械的转速有一定的要求，电动机转速越高，传动机构的传动比就越大，导致传动机构复杂，传动效率降低。因此，选择电动机的额定转速时，要兼顾电动机和传动机构两个方面考虑。

## 12.2　电动机的发热与冷却

### 12.2.1　电动机的发热过程

电动机在负载运行时，其内部总损耗转变为热能使电动机温度升高。由于电动机内部热量的不断产生，电动机本身的温度就要升高，最终将超过周围环境的温度。一般把电动机温度比环境温度高出的数值，称为电动机的温升。当电动机有了温升后，就要向周围散热，温升越高，散热越快。当电动机在单位时间内产生的热量等于散出去的热量时，电动机的温度将不再增加，这时将保持一个稳定不变的温升值，称为稳定温升，此时电动机处于发热与散热的动平衡状态。

由于电动机发热的具体情况比较复杂，为了研究分析方便，假设电动机长期运行，负载不变，总损耗不变，电动机本身各部分温度均匀，周围环境温度不变。

根据能量守恒定律：在任何时间内，电动机产生的热量应该与电动机本身温度升高需要的热量和散发到周围介质中去的热量之和相等。如果用 $Q\mathrm{d}t$ 表示 $\mathrm{d}t$ 时间内电动机产生的总热量，用 $C\mathrm{d}\tau$ 表示 $\mathrm{d}t$ 时间内电动机温升 $\mathrm{d}\tau$ 所需的热量，用 $A\tau\mathrm{d}t$ 表示在同一时间内电动机散到周围介质中的热量，则发热的过渡过程为

$$Q\mathrm{d}t = C\mathrm{d}\tau + A\tau\mathrm{d}t \tag{12-1}$$

即

$$\frac{C}{A}\frac{\mathrm{d}\tau}{\mathrm{d}t} + \tau = \frac{Q}{A} \tag{12-2}$$

式中，$Q$ 为电动机在单位时间内产生的热量（J/s）；$C$ 为电动机的热容量，即电动机温度升高时所需要的热量（J/℃）；$A$ 为电动机的表面散热系数，表示温升为 1℃ 时单位时间内散到周围介质中的热量 J/（℃ ·s）；

令 $\tau_{\mathrm{w}} = \dfrac{Q}{A}$，发热时间常数 $T = \dfrac{C}{A}$，则式（12－2）变为

$$T\frac{\mathrm{d}\tau}{\mathrm{d}t} + \tau = \tau_{\mathrm{w}} \tag{12-3}$$

式（12－3）的解为

$$\tau = \tau_0 \mathrm{e}^{-t/T} + \tau_{\mathrm{w}}(1 - \mathrm{e}^{-t/T}) \tag{12-4}$$

式中，$\tau_0$ 为电动机的起始温升，即 $t=0$ 时的温升（℃）。

若发热过程开始时，电动机的温度与周围介质的温度相等，则 $\tau_0=0$，这时的温升表达式为

$$\tau = \tau_{\mathrm{w}}(1 - \mathrm{e}^{-t/T}) \tag{12-5}$$

由式（12－4）、式（12－5）可分别绘出电动机的温升曲线 1 和 2，如图 12－1 所示。

由温升曲线可以看出电动机的温升是按指数规律变化的曲线。温升变化的快慢，与发热时间常数 $T$ 有关，电动机温升 $\tau$ 最终趋于稳态温升 $\tau_{\mathrm{w}}$。

电动机发热的初始阶段，由于温升小，散发出的热量较少，大部分热量被电机吸收，因

此温升增加较快；过一段时间以后，电动机的温升增加，散发的热量也增加，而电动机的损耗产生的热量因负载恒定而保持不变，则电机吸收的热量不断减少，温升变慢，温升曲线趋于平缓；当发出热量与散发热量相等，即 $Q\mathrm{d}t = A\tau\mathrm{d}t$ 时，$\mathrm{d}\tau = 0$，电动机的温升不再增长，温度最后达到稳定值。

### 12.2.2 电动机的冷却过程

当电动机的负载减小或电动机断电停止工作时，电动机内的总损耗及单位时间的发热量 $Q$ 都将随之减小或不再继续产生。这样就使发热少于散热，破坏了热平衡状态，电动机的温度下降，温升降低。在降温过程中，随着温升的降低，单位时间散热量 $A\tau$ 也减小，当达到 $Q = A\tau$，即发热量等于散热量时，电动机不再继续降温，其温升又稳定在一个新的数值上。在停车时，温升将降为零。温升下降的过程称为冷却。

热平衡方程式在电机冷却过程中同样适用，只是其中的起始值、稳态值不同，而时间常数相同。若减小负载之前的稳定温升为 $\tau_0$，而重新负载后的稳定温升 $\tau_w = \dfrac{Q}{A}$，由于 $Q$ 已减小，因此 $\tau_0 > \tau_w$。电动机冷却过程的温升曲线如图 12－2 所示，冷却过程曲线也是一条按指数规律变化的曲线。当负载减小到某一数值时，$\tau_w = \dfrac{Q}{A}$，如曲线 1；如果把负载全部去掉，且断开电动机电源，则 $\tau_w = 0$，如曲线 2。

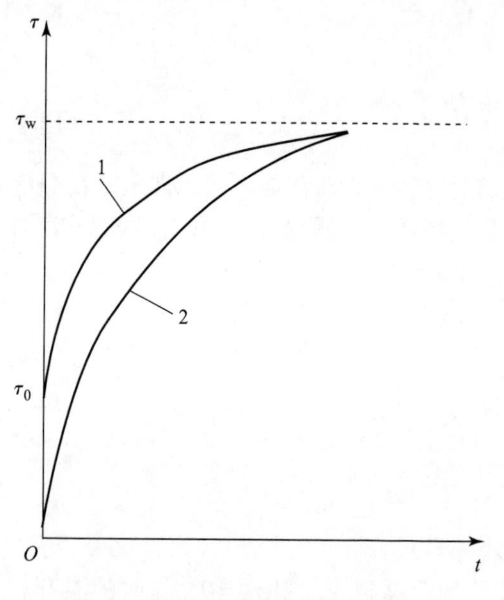


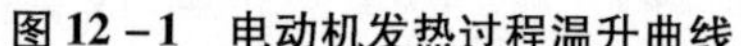
图 12－1 电动机发热过程温升曲线

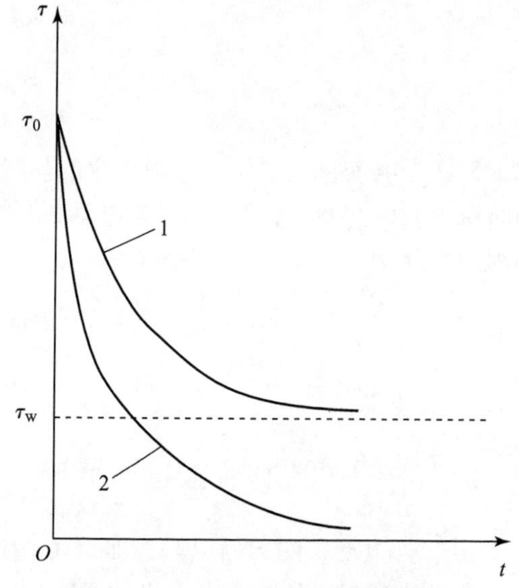


图 12－2 电动机冷却过程的温升曲线

### 12.2.3 电动机的允许温升

电动机运行时，由于损耗产生热量，使电动机的温度升高。电动机允许达到的最高温度是由电动机使用的绝缘材料的耐热程度所决定的。

不同的绝缘材料有不同的允许温度，根据国家标准规定，把电动机常用绝缘材料分成若干等级，如表 12－1 所列。

表 12－1　电动机绝缘材料的等级和允许温度、允许温升

| 绝缘等级 | 绝缘材料类别 | 允许温度/℃ | 允许温升/℃ |
|---|---|---|---|
| A | 经过绝缘漆浸渍处理过的棉、丝、纸板、木材等，普通漆包线的绝缘漆 | 105 | 65 |
| E | 环氧树脂、聚酯薄膜、青壳纸、三醋酸、纤维薄膜、高强度漆包线用绝缘漆 | 120 | 80 |
| B | 云母、石棉、玻璃纤维（用耐热有机胶黏合或浸渍） | 130 | 90 |
| F | 云母、玻璃纤维、石棉（用耐热合成环氧树脂等黏合或浸渍） | 155 | 115 |
| H | 云母、石棉、玻璃纤维（用硅有机树脂等黏合或浸渍） | 180 | 140 |

表 12－1 中绝缘材料的最高允许温升就是最高允许温度与标准环境温度 40℃ 的差值。它表示一台电动机能带负载的限度，而电动机的额定功率就代表了这一限度。电动机铭牌上所标注的额定功率，表示在环境温度为 40℃ 时，电动机长期连续工作，而电动机所能达到的最高温度不超过绝缘材料最高允许温度时的输出功率。如果实际环境温度低于 40℃，则电动机可以在稍大于额定功率下运行；反之，电动机必须在低于额定功率下运行，以保证电动机最终不超过绝缘材料的最高允许温度。

## 12.3　电动机额定功率的选择

电动机额定功率的选择是一个很重要的问题。如果功率选得过大，电动机的容量得不到充分利用，电动机经常处于轻载运行，效率过低，运行费用就高；反之，如果功率选得过小，电动机将过载运行，长期过载运行，电动机的寿命将缩短。因此，应通过计算确定出合适的电动机功率，使设备需求的功率与被选电动机的功率相接近。

电动机额定功率的选择要根据电动机的发热、过载能力和启动能力三方面考虑，其中发热问题最为重要。选择电动机额定功率的一般原则：首先，电动机的功率尽可能得到充分利用，而且其运行温度不得超过允许值；其次，电动机的过载能力和启动能力应满足生产机械的要求。因此，选择电动机额定功率的一般步骤如下：

（1）确定生产机械所需功率。

（2）根据生产机械所需功率预选一台额定功率与其相当的电动机。

（3）对已预选的电动机要进行发热、过载能力和启动能力的校验，若不合格，应另选一台再进行校验，直至合格为止。

另外，电动机的额定功率是和一定的工作制相对应的。在选用电动机的额定功率时，需根据不同工作制选用不同的计算方法。

### 12.3.1　连续工作制电动机额定功率的选择

连续工作制是指电动机在恒定负载下运行的时间很长，足以使其温升达到稳定温升。通风机、水泵、纺织机、造纸机等生产机械中的电动机都选用这种工作制的电动机。

连续工作制电动机根据所带负载分为恒定负载的和周期性变化负载两类。

**1. 恒定负载下电动机额定功率的选择**

对恒定负载的生产机械，只要知道生产机械所需的功率，就可以在电动机产品目录中选择一台额定功率 $P_N$ 等于或稍大于负载功率 $P_L$ 的电动机。

因为连续工作制电动机的额定功率是按长期在额定负载下运行设计和制造的，当 $P_N \geqslant P_L$ 时，电动机发热引起的稳定温升不会超过允许温升，因此不必进行热校验。

**2. 周期性变化负载下电动机功率的选择**

图 12-3 所示为周期性变化负载的功率图。当电动机拖动这类生产机械工作时，因为负载周期性的变化，所以电动机的温升也必然呈周期性波动。温升波动的最大值将低于最大负载时的稳定温升，而高于最小负载时的稳定温升。这样如果按最大负载功率选择电动机的功率，则电动机就不能得到充分利用；而按最小负载功率选择电动机功率，则电动机必将过载。因此，电动机的功率应选在最大负载与最小负载之间。

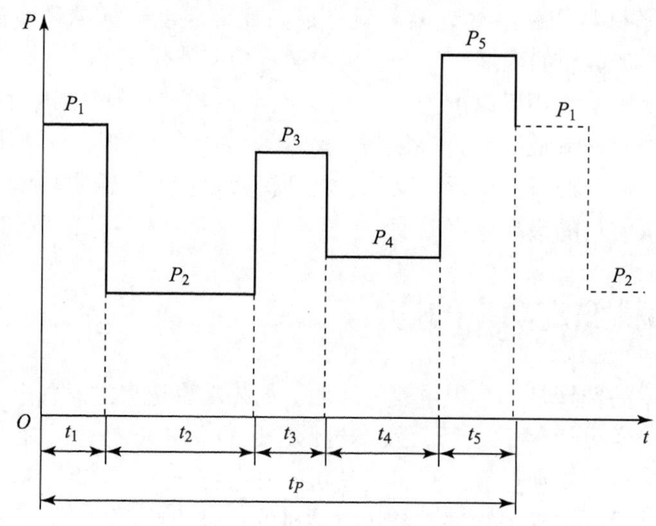


**图 12-3 周期性变化负载的功率图**

对于连续周期性变化的负载可先按下式计算一个周期内的平均负载功率和平均转矩：

$$P_{\mathrm{Lav}} = \frac{P_1 t_1 + P_2 t_2 + \cdots + P_n t_n}{t_1 + t_2 + \cdots + t_n} = \frac{\sum_{i=1}^{n} P_i t_i}{t_P} \tag{12-6}$$

$$T_{\mathrm{Lav}} = \frac{T_1 t_1 + T_2 t_2 + \cdots + T_n t_n}{t_1 + t_2 + \cdots + t_n} = \frac{\sum_{i=1}^{n} T_i t_i}{t_P} \tag{12-7}$$

式中，$P_{\mathrm{Lav}}$ 为负载的平均功率；$T_{\mathrm{Lav}}$ 为负载的平均转矩；$P_1$，$P_2$，…，$P_n$ 分别为各阶段的负载功率；$T_1$，$T_2$，…，$T_n$ 分别为各阶段的负载转矩；$t_1$，$t_2$，…，$t_n$ 分别为各阶段的时间；$t_P$ 为负载的周期。

然后根据负载的平均功率预选电动机的额定功率为

$$P_N = (1.1 \sim 1.6) P_{\mathrm{Lav}} \tag{12-8}$$

或

$$P_N = (1.1 \sim 1.6)\ \frac{T_{Lav} n_N}{9\ 950} \tag{12-9}$$

式中，$n_N$ 为额定转速。

系数是考虑到负载变化时电动机在过渡过程中电流较大，且铜耗与电流的平方成正比，故电动机发热要比平均功率下的发热严重而确定的。过渡过程占周期的比重大时，系数取偏上限值。

接下来对预选的电动机进行热校验。热校验是选择电动机的重要步骤，其常用的方法有等效电流法、等效转矩法和等效功率法。

1）等效电流法

等效电流法是用一个不变的等效电流 $I_{dx}$ 代替实际变化的负载电流，其条件是：在一个周期时间 $t_P$ 内，等效电流产生的热量与实际变化电流产生的热量相等。假设电动机的铁损耗与绕组电阻不变，则损耗只与电流的平方成正比，由此可得等效电流为

$$I_{dx} = \sqrt{\frac{I_1^2 t_1 + I_2^2 t_2 + \cdots + I_n^2 t_n}{t_P}} = \sqrt{\frac{\sum_{i=1}^{n} I_i^2 t_i}{t_P}} \tag{12-10}$$

只要预选电动机的额定电流满足 $I_N \geqslant I_{dx}$，则热校验合格；否则，应重新选择电动机的额定功率。

2）等效转矩法

等效转矩法是由等效电流法推导出来的。当直流电动机的励磁电流不变或感应电动机的磁通和功率因数不变时，电动机的转矩与电流成正比，则可得等效转矩 $T_{dx}$ 的计算公式：

$$T_{dx} = \sqrt{\frac{T_1^2 t_1 + T_2^2 t_2 + \cdots + T_n^2 t_n}{t_P}} = \sqrt{\frac{\sum_{i=1}^{n} T_i^2 t_i}{t_P}} \tag{12-11}$$

只要预选电动机的额定转矩满足 $T_n \geqslant T_{dx}$，则热校验合格。

3）等效功率法

如果电动机运行时的转速保持不变，则功率与转矩成正比，可得等效功率为

$$P_{dx} = \sqrt{\frac{P_1^2 t_1 + P_2^2 t_2 + \cdots + P_n^2 t_n}{t_P}} = \sqrt{\frac{\sum_{i=1}^{n} P_i^2 t_i}{t_P}} \tag{12-12}$$

只要预选电动机的额定功率满足 $P_N \geqslant P_{dx}$，则热校验合格。

### 12.3.2　短时工作制电动机额定功率的选择

#### 1. 直接选用短时工作制的电动机

短时运行的生产机械一般选择短时工作制的电动机。我国制造的短时工作制电动机的标准工作时间有 15 min、30 min、60 min 和 90 min 4 种定额，每一种又有不同的功率和转速。因此可以按生产机械的功率、工作时间及转速的要求，由产品目录中直接选用不同规格的电动机。

如果短时运行生产机械所需的功率是变化的，则可按式（12－6）计算出一个周期内负载的平均功率，再按负载平均功率来选择电动机的额定功率，取

$$P_N = (1.1 \sim 1.6) \geqslant P_{Lav} \quad (12-13)$$

电动机的功率确定后，应对其进行发热、过载能力和启动能力校验。

**2. 选用断续周期工作制电动机**

短时运行的生产机械在没有合适的短时工作制电动机时，也可选用断续周期工作制电动机。短时工作制电动机的定额时间 $t_g$ 与断续周期工作制电动机的负载持续率 $FC$ 的换算关系可近似地认为，30 min 相当于 $FC=15\%$，60 min 相当于 $FC=25\%$，90 min 相当于 $FC=40\%$。

### 12.3.3 断续周期工作制电动机额定功率的选择

断续运行的生产机械一般可以直接从产品目录中选择断续周期工作制的电动机。我国制造的断续周期工作制电动机的标准负载持续率 $FC$ 有 15%、25%、40% 和 60% 4 种。

如果断续运行的生产机械所需的功率 $P_L$ 是恒定的，且负载的实际负载持续率 $FC_L$ 与某种电动机标准负载持续率 $FC$ 相同或相近，则可直接选择电动机的额定功率 $P_N \geqslant P_L$。若负载的实际负载持续率 $FC_L$ 与标准负载持续率 $FC$ 不相同，则应向靠近标准负载持续率进行换算，然后根据换算后的等效负载功率 $P_{dx}$ 和标准负载持续率选择适当的电动机。换算公式为

$$P_{dx} \approx P_L \sqrt{\frac{FC_L}{FC}} \quad (12-14)$$

如果断续运行生产机械所需的功率是变化的，则可按式（12－6）计算出一个周期内负载的平均功率，再按负载平均功率来选择电动机的额定功率，取

$$P_N = (1.1 \sim 1.6) P_{Lav} \quad (12-15)$$

电动机的功率确定后，应对其进行发热、过载能力和启动能力校验。

当断续运行生产机械的实际负载持续率 $FC_L < 10\%$ 时，可按短时工作制选择电动机；若负载的实际负载持续率 $FC_L > 70\%$ 时，可按连续工作制选择电动机。

## 思考题与习题

12－1　确定电动机额定功率时主要应考虑哪些因素？

12－2　电动机额定功率选得过大和不足时会引起什么后果？

12－3　电动机在发热和冷却过程中，其温升各按什么规律变化？

12－4　为什么说电机运行时的稳定温升取决于负载的大小？

12－5　校验电动机发热的等效电流法、等效转矩法和等效功率法各适用于何种情况？

12－6　某生产机械由一台 $S_3$ 工作制的三相绕组异步电动机拖动，运行时间 $t_w=120$ s，停机时间 $t_s=360$ s，电动机的负载功率 $P_L=12$ kW。试选择电动机的额定功率。

12－7　某生产机械由一台三相异步电动机拖动，负载曲线如图 12－4 所示。$I_{L1}=50$ A，

$t_1=10$ s，$I_{L2}=80$ A，$t_2=20$ s，$I_{L3}=40$ A，$t_3=30$ s。所选电动机的 $I_N=59.5$ A。试对该电动机进行发热检验。

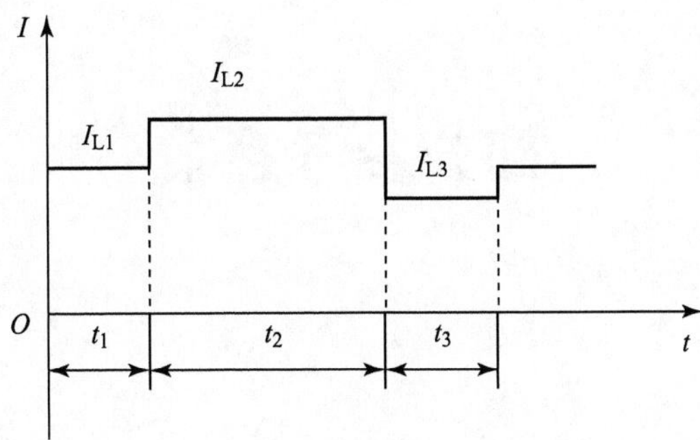


图 12－4　题 12－7 图

# 部分参考答案

## 绪论

0－1　略。

0－2　略。

0－3　略。

## 第一篇　直流电机与拖动

### 第1章　直流电机

1－1　答：直流电机包括定子、转子两部分，定子和转子间是气隙。定子主要包括主极（由主机铁芯和励磁绕组构成）、换向极、电刷装置和机座。转子也称电枢，主要包括电枢铁芯、电枢绕组和换向器。各部件的结构特点和作用略。

1－2　答：铭牌上的额定功率是指输出功率。发电机输出的是电功率，因此其额定功率指的是从电枢出线端输出的电功率。电动机输出的是机械功率，因此其额定功率指的是轴上输出的机械功率。

1－3　答：略。

1－4　答：在直流电动机中，换向器起整流作用，即把电枢绕组里的交流电整流为直流电，在正、负电刷两端输出。在直流电动机中，换向器起逆变作用，即把电刷外电路中的直流电经换向器逆变为交流电输入电枢元件中。

1－5　略。

1－6　$I_N = 588.3\ \text{A}$，$T_{2N} = 525.2\ \text{N}\cdot\text{m}$。

1－7　（1）$y_K = 1$，$y = y_K = 1$，取 $y_1 = 5$，$y_2 = 4$。

（2）略。

（3）并联支路图略；$a = p = 2$。

1－8　$E_{aN} = 243.1\ \text{V}$，$T_N = 201.8\ \text{N}\cdot\text{m}$。

1－9　略。

1－10　略。

1－11　（1）$R_a \approx 0.66\ \Omega$，$E_{aN} = 96.7\ \text{V}$，$n_0' = 1\ 649\ \text{r/min}$，$T_N = 12.8\ \text{N}\cdot\text{m}$；

（2）$n = 1\ 550\ \text{r/min}$；

(3) $I'_a = 15.2$ A。

1-12 $E'_a = 100.3$ V，$I'_a = 14.48$ A，$T' = 9.43$ N·m，$n = 1\ 051$ r/min。

## 第2章 直流电动机的电力拖动

2-1 略。

2-2 略。

2-3 略。

2-4 略。

2-5 略。

2-6 略。

2-7 略。

2-8 (1) 错误；(2) 正确；(3) 正确；(4) 错误；(5) 正确；(6) 正确。

2-9 答：设工作点 $A_1$ 的转速为 $n_1$，固有机械特性（$\Phi = \Phi_N$）上转速等于 $n_1$ 的点为 $B$，理想空载点为 $C$（$n = n_0$，$T = 0$）。改变磁通的瞬间，转速 $n_1$ 不变，电动机运行点为 $B$，这样电磁转矩 $T < T_L$，系统减速运行，经过 $C$ 点，直至 $A$ 点，并在 $A$ 点稳定运行。从 $B \rightarrow C$ 为正向回馈制动运行；从 $C \rightarrow A$ 为正向电动运行（没有稳定运行点，是减速过程）；$A$ 点为正向电动运行，是稳态。

2-10 答：(1) $P_1 > 0$，$P_M > 0$ 时，电动状态，正转；

(2) $P_1 > 0$，$P_M < 0$ 时，倒拉反接制动，反转；

(3) $U_N I_a < 0$，$E_a I_a < 0$ 时，回馈制动，正转或反转；

(4) $U = 0$，$n < 0$ 时，能耗制动，反转；

(5) $U = U_N$，$I_a < 0$ 时，回馈制动，正转；

(6) $E_a < 0$，$E_a I_a > 0$ 时，电动状态，反转；

(7) $T > 0$，$n < 0$，$U = U_N$ 时，倒拉反接制动，反转；

(8) $n < 0$，$U = -U_N$，$I_a > 0$ 时，回馈制动，反转；

(9) $E_a > U_N$，$n > 0$ 时，回馈制动，正转；

(10) $T_\Omega < 0$，$P_1 = 0$，$E_a < 0$ 时，能耗制动，反转。

2-11 (1) $R_s = 0.802\ \Omega$，$T_s = 3\ 667$ N·m；

(2) $U_s = 39$ V，$T_s = 3\ 667$ N·m。

2-12 (1) 电枢串联电阻 $R = 0.605\ \Omega$；

(2) 降低后的电源电压 $U_1 = 150.5$ V；

(3) 电枢串联电阻降速时，输入功率 $P_1 = 25\ 300$ W；降低电源电压降速时，输入功率 $P_1 = 17\ 308$ W；电动机降速后输出功率 $P_2 = 14\ 670$ W。

2-13 (1) $I_a = 43.02$ A；

(2) 电流变化范围为 43.02 ~ 111.14 A，但是低速时已经超过了 $I_N = 90$ A，不能在 $n_{min}$ 长期运作，说明降低电源电压调速的方法不适合带恒功率负载。

2-14 (1) $D = 1.35$；

(2) $D = 1.18$；

(3) $D=4.26$。

2-15　略。

2-16　略。

# 第二篇　变压器

## 第3章　变压器的基本概念

3-1　略。

3-2　略。

3-3　略。

3-4　略。

3-5　$S_N=1\ 000\ kV \cdot A$。

3-6　$I_{1N}=227.27A$，$I_{2N}=1\ 388.89\ A$。

3-7　$I_{1N}=24.76\ A$，$I_{2N}=217.39\ A$。

3-8　(1) $U_{1N}=10\ kV$，$U_{2N}=6.3\ kV$，$I_{1N}=288.7\ A$，$I_{2N}=458.2\ A$；

(2) $U_{1N\Phi}=5.774\ kV$，$U_{2N\Phi}=6.3\ kV$，$I_{1N\Phi}=288.7\ A$，$I_{2N\Phi}=264.5\ A$。

## 第4章　变压器的运行分析

4-1　略。

4-2　略。

4-3　略。

4-4　略。

4-5　略。

4-6　略。

4-7　(1) $I_1=0.966\ A$，$I_2=9.66\ A$；

(2) $\Delta U=2\ V$。

4-8　(1) 直接接入时，$P_1=0.090\ 3\ W$；通过变压器接入时，$P_2=0.25\ W$；

(2) $k=3$；

(3) 利用变压器的阻抗变换作用实现扬声器阻抗与功率放大器内阻的阻抗匹配，使扬声器获得最大功率。

4-9　$I_1=18.8\ A$，$I_2=57\ A$，$U_2=3\ 242\ V$。

4-10　(1) 短路阻抗：$Z_k=132.7\ \Omega$；励磁阻抗：$Z_m=37.12\times10^3\ \Omega$；

(2) $I_1=13.58\ A$，$I_2=75.46\ A$，$U_2=6.037\ kV$。

4-11　$\varphi_2=-7.285°$，负载的性质为容性负载。

4-12　(1) $\eta=98.38\%$；

(2) $\beta_m=0.567$。

## 第5章　三相变压器

5-1　略。

5-2 略。

5-3 略。

5-4 略。

5-5 略。

5-6 略。

5-7 略。

5-8 略。

5-9 这两台变压器组能够并联运行。

5-10 （1）$\beta_A=0.957\ 85$，$S_A=3\ 065\ kV\cdot A$；$\beta_B=0.881\ 23$，$S_B=4\ 935\ kV\cdot A$；

（2）$S_{max}=11\ 257\ kV\cdot A$。

## 第6章 其他特种变压器

6-1 略。

6-2 略。

6-3 略。

6-4 （1）B；（2）F。

6-5 （1）$I_{1Na}=45.45\ A$，$I_{2Na}=68.17\ A$；

（2）额定容量 $S_{Na}=15\ kV\cdot A$，传导容量 $U_{2N}I_{1N}=10\ kV\cdot A$。

6-6 （1）$I_1=327.3\ A$，$I=72.7\ A$；

（2）输入和输出视在功率：$S_1=S_2=72\ 000\ V\cdot A$；绕组电磁视在功率：$S=13\ 086\ V\cdot A$；传导视在功率：$S'=58\ 914\ V\cdot A$。

# 第三篇 交流电机与拖动

## 第7章 交流电机的定子绕组、磁动势及感应电动势

7-1 略。

7-2 略。

7-3 略。

7-4 略。

7-5 略。

7-6 略。

7-7 略。

7-8 略。

7-9 略。

7-10 （1）$f=50\ Hz$，$k_{dp1}=k_{d1}=0.955\ 4$，$E_{\Phi 1}=6\ 384.2\ V$；

（2）$k_{dp5}=k_{d5}=0.193\ 2$；

（3）应取 $y_1=24$，此时 $E_{\Phi 1}=6\ 072\ V$。

7-11 （1）$F_1=876.6\ A$，$n_1=1\ 500\ r/min$；

（2）$F_5=7.35\ \text{A}$，$n_5=-300\ \text{r/min}$，$F_7=18.87\ \text{A}$，$n_7=214.3\ \text{r/min}$。

## 第8章　异步电动机原理

8－1　略。

8－2　略。

8－3　略。

8－4　略。

8－5　略。

8－6　略。

8－7　略。

8－8　略。

8－9　$I_N=9.4\ \text{A}$。

8－10　（1）$P_M=3\ 333\ \text{W}$；

（2）$p_{Cu_2}+p_{Fe}=267\ \text{W}$；

（3）$P_2=3\ 133\ \text{W}$。

8－11　（1）$s_N=0.05$；

（2）$p_{Cu_2}=1.53\ \text{kW}$；

（3）$\eta_N=85.3\%$；

（4）$I_1=56.7\ A$；

（5）$f_2=2.5\ \text{Hz}$。

8－12　（1）没有变化。

（2）$P_M=15.47\ \text{kW}$，$p_{Cu_2}=0.77\ \text{kW}$，$P_2=0$，$T=98.5\ \text{N}\cdot\text{m}$。

## 第9章　三相异步电动机的电力拖动

9－1　略。

9－2　略。

9－3　略。

9－4　略。

9－5　略。

9－6　略。

9－7　略。

9－8　略。

9－9　启动极数 $m=3$，启动的各极分段电阻 $R_{\Omega1}=0.124\ 2\ \Omega$，$R_{\Omega2}=0.283\ 1\ \Omega$，$R_{\Omega3}=0.645\ 4\ \Omega$。

9－10　（1）$I_{st}=201.6\ \text{A}$，$T_{st}=7\ 970.3\ \text{N}\cdot\text{m}$；

（2）$T'_{st}=5\ 020.3\ \text{N}\cdot\text{m}$。

9－11　（1）$T_N=65.9\ \text{N}\cdot\text{m}$；

（2）$T_{st}=79\ \text{N}\cdot\text{m}$；

（3）$T_{max}=118.6\ \text{N}\cdot\text{m}$。

9－12　$R_{\Omega1}=0.039\ 6\ \Omega$，$R_{\Omega2}=0.063\ 4\ \Omega$，$R_{\Omega3}=0.101\ 4\ \Omega$，$R_{\Omega4}=0.162\ 2\ \Omega$，$R_{\Omega5}=0.259\ 5\ \Omega$，$R_{\Omega6}=0.415\ 2\ \Omega$。

9－13　$T_N=143\ N\cdot m$，$\lambda=2.2$。

9－14　（1）$T_N=995\ N\cdot m$；

（2）$T_{max}=2\ 388\ N\cdot m$；

（3）$s_N=0.04$；

（4）$r_2=0.022\ 4\ \Omega$。

9－15　$R_s=0.373\ 2\ \Omega$，$P_{em}=30\ kW$。

## 第10章　同步电机

10－12　同步电动机欠励、过励运行时，分别从电网吸收感性和容性无功功率。

# 第四篇　控制电机与电机选择

## 第11章　控制电机

略

## 第12章　电动机的选择

12－1　略。

12－2　略。

12－3　略。

12－4　略。

12－5　略。

12－6　选择 $FC_N=25\%$，$P_N\geqslant12\ kW$ 的 $S_3$ 工作制电动机。

12－7　$I_L=57.88\ A$，因为 $I_L<I_N$，所以发热校验合格。